U0201928

“十三五”化学肥料和农药减施增效综合技术研发
重点专项成果汇编

化学肥料和农药
减施增效综合技术创新实践与应用

农业农村部科技发展中心 组编

中国农业出版社
农村设物出版社
北 京

本书编委会

主任委员　杨礼胜

副主任委员　崔野韩　徐利群

委　　员　郑　戈　张晓莉　宋贵文　李华锋　蔡彦虹　付仲文

主　　编　李　岩　陈彦宾　温　雯　张　慧

副 主 编　张　昭　许　宁　魏琳岚　王　蕊

参　　编　（按姓氏笔画排序）

上官凌飞　王文婧　王亚梁　王迎春　邓　超　冯推紫

边晓萌　成国涛　任桂娟　刘　行　刘　衎　刘鹤瑶

杜　萌　李　董　李　薇　张　凯　张　菁　张旭冬

张雯丽　郑紫薇　孟　洪　索一静　徐长春　曹丽茹

梁欣欣　程　楠　熊　炜　熊　超

前 言

FOREWORD

“十三五”期间，国家重点研发计划启动了“化学肥料和农药减施增效综合技术研发”重点专项。专项以化肥农药减施增效为核心，以突破减施途径和创新减施产品与技术装备为抓手，通过五年实施，阐明了化肥农药高效利用机理，研发了一系列新型肥料农药产品、高效肥药施用装备与技术，并构建了化肥农药减施增效理论、方法和技术体系，为实现我国化肥农药负增长提供了有力的科技支撑。

为总结专项技术创新实践成果，加快成果转化应用，农业农村部科技发展中心（专项管理专业机构）组织专项项目和课题承担单位，遴选了200余项成果汇编成册，供科研推广人员、有关部门管理人员以及农户、专业合作社等参考。

在成果遴选和汇编过程中，得到了各项目承担单位的大力支持，在此表示衷心感谢。我们在汇编的过程中反复校对，以保证书中的内容严谨客观，但本书内容涵盖范围广、专业性强，书中难免存在不足之处，恳请读者指正。

编　者

2022年6月

目 录

CONTENTS

装备篇

技术篇

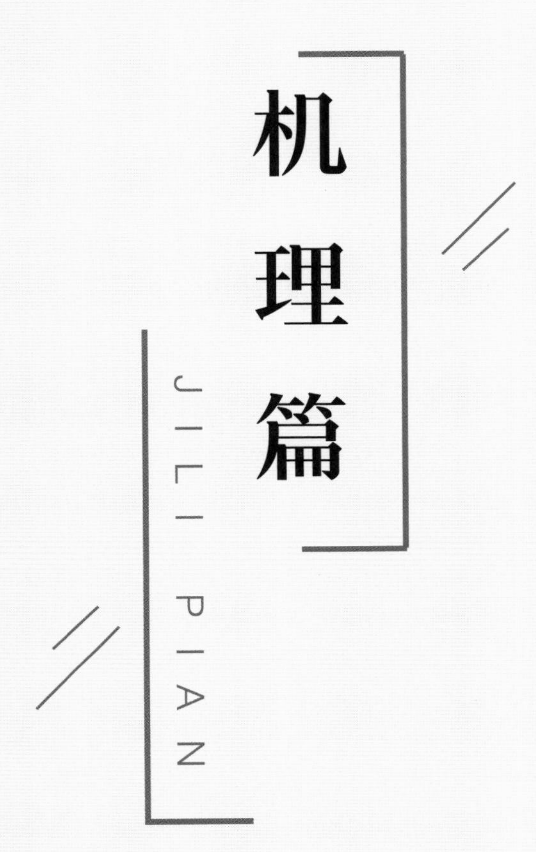
机理篇
JILI PIAN

蚜虫唾液蛋白激发植物韧皮部抗性的分子机制

一、理论概述

桃蚜（*Myzus persicae*）是主要的农业害虫和农业病原媒介昆虫，其在植株上定殖、发生、为害的过程对农业生产和作物品质造成巨大影响。由于其独特的刺吸式口器仅取食韧皮部汁液、Bt的非靶标害虫等特点，在实际生产中有效的绿色防治手段不多。针对以上问题进行了研究。

二、理论评价

1.创新性　在国际上首次阐明了不同寄主生物型桃蚜在烟草植株上取食行为差异的分子和生化机制，揭示了调控蚜虫韧皮部为害效率的机制，以长文的形式在国际著名生物学期刊*Current Biology*发表论文。据统计，*Current Biology*自建刊以来，国际上以长文形式发表农业害虫相关的论文仅有十篇，本成果为其中之一。

2.实用性　本成果探索害虫取食行为的导向性防控，践行高效安全的农业害虫可持续控制新理论和新方法，为原始设计理念的创制提供理论基础。

3.稳定性　本研究基于蚜虫转录组和唾液蛋白质谱联合分析，筛选出了多个不同寄主生物型桃蚜中差异表达的唾液分泌蛋白Cathepsin B（CathB，组织蛋白酶），明确烟草非适应型桃蚜相对于烟草适应型桃蚜分泌更多CathB3。进一步研究揭示蚜虫CathB3可与植物韧皮部中的EDR1互作并通过稳定烟草细胞质激酶EDR1激活维管束中活性氧通路，抑制蚜虫在植物韧皮部取食。而烟草适应型桃蚜可通过降低唾液腺CathB3的表达和分泌，避免诱导植物产生强烈的韧皮部抗性。

本研究从设计到实证各阶段时刻遵循科学性原则，生物样本分析方法及结果可靠性和重复性高，风险性低。

三、成果形式

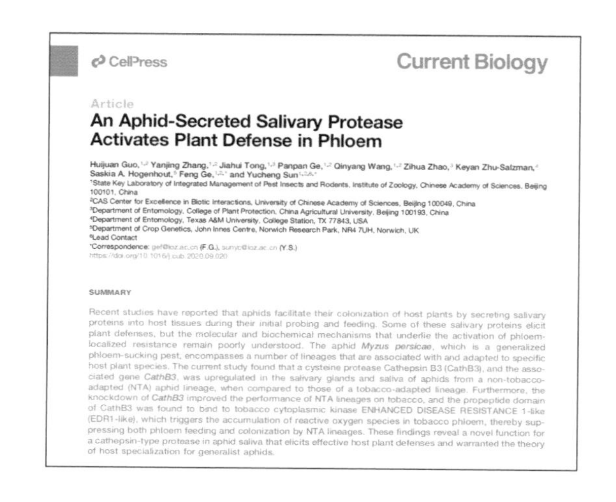

CellPress　Current Biology

Article

An Aphid-Secreted Salivary Protease Activates Plant Defense in Phloem

Huijuan Guo,[1,2] Yanjing Zhang,[1,2] Jiahui Tong,[1,3] Panpan Ge,[1,2] Qinyang Wang,[1,2] Zihua Zhao,[3] Keyan Zhu-Salzman,[4] Saskia A. Hogenhout,[5] Feng Ge,[1,2,*] and Yucheng Sun[1,2,6,*]

[1]State Key Laboratory of Integrated Management of Pest Insects and Rodents, Institute of Zoology, Chinese Academy of Sciences, Beijing 100101, China

[2]CAS Center for Excellence in Biotic Interactions, University of Chinese Academy of Sciences, Beijing 100049, China

[3]Department of Entomology, College of Plant Protection, China Agricultural University, Beijing 100193, China

[4]Department of Entomology, Texas A&M University, College Station, TX 77843, USA

[5]Department of Crop Genetics, John Innes Centre, Norwich Research Park, NR4 7UH, Norwich, UK

[6]Lead Contact

*Correspondence: gef@ioz.ac.cn (F.G.), sunyc@ioz.ac.cn (Y.S.)

https://doi.org/10.1016/j.cub.2020.09.020

SUMMARY

Recent studies have reported that aphids facilitate their colonization of host plants by secreting salivary proteins into host tissues during their initial probing and feeding. Some of these salivary proteins elicit plant defenses, but the molecular and biochemical mechanisms that underlie the activation of phloem-localized resistance remain poorly understood. The aphid *Myzus persicae*, which is a generalized phloem-sucking pest, encompasses a number of lineages that are associated with and adapted to specific host plant species. The current study found that a cysteine protease Cathepsin B3 (CathB3), and the associated gene *CathB3*, was upregulated in the salivary glands and saliva of aphids from a non-tobacco-adapted (NTA) aphid lineage, when compared to those of a tobacco-adapted lineage. Furthermore, the knockdown of *CathB3* improved the performance of NTA lineages on tobacco, and the propeptide domain of CathB3 was found to bind to tobacco cytoplasmic kinase ENHANCED DISEASE RESISTANCE 1-like (EDR1-like), which triggers the accumulation of reactive oxygen species in tobacco phloem, thereby suppressing both phloem feeding and colonization by NTA lineages. These findings reveal a novel function for a cathepsin-type protease in aphid saliva that elicits effective host plant defenses and warranted the theory of host specialization for generalist aphids.

四、成果来源

项目名称和项目编号： 活体生物农药增效及有害生物生态调控机制（2017YFD0200400）

完成单位： 中国科学院动物研究所

联系人及方式： 戈峰，13521100249，gef@ioz.ac.cn

联系地址： 北京市朝阳区北辰西路1号院5号中国科学院动物研究所

Bt杀线虫新型活性因子的挖掘

一、理论概述

植物寄生线虫对农业生产危害严重且防控难度极大。现有Bt制剂都只针对昆虫，尚无商业化的防线虫Bt制剂。本研究从Bt与宿主互作角度，系统研究了Bt杀线虫的作用过程和机制，发现Bt可通过沉默杀线虫蛋白Cry5Ba以欺骗宿主取食行为，达到更好地侵入宿主的目的；并鉴定出了Cry5Ba作用于线虫的第二受体CDH-8，明确了该受体负责将Cry5B定位到线虫细胞膜并介导其穿孔；而且还发现Bt可分泌蛋白酶破坏线虫肠道细胞链接，并从中鉴定出了1个杀线虫新蛋白ColB；进一步揭示了高毒力杀线虫Bt可通过使CRISPR-Cas系统失活，以获得更多杀虫蛋白的适应性进化新策略。

二、理论评价

1. 创新性 上述理论研究为高效Bt杀线虫剂的开发提供了思路，研究成果被《环境微生物学》期刊选为封面故事，并被农业农村部和科技部选为“十三五”“化学肥料和农药减施增效综合技术研发”重点专项典型成果之一。

2. 实用性 精准开发了防线虫Bt制剂HAN055。目前已完成了农药登记所有资料，并已提交农业农村部等待行政审批。目前，HAN055已转化给生物农药龙头企业武汉科诺生物科技股份有限公司，新产品即将上市销售。

3. 稳定性 本研究从设计到实证各阶段时刻遵循科学性原则，生物样本分析方法及结果可靠性和重复性高，风险性低。

三、成果形式

发表论文：

[1] Peng D，Luo X，Zhang N，et al.，2018. Small RNA-mediated Cry toxin silencing allows *Bacillus thuringiensis* to evade *Caenorhabditis elegans* avoidance behavioral defenses[J]. Nucleic Acids Research，46 (1) :159-173.doi:10.1093/nar/gkx959.

[2] Zheng Z，Zhang Y，Liu Z，et al.，2020. The CRISPR-Cas systems were selectively inactivated during evolution of *Bacillus cereus* group for adaptation to diverse environments[J]. ISME J，14 (6) :1479-1493.

四、成果来源

项目名称和项目编号： 活体生物农药增效及有害生物生态调控机制（2017YFD0200400）
完成单位： 华中农业大学
联系人及方式： 彭东海，13163314478，donghaipeng@mail.hzau.edu.cn
联系地址： 湖北省武汉市洪山区狮子山街1号

烟粉虱诱导挥发物操控番茄防御的机制及特征

一、理论概述

烟粉虱（*Bemisia tabaci*）是一种全球性害虫，作为几种破坏性植物病毒的载体，这种微小的半翅目昆虫对许多作物的产量构成了威胁。研究发现烟粉虱侵害番茄植株后，导致邻近番茄上烟粉虱若虫的发育速率变快，这提示烟粉虱诱导挥发物有可能向邻近植株传递了错误的信息，使邻近植物更适合烟粉虱的发育。本成果证实，经烟粉虱诱导挥发物处理的邻近番茄植株被烟粉虱为害时，其抗虫相关的茉莉酸防御反应提前被抑制，从而导致邻近植株上烟粉虱后代发育速率显著加快，这可能是烟粉虱种群在田间快速扩散并造成严重危害的重要机制之一。其中月桂烯β-myrcene和石竹烯β-caryophyllene在烟粉虱操控番茄植株间传递信息，干扰邻近植物防御反应中发挥关键作用。

二、理论评价

1.创新性　这一发现揭示了外来入侵害虫烟粉虱种群快速扩散的新机制。同时，这一结果提示在进行作物田间种植过程中应充分考虑植物间的信息交流。通过培育能够正确识别虫害诱导挥发物的作物品种，提高区域作物整体的抗虫性。

2.实用性　本研究充分挖掘并利用植物自身防御性状，是实现作物生产中农药减施的重要措施之一。本研究不仅首次阐明了烟粉虱操控番茄挥发物抑制其防御反应、促进其种群快速繁殖的新机制，而且明确了调控植物间信息传递的关键信号因子及其防御功能，对于未来解析植物识别挥发物的分子机制，以及产业化培育抗性作物品种具有重要意义。

3.稳定性　本研究从设计到实证各阶段时刻遵循科学性原则，生物样本分析方法及结果可靠性和重复性高，风险性低。

三、成果形式

发表论文：

Zhang P J，Wei J N，Zhao C，et al.，2019. Airborne host–plant manipulation by whiteflies via an inducible blend of plant volatiles[J]. Proceedings of the National Academy of Sciences，116 (15) :7387-7396.

四、成果来源

项目名称和项目编号：活体生物农药增效及有害生物生态调控机制（2017YFD0200400）
完成单位：中国计量大学
联系人及方式：张蓬军，13071805215，pjzhang@cjlu.edu.cn
联系地址：浙江省杭州市钱塘区学源街258号

防治葡萄灰霉病和黑痘病内生真菌的筛选与应用

一、理论概述

目前在葡萄上报道的生防菌大部分来自其他植物，而内生真菌与寄主的共生关系是建立在长期的共进化和生理环境的基础上的。因此，利用葡萄自身的内生真菌进行生物防治是一种更好的选择。本项目从中国野生葡萄资源中筛选关键生防菌。利用葡萄自身携带的内生真菌开发一种新型的安全无污染的生防菌剂进行生物防治，可克服使用化学农药防治所带来的诸多问题。

二、理论评价

1.创新性 内生真菌是生防菌的一种，具有影响或抑制病原微生物的生命活动从而降低或阻止病害发生的作用。

从抗灰霉病山葡萄“双优”上分离到8株内生菌，经ITS序列鉴定，去掉重复菌株，共获得4株内生真菌，分别是链格孢菌（*Alternaria alternata*）、平脐蠕孢菌（*Bipolaris cynodontis*）、茎点霉菌（*Phoma* sp.）和疣孢漆斑菌（*Myrothecium verrucaria*）。对照实验表明疣孢漆斑菌对葡萄灰霉菌（BcG）具有较强的拮抗作用。孢子萌发实验表明，疣孢漆斑菌发酵液可以完全抑制葡萄灰霉菌和番茄灰霉菌（BcT）的分生孢子萌发，疣孢漆斑菌发酵液对黄瓜灰霉菌（BcC）的孢子萌发抑制率也达到92.3%。在不含疣孢漆斑菌发酵液的液体培养基中，葡萄灰霉菌的孢子正常萌发，而在含有疣孢漆斑菌发酵液的液体培养基中，葡萄灰霉菌的孢子不能萌发。将疣孢漆斑菌发酵液喷施在感病欧洲葡萄“红地球”叶片上12h后，再接种葡萄灰霉菌孢子和菌丝块。相比于对照组，疣孢漆斑菌发酵液处理后的发病情况显著减少，这说明疣孢漆斑菌发酵液在叶片上具有防治葡萄灰霉病的效果。证明疣孢漆斑菌发酵液对于多种灰霉菌的孢子萌发和菌丝生长都具有较强的抑制作用，具有防治葡萄灰霉病的生物防治潜力。因此，在材料的独特性和利用潜力上达到国内先进水平。

2.实用性 葡萄在其生育期中可发生多种病害，葡萄灰霉病和葡萄黑痘病是其中重要的真菌病害，严重影响葡萄的产量和品质。研究表明，利用葡萄自身的内生真菌防治葡萄真菌病害具有可行性，内生真菌和葡萄有良好的共生关系，该菌剂对葡萄不会造成不良影响。开展葡萄灰霉菌、黑痘病病原菌的生物防治试验，从根本上解决葡萄灰霉病和黑痘病的防治难题，并逐步减少化学药剂的使用和对环境及生态的破坏，对促进农业生产、食品安全以及维持生态系统平衡具有重要意义。

3.稳定性 研究结果表明，疣孢漆斑菌发酵液对于多种灰霉菌、黑痘病病原菌的孢子萌发和菌丝生长都具有较强的抑制作用，结果重现性好、稳定可靠、风险性低。

三、成果形式

发表论文：

Li Z，Chang P，Gao L，et al.，2020. The endophytic fungus *Albifimbria verrucaria* from wild grape as an antagonist of *Botrytis cinerea* and other grape pathogens. Phytopathology [J]，110 (4) : 843–850.

四、成果来源

项目名称和项目编号： 葡萄及瓜类化肥农药减施技术集成研究与示范 2018YFD0201300

完成单位： 西北农林科技大学

联系人及方式： 王西平，13032925969，wangxiping@nwsuaf.edu.cn

联系地址： 陕西省咸阳市杨陵区邰城路3号西北农林科技大学

生物炭基肥料减肥增效机制与技术标准化

一、理论概述

针对生物炭基肥料减肥增效机制不清晰、标准体系不健全等产业培育期存在的高关注度问题，在理论上，从土壤碳库扩容和团聚体稳定化机制、腐殖化过程与腐殖物质同源性的角度阐述了依据生物炭还田提升土壤肥力水平的根本性作用，从生物炭对养分的物理分隔、抑制脲酶活性、降低*amoA*基因拷贝数、生物炭表面小分子促生抗逆等物理、化学、生物角度辨析了生物炭基肥料减肥增效机制，揭示了生物炭与无机养分、有机养分复合异质造粒制备生物炭基复混肥料、生物炭基有机肥料氮素延缓释放的长效机制。在技术上，通过配方改进和工艺优化，形成生物炭基尿素、生物炭基土壤调理剂、生物炭基有机肥料等新产品10个，获得肥料登记证6项，开发替代技术模式13项，发布实施各级各类标准14项，报批行业标准3项，地标立项7项，示范推广60.2万亩*，减少化学肥料投入15%以上。

二、理论评价

1.创新性 本项目建立了覆盖生物炭制备、生物炭产品质量、生物炭直接还田技术规程、生物炭基肥料产品质量、生物炭基肥料减施及替代化肥技术规程等主要环节的标准体系。

2.实用性 本项目明确了生物炭基肥料减肥增效机制，建立了标准体系框架，对促进秸秆炭化还田、支撑生物炭产业健康发展、提升农业生产端绿色化水平具有重要意义，契合农业高质量发展的要求。本项目开展的探索性研究还揭示了生物炭表面小分子促进作物生长进而减少化肥依

* 亩为非法定计量单位，1 亩 = 1/15hm^2。——编者注

赖的新途径，初步明确了生物炭作为有益功能微生物载体的技术价值，预示着以生物炭为纽带，衔接肥料、微生物与作物，进一步系统性提高养分利用效率的可能性。

生物炭基肥料技术环节多，产业链条长，涉及农业工程、农业资源与环境、生态学、化学、材料学等诸多学科。作为整个产业链条最重要的市场接口，生物炭基肥料技术的发展将引领带动上下游交叉学科的融合发展。

2020年，秸秆炭基肥利用增效技术入选农业农村部十大引领性技术，在以国家生物炭科技创新联盟为主的产业群体内得到了热烈响应，产业化前景良好。

三、成果形式

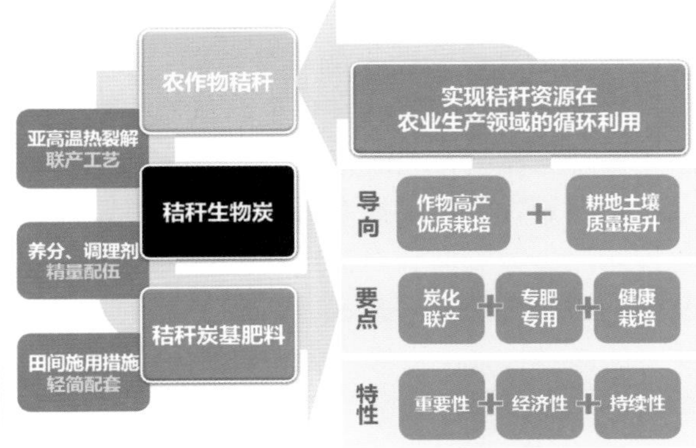

四、成果来源

项目名称和项目编号：生物炭基肥料及微生物肥料研制（2017YFD0200800）

完成单位：沈阳农业大学、南京农业大学、江西农业大学、中国农业大学、吉林农业大学、河南农业大学、黑龙江八一农垦大学、中国科学院沈阳应用生态研究所

联系人及方式：杨旭，13998341035，yangxujiayou@126.com

联系地址：辽宁省沈阳市沈河区东陵路120号沈阳农业大学

水稻氮偏好与土壤pH的关系

一、理论概述

氮肥施入土壤后，会发生一系列形态转化过程，这些过程转化率的相对大小决定了氮的固持、释放以及被作物吸收或损耗。由于多数作物对土壤中铵态氮和硝态氮的吸收具有偏好选择性，要实现土壤供氮的合理调控并提高氮肥利用率，应首先明确土壤氮转化过程对作物吸收和损失氮素的影响。但我国土壤氮素周转机制及其与作物吸收利用的关系并不明确，因此，以稻田为例，本项目通过采集我国主要稻区的50种典型水稻土，利用^{15}N同位素成对标记方法，结合室内

盆栽和大田实验，首次揭示了水稻土中氮肥利用率与水稻土壤氮转化过程（如铵态氮滞留时间、初级自养硝化速率、矿化速率等）和土壤理化及生物属性之间的关系。

二、理论评价

1. 创新性　本项目发现铵的滞留时间是影响区域水稻氮肥利用率（NUE）的最重要因素，而土壤pH和微生物群落组成通过影响土壤氮转化过程速率，共同影响了铵的滞留时间。水稻是喜铵作物，氮的转化过程决定了肥料氮的固持、释放、作物吸收及在各个土壤氮库中的分配，酸性水稻土中水稻与氮偏好契合度好于碱性水稻土，酸性水稻土（pH<6.0）的NUE（41%）显著高于碱性水稻土（pH>6.0）的NUE（26%）。

2. 实用性　选取四川盐亭的碱性紫色土和福建德化的酸性红壤作为典型区域代表样本，利用田间试验进一步证实了pH在调控水稻氮偏好和土壤氮转化过程中的重要性。在不施肥情况下，酸性红壤和碱性紫色土的产量相同，表明不施肥情况下两个地区农田地力基本相同；施加尿素后，红壤中水稻的氮喜好和土壤氮形态契合度好，无论是NUE还是增产幅度都显著高于紫色土。上述发现为氮肥管理措施的制定提供了理论依据。

3. 稳定性　为了提高碱性水稻土中氮转化过程与水稻氮偏好的契合度，本项目重点考察了硝化抑制剂、脲酶抑制剂、推迟施肥和包膜尿素等调控的效果，发现凡是能增加水稻土中铵的滞留时间的措施都能显著提高水稻的氮肥利用率。这说明有关水稻氮偏好与土壤pH的理论认识对于实践的指导性强、可靠程度高、风险小。

三、成果形式

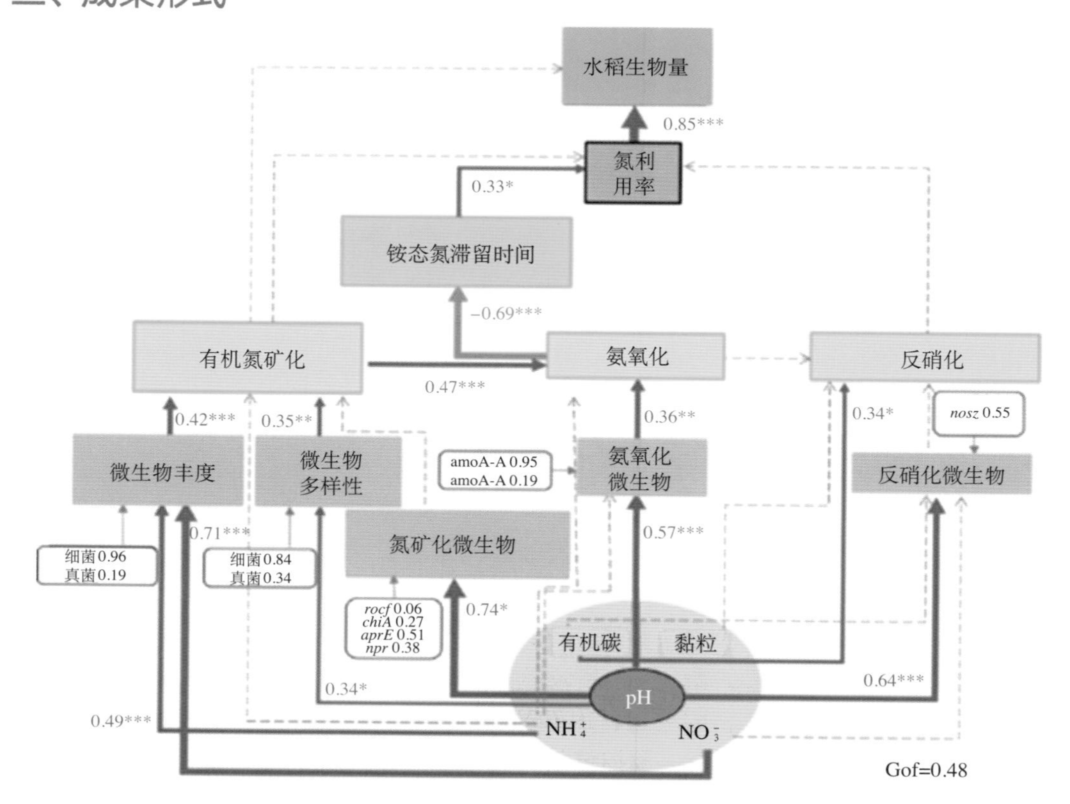

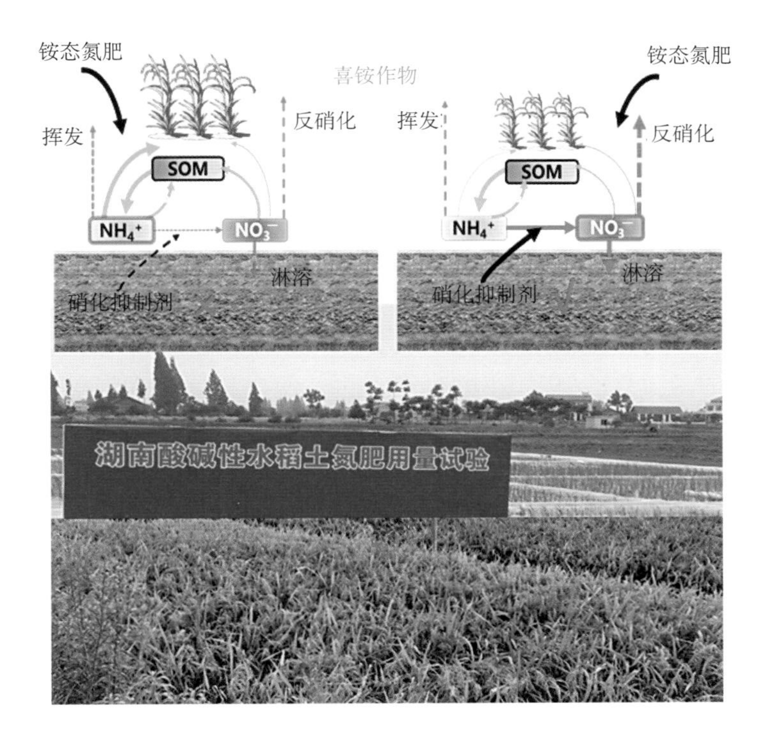

四、成果来源

项目名称和项目编号： 肥料氮素迁移转化过程与损失阻控机制（2017YFD0200100）

完成单位： 中国科学院南京土壤研究所

联系人及方式： 颜晓元，13645169768，yanxy@issas.ac.cn

联系地址： 江苏省南京市玄武区北京东路71号中国科学院南京土壤研究所

小麦氮高效利用的分子及微生物学机理

一、理论概述

通过大数据分析，发现分属5个大类的86个基因对于提高小麦氮利用效率具有重要作用。其中，转运蛋白类基因在提高小麦的产量、氮吸收效率和氮肥偏生产力方面的作用最突出；通过基因家族分析，进一步发现小麦基因组内存在377个可能编码硝态氮转运蛋白（NRT）的基因，并且发现*NRT*基因的自然变异对于小麦氮利用效率具有显著影响。在此基础上，利用286个小麦品种的*NRT2*基因家族的基因分型数据和氮效率表型数据进行关联分析，发现了5个显著关联SNP位点，筛选出影响小麦氮利用效率的关键基因*TaNRT2.1-6B*，通过大量基因功能验证试验发现该基因编码一个双亲和硝态氮转运蛋白，调控该基因无论在低氮条件下还是在高氮条件下均能够提高小麦氮利用效率。

二、理论评价

1.创新性 本项目是对迄今为止通过分子生物学途径提高作物氮利用效率的系统总结，为小麦的氮高效分子育种提供了方向性理论指导。此外，土壤有益微生物对小麦氮利用效率具有重要影响。本项目通过转录组分析，首次系统阐述了土壤有益微生物（丛枝菌根真菌）提高小麦氮利用效率的分子机理，发现真菌与小麦根系的互作过程中产生的化学信号物质能显著改变小麦根系2 000多个基因的表达水平；真菌与小麦形成共生体系后可以激活小麦根内7 000多个基因的表达，其中包括大量抗生物和非生物胁迫相关的基因，这表明真菌共生体提高小麦氮利用效率不仅是通过养分供给，更重要的是激活了小麦体内的抗性基因，使小麦能更好地适应养分胁迫环境，该发现使人们对土壤有益微生物影响小麦氮利用效率的机理有了新的认识，为研究利用土壤生物肥力提高小麦肥料利用效率提供了理论支持。

2.实用性 第一次绿色革命以来，小麦育种中重点关注株高、产量、品种及抗逆性等性状，而对于养分吸收利用性状关注极少，这是造成目前我国主栽小麦品种养分利用效率低下的重要原因之一。小麦产量的提升主要依靠大量化肥投入，这造成了巨大的资源、能源浪费以及潜在的环境风险。本项目取得的有关小麦氮高效利用的分子及微生物学机理方面的进展在小麦养分高效育种方面具有潜在应用价值。第一，发现的对小麦氮效率具有重要影响的基因类型为分子育种提供了理论依据，特别是与*TaNRT2.1-6B*相关的关键SNP位点，可以作为分子标记直接应用于氮高效利用小麦品种的培育；第二，本理论明确了通过充分挖掘土壤生物肥力来提高小麦肥料利用效率这一途径，通过培育或筛选对丛枝菌根真菌等土壤微生物有显著正响应的小麦品种，充分发挥土壤微生物的养分活化或吸收能力，这对提高小麦养分利用效率具有重要意义。

3.稳定性 本研究查阅了300多篇文献，精心筛选后总结了130篇SCI期刊文献的数据，利用经典meta分析数学模型进行数据分析，得出的结论具有高度的可靠性。在*NRT*基因家族分析方面，基于最新的小麦基因组测序数据库，利用成熟的生物信息学分析方法进行了分析，且将分析结果与前人相关研究进行了对比，发现结论可靠性强、重现性好。在*NRT2.1-6B*基因功能研究方面，结合非洲爪蟾基因异源表达试验、^{15}N同位素示踪试验、拟南芥基因功能互补试验、基因沉默试验以及基因超表达试验等多种试验类型对*NRT2.1-6B*在氮转运方面的功能进行了多方位分析验证。在小麦-微生物互作过程中的基因表达变化方面的研究中，采用成熟的RNA-seq技术研究技术进行高通量测序，又利用实时荧光定量PCR技术对RNA-seq结果进行了验证，发现数据真实可靠。

本理论在指导应用过程中的风险主要是理论具有一定的应用范围和前提条件，要在充分考虑实际情况后再加以运用。

三、成果展示

发表论文：

[1] Li M J，Tian H，Gao Y J，2021. A genome-wide analysis of *NPF* and *NRT2* transporter gene families in bread wheat provides new insights into the distribution，function，regulation and evolution of nitrate transporters [J]. Plant and Soil，465：47-63.

[2] Li M J，Xu J L，Gao Z Y，et al.，2020. Genetically modifed crops are superior in their nitrogen use effciency-A meta-analysis of three major cereals [J]. Scientific Reports，10: 8568.

[3] Tian H, Wang R Z, Li M J, et al., 2019. Molecular signal communication during arbuscular mycorrhizal formation induces significant transcriptional reprogramming of wheat (*Triticum aestivum* L.) roots [J]. Annals of Botany, 124(6): 1109-1119.

[4] Li MJ, Wang R Z, Tian H, et al., 2018. Transcriptome responses in wheat roots to colonization by the arbuscular mycorrhizal fungus *Rhizophagus irregularis* [J]. Mycorrhiza, 28: 747-759.

四、成果来源

项目名称和项目编号： 黄淮海冬小麦化肥农药减施技术集成研究与示范（2017YFD0201700）

完成单位： 中国农业科学院农业环境与可持续发展研究所、西北农林科技大学

联系人及方式： 田汇，18066718778，123165809@qq.com；刘晓英，15810991176，liuxiaoying@caas.cn

联系地址： 北京海淀区中关村南大街12号中国农业科学院农业环境与可持续发展研究所

冬油菜养分精准调控原理与策略

一、理论概述

在直播油菜养分精准调控原理的指导下，以精准养分种类和用量实现“氮磷钾硼镁全营养配合”，通过养分形态配伍及对施肥时期和施肥位置的精准匹配，挖掘直播油菜根系潜力，实现调控“前促后稳”。

二、理论评价

1.创新性 ①阐明了油菜种植土壤的养分特征，建立了直播油菜土壤关键养分丰缺指标体系，首次明确了我国冬油菜主产区普遍缺镁现象和施镁增产提质效果，提出了油菜“氮磷钾硼镁全营养配合”的养分调控策略。②阐明了高产冬油菜营养的“前期贮藏，后期转移”特性，明确油菜苗期贮藏营养的生理功能及临界浓度，提出了冬油菜前期“精准施肥促苗保群体”的养分精准调控策略。③揭示了油菜种植土壤养分“前期供应不足，后期供应充分”的规律及其机制，明确了油菜-水稻轮作周年秸秆还田的养分供应特征及土壤供肥保肥机制，提出了冬油菜后期“土壤养分稳供促高效”的养分精准调控策略。冬油菜养分精准调控原理的发现与策略的提出为精准调控冬油菜养分供应、实施轻简高效的施肥技术，以及在油菜丰产且不降低地力的条件下实现科学减肥提供了理论支撑。

2.实用性 有效解决了我国冬油菜生产中施肥的养分靶向不准、氮磷钾养分用量大、中微量元素养分缺失或不足、施肥时期和位置不当、肥料利用率低等问题，对促进我国油菜产业绿色、高产、高质、高效发展具有重要的指导意义。

3.稳定性 本项目基于我国冬油菜主产区的土壤条件、轮作制度、种植方式和主导品种，油菜养分管理主要研究单位历经多年联合攻关创建我国冬油菜科学高效养分管理理论体系，该理论体系是在8.46万个土壤样品测试分析和1 268个大田试验的基础上建立起来的，其运用具有普遍性。以该理论体系为基础集成建立的油菜精准轻简高效施肥关键技术已经为引导农民改变施肥习惯、引导

肥料企业生产优质产品、支持农技推广部门提供全方位技术指导给予了实用抓手，现已在全国油菜主产区普遍应用。

三、成果形式

获授权发明专利6项，制定农业行业标准2项和湖北省地方标准2项，获得软件著作权2项，发表论文162篇（其中SCI收录论文48篇），出版专著11部。获得2020年度湖北省科技进步一等奖、2020—2021年度神农中华农业科技奖科学研究类成果二等奖。

四、成果来源

项目名称和项目编号：油菜化肥农药减施技术集成研究与示范（2018YFD0200900）

完成单位：华中农业大学、全国农业技术推广服务中心

联系人及方式：鲁剑巍，13507180216，lujianwei@mail.hzau.edu.cn

联系地址：湖北省武汉市洪山区狮子山街1号

农药利用率综合测算模型

一、理论概述

在构建农药沉积利用率测定方法的基础上，将不同施药器械、药液体系、作物生长期和施药者操作水平与农药沉积利用率有机结合，得出反映我国总体施药技术水平条件下的农药综合利用率测算模型。

农药利用率PE(%)计算公式如下。

$$PE(\%) = \Sigma_1^j\ [C \times PE_j(\%)]$$

式中 PE_j(%)——某作物的农药利用率，

C——某作物病虫害防治面积占总防治面积的权重，

j——作物种类。

某作物的农药利用率PE_j(%)计算公式如下。

$$PE_j(\%) = \gamma \times \alpha \times \Sigma_1^X (\frac{S_i}{S} \times \overline{D})$$

式中 $\overline{D}$——喷雾方式在作物上喷施常规剂型农药时的利用率实测值，是综合考虑某施药机械在某种作物全生育期施药的农药利用率（D）的算术平均数。用如下公式计算，其中n为农药利用率测试次数。

$$\overline{D} = \frac{\Sigma_1^n D_n}{n}$$

式中 D_n——第n次喷雾方式在作物上喷施农药时利用率的实测值，

S_i——某种施药机械在某种作物上的病虫防治面积，

S——某种作物的化学防治总面积，

S_i/S——喷雾方式在某种作物病虫防治上的使用权重，

X——喷雾方式，1，2，……

α——农药剂型优化后的增效系数(与下述公式中是同一个字母)。

$$\alpha=1+\frac{P_{SC}+P_{ME}+P_{WG}}{P_{WP}+P_{EC}+P_{SC}+P_{ME}+P_{WG}}\times 10\%+\frac{S_{\alpha}}{S}\times 20\%$$

式中 P_{SC}、P_{ME}、P_{WG}、P_{WP}、P_{EC}——农药悬浮剂、微乳剂、水分散粒剂、可湿性粉剂、乳油等制剂数量，

S_{α}/S——喷雾助剂在某种作物病虫防治上的使用权重，

γ——农药喷洒操作水平影响因子。

$$\gamma=\frac{A_1}{A}\times 100\%+\Sigma_1^k\frac{A_{2k}}{A}\times(0\sim 80\%)$$

式中 A_1——统防统治面积，

A_1/A——统防统治权重，

k——施药机械的种类，

A_{2k}——农民自防面积，

A_{2k}/A——农民自防权重，

A——病虫害防治总面积，是统防统治面积和农民自防面积的总和，$A=A_1+A_{2k}$。

二、理论评价

1.创新性 该成果为我国首创。

2.实用性 该模型可应用于全国或某一区域进行农药综合利用率测算，既能测算单一技术如新型施药机械研发、新型药剂使用、喷雾助剂添加或施药者技术水平提升所带来的农药利用率的变化，也能综合反映上述多种因素共同作用下该区域单一作物或者大田主粮作物（水稻、小麦、玉米）的农药综合利用率的变化。

该模型的核心计算数值是农药沉积利用率的测定，我国农作物种类繁多（既有大田作物，也有设施蔬菜和果树等），农药种类和使用技术多样（农药有杀虫剂、杀菌剂、除草剂、植物生长调节剂等，农药使用技术有喷雾技术、种子包衣、颗粒处理、烟雾施药等），试验场景和测定方法各异，只要确定了不同作物或不同施药方式的农药利用率测定方法，该模型便可以用于评估该作物或施药方式在不同区域中的农药综合利用率。

3.稳定性 农药利用率综合测算模型应用于全国水稻、小麦和玉米的农药利用率测算，2015年我国大田主粮作物（水稻、小麦、玉米）的农药利用率为36.6%，2017年为38.8%，2019年为39.8%，2020年为40.6%。这和我国近五年来中大型植保机械以及植保无人机的应用占比提高、全国病虫害专业化统防统治服务组织数量增多、病虫害防治剂型优化以及喷雾助剂使用广泛的发展趋势吻合，说明该测算模型具有很好的稳定性。

三、成果形式

中华人民共和国农业行业标准：《农药利用率田间测定方法》（NY/T 36301—2020）。

农药利用率测算软件V3.0。登记号为20205R1632515。

四、成果来源

项目名称和项目编号： 化肥农药减施增效技术应用及评估（2016YFD0201300）

完成单位： 中国农业科学院植物保护研究所、全国农业技术推广服务中心

联系人及方式： 袁会珠，13621001605，hzhyuan@ippcaas.cn

联系地址： 北京市海淀区圆明园西路2号

农药施用限量标准和施药阈值计算器

一、理论概述

基于农产品中农药最大残留限量，构建了测算农药最大允许施药量的膳食风险施药阈值计算器，完成制定了农药施用限量团体标准57项，对我国不同种植体系、不同防治对象施药情况进行了精准量化。该成果为我国农药减量施用提供了一把精准的卡尺，为施药技术和施药装备的研发提供了依据和参数。

二、理论评价

1.创新性 提出了“按需施药”的用药理念，在国际上首次提出了农药施用限量的概念，创建了以农药最低有效剂量为施用下限，以膳食风险施药阈值、环境风险施药阈值和农药登记剂量高值三者中的最低值为施用上限的农药施用限量制定方法。

2.实用性 项目制定的农药施用限量标准对我国不同种植体系、不同种植区域、不同防治对象的施药进行了精准量化，其中对于20种农药可实现减量施用20%～50%，实现了“按需施药，减量用药”的目标。根据研究结果，项目主持单位向农业农村部农药主管部门提交了农药减量科学施用及再评价的报告建议，其中包括农药减量施药推荐名单20个、农药施药风险再评价建议名单6个和农药限制施用推荐名单22个，获得了农药主管部门的高度评价和重视。该建议报告为农药减量施用提供了重要的理论指导，为开展农药再评价和提高科学用药水平提供了重要技术依据。

3.稳定性 为了验证施药阈值计算器和农药施用限量标准的稳定性，项目对制定的膳食风险施药阈值模型计算器进行了田间试验验证。选定在蔬菜上使用量较大的噻虫嗪、烯酰吗啉为研究对象，研究了在设施和露地种植的番茄、黄瓜、菠菜中噻虫嗪、烯酰吗啉的多次施药降解规律，建立了模型参数测定方法，测算了噻虫嗪、烯酰吗啉在三种作物上的施药阈值，并将施药后的最终残留量与农药最大残留限量进行对比验证，结果表明该膳食风险施药阈值测算模型在设施和露地种植环境中均能有效预测膳食风险施药阈值。这一结果证明本项目研发的施药阈值模型计算器和农药施用限量标准可靠程度高。

三、成果形式

项目制定的农药施用限量标准以团体标准的形式发布（见下表），并以函件的形式向管理部门提出了农药科学施用的建议。

CCPIA团体标准编号、名称表（部分）

序号	标准编号	标准名称	实施日期
1	T/CCPIA 110—2021	农药田间最低有效剂量测定	8/25/2021
2	T/CCPIA 111—2021	吡蚜酮可湿性粉剂防治水稻稻飞虱施用限量	8/25/2021
3	T/CCPIA 112—2021	噻呋酰胺悬浮剂防治水稻纹枯病施用限量	8/25/2021
4	T/CCPIA 113—2021	三环唑悬浮剂防治水稻稻瘟病施用限量	8/25/2021
5	T/CCPIA 114—2021	三唑酮乳油防治小麦白粉病施用限量	8/25/2021
6	T/CCPIA 115—2021	戊唑·多菌灵悬浮剂防治小麦赤霉病施用限量	8/25/2021
7	T/CCPIA 116—2021	氟噻唑吡乙酮可分散油悬浮剂防治马铃薯晚疫病施用限量	8/25/2021
8	T/CCPIA 117—2021	嘧菌酯悬浮剂防治马铃薯早疫病施用限量	8/25/2021
9	T/CCPIA 118—2021	肟菌·戊唑醇水分散粒剂防治马铃薯早疫病施用限量	8/25/2021
10	T/CCPIA 119—2021	噻吩磺隆可湿性粉剂防治玉米田杂草施用限量	8/25/2021
11	T/CCPIA 120—2021	烟嘧磺隆可分散油悬浮剂防治玉米田杂草施用限量	8/25/2021
12	T/CCPIA 121—2021	乙草胺乳油防治玉米田杂草施用限量	8/25/2021
13	T/CCPIA 122—2021	苯醚甲环唑水分散粒剂防治设施辣椒炭疽病施用限量	8/25/2021
14	T/CCPIA 123—2021	烯酰吗啉可湿性粉剂防治设施番茄晚疫病施用限量	8/25/2021
15	T/CCPIA 124—2021	肟菌·戊唑醇水分散粒剂防治设施番茄早疫病施用限量	8/25/2021
16	T/CCPIA 125—2021	啶虫脒水分散粒剂防治设施番茄白粉虱施用限量	8/25/2021
17	T/CCPIA 126—2021	苯醚甲环唑水分散粒剂防治设施黄瓜炭疽病施用限量	8/25/2021
18	T/CCPIA 127—2021	烯酰吗啉水乳剂防治设施黄瓜霜霉病施用限量	8/25/2021
19	T/CCPIA 128—2021	戊唑醇水乳剂防治设施黄瓜白粉病施用限量	8/25/2021
20	T/CCPIA 129—2021	腈菌唑可湿性粉剂防治设施黄瓜白粉病施用限量	8/25/2021
21	T/CCPIA 130—2021	啶虫脒水分散粒剂防治设施黄瓜蚜虫施用限量	8/25/2021

四、成果来源

项目名称和项目编号：化学农药在我国不同种植体系的归趋特征与限量标准（2016YFD0200200）

完成单位：中国农业科学院植物保护研究所

联系人及方式：董丰收，13671187085，fsdong@ippcaas.cn

联系地址：北京市海淀区圆明园西路2号中国农业科学院植物保护研究所

茶园精准轻简高效养分管理理论与技术

一、理论概述

科学的养分管理是实现茶叶优质高效、生态环境安全和可持续发展的关键保障。较长时间以来片面追求增产，以及对养分的品质效应和机理认识不清，导致了肥料用量大、施肥技术粗放，这种施肥模式对茶叶品质的提升作用弱，甚至使茶叶品质降低，使土壤养分损失严重，并伴随高风险环境污染。针对这些问题，本项目通过明确茶树养分需求特性及吸收规律，创新提出了以提高茶叶品质为核心的茶园精准轻简高效养分管理理论与技术。

二、理论评价

1.创新性

（1）揭示了茶树对氮、磷、钾养分的需求特性和营养的品质效应，明确了氮素不同形态及供应水平对主要品质成分代谢影响及机理，深入揭示了茶树冬春休眠期氮素吸收、贮藏和翌年春季氮素再利用的特性，明确了磷、钾、镁等养分对茶叶品质影响效果，探明了主产区域茶园养分状况，建立了我国茶树科学高效养分管理的理论基础。

（2）研究并揭示了茶园土壤生物肥力特性，阐明了典型茶园土壤微生物群落组成特征及主要驱动因子，揭示了长期施用化学氮肥、有机肥种类及替代比例对土壤微生物群落结构及功能的影响，明确了氮肥用量与土壤酸化、硝酸根残留和淋失的量效关系，揭示了有机肥替代比例对茶园土壤肥力与产量的影响及其权衡关系，建立了茶园养分管理技术提升土壤和环境质量的技术基础。

（3）创建了不同茶类氮素养分总量控制定额、养分配比基准及形态配伍，创新茶树养分快速检测、土壤积温确定氮追肥期、冬春叶面肥航空施用扩库增转、基肥侧深施肥、水肥一体化、有机肥替代化肥等高效管理技术，创制茶树专用肥、含硝化抑制剂专用肥、缓控释专用肥等产品，创制茶园变量变距变深精准施肥机，为推进茶树“精准养分种类、精准用量、精准配比、精准时期、精准位置”提供了坚实的技术支撑。

2.实用性 为茶园养分优化管理、茶园土壤培肥技术构建提供了理论和技术基础。基于不同茶类对产量、品质的要求存在差异，不同茶类氮素养分定额将主要养分用量控制在一个适当的范围内，兼顾产量、品质、土壤质量和环境的要求，解决了什么茶类施多少量肥料的问题。根据茶树主要养分配比基准、氮素形态配伍等技术，研制筛选了符合茶树营养需求和土壤条件的茶树专用配方肥、有机无机复合肥、新型肥料，解决了适宜产品少和难选择的问题。茶园有机肥部分替代化肥技术，明确不同种类有机肥替代化肥的技术和效果，创制生态有机肥和有机肥施肥机械等产品，解决了长期植茶状况下茶园土壤退化、动物源有机肥中金属元素和抗生素含量超标、磷钾养分过量以及施肥不均、施肥深度不够等问题。叶面肥航空施用技术、水肥一体化技术、基肥侧深施肥技术、春季氮追肥时期优化技术等高效施肥技术能提升茶树对养分的吸收和利用效率，较好地解决了怎么施和怎样施才有效的问题。

3.稳定性 在氮素养分用量定额、氮磷钾配比基准、基肥侧深施和分期施用基础上，对有机肥替代化肥技术、茶树新型肥料、水肥一体化、叶面肥高效施用技术、酸化土壤改良技术、套种绿肥等技术和产品进行有机整合，形成了“茶树专用肥＋（绿肥）”“有机肥替代＋茶树专用肥＋（叶面肥）”“有机肥替代＋新型肥料＋（叶面肥）”“茶树专用肥＋酸化土壤改良＋（有机肥替代）”“茶树专用肥＋沼液肥＋（绿肥）”“有机肥替代＋水肥一体化”等技术组合，并与其他农业措施如修剪技术等综合集成，形成了区域特色茶园养分精准轻简管理技术模式，与习惯施肥相比，示范区化肥平均减施37.5%，农业利用效率平均提升129%，每公顷平均节本增收4 680元。

三、成果形式

发表论文：

[1] Fan K，Zhang Q，Tang D，et al.，2020. Dynamics of nitrogen translocation from mature leaves to new shoots and related gene expression during spring shoots development in tea plants (*Camellia sinensis* L.) [J]. Journal of Plant Nutrition and Soil Science，183 (2).

[2] Ji L，nI k，Wu Z，et al.，2020. Effect of organic substitution rates on soil quality and fungal community composition in a tea plantation with long-term fertilization[J]. Biology and Fertility of Soils，56 (5) :633-646.

科学技术成果：

茶园化肥减施增效技术及应用。登记号为DJ306002021Y0003。

四、成果来源

项目名称和项目编号： 茶园化肥减施增效技术集成研究与示范（2016YFD0200900）

完成单位： 中国农业科学院茶叶研究所

联系人及方式： 阮建云，13634119930，jruan@tricaas.com

联系地址： 浙江省杭州市梅灵南路9号

产品篇

CHANPIN PIAN

植物免疫诱导剂阿泰灵

一、产品概述

植物免疫诱导剂是指活体生物及其代谢产物或小分子化合物能够诱导植物免疫系统使植物获得或提高对病菌或害虫的抗性及抗逆性，该类物质自身没有直接的杀菌、杀虫或抗性功能，其主要作用是诱导植物自身产生免疫抗性反应，这种免疫抗性反应涉及植物生理生化、生长发育、植保素积累以及抗病基因表达等方面。研究表明，植物激活蛋白能显著提高植物抗病相关酶活性，促进生长相关物质的积累，植物免疫所产生的信号主要有水杨酸（SA）、茉莉酸（JA）、乙烯（ET）和脱落酸（ABA）等，调控植物抗性相关基因的表达，如苯丙氨酸解氨酶、β-1,3-葡聚糖酶、几丁质酶、过氧化物酶、植保素、病程相关蛋白等的变化，从而抵抗病菌和害虫的侵入和发展，减轻和防止病虫害的发生。

阿泰灵（6%寡糖·链蛋白可湿性粉剂）是在农业农村部取得登记的生物农药，登记证号为PD20171725，登记防治对象为水稻病毒病、番茄病毒病、烟草病毒病、白菜软腐病、西瓜枯萎病和柑橘溃疡病。

二、技术参数

产品符合农药产品标准Q/ZBL 075—2015所规定的相关产品标准。

6%寡糖·链蛋白可湿性粉剂控制项目指标

项目		指标
氨基寡糖素质量分数/%		3.0±0.3
极细链格孢激活蛋白质量分数/%		3.0±0.3
水分/%		≤5.0
pH范围		4.0 ~ 7.0
悬浮率/%	氨基寡糖素	≥75
	极细链格孢激活蛋白	≥75
细度(通过74μm试验筛)/%		≥98
润湿时间/s		≥120
热贮稳定性* [(54±2) ℃，14d]		合格

* 热贮稳定性为抽检项目，每3个月至少检验1次。

三、产品评价

1.创新性　将植物免疫诱抗蛋白与氨基寡糖素科学配伍，充分利用两种成分的相互增效作用，全面激发药剂潜能，提高作物抗性及防治效果。当药剂接触植物器官表面时，可以与植物细胞膜上的受体蛋白结合，引起植物体内一系列相关酶活性和基因表达量的增强，以调节水杨酸含量为主要路径，综合过敏反应与氧爆发，生物大分子诱导，蛋白、糖蛋白、多肽、小分子核糖核酸等从不同路径进入植物抗性信号传导，释放抗性因子，激活植物抗性系统。同时，激发植物体内基因，使植物产生具有抗病作用的几丁酶、葡聚糖酶、植保素及PR蛋白等因子，从而起到提高作物自身免疫力，调节作物生长，提高作物抗病、抗虫、抗旱、抗寒能力，提高农产品品质，以及增产的作用。极细链格孢激活蛋白是经极细链格孢菌发酵提取的一种具有生物活性的、稳定的新型蛋白质农药，配方全新，无交互抗性，自然条件下可分解成植物生长必需营养成分，绿色环保，已通过有机投入品认证，适用于有机农业生产。

2. 实用性 该产品已实现产业化和规模化应用，商品产品年产能达500t，已实现销售收入5亿元，盈利1.1亿元；推广应用面积5 000余万亩，对农作物重要病害综合防效达65%，减少化学农药用量20%以上，提高作物产量8%～15%，效益100亿元以上。该产品的经济、生态和社会效益显著，应用前景广阔。

四、产品展示

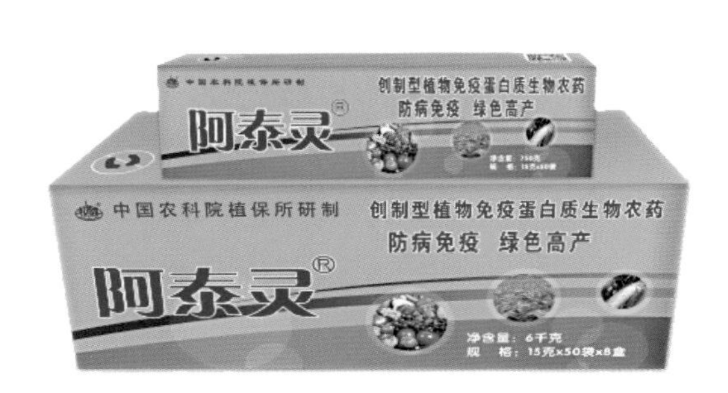

五、成果来源

项目名称和项目编号：作物免疫调控与物理防控技术及产品研发（2017YFD0200900）

完成单位：中国农业科学院植物保护研究所

联系人及方式：张刚应，13910008755，gyzhang@ippcaas.cn；曾洪梅，13691523762，zenghongmei@caas.cn

联系地址：北京海淀区圆明园西路2号中国农业科学院植物保护研究所

新型糖类免疫诱导剂

一、产品概述

本产品为壳寡糖（糖类免疫诱导剂）与噻霉酮（绿色杀菌剂）复配制剂，目前已获得农药正式登记（PD20181445），该复配制剂为悬浮剂剂型，有效成分为3.4%氨基寡糖素和1.6%噻霉酮。

二、技术参数

产品有效成分氨基寡糖素含量（3.4±0.31）%，聚合度分布DP2-8；噻霉酮含量（1.6±0.22）%；

产品悬浮率≥90%；倾倒后残余物≤5.0%，洗涤后残余物≤0.5%，75μm湿筛试验通过率≥98%；持久起泡性（1min）≤45mL。

三、产品评价

1.创新性 该产品兼备了植物免疫诱导和病原菌抑制双重生物功能，达到协同增效的作用，扩大了寡糖免疫诱导剂的应用范围，在产品功能上具有创新性。产品制备过程也具有创新性。该产品通过创制以高效壳聚糖酶为核心的生物酶解技术，实现了氨基寡糖素的聚合度调控，确保了产品中寡糖的免疫诱导活性；进一步通过优化两亲性表面活性剂和增稠剂的配比，建立了悬浮颗粒的稳定体系，实现了两种活性组分的悬浮剂的开发，解决了产品活性增效和稳定性问题。

2.实用性 该成果已实现产业化和规模化应用，建立了年产能5 000t的新型糖类免疫诱导剂生产线，新产品已实现销售收入1 000万元，盈利200万元；推广面积30多万亩，该复配制剂有效解决了梨枝枯病、油麦菜软腐病等多种作物种植中的重要问题，对于猕猴桃溃疡病防效达90%。产品可平均减少农药使用次数1.5次，减少用药量30%，同时发挥了糖类免疫诱导剂在提高作物抗寒及抗逆能力、改善作物品质以及降低农药残留等方面的优势，实现了绿色综合防治，果品商品率提高10%，经济收益每亩增加1 200元。该产品的经济、生态和社会效益显著，应用前景良好。

四、产品展示

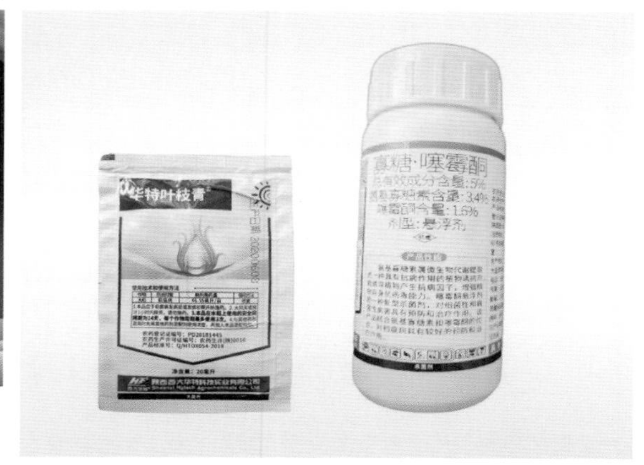

五、成果来源

项目名称和项目编号：作物免疫调控与物理防控技术及产品研发（2017YFD0200900）

完成单位：陕西西大华特科技实业有限公司、中国科学院大连化学物理研究所

联系人及方式：王鹏，13572580100，wangpeng@landsea.net.cn；尹恒，13478548389，yinheng@dicp.ac.cn

联系地址：陕西省西安市雁塔区科技二路65号清华科技园E座2002室，辽宁省大连市沙河口区中山路457号

马铃薯抗病毒免疫剂褐藻双寡糖水剂

一、产品概述

以褐藻——马尾藻为研究对象，成功突破了褐藻胶裂解酶目标菌株和岩藻多糖裂解酶菌株介导的功能因子生物转化技术，利用特定聚合度的褐藻胶寡糖和岩藻寡糖定向酶切技术，获得褐藻胶寡糖和岩藻寡糖。并通过应用建立的作物生测室和作物功能障碍的评价体系，对功能因子进行增效配伍研究，获得藻源生物刺激素褐藻双寡糖水剂作物免疫调节剂研发的原创性成果。

二、技术参数

研制出的褐藻双寡糖蛋白（健特水剂），其中褐藻酸寡糖含量5%，岩藻寡糖含量2%，液体制剂，产品可在一定程度上降低马铃薯Y病毒发病率，降低病害发生速度。

三、产品评价

1.创新性 该产品具有自主知识产权，已实现产业化和规模化应用，建立了年产能100t的褐藻双寡糖蛋白（健特水剂）生产线。

2.实用性 该产品在中国西北地区开展了马铃薯化肥农药减施综合技术集成与示范，示范总面积达4 500亩以上，减少化肥施用量最多可达50%，减少化学农药施用量最多可达30%；与常规施肥相比增产最高达35.59%；同时能增加产量和农民收入。该产品已获得农业农村部登记。

四、产品展示

五、成果来源

项目名称和项目编号： 马铃薯化肥农药减施技术集成研究与示范（2018YFD0200800）

完成单位： 北京雷力海洋生物新产业股份有限公司

联系人及方式： 汤洁，18601037219，TJ@leili.com；严国富，13811240897，39129557@qq.com

联系地址： 北京市怀柔区雁栖经济开发区雁栖大街15号

小分子植物免疫诱抗剂香草硫缩病醚

一、产品概述

香草硫缩病醚是贵州大学创制的具有自主知识产权的新农药。通过高活性配方筛选、制剂加工工艺及应用技术研究，研制12%寡糖·香草硫缩病醚微乳剂新产品，对辣椒、番茄、小麦、水稻等具有显著的增强抗病、促生长和增产作用。

二、技术参数

1.香草硫缩病醚原药制备工艺及参数 以香兰素、对氯氯苄、β-巯基乙醇等为原料，以碳酸钾、碘化钾、四氯化锆为催化剂，通过综合、醚化反应，制备香草硫缩病醚。香草硫缩病醚纯度≥93%，产品收率≥80%。

2.12%寡糖·香草硫缩病醚微乳剂加工工艺及参数 在1 000L反应釜中，加入环已酮等溶剂，加入计算量的香草硫缩病醚原药，搅拌溶解30～60min；加入计算量的乳化剂后，充分搅拌60min；再加入用去离子水溶解的氨基寡糖素原药溶液，搅拌60～90min，过滤去杂质。

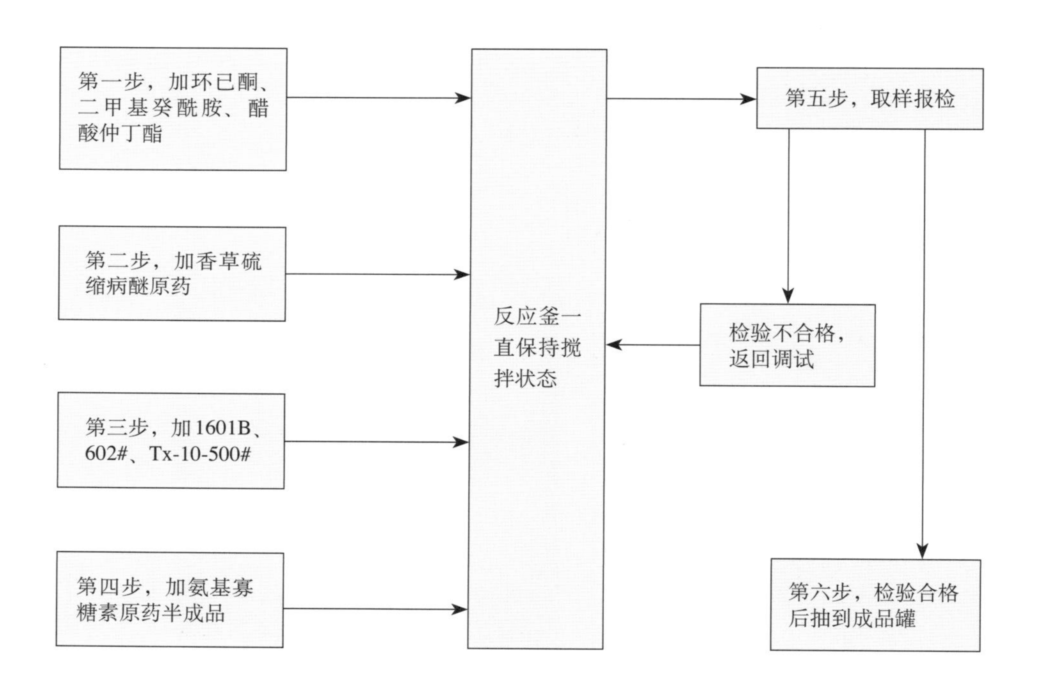

三、产品评价

1.创新性 研发香草硫缩病醚制备工艺的中试研究有效解决了香草硫缩病醚原药的规模化绿色制备工艺技术；12%寡糖·香草硫缩病醚微乳剂优于宁南霉素等常规药剂。

2.实用性 该成果解决了香草硫缩病醚产业化关键技术，初步实现香草硫缩病醚生产产业化和规模化，建立了年产300t的95%香草硫缩病醚原药生产线，具备年产2 000t 12%寡糖·香草硫缩病醚微乳剂加工能力；推广面积约800hm^2，对辣椒主要病毒病田间防效达63.65%，化学农药减量10%，农药利用率提高7%，使水稻、小麦等作物平均增产6.00%～12.65%。该产品的经济、生态和社会效益显著，应用前景良好。

四、产品展示

香草硫缩病醚
“缩合反应釜”

香草硫缩病醚“醚化反应釜”

中间体储存及溶液回收处理设备

离心机

干燥设备

五、成果来源

项目名称和项目编号：高效低风险小分子农药和制剂研发与示范项目（2018YFD0200100）

完成单位：贵州大学、海南正业中农高科股份有限公司

联系人及方式：张建，18785020685，1012534200@qq.com

联系地址：贵州省贵阳市花溪区贵州大学绿色农药与农业生物工程教育部重点实验室

生物调节剂冠菌素

一、产品概述

冠菌素是一种由丁香假单胞菌分泌的活性物质，具有多种植物生理功能，在诱导植物抵抗逆境胁迫方面具有独特的作用，是一种潜在的广谱、高效、环境友好的新型植物生长调节剂。

该产品在全球首次获得冠菌素农药登记（98%冠菌素原药PD20211351，0.006%冠菌素可溶液剂PD20211370），并获得了生产批准证书和企业标准，为作物抗逆增产、提质增效提供了一种全新的生物制剂和技术保障。

二、技术参数

冠菌素生产菌种在MG固体培养基（含有甘油的基础培养基）活化3 ~ 5d后，接入MG液体培养基，在恒温摇床中以28℃、180r/min培养，培养至菌体OD_{600}>1.2。以1%的接种量接种至种子罐并培养3d，种子罐的培养条件为转速120r/min、通气比1 ： 1。培养后的种子液经镜检无杂菌污染后，以1 ： 10的体积比移种至发酵罐，发酵罐转速120r/min，前期通气比为1 ： 0.5，后期逐渐增加至1 ： 1，发酵8d。发酵过程中每天检测有无杂菌污染、菌体OD_{600}和冠菌素产量。发酵完成后在70℃条件下原位灭菌20min，灭活冠菌素产生菌。完成发酵步骤后，发酵液经高速碟片式离心机8 000r/min离心去除菌体，经陶瓷膜→超滤膜→纳滤膜过滤浓缩8 ~ 12倍，浓缩液以3倍体积乙酸乙酯萃取，萃取后在50℃、−0.07MPa条件下回收溶剂，50℃烘干萃取液后进行硅胶柱层析，洗脱液为$V_{乙酸乙酯}$ ： $V_{石油醚}$=3 ： 1。层析后获得的粗品经乙酸乙酯回流重结晶，得到98%以上的冠菌素原药，进一步配制成0.006%冠菌素可溶液剂。

三、产品评价

1.创新性　①解析了冠菌素生物合成途径，明确了关键启动子、节点基因和温度敏感启动子对冠菌素合成影响，构建了冠菌素高产工程菌株，使18℃发酵冠菌素产量提高了8倍，使28℃发酵冠菌素产量提高了4倍，使发酵周期缩短了42%，冠菌素发酵生产潜力得到了有效提升。②研发了冠菌素高效发酵工艺，20t规模发酵冠菌素产量超过300mg/L，进一步建立了间歇式流加补料和半连续发酵工艺，使冠菌素发酵生产效率提高了20%，连续生产能力进一步提高；通过建立高速离心+三级膜过滤的浓缩工艺，高效去除菌体和生物大分子，进一步通过吸附-解吸附的冠菌素回收技术和重结晶技术，使冠菌素回收率达到85%以上，纯度高于98%，并首次实现了规模化制备。③系统评价了冠菌素的毒理学、环境影响和残留情况，明确其为低毒、低残留的生物调节剂，安全性高；研制了0.006%冠菌素可溶液剂，动物毒理学试验为低毒，对环境有益生物低毒、低风险，在棉籽、番茄果实和土壤中低残留。④建立了冠菌素在棉花、番茄等作物上的抗逆增产提质增效田间应用技术，发现了冠菌素作为果实着色剂、禾本科作物抗倒伏剂、棉花脱叶剂的新功效。

2.实用性　由于冠菌素的新农药登记证和生产批准证书等行业批文于2021年获得，因此冠菌素尚未在生产中大规模推广应用。进一步利用冠菌素开发的系列植物生长调节剂，具有广阔的市场前景。我国常年种植水稻、小麦、玉米、棉花各类作物25亿亩，按产品和应用技术覆盖50%计，潜在应用面积超过12亿亩，按每亩3mg的冠菌素用量计算，每年冠菌素的市场需求潜力达300kg，产值潜力达30亿元。水稻、小麦、玉米三大粮食作物常年种植约14亿亩，按推广应用50%、每亩减损增产粮食50kg计，可减损增产粮食3 500万t。冠菌素将极大地助力保障我国的粮食安全和主粮自给。

生物调节剂冠菌素用量极低，能广谱高效诱导作物抗性，也可用作生物延缓剂、生物脱叶剂、生物除草剂等。冠菌素的推广应用可以增加绿色食品的生产能力，增加农业产品的附加值，提高农产品的质量，有利于我国农产品输出，从而提高我国农产品在国际上的竞争力。冠菌素在农业上的应用，可以提高作物对干旱、高温、干热风、低温（倒春寒）等逆境的抗性，减轻逆境对作物的损害，保障作物生产的稳定性。

四、产品展示

农药登记证

登记证号：PD20211351　　总有效成分含量：98%

登记证持有人：成都新朝阳作物科学股份有限公司　　有效成分及含量：冠菌素/coronatine 98%

农药名称：冠菌素

剂型：原药

农药类别：植物生长调节剂　　毒性：低毒

使用范围和使用方法：

作物/场所	防治对象	用药量（制剂量/亩）	施用方式

备注：

首次批准日期：2021年09月03日

有效期至：2026年09月02日

中华人民共和国农业农村部
2021年09月03日

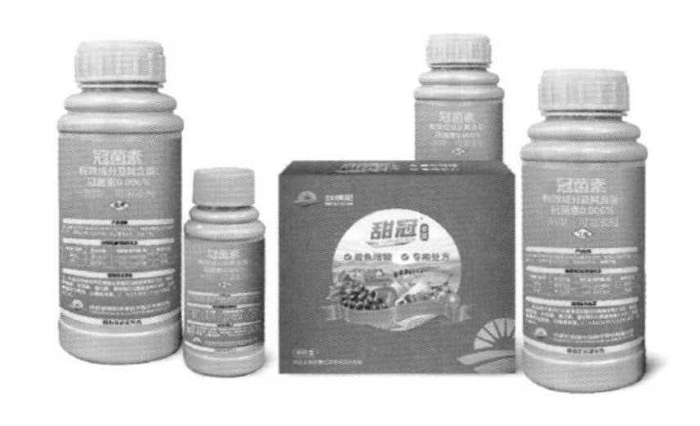

五、成果来源

项目名称和项目编号： 新型高效植物生长调节剂和生物除草剂研发（2017YFD0201300）

完成单位： 中国农业大学

联系人及方式： 谭伟明，13716091909，tanwm@cau.edu.cn

联系地址： 北京市海淀区圆明园西路2号

新型植物生长调节剂五谷丰素

一、产品概述

五谷丰素是从奇特药用植物重楼的一独株生长幼苗的内生菌NEAU6中发现的，具有细胞分裂素和生长素双重活性，是一种新型植物生长调节剂。

二、技术参数

（1）产品形态：粉剂。

（2）制备：菌株NEAU6发酵，单一组分，水溶性，不用溶剂提取，仅浓缩工艺。

（3）使用剂量：水稻上用1%五谷丰素150 ～ 300倍稀释液。

（4）使用方法：水稻浸种，不加任何助剂。

三、产品评价

1.创新性　水稻盆栽试验和田间增产试验表明，相较于几种常见的植物生长调节剂，五谷丰素促生增产的作用表现更为显著，对籽粒品质也有一定的提升，且对植物表现出明显的促早熟作用。五谷丰素用量低，增产显著，水稻亩有效用量0.1 ～ 0.2g，亩增产大于50kg或提高10%。水稻浸种（包衣）仅应用1次，整个生育期株高、茎粗、叶长、叶宽、产量增加明显，分蘖期提前3 ～ 5d，苗壮，早熟3 ～ 5d，抗冷害、冻害和抗倒伏能力增强。大鼠急性经口毒性LD_{50}>5 000mg/kg，毒性低于食盐。该产品在生产中低用量、低毒性，且为浸种或者包衣处理，在作物上无残留，对环境基本没有影响。有生长素、细胞分裂素促进植物根、芽生长的双重特性，且能诱导植物抗病，是极少既能促进植物生长又能增强植物抗病的农药。该产品现已获得新农药登记证书。

2.实用性 五谷丰素于2017—2021年在黑龙江、宁夏、河南、江苏、浙江、安徽、湖南、上海等多地的水稻栽培区示范应用，面积近20 000亩。五谷丰素能显著促进水稻根、芽双重生长，水稻浸种一次后根白、苗壮，茎粗提高60%，插秧后缓苗快；使用五谷丰素后水稻分蘖数显著提高，剑叶长，抽穗早，灌浆更加饱满，稻谷颜色更金黄；使用五谷丰素后水稻空瘪率明显下降，千粒重明显增加，产量显著提高，可稳定增产10%左右，最高增产达19.6%；五谷丰素显著提高出米率及米的品质，米厂吨级测试显示出米率提高2%～3%。2020年在哈尔滨、山东、安徽、江苏、福建、湖南、广东、江西、四川、重庆的水稻小区及哈尔滨、湖南的水稻大区进行了新农药推广试验，增产7.78%～18.4%。

四、产品展示

五、成果来源

项目名称和项目编号：种子、种苗与土壤处理技术及配套装备研发（2017YFD0201600）

完成单位：东北农业大学

联系人：向文胜，13159802118，xiangwensheng@neau.edu.cn

联系地址：黑龙江省哈尔滨市香坊区长江路600号东北农业大学

小分子杀菌剂丁吡吗啉

一、产品概述

以天然产物肉桂酸为先导，通过引进吡啶杂环和系列结构优化，创制出具有我国自主知识产权的杀菌剂原药品种丁吡吗啉。该产品已获得我国农药产品登记。

二、技术参数

分五步进行，包括氧化、氯代、酰化、缩合、脱水。其中氧化在水中进行，缩合在常温下进行。五步总收率75.1%，原药纯度97.2%。

三、产品评价

1.创新性　该产品对作物卵菌病害，尤其是各种疫病具有优异的防效，同时也对辣椒炭疽病、水稻纹枯病和稻瘟病等有较好的防效。丁吡吗啉是目前为止被发现的第一个具有抑制病原菌呼吸作用的CAA类杀菌剂。开发了丁吡吗啉的绿色环保合成工艺，成本低，安全性高。

2.实用性　该产品已实现产业化和规模化应用，建立了年产200t的95%丁吡吗啉原药生产线和年产1 000t的20%丁吡吗啉悬浮剂生产线各一条；累计生产和销售丁吡吗啉单剂和套装产品共计25.8t，累计推广面积达15万亩。

四、产品展示

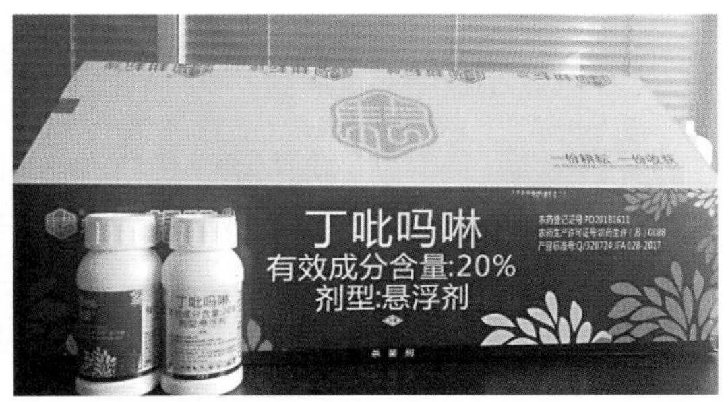

五、成果来源

项目名称和项目编号：高效低风险小分子农药和制剂研发与示范（2018YFD0200100）

完成单位：中国农业大学、江苏耕耘化学有限公司

联系人及方式：覃兆海，13001991198，qinzhaohai@263.net

联系地址：北京市海淀区圆明园西路2号

25%吡唑醚菌酯·毒氟磷悬浮剂

一、产品概述

25%吡唑醚菌酯·毒氟磷悬浮剂（复配专利号ZL201210215431.0）采用广谱杀菌剂吡唑醚菌酯和诱导抗逆成分毒氟磷进行混配，对外抑制病菌，对内激活作物免疫力，内外结合，相互增效，能提高效果，同时延缓抗药性。25%吡唑醚菌酯·毒氟磷悬浮剂于2021年9月29日获得农药正式登记。

二、技术参数

25%吡唑醚菌酯·毒氟磷悬浮剂控制项目指标

项目		指标
毒氟磷质量分数/%		20.0±1.2
吡唑醚菌酯质量分数/%		5.0±0.5
毒氟磷悬浮率/%		≥90.0
吡唑醚菌酯悬浮率/%		≥90.0
pH		4.0～7.0
倾倒性/%	倾倒后残余物	≤5.0
	洗涤后残余物	≤0.5
湿筛试验（通过75μm试验筛）/%		≥98.0
持久起泡性（1min后泡沫量）/mL		≤25
低温稳定性*		合格
热贮稳定性*		合格

* 为抽检项目，正常生产期间每6个月至少试验1次。

三、产品评价

1.创新性　该产品在防治真菌病害上效果突出，同时在防治病毒病和调节植物健康生长方面也有较好效果。安全性优于吡唑醚菌酯单剂，防治效果优于毒氟磷单剂。

2.实用性　该产品已获得专利，同时获得登记证件，在上市前进行了大量市场调研，在效果应用技术研究、包装以及相关设计、生产配方工艺研究、中试生产等各方面已经准备成熟，预计在2022年投入市场，大规模推广应用，预计2022年销售额500万元，推广面积4.7余万hm^2。

四、产品展示

五、成果来源

项目名称和项目编号：高效低风险小分子农药和制剂研发与示范（2018YFD0200100）

完成单位：广西田园生化股份有限公司

联系人及方式：卢瑞，13481078426，7030225@qq.com

联系地址：广西壮族自治区南宁市西乡塘区科园大道西九路2-1号

新型生物农药武夷菌素

一、产品概述

采用创立“溢胨法”筛选模型，从5 611株微生物中筛选发现了武夷山土样中的1株放线菌，其代谢产物具有良好的抑菌效果和内吸传导活性，将该菌株鉴定命名为不吸水链霉菌武夷变种（*Streptomyces ahygroscopicus* var. *wuyiensis*）。通过离子交换、色谱分析等手段，从上述菌株的代谢产物中分离、纯化并鉴定了一种分子式为$C_{13}H_{21}N_3O_{14}$、含胞苷骨架的新核苷类抗生素——武夷菌素。

二、技术参数

1.武夷菌素发酵生产工艺 采用响应面法优化了F64菌株的培养基配方和发酵条件，利用F64菌株和优化的培养基配方进行液体深层发酵培养，将有机碳源、有机氮源、速效碳源、无机氮源、无机盐、水和F64菌株加入到发酵罐中，在28℃条件下进行二级发酵。培养条件：一级发酵时间30 ～ 36h，二级发酵时间48 ～ 56h，接种量5%，罐压0.10MPa，通气量1 ∶ 0.9，搅拌转速180r/min。采用高产菌株F64和优化的培养基配方发酵生产武夷菌素，节约发酵成本20%～ 30%。

2.武夷菌素的“三膜组合”浓缩提取方法 设计发明了一种以人工生物膜为材料的“三膜组合”浓缩提取方法，其原理是用精滤膜和超滤膜分别去除相对分子质量大于1 500和小于800的化合物，用纳滤膜截留相对分子质量为800 ～ 1 500的化合物，去除水分、无机盐等小分子物质。“三膜组合”浓缩提取方法可在常温下浓缩提取武夷菌素，收率高达95%，不破坏武夷菌素的活性，且能降低能耗，工艺简便，能实现低碳生产。

3.建立产品检测方法 采用管碟法和高压液相色谱法都能够准确地检测产品中的武夷菌素含量。通过研究测定武夷菌素产品的pH、水不溶物、热贮稳定性、低温稳定性等控制指标，制定了武夷菌素产品的企业标准。

通过极性溶剂与稳定剂筛选、多孔性载体吸附能力比较和助剂增效配伍等一系列技术措施，发明创制了1%水剂、2%水剂和3%可溶性粉剂武夷菌素系列产品，对番茄叶霉病防治效果达86.9%，对黄瓜白粉病的防治效果达93.2%。

三、产品评价

1.创新性 武夷菌素具有我国自主知识产权。武夷菌素既能抑制植物病原菌蛋白质合成，又能诱导植物产生抗病性。

2.实用性 根据武夷菌素杀菌谱广、内吸传导作用的特点，研究了武夷菌素的喷雾、灌根、浸种防治黄瓜白粉病、黄瓜黑星病、番茄叶霉病、番茄灰霉病等病害的使用规范。2009年武夷菌素又被列入《蔬菜病虫害安全防治技术规范》（GB/T 23416—2009），指定用于防治茄果类、瓜类、绿叶类蔬菜白粉病、灰霉病、叶霉病等多种病害。2017—2019年，在黑龙江、天津、青海等地开展田间示范试验，主要用于防治蔬菜灰霉病、白粉病、叶霉病等真菌病害，防治效率在85%以上，累计应用面积达1 300hm^2，实现产品新增产值2 483.13万元，新增利润2 094.48万元，增产增收明显，取得了良好的经济效益。目前，应用武夷菌素已经成为我国绿色蔬菜和有机蔬菜生产中防治病害的核心技术。

四、产品展示

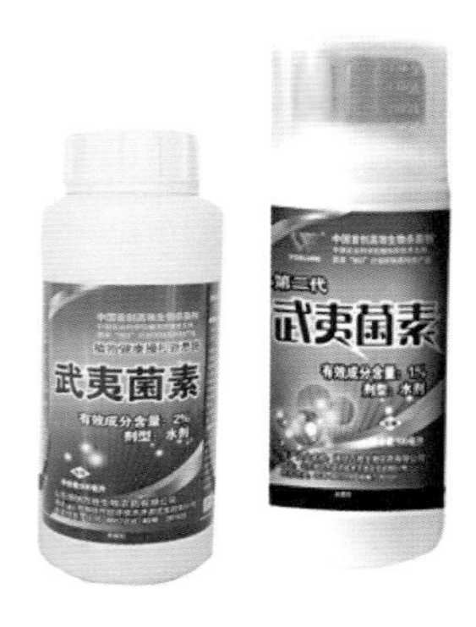

五、成果来源

项目名称和项目编号： 设施蔬菜化肥农药减施增效技术集成研究与示范（2016YFD0201000）

完成单位： 中国农业科学院植物保护研究所

联系人及方式： 张克诚，13683562960，zhangkecheng@sina.com

联系地址： 北京市海淀区圆明园西路2号院

微生物杀菌剂枯草芽孢杆菌悬浮剂

一、产品概述

黄瓜、甜瓜和西葫芦常被白粉病严重危害而造成极大的经济损失，传统上主要采取化学农药进行防治，易导致产生多种安全隐患。以河北省农林科学院植物保护研究所具有自主知识产权的生防枯草芽孢杆菌BAB-1菌株为新的有效成分，研究了其低成本液体原药生产工艺、制剂配方等产业化关键技术，开发出新的微生物农药80亿CFU/mL枯草芽孢杆菌悬浮剂，于2021年通过我国农药登记（PD20211146），靶标防治对象为设施黄瓜白粉病。

二、技术参数

采用二级发酵方式制备原药，先将枯草芽孢杆菌BAB-1菌株在500L种子罐中发酵10 ~ 12h后，转入5t发酵罐进行二次发酵培养。发酵48h后，镜检观察，待发酵液中的芽孢形成率达到90%以上时即下罐，并用300目*网布过滤得到粗原药（80亿～90亿CFU/mL）。将枯草芽孢杆菌BAB-1原药与各种助剂经搅拌混合，即得到80亿CFU/mL枯草芽孢杆菌悬浮剂。该制剂杂菌率为0，悬浮率为98%，pH为6.0，75μm筛通过率为100%，倾倒后残余物为1.6%，洗涤后残余物为

* 目指每英寸筛网上的孔眼数目。目数越高，孔眼越多，能通过筛网的物质粒径越小。——编者注

0.2%，各项指标均符合标准。

三、产品评价

1.创新性 该产品为我国瓜类和西葫芦白粉病的生物防治提供了新产品和新技术，在一定程度上替代了化学农药，为我国化学农药减施的国家战略实施提供了一条新途径。

2.实用性 目前已构建了年产100t的中试生产线，接下来将会构建年产5 000t的生产线。该产品无毒、无毒性残留，且环境友好，具有明显的经济、生态和社会效益，应用前景良好。

四、产品展示

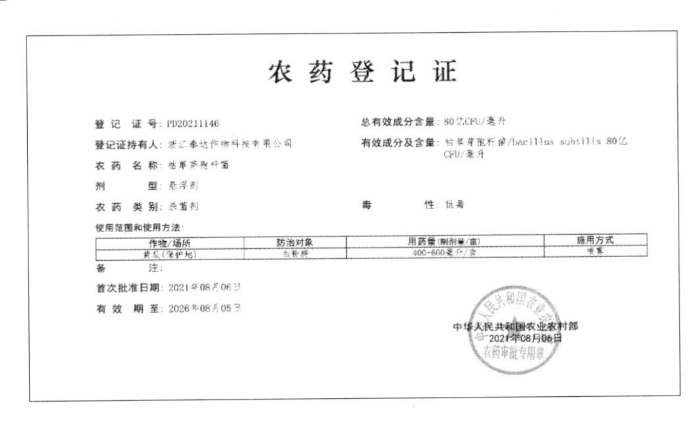

农 药 登 记 证

登 记 证 号：PD20211146

登记证持有人：浙江泰达作物科技有限公司

农 药 名 称：枯草芽孢杆菌

剂 型：悬浮剂

农 药 类 别：杀菌剂

总有效成分含量：80亿CFU/毫升

有效成分及含量：枯草芽孢杆菌/bacillus subtilis 80亿CFU/毫升

毒 性：低毒

使用范围和使用方法：

作物/场所	防治对象	用药量(制剂量/亩)	施用方式
黄瓜(保护地)	白粉病	400-600毫升/亩	喷雾

备 注：

首次批准日期：2021年08月06日

有 效 期 至：2026年08月05日

中华人民共和国农业农村部
2021年08月06日
农药审批专用章

五、成果来源

项目名称和项目编号： 新型高效生物杀菌剂研发（2017YFD0201100）

完成单位： 河北省农林科学院植物保护研究所

联系人及方式： 李社增，13933270123，shezengli@163.com

联系地址： 河北省保定市东关大街437号

微生物杀菌剂解淀粉芽孢杆菌悬浮剂

一、产品概述

通过“定向筛选三评价”科学快速筛选生防芽孢杆菌的评价体系，建立了生防芽孢杆菌资源库，成功筛选出了对水稻细菌性病害有高效防控作用的解淀粉芽孢杆菌LX-11。研制出的解淀粉芽孢杆菌悬浮剂已获得农药登记。

二、技术参数

采用二级发酵进行产业化规模生产，在种子罐中发酵8.5h后，转入二级罐再次进行发酵培养，16～18h后，发酵菌液中的芽孢占90%以上，发酵完成，添加适量助剂后即可形成产品。产品有效含量为60亿孢子/mL。

三、产品评价

1.创新性 构建了解淀粉芽孢杆菌LX-11产业化高密度发酵技术，有效提高了芽孢含量，发酵完成时发酵液中菌含量为130亿CFU/mL；研发了增效助剂与解淀粉芽孢杆菌悬浮剂混配的使用技术，显著提高了生防菌的防效效果。

2.实用性 该产品已实现产业化和规模化应用，在江苏、安徽、湖北、广东、福建、云南等地示范推广应用，对水稻细菌性病害的防治效果为64.1%～85.0%，与化学药剂噻枯唑防效相当，可有效替代化学农药防治水稻细菌性病害。该产品自2017年获得临时登记证以来，被列入江苏省植物保护检疫站防治水稻细菌性病害推荐用药；2019年以来，该产品被列入江苏省绿色防控技术产品联合推荐名录。目前该产品在生产上得到了规模化应用，可有效减少化学农药噻枯唑使用量50%以上，在稻田综合种养、绿色稻米生产基地对噻枯唑替代率达到100%；为水稻细菌病害的绿色防控提供了重要的技术支撑，有效保障了农产品品质、农田环境保护、生态平衡和人类健康，经济、社会和生态效益显著。

四、产品展示

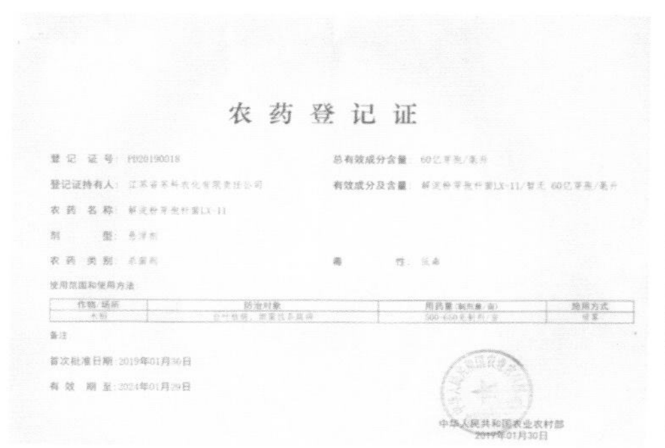
农药登记证

登记证号：
登记证持有人：
农药名称：
剂型：
农药类别：
总有效成分含量：
有效成分及含量：
毒性：

使用范围和使用方法

作物/场所	防治对象	用药量（制剂量/亩）	施用方式
[illegible]	[illegible]	[illegible]	[illegible]

备注

首次批准日期：2019年01月30日

有效期至：2024年01月29日

中华人民共和国农业农村部
2019年01月30日

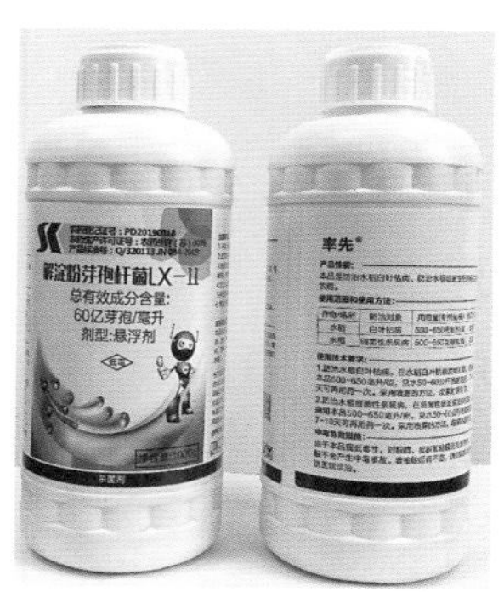

五、成果来源

项目名称和项目编号：新型高效生物杀菌剂研发（2017YFD0201100）

完成单位：江苏省农业科学院植物保护研究所

联系人及方式：张荣胜，13770632915，r_szhang@163.com

联系地址：江苏省南京市玄武区钟灵街50号

蜡蚧轮枝菌可湿性粉剂、黄色无纺布菌剂

一、产品概述

本产品以蜡蚧轮枝菌为有效成分，对于具趋黄习性的粉虱、蚜虫、叶蝉类刺吸式口器害虫有

良好的杀灭效果。将蜡蚧轮枝菌经过培养、发酵后的发酵液中浸入黄色无纺布条，并在无纺布条上培养出孢子得到蜡蚧轮枝霉黄色无纺布菌剂。

二、技术参数

蜡蚧轮枝菌可湿性粉剂的表面活性剂用吐温-80，孢子保护剂用海藻酸钠，孢子抗紫外线保护剂用甲基绿，稳定剂为液体石蜡，填充剂为高岭土，润滑剂为滑石粉。所有固体助剂均过100目筛，在混合机中先后加入重量百分含量为1%～5%的表面活性剂、重量百分含量为0.1%～0.2%的孢子保护剂、重量百分含量为0.01%～0.02%的紫外保护剂、重量百分含量为0.2%～1%的增效剂、重量百分含量为3.33%～10%的崩解剂和重量百分含量为7.79%～17.58%的填充剂，充分搅拌混匀60min，再加入重量百分含量为0.4%～0.6%的润湿剂，继续搅拌混匀30min，制成均匀的湿材，过20目筛制成湿颗粒，20～22℃相对无菌的条件下干燥24～48h，至干颗粒含水量为重量百分含量5%～6%。

三、产品评价

1.创新性 通过研发蜡蚧轮枝菌可湿性粉剂、黄色无纺布菌剂，有效提高了真菌杀虫剂控制柑橘木虱效果；无纺布作为真菌培养基载体，能保持和满足在无纺布上生长的蜡蚧轮枝菌孢子萌发所需的湿度；黄色能引诱害虫，增加与真菌孢子的接触机会，增强侵染，造成害虫流行病的发生，以控制害虫种群，并解决了真菌杀虫剂受环境湿度限制的技术难题。

2.实用性 自2018年项目实施以来，在赣州、三明、福州郊区柑橘园进行了释放推广应用，田间虫口减退率达90.8%以上，验证了蜡蚧轮枝菌可湿性粉剂、黄色无纺布菌剂对柑橘木虱的田间防控效果。该产品的经济、生态和社会效益显著，应用前景良好。

四、产品展示

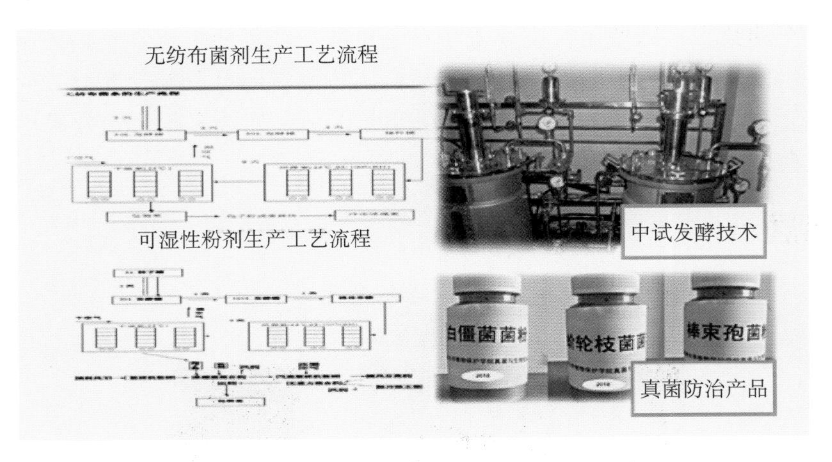

五、成果来源

项目名称和项目编号：柑橘黄龙病综合防控技术集成研究与示范（2018YFD0201502）

完成单位：福建农林大学

联系人及方式：王联德，18120819689，wang_liande@126.com

联系地址：福建省福州市仓山区上下店路15号

菌核病生防菌剂盾壳霉

一、产品概述

盾壳霉是油菜菌核病病原菌核盘菌的重寄生真菌，可寄生于核盘菌的菌核和菌丝，在控制菌核病的初侵染和再侵染过程中均可发挥重要作用。

二、技术参数

制备盾壳霉分生孢子悬浮液（1×10^6孢子/mL），18 ～ 22℃条件下振荡培养1 ～ 3h，按1 ：（30 ～ 50）比例加入固体培养基质，培养基质中燕麦片和谷壳体积比为1 ： 1，含水量40%，置于18 ～ 22℃条件下继续培养17 ～ 19d，自然风干后粉碎，真空包装。

盾壳霉可湿性粉剂孢子含量：40亿孢子/g。贮存：2 ～ 6℃低温条件下可保存6 ～ 12个月。用量：每亩100g。

三、产品评价

1. 创新性 经过多年研究明确了盾壳霉的生物学特性，阐明了盾壳霉寄生于核盘菌的分子机制，在此基础上优化建立了盾壳霉固体发酵和液体发酵的生产技术体系，并建立了盾壳霉与除草剂混合使用的轻简化技术，明确了盾壳霉与油菜专用肥混合使用的可行性。播种时用盾壳霉处理土壤或盾壳霉处理土壤结合花期喷雾可有效控制油菜菌核病，能有效降低化学农药的用量。

2. 实用性 该产品连续多年在我国湖北、湖南、安徽、四川、江西、江苏、重庆、河南、陕西和青海等地的油菜主产区进行了大面积示范推广，累计推广面积超过30万亩。该产品适应性广，可在我国多个油菜主产区使用，主要优势在于可减少或不使用化学农药控制菌核病，在不降低防效的情况下，使用盾壳霉土壤处理时可使菌核病防治农药用量减少30%，同时结合盾壳霉花期喷雾可不使用化学农药防治菌核病，平均增产3%以上，连续多年使用效果更佳，具有显著的经济、生态和社会效益。

四、产品展示

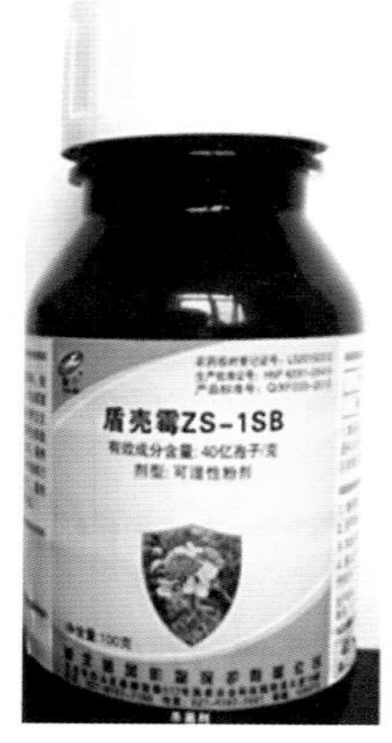

五、成果来源

项目名称和项目编号：油菜化肥农药减施技术集成研究与示范（2018YFD0200900）
完成单位：华中农业大学
联系人及方式：程家森，18007178787，18007178787@163.com
联系地址：湖北省武汉市洪山区狮子山街1号华中农业大学

嗜硫小红卵菌HNI-1悬浮剂

一、产品概述

光合细菌菌株——嗜硫小红卵菌HNI-1（2亿CFU/mL）悬浮剂（商品名为雅力士）是微生物杀菌剂，主要用于防治果蔬花叶病毒病、根结线虫病及水稻稻曲病等。其防病作用机理是该菌株的分泌物中含有多种杀菌活性物质，能有效杀灭和抑制多种病原微生物，并能通过竞争性抑制有效控制病原微生物的生长和繁殖，且其分泌物能被植株吸收并诱导植株产生抗病能力。

二、技术参数

有效成分为嗜硫小红卵菌HNI-1，含量为2亿CFU/mL。

三、产品评价

1.创新性 具有促生抗逆功效，能部分替代化学肥料和农药，能显著改善生态环境。

2.实用性 该产品已实现产业化和规模化应用，建立了年产1 500t的新型肥料（农药）生产线，雅力士产品2021年已实现销售收入2 000万元，利润600万元；推广面积100万亩，化学农药减量15%以上。在西甜瓜上的应用表明，雅力士防治线虫的效果与化学药剂噻唑膦相当，并具有较好的促生长效果，与生防杀菌剂多黏类芽孢配合使用，在安徽设施大棚使用，西甜瓜产量较单纯使用化学杀线剂提高了30%左右。

四、产品展示

农药登记证

登记证号：PD20190021
总有效成分含量：2亿CFU/毫升
登记证持有人：长沙艾格里生物科技有限公司
有效成分及含量：嗜硫小红卵菌HNI-1/暂无 2亿CFU/毫升
农药名称：嗜硫小红卵菌HNI-1
剂型：悬浮剂
农药类别：杀菌剂
毒性：低毒

使用范围和使用方法：

作物/场所	防治对象	用药量（制剂量/亩）	施用方式
番茄	花叶病	180~240毫升/亩	喷雾
番茄	根结线虫	400~600毫升/亩	灌根
水稻	稻曲病	200~400毫升/亩	喷雾

备注：

首次批准日期：2019年01月30日
有效期至：2024年01月29日

中华人民共和国农业农村部
2019年04月11日

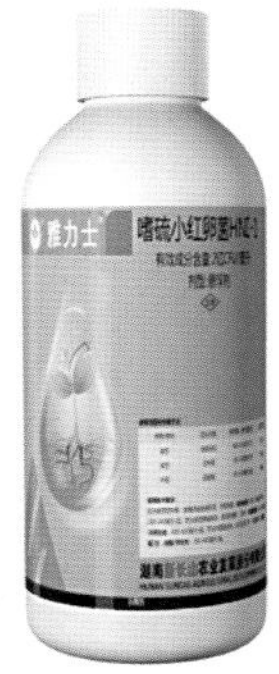

五、成果来源

项目名称和项目编号： 西甜瓜化肥农药减施增效基础及关键技术研发（2018YFD0201302）
完成单位： 湖南省植物保护研究所
联系人及方式： 戴建平，13975899570，75149129@qq.com
联系地址： 湖南省长沙市芙蓉区远大二路726号

防控草地贪夜蛾的天敌昆虫

一、产品概述

重大入侵性害虫草地贪夜蛾自2019年入侵我国，迅速蔓延至全国26个省份，危害面积超1 600万亩，严重威胁玉米等粮食作物生产，党和国家领导人多次作出防控草地贪夜蛾的重要指示。应急开展“以虫治虫”防治产品创制和生物防治技术研究，经密切协作和任务攻关，系统地总结了240多种可用的天敌昆虫，利用生物学评估及标记重捕法等定量分析了蠋蝽、益蝽、夜蛾黑卵蜂的控制能力；利用发育营养学原理及组学技术，研发出可工厂化应用的蠋蝽、益蝽人工饲料3种；结合自动计量、传送分离等工艺，开发人工饲料加工机、天敌培养自动分离机等核心设备14件；在贵州、河北等地创建天敌生产线7条，建立了占地124亩的全球单体最大的天敌昆虫扩繁工厂；研发天敌产品16种，包括蠋蝽、益蝽、夜蛾黑卵蜂等天敌新产品3种；蠋蝽在2019—2020年生产1.4亿头，创造了我国捕食性天敌昆虫的新纪录；发明了滞育调控技术，使捕食性天敌产品货架期提升4 ～ 6倍。

二、技术参数

累计研发5种天敌产品包装：瓶装和袋装蠋蝽、瓶装和袋装益蝽、黑卵蜂蜂卡。释放蠋蝽和益蝽时，打开瓶口或撕开袋口，释放成虫或若虫，单次按每亩25 ～ 50头的密度释放；释放寄生蜂时，可将蜂卡固定于远离地面的玉米叶片背面，以防被其他捕食性生物取食，投放量可根据害虫发生程度适当调整，按照蜂卵比1 ：（100 ～ 200）比例释放。

三、产品评价

1.创新性 针对我国天敌昆虫产业发展的3个关键技术瓶颈，攻坚人工饲料配置、替代猎物饲养和天敌昆虫扩繁。一是基于天敌昆虫发育营养需求和转录组学、代谢组学规律，优化天敌人工饲料，简易获得的动物源蛋白及加工剂型可满足标准化生产和天敌发育需求；二是筛选天敌昆虫替代猎物或载体植物，使蚜茧蜂类天敌扩繁周期缩短为传统技术的1/6，多种天敌扩繁效率提高1/3，成本降低1/5以上；三是研发了大规模扩繁器械及自动化监测控制系统，整体串联全生产链条，铺设大规模生产线，覆盖天敌生产、产品包装、贮存质检、发育调控技术环节，填补了本领域国内外空白，创造了新纪录。

2.实用性 2020年以来，在贵州、云南开展大规模应用，开展“以虫治虫”的试验示范，释放蠋蝽和益蝽的罩笼处理区内全部草地贪夜蛾害虫被消灭，开放实验示范区防治效果超过65%，防治效果显著；夜蛾黑卵蜂在云南、广西田间调查，试验处理寄生率超过85%，一个月后毗邻区寄生率超过40%（含短管赤眼蜂寄生）。本产品可在草地贪夜蛾周年繁殖区大面积推广，对控制草地贪夜蛾越冬虫口有重要作用。

四、产品展示

五、成果来源

项目名称及项目编号：天敌昆虫防控技术及产品研发（2017YFD0201000）

完成单位：中国农业科学院植物保护研究所

联系人及方式：张礼生，13810338766，zhangleesheng@163.com

联系地址：北京市海淀区圆明园西路2号

金龟子绿僵菌CQMa421系列

一、产品概述

采用菌株选育新方法，以侵染水稻全部主要害虫、不侵染天敌昆虫蜻蜓为目标，筛选高毒力菌株，获得了金龟子绿僵菌CQMa421菌株。该菌株可以高效侵染鳞翅目、鞘翅目、直翅目、双翅目、膜翅目、半翅目、缨翅目的30多种重要农业害虫，但不侵染蜻蜓、寄生蜂等害虫天敌。采用该菌株开展了制剂研制、生产工艺优化和产品登记。研制出金龟子绿僵菌CQMa421杀虫剂产品4个，包括150亿孢子/mL金龟子绿僵菌CQMa421原药（登记证号为PD20171745）、80亿孢子/mL金龟子绿僵菌CQMa421可分散油悬浮剂（登记证号为PD20171744）、80亿孢子/g的金龟子绿僵菌CQMa421可湿性粉剂（登记证号为PD20182111）、2亿活孢子/g金龟子绿僵菌CQMa421颗粒剂（登记证号为PD20190001）。

二、技术参数

金龟子绿僵菌CQMa421原药有效成分含量为150亿孢子/mL，可分散油悬浮剂有效成分含量为80亿孢子/mL，可湿性粉剂有效成分含量为80亿孢子/mL，颗粒剂有效成分含量为2亿活孢子/g。

三、产品评价

1.创新性 该产品可用于防控21种（类）作物的23种（类）害虫，解决了许多重要害虫无生物农药可用的难题。利用金龟子绿僵菌CQMa421可分散油悬浮剂防治褐飞虱、稻纵卷叶螟、二化螟的效果达60%～85%。该产品对环境友好，不影响蜘蛛、黑肩绿盲蝽、寄生蜂等害虫天敌的种群数量。金龟子绿僵菌CQMa421农药的田间增产效果明显，较空白对照提高15%～30%，与化学农药的防治效果相当。金龟子绿僵菌CQMa421与甲氨基阿维菌素苯甲酸盐（甲维盐）联用对稻飞虱和螟虫的防效达到85%以上，较空白对照增产29.3%，显著高于甲氨基阿维菌素苯甲酸盐单剂22.5%的增产率。

2.实用性 金龟子绿僵菌CQMa421可分散油悬浮剂与其他生物农药（苏云金杆菌、井冈霉素、春雷霉素、枯草芽孢杆菌）联合使用，对稻飞虱、稻纵卷叶螟、二化螟的防效达60%～90%，减少化学农药用量50%～100%。金龟子绿僵菌CQMa421与Bt联用田间防效达90%以上，与4种化学农药（氯虫苯甲酰胺、甲维盐、乙基多杀菌素、虫螨腈）减半混用防效均达95%以上，达到或优于全量化学农药使用效果。金龟子绿僵菌CQMa421对瓜蚜具有良好的控制效果，防效达90%以上，化学农药减量使用20%～25%。

2018—2020年，金龟子绿僵菌CQMa421可分散油悬浮剂被全国农业技术推广服务中心列为水稻重大害虫防治推荐产品（农技植保〔2018〕7号、农技植保〔2019〕17号、农技植保〔2020〕40号），被多个省市列为推荐农药，在湖北、重庆、广东、广西、海南、贵州、辽宁等十四省（直辖市、自治区）的水稻上大面积推广示范与应用，应用面积200多万亩。其中，采用基于金龟子绿僵菌CQMa421可分散油悬浮剂的无化药水稻主要害虫的防控技术应用面积为22万多亩，防效达到60%～85%，减少化学杀虫剂用量17.5%～26.4%（按每亩使用化学杀虫剂80～120g计算）。采用基于金龟子绿僵菌CQMa421的水稻主要害虫减药控害技术的应用面积超过143万亩，防效达到85%以上；水稻平均增产5%以上；减少化学杀虫剂50%以上，减量57.2～85.8t（按每亩使用化学杀虫剂80～120g计算）。在稻田综合种养区应用面积超过35万亩，水稻种植增产6%以上；平均减少化学杀虫剂用量60%以上，减量16.8～25.2t（按每亩使用化学杀虫剂80～120g计算）。

2019—2020年在山东省济南市商河县蔬菜生产基地，开展应用80亿孢子/mL金龟子绿僵菌可分散油悬浮剂防治瓜蚜、80亿孢子/mL金龟子绿僵菌可分散油悬浮剂与10%氟啶虫酰胺水分散粒剂桶混防治烟粉虱示范，应用面积达16.08万亩次，取得了较好的经济、生态和社会效益。

四、产品展示

五、成果来源

项目名称和项目编号：新型高效生物杀虫剂研发（2017YFD0201200）

完成单位：中国农业科学院植物保护研究所

联系人及方式：张杰，13121381850，zhangjie05@caas.cn

联系地址：北京市海淀区圆明园西路2号

甘蓝夜蛾核型多角体病毒系列

一、产品概述

该产品是广谱昆虫病毒杀虫剂，能杀灭鳞翅目夜蛾科、螟蛾科、菜蛾科、尺蠖科等多科害虫，并且使害虫致病后相互传染，形成“虫瘟杀虫”。可以长期控制田间害虫，使害虫种群的基数水平降低，多年用药后害虫不产生抗药性。此外，该产品获得欧盟有机认证和中国有机产品认证，是有机认证农产品及绿色农产品的首选农药。

该产品可侵染32种鳞翅目昆虫，对草地贪夜蛾、小菜蛾、棉铃虫、甘蓝夜蛾、玉米螟、稻纵卷叶螟、茶尺蠖、烟青虫、黄地老虎等害虫具有很高的杀虫活性，多次使用不易使害虫产生抗性，且产品内含丰富的昆虫多肽，能有效补充作物生长所需养分。

二、技术参数

该产品有两种规格，分别为5亿PIB/g甘蓝夜蛾核型多角体病毒颗粒剂与20亿PIB/mL甘蓝夜蛾核型多角体病毒悬浮剂。5亿PIB/g甘蓝夜蛾核型多角体病毒颗粒剂对地老虎防治效果在80%以上；20亿PIB/mL甘蓝夜蛾核型多角体病毒悬浮剂对草地贪夜蛾的防治效果在85%以上。

三、产品评价

1.创新性 降低了饲料成本；病毒接种由人工操作完全改为机械化操作，降低了生产人工成本。实现大规模的甘蓝夜蛾核型多角体病毒杀虫剂产业开发，建成年产千吨级广谱杀虫甘蓝夜蛾核型多角体病毒生产线，开发出针对玉米地老虎的甘蓝夜蛾核型多角体病毒颗粒剂新剂型。

2.实用性 2019年在海南省、湖南省、江西省和河南省四地的田间药效试验表明，20亿PIB/mL甘蓝夜蛾核型多角体病毒悬浮剂对草地贪夜蛾的防治效果达85%以上。在江西省进行了1.4万亩的示范，甘蓝夜蛾核型多角体病毒悬浮剂对草地贪夜蛾的防治效果达到86.4%以上。在江西省、四川省和贵州省辐射应用44.9万亩。累计应用46.3万亩，减少化学杀虫剂用量约50t。

四、产品展示

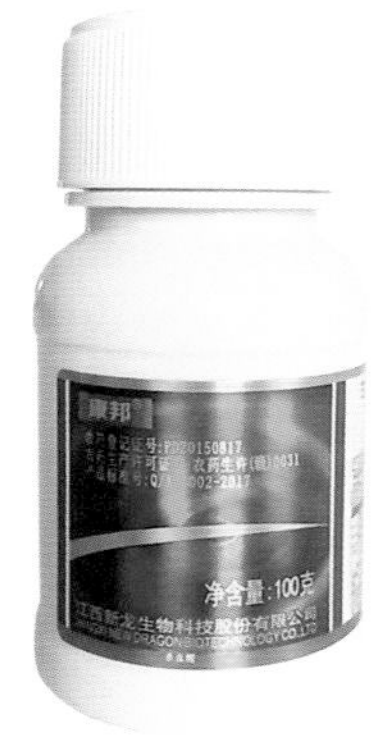

五、成果来源

项目名称和项目编号： 新型高效生物杀虫剂研发（2017YFD0201200）
完成单位： 中国农业科学院植物保护研究所
联系人及方式： 张杰，13121381850，zhangjie05@caas.cn
联系地址： 北京市海淀区圆明园西路2号

30%茶皂素水剂

一、产品概述

30%茶皂素水剂是国际上首次研发的对茶小绿叶蝉等茶树害虫具有生物活性且对人畜安全的植物源杀虫剂。该产品的大规模推广应用，将构建一套安全、高效、低成本、可持续治理茶树害虫的技术解决方案。

二、技术参数

组成和外观：本品由符合标准的茶皂素原药和必要的助剂制成，应是稳定的均相液体，无可见的悬浮物和沉淀。30%茶皂素水剂控制项目指标应符合下表要求。

30%茶皂素水剂控制项目指标

项　目	指　标
茶皂素质量分数/%	30.0±1.5
水不溶物质量分数/%	≤0.3
pH	5.5 ～ 7.0
稀释稳定性	合格
低温稳定性*	合格
热贮稳定性*	合格

* 每3个月进行1次，更换原材料时要及时检验。

三、产品评价

1.创新性 30%茶皂素水剂在生产和使用过程中不产生废水、废气、废渣，而且能够很好地保护天敌资源及生态环境。本产品的推广应用，提高了当地对茶树害虫的防控水平，降低了茶叶中农药的残留量，提高了茶叶的质量与品质，增强了我国茶叶在国际市场中的竞争力。

2.实用性

（1）产品特点。本产品以茶皂素为主要原料，采用先进工艺精制而成，为纯生物制剂，高效、低毒、低残留，是生产高品质农产品的理想用药，对茶小绿叶蝉、茶蓟马等茶树害虫有很好的防治效果。茶皂素具有触杀和胃毒作用，可以直接杀灭害虫，同时对害虫具有一定的驱避作用。

（2）推广使用情况。30%茶皂素水剂已建成年产200t的生产车间和质检室，通过3年多的推广应用，已累计销售50t，销售收入450万元，完成利税150万元，推广使用面积达40万亩以上。30%茶皂素水剂获湖北省2013年科技进步三等奖、2016年湖北省技术发明二等奖。2020年，30%茶皂素水剂获得南京国环有机投入品认证，其发展前景广阔。30%茶皂素水剂被农业农村部种植业参观司列为防治茶小绿叶蝉和茶蓟马的首选生物杀虫剂。

四、产品展示

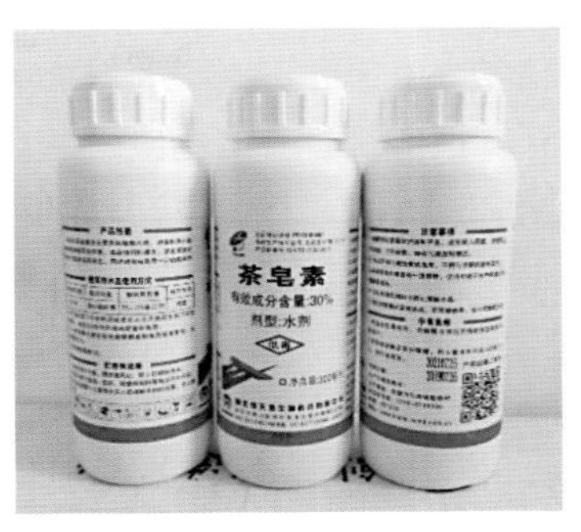

五、成果来源

项目名称和项目编号： 茶园化肥农药减施增效技集成技术研究与示范（2016YFD0200900）
完成单位： 湖北大学、湖北信风作物保护有限公司
联系人及方式： 汪利芳，027-87677780，546104558@qq.com
联系地址： 湖北省武汉市洪山区湖北省农业科学院安慧楼3楼

1.5%除虫菊素水乳剂

一、产品概述

该制剂由植物源杀虫剂天然除虫菊素加工配制而成，防治害虫能力强，杀虫谱广，使用浓度低，具有较好的环境相容性。2020年3月，经农业农村部农药检定所批准，该产品获得了农药登记证，登记证号为PD20200175。

二、技术参数

该产品含有1.5%除虫菊素，剂型为水乳剂，在推荐剂量下对多种害虫有较好的防治效果。

三、产品评价

1. 创新性 天然除虫菊素有较高的杀虫活性，杀虫谱广泛，对多种农作物害虫、卫生害虫、贮藏品害虫等均有良好的控制效果。

2. 实用性

（1）有机花椒蚜虫防治。2019—2020年在花椒蚜虫发生初期，基地先后采用1.5%除虫菊素水乳剂、0.3%苦参碱水剂进行防治。两种产品均稀释300～400倍各喷雾1次，虫害较厉害时间隔约10d喷第二次药，防效均可达80%以上。两年收获的花椒经江苏安舜技术服务有限公司、SGS等机构进行农残检测，均达到了零检出的要求。

（2）有机蔬菜蚜虫防治。2018—2020年，在福建省三明市尤溪县臻野生态农业科技有限公司有机蔬菜基地共推广3 600亩次，在蚜虫盛发期施用1.5%除虫菊素水乳剂400～600倍液，药后72h防效可达95%以上。

（3）有机猕猴桃害虫防治。依据金龟子、茶翅蝽发生情况，在5月中旬、6月中旬以1.5%除虫菊素水乳剂400倍液+0.3%苦参碱水剂400倍液各喷雾1次，防效可达85%以上，谱尼测试农残223项零检出，SGS农残518项零检出。

（4）有机茶叶害虫防治。按照茶小绿叶蝉、茶毛虫、茶尺蠖等茶树害虫发生情况，采用1.5%除虫菊素水乳剂、0.3%苦参碱水剂开展防治工作。在云南省德宏傣族景颇族自治州遮放镇回黑茶叶基地、勐戛镇勐稳茶叶基地、芒丙茶叶基地推广示范，实现了茶叶主要害虫的基数控制，减少了茶叶害虫数量，解决了有机茶园安全用药问题。各基地茶叶产量与农户化学农药自防区产量基本一致，茶叶品质较好，各基地生产的茶叶经第三方机构开展农残检测均为零检出。

2018—2020年推广面积达到了2.7万余亩。按常规化学杀虫剂每亩用量50 ~ 100mL计，合计减少化学农药用量1.9 ~ 3.8t。

（5）枸杞主要害虫防治。根据枸杞蚜虫、负泥虫、木虱发生情况，以1.5%除虫菊素水乳剂400倍液、0.3%苦参碱水剂400倍液，单用或混用，喷雾2 ~ 3次防治。单次用药1d后防效达85%以上，3d后防效可达95%以上。在宁夏、青海等地累计示范推广3万多亩次。

四、产品展示

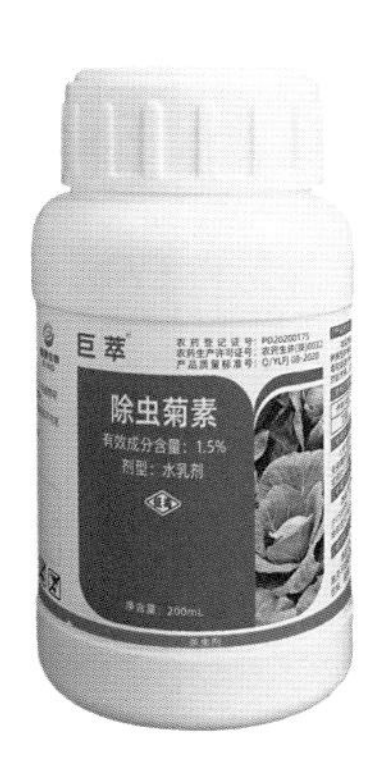

五、产品来源

项目名称和项目编号：新型高效生物杀虫剂研发（2017YFD0201200）

完成单位：中国农业科学院植物保护研究所

联系人及方式：张杰，13121381850，zhangjie05@caas.cn

联系地址：北京市海淀区圆明园西路2号

茶树鳞翅目害虫系列性诱剂

一、产品概述

通过鉴定及优化灰茶尺蠖、茶尺蠖、茶黑毒蛾、茶黄毒蛾、茶蚕、湘黄卷蛾等茶树主要鳞翅目害虫性信息素成分配比及剂量，研发出高效性诱剂配方，结合高效缓释材料及配套诱捕器，可以实现对目标害虫的高效诱杀或虫口监测。

二、技术参数

（1）性诱剂诱芯：诱芯的活性组分包括目标害虫性诱剂、稳定剂等成分，每个诱芯活性组分含量为800 ~ 1 200μg。缓释载体为橡胶塞，载体高度为（14.0±0.5）mm，性信息素添加口外径为（10.0±0.2）mm；内径为（7.5±0.2）mm；诱芯形状为钟形。

（2）配套诱捕器：包括船型诱捕器上盖（长27cm，宽21.5cm，高5.5cm），诱芯安装杆1个，粘板挂钩4个；配套白色黏胶板（长28cm，宽22cm）。

三、产品评价

1.创新性　茶树鳞翅目害虫系列性诱剂具有灵敏度高、防治效果好、不污染环境、不杀伤天敌等特点，防治目标覆盖了我国茶叶产区主要的鳞翅目害虫，通过应用该产品技术可以大大减少农药的用量，从而降低茶叶中的农药残留。

2.实用性　该产品已实现产业化和规模化应用，通过性诱剂防治一代成虫，幼虫控制率为49.27%；防治两代成虫后幼虫控制率可达67.16%。新产品已实现销售收入1 126万元；相关产品应用到了17个产茶省（自治区、直辖市）的共计20万亩茶园，化学农药的减施率达50%以上。2018年茶树鳞翅目害虫性信息素应用技术被科技部农村中心评定为"科技精准扶贫先进实用技术成果"。性信息素应用技术作为我国茶树害虫绿色防控的成功案例，被CCTV-7国防军事频道《农药》纪录片、CCTV-17农业农村频道《大地讲堂》和湖南卫视茶频道等媒体报道，取得了良好的社会效益。

四、产品展示

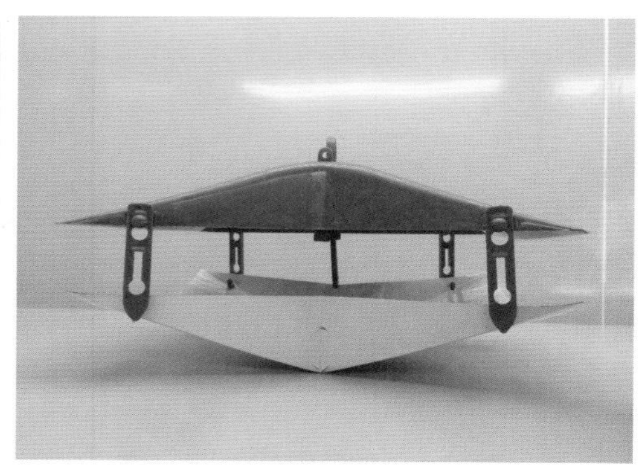

五、成果来源

项目名称和项目编号：茶园化肥农药减施增效技术集成研究与示范（2016YFD0200900）

完成单位：中国农业科学院茶叶研究所

联系人及方式：罗宗秀，13857140645，luozongxiu@tricaas.com

联系地址：浙江省杭州市西湖区梅灵南路9号

绿盲蝽性诱剂

一、产品概述

绿盲蝽是我国近年来发生严重的一种害虫，给棉花等经济作物生产造成重大危害。通过模拟绿盲蝽的性信息素组分，并利用缓释技术控制组分释放速度及比例，研发出高效绿盲蝽性诱剂产品。

二、技术参数

绿盲蝽性诱剂诱芯采用聚乙烯小瓶作为诱芯缓释载体，每个诱芯内装载性信息素有效成分50mg和缓释溶剂200mg。应用时，直接将诱芯装入桶型诱捕器便可大量诱杀绿盲蝽雄性成虫。该产品在田间持效期长，每隔4 ～ 5周更换一次诱芯即可。

三、产品评价

1.创新性 该产品能够有效诱杀绿盲蝽雄性成虫，直接减少其发生与为害，并减少其后代的繁衍数量；同时能够精准监测种群消长动态，指导田间进行绿盲蝽适时科学防控。该产品的推广应用能够显著降低化学农药用量，对保护农业生产安全和生态安全、实现农业可持续发展具有重要意义。

2.实用性 该产品已实现产业化和规模化应用，为国内外首个商业化应用的盲蝽类害虫性诱剂产品，被农业行业标准推荐并广泛应用于棉花、茶树、果树等作物上绿盲蝽种群监测与绿色防控。该产品于2019年获得国家农药登记证书，是我国首个正式登记的非蛾类昆虫的性诱剂产品。

四、产品展示

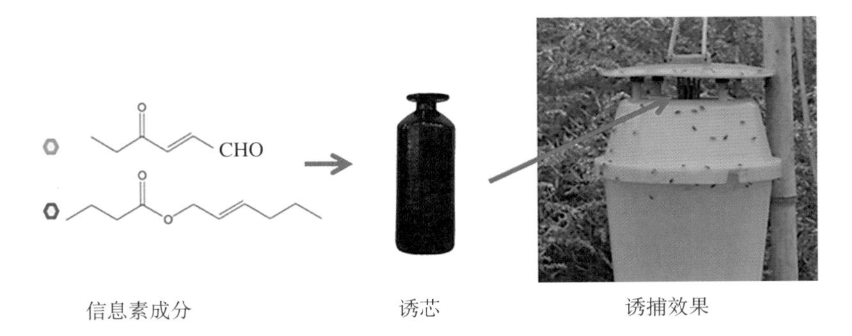

信息素成分　　诱芯　　诱捕效果

五、成果来源

项目名称和项目编号： 棉花化肥农药减施技术集成研究与示范（2017YFD0201900）

完成单位： 中国农业科学院植物保护研究所

联系人及方式： 陆宴辉，13811742889，luyanhui@caas.cn

联系地址： 北京市海淀区圆明园西路2号

防线虫Bt制剂HAN055

一、产品概述

植物寄生线虫每年对农林作物造成重大危害，但难以防控。Bt在40年前即被发现对植物线虫具有高活性，截至目前还没有成熟的Bt产品可用于线虫防控。基于基因组分析，从含有多种杀线虫因子的杀线虫活性菌株中精准筛选到了高活性菌株HAN055。该菌株含有多个杀线虫活性成分，包括杀线虫晶体蛋白、杀线虫蛋白酶、杀线虫小分子活性物质等。该产品目前已经完成新农药登记（登记证号为PD20211358），注册“壁垒”商标，并成功上市销售。

二、技术参数

防线虫Bt制剂HAN055（200亿CFU/g Bt可湿性粉剂），从2013年至今在海南开展了防治香蕉根结线虫的田间药效试验，防效显著；在黑龙江开展了防治大豆胞囊线虫的田间药效试验，防效最高达59.38%；在河北廊坊中试验基地对大豆胞囊线虫4号小种的胞囊减退率为34.43%，增产率达到了5.59%；在黑龙江农业科学院大豆研究所对大豆胞囊线虫3号小种的胞囊减退率为42.6%，增产率达到了5.8%。防线虫Bt制剂HAN055与主流线虫防治产品阿维菌素和噻唑膦等防效相当。

三、产品评价

1.创新性 进一步明确了该菌株中多个活性物质作用于线虫中的受体和作用机制。

2.实用性 该产品是国际上第一个获得登记并商业化的防线虫Bt制剂，在黑龙江、海南、河北、山东、江西、湖北等地对根结线虫和大豆胞囊线虫常年防效可达55.6%～82.7%。目前国际上线虫生防产品还极度稀缺，防线虫Bt制剂HAN055的开发和推广将为我国植物线虫的绿色防控提供新的产品类型，可减少化学杀线虫剂的使用，具有较好的市场发展前景。

四、产品展示

五、成果来源

项目名称和项目编号： 新型高效生物杀虫剂研发（2017YFD0201200）

完成单位： 中国农业科学院植物保护研究所

联系人及方式： 张杰，13121381850，zhangjie05@caas.cn

联系地址： 北京市海淀区圆明园西路2号

苏云金杆菌（NBIV-330）可湿性粉剂

一、产品概述

针对抗性小菜蛾筛选获得高毒力菌株苏云金杆菌（NBIV-330），通过发酵工艺和剂型配方的优化，制备出可湿性粉剂。该产品在2018年获得农药登记证，登记证号为PD20183691。

二、技术参数

该产品有效成分含量为50 000 IU/mg，对小菜蛾有较好的防治效果，施用后防效为83.59%～96.14%，持效期在7d以上，对害虫的防效好，且对试验作物无负面影响，安全性高。针对小菜蛾的推荐制剂用药量为450～600g/hm^2。

三、产品评价

1.创新性 该产品的分散性、湿润性、稳定性等理化指标均优于国家标准，能为减施化学农药提供产品支撑。

2.实用性 该产品用于防治抗性小菜蛾，每亩用量30～50g，在卵孵化盛期施用，施用后3d防治效果达85%以上。若在同一田块小菜蛾及菜青虫均有发生且防治时期吻合时，施用本产品可起到一次施药兼治二者的目的，具有较大的生产应用价值。

四、产品展示

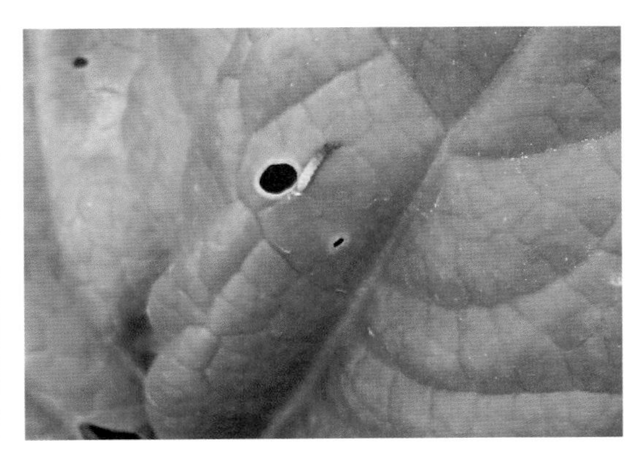

五、成果来源

项目名称和项目编号： 新型高效生物杀虫剂研发（2017YFD0201200）

完成单位： 中国农业科学院植物保护研究所

联系人及方式： 张杰，13121381850，zhangjie05@caas.cn

联系地址： 北京市海淀区圆明园西路2号

2%多杀霉素微乳剂

一、产品概述

2%多杀霉素微乳剂于2018年获得农药正式登记，登记证号为PD20182892，是国内唯一一家取得多杀霉素微乳剂登记的厂家。2%多杀霉素微乳剂产品配方中含独特的增效剂（增效剂专利号ZL201811125879.7），用于防治水稻二化螟、水稻稻纵卷叶螟，在害虫抗性一般的地区，害虫始发期每亩用药150 ~ 200mL，田间防效为80% ~ 86%，有效减少了水稻枯白穗，水稻保叶效果好，产量稳定。

二、技术参数

项　目	指　标
多杀霉素（A + D）质量分数/%	2.0±0.3
α =A/D	⩾1.0
pH	4.0 ~ 7.0
透明温度范围（0 ~ 50℃）	合格
乳液稳定性（稀释200倍）	合格
持久起泡性（1 min后）/mL	⩽60
低温稳定性*	合格
热贮稳定性*	合格

* 为抽检项目，正常生产期间每6个月至少试验1次。

三、产品评价

1.创新性　将农药制成纳米颗粒，同量情况下，可增大药液与作物的接触面积，药液与叶片的亲和性更强，能够提高药剂的扩散性、渗透性、传导性等，进而减少农药流失，提高农药利用率及防效。经粒径测量仪测定，发现使用纳米技术制成的2%多杀霉素微乳剂的粒径为60 ~ 70nm，比传统农药细100 ~ 1 000倍，在同类产品中该药剂会有更好的药效表现。

2.实用性　该产品已实现销售收入250万元；推广面积9余万亩，农药减量15% ~ 20%，农药利用率提高6%，可有效减少施药次数2 ~ 3次，省时省工，经济、生态和社会效益显著，应用前景良好。

四、产品展示

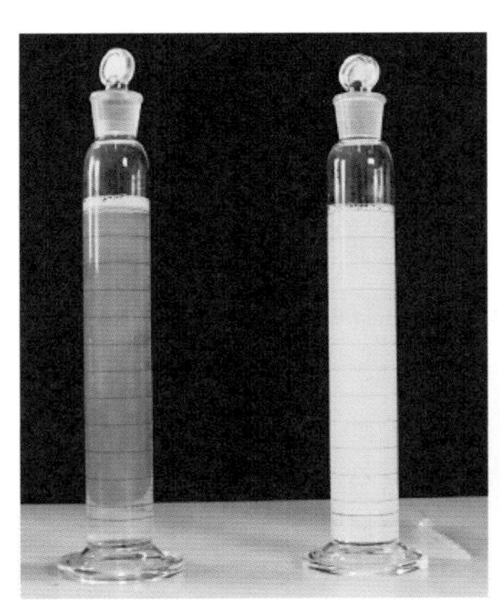

五、成果来源

项目名称和项目编号：高效低风险小分子农药和制剂研发与示范（2018YFD0200100）

完成单位：广西田园生化股份有限公司

联系人及方式：卢瑞，13481078426，7030225@qq.com

联系地址：广西壮族自治区南宁市西乡塘区科园大道西九路2-1号

高效杀虫剂25%环氧虫啶可湿性粉剂

一、产品概述

环氧虫啶是我国自主研发的一种结构新颖、高活性、低毒性的乙酰胆碱受体拮抗剂，属烟碱类杀虫剂，具有内吸、胃毒和触杀作用，防治同翅目害虫效果显著，对鳞翅目害虫也有兼防效果，特别是对水稻重大害虫褐飞虱和外来入侵害虫烟粉虱具有很好的防治效果，此外还可用于甘蓝蚜虫、小菜蛾、稻纵卷叶螟等害虫的防治。

二、技术参数

产品为疏松粉末，不应有团块。

25%环氧虫啶可湿性粉剂性能：环氧虫啶质量分数（25.0±1.5）%，悬浮率≥85%，水分含量≤3%，pH为7.0～10.0，润湿时间≤90s，持久起泡性（1min后）≤60mL，湿筛试验（通过75μm标准筛）≥96%，热贮稳定性［(54±2）℃］合格，正常生产时每3个月至少进行1次热贮稳定性试验。

三、产品评价

1.创新性 环氧虫啶是国际上第一个nAChR的拮抗剂，其活性显著优于吡虫啉，且与吡虫啉、啶虫脒、噻虫嗪等烟碱类杀虫剂无交互抗性，在当今吡虫啉抗性不断增长的情况下，环氧虫啶极有可能成为一个大有发展前途的新杀虫剂。可湿性粉剂是农药制剂技术比较成熟的剂型，是由原药、填料、表面活性剂、辅助剂等混合再粉碎到一定细度制成的剂型，该剂型不使用二甲苯等污染环境的有机溶剂。通过载体筛选、助剂筛选和混料设计优化，能有效解决环氧虫啶溶解度低、稳定性差等问题。25%环氧虫啶可湿性粉剂是新一代高活性、低毒性的烟碱类农用杀虫剂，对新烟碱受体具有拮抗作用。25%环氧虫啶可湿性粉剂登记证的取得，为水稻稻飞虱及甘蓝蚜虫的防治提供了新的环保、高效、低毒的农药产品，能解决我国主要水稻虫害及蚜虫防治药剂品种和剂型老化、有害生物抗药性日益加剧以及可替代传统农药的新型小分子缺乏、新剂型严重缺乏等问题。

2.实用性 25%环氧虫啶可湿性粉剂已开发了田间配套应用技术，形成了田间防控技术规程1个，实现了全国多地推广应用示范，示范面积1.3万hm^2以上，实现较常规化学农药减量施用15%以上，农药利用率提高6%，农作物平均增产3%。25%环氧虫啶可湿性粉剂对棉蚜、桃蚜、苹果蚜等蚜虫及柑橘木虱防效优异，市场推广及应用前景良好。

四、产品展示

五、成果来源

项目名称和项目编号：高效低风险小分子农药和制剂研发与示范（2018YFD0200100）

完成单位：上海生农生化制品股份有限公司

联系人及方式：张芝平，13601876599，zhangzhiping@sn-pc.com

联系地址：上海市松江区莘砖公路668号双子楼A座801室

小分子农药水悬浮剂专用改性聚羧酸盐分散剂

一、产品概述

通过对苯乙烯磺酸钠改性，研发了一种新型、具有优异抗奥氏熟化能力的小分子农药水悬浮剂（SC）专用的聚羧酸盐分散剂（SMSS），完成了年产20t的SMSS分散剂产品的中试合成工艺优化研究。

二、技术参数

浅黄色透明液体，黏度1400～2 000mPa·s，固含量33.0%～38.0%，pH8.0～9.0，用于小分子农药水悬浮剂加工。

三、产品评价

1.创新性　在阿特拉津等农药水悬浮剂中应用，SMSS分散剂具有性能高、用量少、抗奥氏熟化能力优异等特点，产品的综合性能优于国外同类先进产品。合成的SMSS分散剂的分子中磺酸基团与带有氨基基团的阿特拉津等农药分子间具有更强的相互作用，有利于SMSS在该类农药粒子表面充分而均匀地吸附并抑止农药粒子的长大和团聚，对提高分散剂性能起到了关键的作用。

2.实用性　该产品已实现中试生产和应用，建立了年产20t的SMSS分散剂的中试生产线，生产工艺具有流程短、设备简单、操作稳定、能耗少，以及无废水、废气、固体废弃物排放等特点，工艺流程及设备符合工业化生产要求，可以进一步进行工业化试生产。

本研究成果克服了目前国内分散剂存在的制备农药水悬浮剂抗奥氏熟化能力差的技术瓶颈，产品的综合性能超过国外同类先进产品，并形成了小分子农药高性能农药水悬浮剂开发的共性技术，对农药水悬浮剂领域的健康发展具有良好的推动作用。

四、产品展示

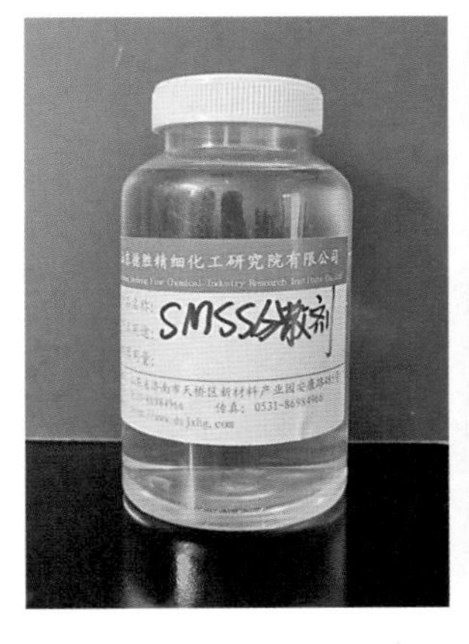

五、成果来源

项目名称和项目编号：高效低风险小分子农药和制剂研发与示范（2018YFD0200100）

完成单位： 北京理工大学
联系人及方式： 张强，13601029214，zhangqiang6299@bit.edu.cn
联系地址： 北京市房山区良乡镇北京理工大学工业生态楼938

农药物理性杀螨功能性农用助剂一满除

一、产品概述

化学杀虫剂长期、大量、频繁使用，导致螨虫抗药性和交互抗性越来越强。为防治螨虫为害，人们不断增加化学药剂的施用浓度、剂量和频率，极大增加了农业生产成本；且这些化学农药还会大量杀伤螨虫天敌，致使螨虫为害更加猖獗，造成恶性循环；同时，农药残留问题突出，带来严重的食品安全风险和自然环境污染风险，严重制约粮棉果蔬等产业的可持续健康发展。本产品根据螨虫体表特性，利用多种表面活性剂的复配，改变液体流变特性，使液体快速进入螨虫气孔，通过堵塞其气孔导致螨虫快速窒息而亡（5min），螨虫杀死率达99%，对蜜蜂、蜻蜓、七星瓢虫等农业有益昆虫无害，而且连续施用后螨虫不产生抗性，可以替代化学杀螨剂在生产中应用。本产品已获得中国发明专利，以及加拿大、澳大利亚和欧盟等国际发明专利。

二、技术参数

本产品有效成分含量为99%，保质期3年，以3 000倍稀释液喷施。

三、产品评价

1. 创新性 本产品能显著增强杀菌剂和杀虫剂的药液延展性、润湿性和渗透性，减少雾滴反弹和飘移损失，显著减少农药用量，减少甚至避免使用杀螨剂导致的生态破坏及农药残留。

2. 实用性 本产品已经实现产业化和规模化应用，建立了年产5 000t的生产线，实现销售额近5 000万，盈利1 000万，推广应用面积近200万亩次，减少杀螨剂用量近240t，经济、社会和生态效益显著。

四、产品展示

五、成果来源

项目名称和项目编号： 柑橘化肥农药减施技术集成研究与示范（2017YFD0202000）

完成单位： 西南大学

联系人及方式： 王树良，13996453423，275866148@qq.com

联系地址： 重庆市北碚区歇马街道中国农业科学院柑桔研究所

玉米田苗后茎叶处理专利除草剂苯唑氟草酮

一、产品概述

苯唑氟草酮是青岛清原化合物有限公司创制的具有完全自主知识产权的对羟苯基丙酮酸双氧酶（HPPD）抑制剂类除草剂产品，是目前玉米田HPPD抑制剂家族中最新的除草剂。

二、技术参数

产品有效成分：6%苯唑氟草酮可分散油悬浮剂、25%苯唑氟草酮·莠去津可分散油悬浮剂。

包装规格：每瓶1 000g、每瓶200g。

三、产品评价

1.创新性 苯唑氟草酮具有内吸传导作用，杀草活性高；相较于前两代HPPD抑制剂，苯唑氟草酮拥有更广更均衡的禾本科杀草谱，可有效防除玉米田绝大多数一年生杂草。

该除草剂与烟嘧磺隆等ALS抑制剂无交互抗性，对马唐、稗草、牛筋草等常见禾本科杂草以及藜、苘麻、反枝苋等一年生阔叶杂草具较好的防除效果。因其为含氟的新型化学结构，其对禾本科杂草的活性更高，防除更彻底，杂草不易返青，具有良好的后茬作物安全性。

2.实用性 苯唑氟草酮于2019年12月获得农药登记，目前已申请国内发明专利8项、授权5项；申请PCT国际发明专利8项。

公司以苯唑氟草酮为主要成分已成功开发清原金玉盈®、金稳玉®等全新产品，截至2021年已推广40万hm^2，取得经济效益约7 000万元。随着硝磺草酮和莠去津等除草剂的限制使用以及逐步淘汰，苯唑氟草酮作为第三代玉米田HPPD除草剂有望取代硝磺草酮和莠去津成为未来玉米田除草剂市场中的中坚力量，为我国玉米田抗性杂草治理提供更高效、更环保的解决方案。

四、产品展示

五、成果来源

项目名称和项目编号： 高效低风险小分子农药和制剂研发与示范（2018YFD0200100）

完成单位： 青岛清原化合物有限公司

联系人及方式： 路兴涛，15275287001，luxingtao@kingagroot.com

联系地址： 山东省青岛市黄岛区青龙河路53号清原创新中心

小麦田苗后茎叶处理专利除草剂环吡氟草酮

一、产品概述

环吡氟草酮是青岛清原化合物有限公司创制的具有完全自主知识产权的对羟苯基丙酮酸双氧化酶（HPPD）抑制剂类除草剂产品，是在全球范围内首次将HPPD抑制剂类除草剂应用到小麦田防除禾本科杂草的除草剂。

二、技术参数

产品有效成分：6%环吡氟草酮可分散油悬浮剂、25%环吡氟草酮·异丙隆可分散油悬浮剂。

包装规格：每瓶1 000g、每瓶250g。

三、产品评价

1.创新性 环吡氟草酮作用机理独特，与当前小麦田常用的禾本科杂草除草剂不存在交互抗性，环吡氟草酮单用和复配均可有效防除对啶磺草胺、精噁唑禾草灵、异丙隆等不同类型除草剂产生抗性或者多抗性的看麦娘、日本看麦娘等禾本科杂草以及播娘蒿、荠菜等部分阔叶杂草。该产品对小麦安全性好，防除杂草效果好，可有效解决目前我国部分小麦田抗药性杂草发生危害严重、部分杂草无药可防的问题，能有效推动农业高质量发展，保障粮食生产安全。

2.实用性 环吡氟草酮已于2018年6月获得农药登记，目前已申请国内发明专利36项、授权

28项；申请PCT国际发明专利27项。

公司以环吡氟草酮为主要成分，成功开发清原麦普瑞®、普草克®等新产品，并全面上市销售，截至2021年已推广应用约100万hm^2，累计销售额约2.5亿元。通过清洁化生产，集成药剂高效应用技术实现农药减量使用30%以上，减少用药次数1次以上，降低了劳动强度，大幅度减轻对环境的污染。

四、产品展示

五、成果来源

项目名称和项目编号： 高效低风险小分子农药和制剂研发与示范项目（2018YFD0200100）

完成单位： 青岛清原化合物有限公司

联系人及方式： 路兴涛，15275287001，luxingtao@kingagroot.com

联系地址： 山东省青岛市黄岛区青龙河路53号清原创新中心

水稻田苗后茎叶处理专利除草剂三唑磺草酮

一、产品概述

三唑磺草酮是青岛清原化合物有限公司创制的具有完全自主知识产权的高效低风险绿色除草剂，是全球首例安全用于水稻田苗后茎叶处理防治禾本科杂草的HPPD抑制剂类除草剂。

二、技术参数

产品有效成分：6%三唑磺草酮可分散油悬浮剂、28%敌稗·三唑磺草酮可分散油悬浮剂。

包装规格：每瓶300g、每瓶250g。

三、产品评价

1.创新性 三唑磺草酮防除杂草效果优异，杀草谱广，对稗草、千金子、鸭舌草、碎米莎草等均具有较高活性，并与当前稻田主流除草剂氰氟草酯、五氟磺草胺、二氯喹啉酸等不存在交互抗性。可有效防除水稻田中已对ALS抑制剂、ACCase抑制剂产生抗性的稗属杂草，突破了国际农药跨国公司专利技术壁垒，实现水稻田草害的可持续防控，对提高水稻产量具有重要意义。

2.实用性　三唑磺草酮于2019年12月获得农药登记，目前已申请国内发明专利18项、授权12项；申请PCT国际发明专利13项。目前，公司以三唑磺草酮为主要成分，成功开发了稻裕®、稻谷盈®、粳杰®和赛丹®等产品，截至2021年11月，产品已推广应用100万hm^2，累计销售额约2亿元。

四、产品展示

五、成果来源

项目名称和项目编号：高效低风险小分子农药和制剂研发与示范（2018YFD0200100）

完成单位：青岛清原化合物有限公司

联系人及方式：路兴涛，15275287001，luxingtao@kingagroot.com

联系地址：山东省青岛市黄岛区青龙河路53号清原创新中心

小麦田抗性杂草和面上杂草的土壤封闭除草剂

一、产品评价

通过高活性除草剂替代，避开已产生抗性的除草剂筛选高活性除草剂，针对小麦田抗性杂草和面上杂草治理，从20种常用的小麦田除草剂中筛选出氟噻草胺、吡氟酰草胺等高活性除草剂单剂，在前期筛选出小麦田高活性除草剂单剂的基础上，进一步筛选出氟噻草胺·吡氟酰草胺增效减量复配剂，其最优配比为2 ∶ 1，通过剂型的优化最终确定其最佳剂型为悬浮剂，经过一系列的农药登记试验并获得农业农村部农药登记证。

二、技术参数

本产品是由氟噻草胺和吡氟酰草胺复配而成的冬小麦田封闭除草剂，剂型为悬浮剂，总有效成分含量35%，其中氟噻草胺含量为23.3%，吡氟酰草胺含量为11.7%，在冬小麦播种后出苗前、杂草未出土时进行土壤喷雾处理，每亩兑水30 ～ 45kg，可有效防除冬小麦田一年生杂草，推荐制剂每亩用药量为65 ～ 95mL。

三、产品评价

1.创新性

2.实用性　该成果已经取得农业农村部正式登记，并实现产业化和规模化应用。上市第一年累计销售140t，推广面积120万亩，实现销售收入1 540万。在终端，能有效防除对精噁唑禾草灵、炔草酯、唑啉草酯产生抗性的菵草、看麦娘、日本看麦娘等禾本科杂草，小麦播后苗前封闭处理，防效达95%以上，极大地降低了苗后茎叶处理杂草基数，降低了苗后除草剂异丙隆、甲基二磺隆的亩用量，提高了对小麦的安全性。

四、产品展示

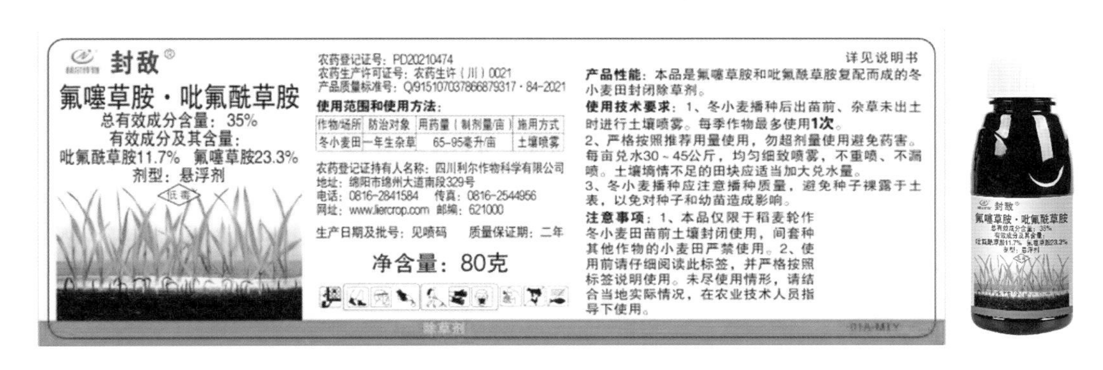

五、成果来源

项目名称和项目编号：长江流域冬小麦化肥农药减施技术集成研究与示范（2018YFD0200500）

完成单位：南京农业大学、四川利尔作物科学有限公司

联系人及方式：董立尧，18012963006，dly@njau.edu.cn

联系地址：江苏省南京市玄武区卫岗1号南京农业大学理科楼B832

新型高粱田专用除草剂喹草酮

一、产品概述

华中师范大学杨光富团队借助“绿色农药分子设计的计算化学生物学平台”，建立了对羟苯基丙酮酸双氧化酶（HPPD）靶标组体外构建及结构生物学研究子平台，完成了拟南芥、人、大鼠、玉米、荧光假单胞菌、水稻、小麦、高粱、鲑鱼和小麦叶枯病菌等14个种属HPPD的构建，对野生型及突变体HPPD的酶学性质、抑制动力学及结构生物学开展了系统研究，在系统开展HPPD化学生物学研究的基础上，提出了针对关键残基Glu293构象变化的分子设计策略，成功创制出了具有喹唑啉二酮类全新骨架的新型除草剂喹草酮。该产品已于2020年12月获新农药登记证。

二、技术参数

喹草酮高效广谱，在75 ~ 150g/hm^{2}的有效成分剂量下，对多种阔叶杂草及禾本科杂草表现出高效除草活性，尤其对狗尾草和野黍表现出优异防效；喹草酮速效性好，对高粱表现出高度安全性，对玉米、小麦和甘蔗也安全；喹草酮环境影响实验、急性毒理实验、亚慢性毒性实验，以及致癌、致畸和致突变实验等实验均表明该除草剂低毒、无“三致”毒性、低致敏，具有优异的毒理学性质和环境相容性。

三、产品评价

1.创新性　喹草酮的发现，在全球范围内首次实现了将HPPD抑制剂类除草剂应用于高粱田防除单双子叶杂草，解决了野黍、虎尾草等高粱田恶性杂草防控的技术问题。

2.实用性　该产品已实现产业化和规模化应用，已建成喹草酮原药中试生产线，实现年产50t的中试生产。已在湖南、湖北、山东、辽宁、河北、山西、吉林等地建立超过1 500个试验点示范推广，建立了喹草酮防除高粱田杂草的田间试验核心示范区8个，核心示范田面积175余hm^2，累计推广16万hm^2。摸索出一套针对不同区域高粱田的喹草酮田间应用技术，制定了2项技术规程；喹草酮的推出将解决高粱田全生育期杂草防控技术难题，减少施用除草剂1次，减少除草剂有效成分用量50%以上，喹草酮单用和喹草酮与莠去津混用比空白对照处理区分别增产27.8%和30.6%。喹草酮为我国高粱产业的高质量发展提供关键技术支撑。

四、产品展示

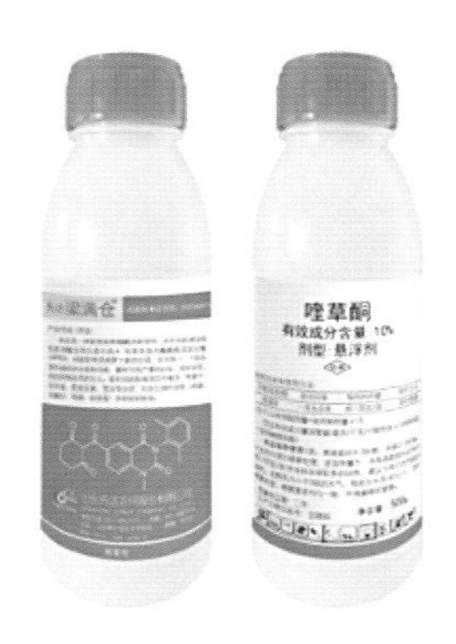

五、成果来源

项目名称和项目编号：高效低风险小分子农药和制剂研发与示范（2018YFD0200100）

完成单位：华中师范大学

联系人及方式：杨光富，13098810734，gfyang@mail.ccnu.edu.cn

联系地址：湖北省武汉市洪山区珞喻路152号华中师范大学

油脂改性包膜缓控释肥料

一、产品概述

开发了成膜性能好的植物油基（蓖麻油、大豆油）、废弃植物油基、废弃混合油基等绿色环保的生物基包膜材料，研发了酯交换、硫化、致孔、接枝增韧等多元改性技术，开发了基于物料流化性动态监测的油脂改性缓控释肥料转鼓变频控制系统构建的精准化、信息化绿色生产体系。根据典型作物和不同区域特征，开发了系列作物专用的油脂改性包膜缓控释肥料配方产品，并已获得相应的产品登记证。

二、技术参数

明确了油脂改性包膜缓控释肥料的生产最佳工艺参数。适宜的致孔剂用量范围是膜材质量的0.5%～8%，应用本项致孔改性包膜材料制造包膜肥的工艺简单，适于工业化批量生产。包膜厚度在2.5%～5%，等膜材用量下包膜尿素的肥效期可延长10～20d，减小了贮运过程中外力对包膜肥的不利影响。在植物油和固化剂比例一定的条件下，最适宜的包膜温度是80～90℃，最适宜的流化反应时间是20min，该温度和硫化时间适于的包膜厚度为2.5%～8%，或适于肥效期在30～300d的控释尿素或控释复合肥。

三、产品评价

1.创新性 有效降低了包膜材料成本；部分替代了不可再生的石化类膜材，替代率达40%～60%；解决了生物基膜材疏水性差、用量大、控时期短的技术难题；较前期同类产品生产效率提升约30%，综合能耗降低30%，加工成本降低20%。

2.实用性 该产品已实现产业化和规模化应用，建立了年产10万t的新型肥料生产线，缓控释掺混肥料新产品已实现销售收入2.24亿元，利润1 376万元；推广面积200余万亩，化肥减量15%～20%，化肥利用率提高7个百分点以上，累计推广效益3亿元以上，经济、生态和社会效益显著，应用前景良好。

四、产品展示

五、成果来源

项目名称和项目编号： 新型缓/控释肥料及稳定肥料研制（2017YFD0200700）

完成单位： 金正大生态工程集团股份有限公司、山东省农业科学院农业资源与环境研究所、华南农业大学、贵州大学、上海化工研究院有限公司

联系人及方式： 张强，13521165053，zhangqiang@kingenta.com

联系地址： 山东省临沂市临沭县兴大西街19号

纤维素改性包膜缓控释肥料

一、产品概述

以农作物秸秆、废旧纸板箱、果树枝条等为膜材原料，利用超疏水、网络互穿、膜材增韧等改性技术，研制出绿色环保、疏水性能优良的生物基聚氨酯膜材，通过革新高效雾化喷涂、智能化多段式转鼓包膜工艺等生产技术，创制出低成本、高效、环保的纤维素改性包膜缓控释肥，实现了生物基膜材替代石化类膜材的技术进步。

二、技术参数

包膜液制备工艺参数（以玉米芯为例）：包膜原材料配比为玉米芯：（乙二醇+聚乙二醇混合物）=1 ：5；反应温度130℃；反应时间1h；改性剂及用量有机硅占膜材20%，纳米二氧化硅占膜材1%。

包膜肥料制备工艺参数：包膜液用量7%；适宜的包膜温度是80 ～ 90℃；适宜的流化反应时间是20 ～ 30min；此条件下生产的缓控释肥料产品释放期为90d。

三、产品评价

1.创新性　该技术创新了以农作物秸秆、废旧纸板箱、果树枝条等为原料制备纤维素缓控释膜材的技术；研发了超疏水、网络互穿、膜材增韧等改性技术，提高了膜材疏水性，延长了控释期，解决了膜壳易破裂等问题，使膜材料成本降低30%以上，使养分控释期提高1倍以上，肥料膜壳破损率由5%降至1%；创新了肥料核芯表面增圆、高黏包膜液雾化喷涂、智能化多段式转鼓包膜、防破损防离析、杂质剔除等关键技术工艺，包膜均匀度提高2倍以上，肥料颗粒黏连率由3%降低至0.2%，生产综合能耗降低约20%，生产效率提高20%，并实现产业化和规模化应用。

该成果2019年经朱兆良院士、张福锁院士组成的专家组评价，处于国际领先水平，并获2020年山东省科学技术进步一等奖。

2.实用性　产品技术已实现产业化和规模化应用，建成年产5万t的新型肥料生产线1条，年产5万t的作物专用缓控释（掺混）肥生产线3条；在2017—2021年缓控释掺混肥料新产品已累计生产约9.57万t，实现销售收入约2.4亿元，新增利润2 873.91万元；推广面积190余万亩，比常规化肥减量11.5%～ 16.2%。该技术的经济、生态和社会效益显著，应用前景良好。

四、产品展示

五、成果来源

项目名称和项目编号： 新型缓/控释肥料及稳定肥料研制（2017YFD0200700）

完成单位： 山东农业大学、江西省农业科学院土壤肥料与资源环境研究所、山东农大肥业科技有限公司、金正大生态工程有限公司、山东宝源生物科技股份有限公司

联系人： 杨越超，13455482389，yangyuechao2010@163.com

联系地址： 山东省泰安市泰山区岱宗大街61号山东农业大学资源与环境学院

功能型缓控释肥料

一、产品概述

利用异质生物基聚氨酯复合包衣技术，实现低分子矿源腐殖酸和哈茨木霉代谢物的膜内高效负载，创制出具有促生抗逆增效功能的缓控释肥料新产品，具有减肥减药、改土培肥、免追省工等优点，促进了传统缓控释肥料产业的功能化转型升级。

二、技术参数

肥料包膜材料由依次喷涂在肥料颗粒表面的聚烯烃蜡涂层（占肥料质量百分比0.1%～1.0%）、生物基聚氨酯层（占肥料质量百分比2.0%～3.0%）和耐磨疏水型树脂层（聚酯聚氨酯或环氧树脂等；占肥料质量百分比0.5%～1.0%）组成；所述聚烯烃蜡涂层与树脂层间喷涂有小分子肥料增效剂（占肥料质量百分比0.1%～0.5）。喷涂过程在变频转鼓中进行，每次喷涂材料量占肥料重量的0.7%～1.0%，喷涂间隔为固化结束40s后，共喷涂3次。

三、产品评价

1.创新性

（1）材料创新。研制出多元改性生物基聚氨酯膜材，利用天然可再生植物淀粉液化制备山梨酸类多元醇，配伍植物油多元醇及改性剂后与多异氰酸酯反应制备生物基聚氨酯膜材，与传统缓控释肥相比，该产品显著提高了生物相容性和降解性。

（2）产品创新。筛选出矿源腐殖酸、哈茨木霉代谢物等肥料促生抗逆增效剂，结合生物基聚氨酯复合包衣养分/增效剂精准控释技术，创制出适合不同区域、作物及环境障碍因子的作物专用促生抗逆缓控释肥新产品。

（3）工艺创新。构建了促生抗逆功能缓控释肥生产体系，在缓控释肥料核芯预处理、复合包衣环节喷涂水基、蜡基分散体系的低分子肥料增效剂，通过调整增效剂在不同膜层间的喷涂位置，实现功能物与养分同步释放，开发出配套的关键生产装置并实现产业化，实现传统缓控释肥的功能化升级。

2.实用性　该成果已实现产业化和规模化应用，建立了年产5万t的功能型缓控释肥料生产线1套及年产15万t的作物专用功能型缓控释掺混肥生产装置1套；累计生产销售功能型缓控释肥料、作物专用缓控释掺混肥3.3万t，合计应用示范推广69.4万亩，培训技术人员52人，累计培训农民3.72万人次。经济、生态和社会效益显著，应用前景良好。

四、产品展示

五、成果来源

项目名称和项目编号：新型缓/控释肥料及稳定肥料研制（2017YFD0200700）

完成单位：山东农业大学、金正大生态工程集团股份有限公司

联系人及方式：刘之广，18864805978，liuzhiguang8235126@126.com

联系地址：山东省泰安市泰山区岱宗大街61号

促生抗逆功能型油脂改性缓控释肥

一、产品概述

促生抗逆功能型油脂改性缓控释肥新产品，具有“碱化＋磺化”提取腐殖酸、“活化复壮＋发酵＋挤压过滤”高效提取微生物次级代谢产物等工艺技术。

二、技术参数

所研制的多段变频转鼓包膜装备、基于物料流化性动态监测的转鼓变频控制系统、膜材/助剂自动精准称量配送控制系统、复合包衣控释肥料膜材喷涂质量与养分释放性能快速评估系统，实现了生产全流程精准化和自动化检测反馈控制，解决了控制对象复杂、大规模生产设备运行稳定性差等难题，生产效率提升约30%，能耗降低26%以上，较前期同类产品综合能耗降低30%，加工成本降低20%。产品生产的其他参数见下表。

产品生产部分参数

	掺混型	外涂型	复合包衣型	包衣型
适配功能物质	腐殖酸、海藻酸	微生物次级代谢产物	微生物次级代谢产物	腐殖酸
添加方式	造粒后掺混	控释肥表喷涂	膜内、膜间喷涂	参与成膜
添加比例/%	3 ～ 10	0.01 ～ 0.5	0.05 ～ 0.5	2 ～ 5
多段式变频转鼓	核芯制备段	包膜后段	成膜前段、高效包膜段	膜外处理段
温度/℃	65 ～ 80	40 ～ 45	60 ～ 65	60 ～ 65
变频转鼓转速/（r/min）	8 ～ 15	5 ～ 8	8 ～ 12	8 ～ 12

三、产品评论

1.创新性 有效提高了增效剂活性；通过植物油脂等生物基膜材及其接枝增韧、网络互穿等多元改性技术，替代了部分不可再生的石化类膜材，替代率达40%～ 60%，并攻克了生物基膜材疏水性差、用量大、控时期短的技术难题；改进了增效剂与油脂改性缓控释肥料的复配技术，研制出系列功能型油脂改性缓控释肥料新产品，现已获得农业农村部登记证。

2.实用性 该缓控肥产品已实现产业化和规模化应用，建立了年产10万t的新型肥料生产线，缓控释掺混肥料新产品已实现销售收入2.24亿元，利润1 376万元；产品分别在河北、河南、山东、安徽等多地的小麦生长季进行示范，推广面积200余万亩，化肥减量15%～ 20%，化肥利用率提高7个百分点以上，累计推广效益3亿元以上，经济、生态和社会效益显著，为小麦施肥的轻简化应用提供了有效产品及技术支撑，应用前景良好。该产品入选2020年中国农业农村重大新技术新产品新装备。

四、产品展示

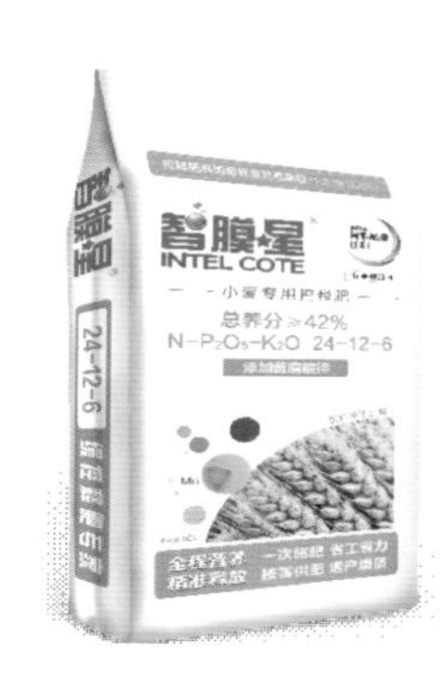

五、成果来源

项目名称和项目编号： 黄淮海冬小麦化肥农药减施技术集成研究与示范（2017YFD0201700）

完成单位： 中国农业科学院农业环境与可持续发展研究所、金正大生态工程集团股份有限公司

联系人及方式： 孟鑫，15244361384，mengxin@kingenta.com；刘晓英，15810991176，liuxiaoying@caas.cn

联系地址： 北京海淀区中关村南大街12号，山东省临沂市临沭县兴大西街19号

聚醚类聚氨酯包膜缓控释肥料

一、产品概述

在大颗粒尿素表面直接进行聚氨酯反应生产的缓控释尿素是当前缓控释肥料的主流产品。本产品在深入分析聚醚型聚氨酯反应动力学影响因素的基础上，采用组合多元醇优化包膜剂配方提升了聚氨酯材料的力学性能，采用纳米材料提升了聚氨酯膜材的疏水性，通过纤维素改性聚氨酯膜材增强了膜层可降解性。通过引入增韧、疏水和生物基材料，开发了低成本精准缓控释的聚氨酯包膜肥料产品。

二、技术参数

聚氨酯主要材料为聚氧化丙烯三醇和多苯基多亚甲基多异氰酸酯，可降解材料含蓖麻油、液化纤维素，增韧疏水材料含丁二醇、气相SiO_2等；大颗粒尿素粒径2 ~ 4mm；包膜液用量为2% ~ 3%；流化气温度为80 ~ 85℃；包膜时间为30min。

三、产品评价

1. 创新性 该产品聚氨酯包膜材料用量仅需2% ~ 3%，材料成本可低至每吨350 ~ 500元，比同类产品低30%。控释期可达1 ~ 12个月，能够满足大多数作物养分需求规律。与氮磷钾肥料掺混，可形成作物专用缓控释肥料产品，产品可提高6%作物产量和20%氮素利用效率，减少氮素损失80%。围绕聚氨酯的成膜反应，开发了连续化流化床包膜工艺，该工艺设备解决了连续化、大产能、稳定性的流化床连续包膜技术难题，单套设备年产能可达10万t，是普通流化床包膜设备的30倍。流化床连续化聚氨酯包膜尿素制备技术是目前生产控释肥料的最先进技术，产品既可以简化施肥、减少肥料用量、提高作物产量和肥料利用率，还可以减少养分损失污染环境，是一种高效优质的新型肥料产品。

2.实用性 该产品已实现产业化和规模化应用，建立了年产10万t的新型改性聚氨酯包膜缓控释肥料生产线；围绕玉米、水稻、小麦等作物，开发出来的作物专用缓控释肥料新产品累积销售作物专用缓控释肥料3.7万t，推广面积达76余万亩，产值达5亿元，实现利润370万元；化肥减量20%，化肥利用率提高10个百分点以上。该产品的经济、生态和社会效益显著，应用前景良好。

四、产品展示

五、成果来源

项目名称和项目编号： 新型缓/控释肥料及稳定肥料研制（2017YFD0200700）
完成单位： 中国农业科学院农业资源与农业区划研究所
联系人及方式： 杨相东，13716191998，yangxiangdong@caas.cn
联系地址： 北京市海淀区中关村南大街12号中国农业科学院资源楼412室

改性水基聚合物包膜缓控释肥料

一、产品概述

传统包衣技术需采用有机溶剂，而有机溶剂易燃易爆且有毒，使用成本高，易导致二次污染。针对以上问题，研发了改性水基聚合物包膜缓控释肥料。

二、技术参数

产品：根据作物类型（品种）、目标产量（质量），通过调整功能控释材料、反应条件和养分配比，实现私人定制性的系列专用肥生产。

装备：全封闭间歇式流化床（2t/d）、塔式连续生产流化床（10t/d）。

三、产品评价

1.创新性 研发水基原位反应成膜技术，实现水基包衣，成本低、安全性高、环境友好。以水为溶剂，以丙烯酸酯为前体，加入交联剂、有机硅、引发剂和乳化剂制备水基包衣乳液，通过不同的温度和不同的反应时间控制乳液的直链自聚反应和网状交联反应进程，实现聚合物在成膜前和成膜过程中的双重改性。进一步采用碳系材料、铁-单宁、生物蜡等改性材料，应用网状交联技术和纳米自组装技术，合成了系列新型水基聚合物包膜控释材料，并配套和优化了全封闭式流化床包衣设备和塔式连续生产流化床包衣生产设备。研发了养分释放的热力学理论和人工神经网络经验模型，开发了实时优化的包膜材料配方系统，并将速效、缓效和长效肥料进行了科学合理的搭配与组合，以满足不同植物及不同种植模式下的养分和生长需求，实现了规模化和自动化生产。

2.实用性 该成果在长三角地区已实现产业化和规模化应用，建立了年产1万t的水基聚合物包膜控释肥料生产线，缓控释掺混肥料新产品已实现累计销售收入1.29亿元，利润651万元；制定了水稻缓控释肥一次性施用地方标准，累计推广面积148余万亩次，化肥减量10%～15%，化肥利用率提高6.5个百分点以上，累计推广效益2亿元以上，取得了显著的经济、生态和社会效益，在经济发达水网密集的长三角地区具有广阔的应用潜力。

四、产品展示

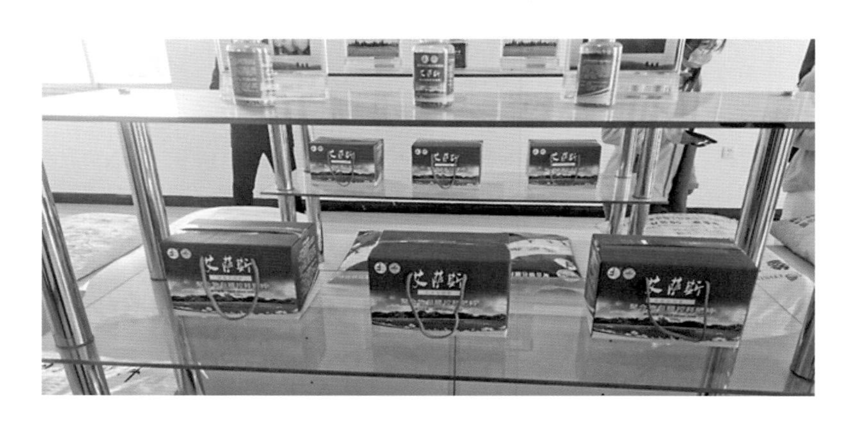

五、成果来源

项目名称和项目编号： 新型缓/控释肥料及稳定肥料研制（2017YFD0200700）

完成单位： 中国科学院南京土壤研究所

联系人及方式： 杜昌文，13912977863，chwdu@issas.ac.cn

联系地址： 江苏省南京市玄武区北京东路71号

纳米复合包膜缓控释肥料

一、产品概述

该产品选用廉价的无机黏土材料，经有机化改性和超声后与聚合物材料复合而成。

二、技术参数

创新开发出集肥料表面预处理、高效混合喷涂和多点连续喷涂的连续化生产线，开发出PLC自动控制系统，可实现控释肥生产的全程自动控制，将连续化生产线和自动控制系统技术集成，形成年产3万t的包膜控释肥连续自动化生产线。

三、产品评价

1.创新性 显著提升了膜材的阻水性能，纳米复合包膜缓控释肥料的缓控释性能明显增强，开发出多种纳米复合包膜缓控释肥料和系列作物专用缓控释肥料。

2.实用性 该成果已实现产业化和规模化应用，建立了年产3万t的新型肥料生产线和年产15万t的作物专用缓控释掺混肥料生产线，缓控释掺混肥料系列新产品已实现销售收入4862万元，利润417万元；推广面积54余万亩，化肥减量13.1%，化肥利用率提高10个百分点，累计推广效益3亿元以上，经济、生态和社会效益显著，应用前景良好。

四、产品展示

五、成果来源

项目名称和项目编号： 新型缓/控释肥料及稳定肥料研制（2017YFD0200700）

完成单位： 北京市农林科学院、领先生物农业股份有限公司、湖南金叶众望科技股份有限公司、山东农业大学、内蒙古农业大学、南华大学

联系人及方式： 曹兵，13661284947，609284507@qq.com

联系地址： 北京市海淀区曙光花园中路9号

油菜专用全营养缓释肥

一、产品概述

在明晰我国冬油菜“氮磷钾硼镁全营养配合与前促后稳”的养分调控原理基础上，根据区域氮磷钾肥适宜用量配方和养分形态配伍原则，创制了油菜专用全营养配方肥和专用缓释肥等系列新肥料产品，产品含有氮、磷、钾、硼、镁5种养分，氮肥包括硝态氮、铵态氮两种形态（部分产品含控释尿素），能满足不同区域的差异化需求。

二、技术参数

养分含量：35%～47%（N、P_2O_5、K_2O总含量）。肥料特点：每100kg专用肥含高质量硼砂1.5～2.0kg，含氧化镁1.2～1.5kg，含有硝化抑制剂和脲酶抑制剂；含8%腐殖酸（防止肥料中各养分相互反应失效）；规格为每袋40kg；适合机械化施用。

三、产品评价

1. 创新性　具有如下特点：①添加中微量元素，优化养分形态配伍；②添加缓控释成分，实现一次性施用；③满足油菜轻简化机械化施用，省工节肥增效。新产品突破了一次性施肥可能造成油菜苗期肥害而后期养分不足的技术瓶颈，克服了油菜生育周期长而肥料养分（尤其是氮素养分）在田间保持时间短的问题。肥料投入成本低，施用轻简，首次实现了油菜专用缓（控）释肥大面积应用。

2. 实用性　该产品共获得5个肥料登记证，累计生产销售147.8万t，新增销售额26.221亿元，新增利润2.504亿元，新增税收1.321亿元。首次实现了油菜专用缓（控）释肥大面积应用，直接应用面积超过4 080万亩，与传统肥料相比，施用油菜专用肥后田间平均增产10.3%，减少化肥用量25.8%，肥料利用率提高9.0个百分点，每亩节省施肥用工0.3～0.5个，每亩节约肥料投入成本15～35元，每亩实现节本增收63～87元。该产品获得2020年度湖北省科技进步一等奖。

四、产品展示

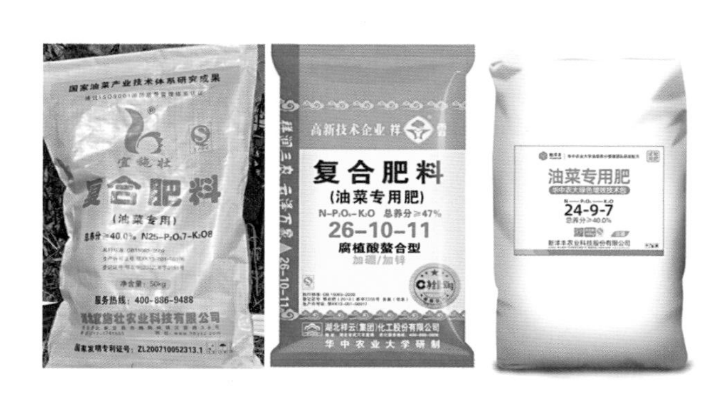

五、成果来源

项目名称和项目编号： 油菜化肥农药减施技术集成研究与示范（2018YFD0200900）

完成单位： 华中农业大学、湖北省宜施壮农业科技有限公司、新洋丰农业科技股份有限公司、湖北祥云（集团）化工股份有限公司

联系人及方式： 鲁剑巍，13507180216，lujianwei@mail.hzau.edu.cn

联系地址： 湖北省武汉市洪山区狮子山街1号

南方山地玉米功能增效型肥料

一、产品概述

针对山地区域土壤特性和玉米营养需求，研发了添加“中微量元素＋聚谷氨酸”的功能增效型复合肥料。聚谷氨酸增效剂是使用微生物发酵法制得的生物高分子化合物。

二、技术参数

功能增效型复合肥根据南方土壤特性和玉米营养需求确定为配方肥25-8-10（含氯），添加中微量元素锌≥0.1%、硼≥0.1%，增效剂聚谷氨酸≥175mg/kg，配合合理的施肥管理，提高玉米营养。

产品配套使用管理要点如下。

（1）育苗（播种）管理要点。重庆区域，3月上中旬播种育苗为宜，高山区适当延迟播种育苗时间，用肥团育苗移栽技术。营养土配制方法为：500份疏松肥沃土、500份腐熟有机肥或土杂肥、10份过磷酸钙、1份硫酸锌、0.5份硼肥，加适量清粪水充分拌匀，其湿度以手捏成团，落地即散为宜。

将配置好的营养土捏成200g大小的肥球，将种子放入肥球内，每球放1颗种子，起拱棚盖膜保障温湿度。育苗期注意温度湿度控制，出苗前至1叶1心期，重点是保温，膜内温度通常控制在20 ～ 25℃，若超过35℃，要揭开膜的两端通风降温。

（2）施肥量和施肥方式。①每亩产量水平600kg以上：底肥用功能型复合肥25-8-10（含氯）40 ～ 45kg，大喇叭口期亩追施尿素10kg。②每亩产量水平500 ～ 600kg：亩用功能型复合肥25-8-10（含氯）35 ～ 40kg作底肥，大喇叭口期亩追施尿素10 ～ 12kg。③每亩产量水平400 ～ 500kg：亩用功能型复合肥25-8-10（含氯）30kg作底肥，大喇叭口期亩追施尿素8 ～ 10kg。施肥方式：移栽种植的在离植株8 ～ 10cm打窝施肥，施肥后覆土；种肥同播肥料在种子侧深施肥。

三、产品评价

1.创新性 富含亲水性基团羧基（—COOH），能保持土壤中水分。该产品生态友好，安全高效，能增强植物抗病及抗逆能力，有效提高肥料利用率，以聚谷氨酸为新型肥料增效剂，能显

著提高氮素利用率和植物抗逆性；产品通过螯合中微量元素锌，可提高叶片叶绿素含量，增强植物光合效能，减少纹枯病感染，达到增产、降低玉米白化苗发生的目的；研究了搭配功能增效型复合肥产品的测土配方施肥和育苗管理技术，能较好达到化肥减肥增效的效果。

2.实用性 该产品已实现产业化和规模化应用，并进行了大面积示范推广，功能增效复合肥在重庆区域推广0.79万t，辐射面积15.8万亩，实现化肥减量15%～20%，玉米亩增产7.8%以上，已实现销售收入1 800余万元，累计推广效益700万元以上。经济、生态和社会效益显著，应用前景良好。

四、产品展示

五、成果来源

项目名称和项目编号： 南方山地玉米化肥农药减施技术集成研究与示范（2018YFD0200700）

完成单位： 中化重庆涪陵化工有限公司

联系人及方式： 马川，023-72884018，machuan@sinochem.com

联系地址： 重庆市涪陵区黎明路2号

大豆花生两增一减施肥套餐

一、产品概述

该产品形成了以轮作为基础，以根瘤菌剂、高效叶面肥料为补充的大豆、花生两增一减（增根瘤菌、叶面肥，减底肥）专用肥料组合。

二、技术参数

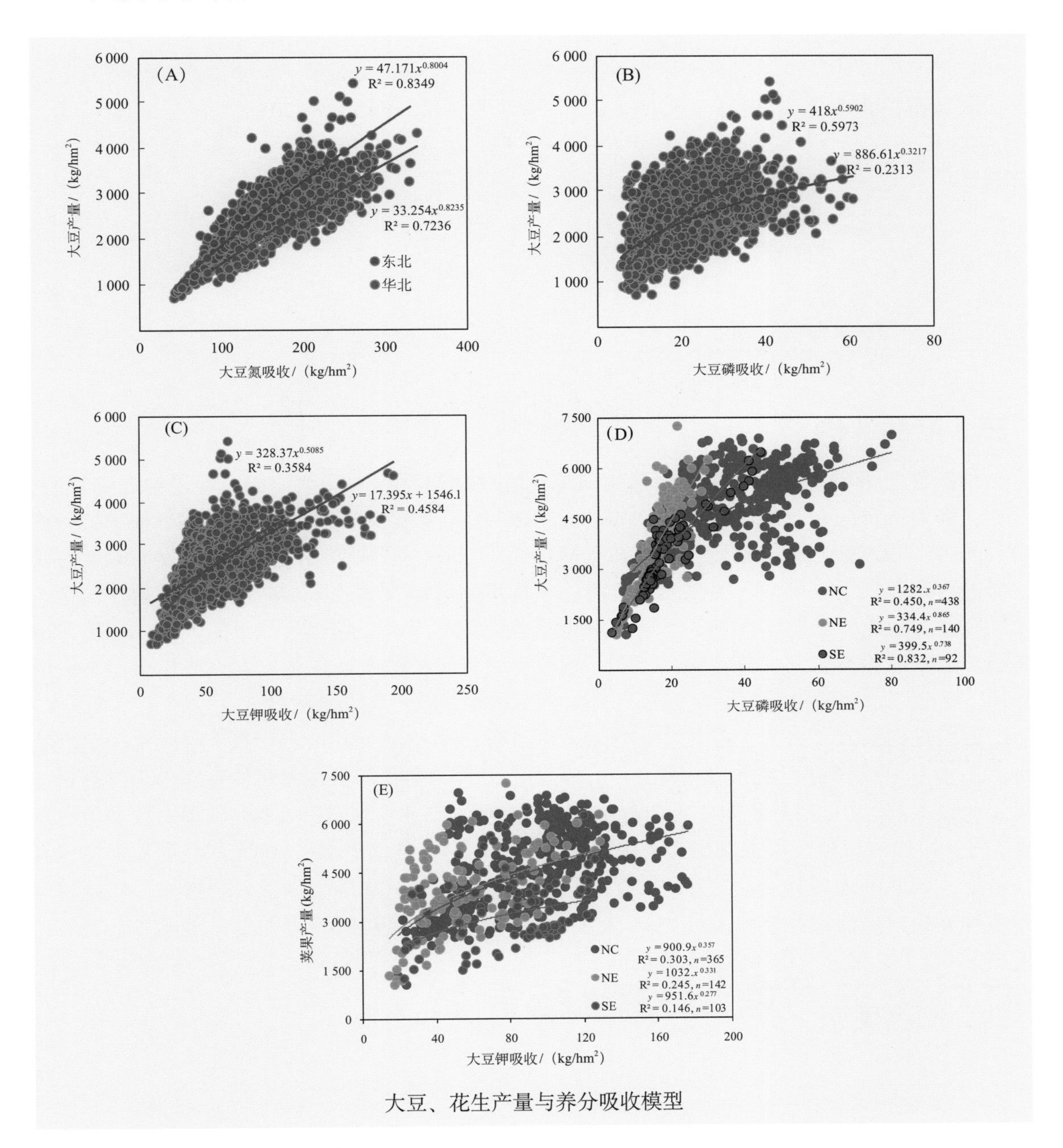

大豆、花生产量与养分吸收模型

大豆、花生养分吸收参数如下。

秸秆有机肥料快速腐熟参数

指标内容	参数
物料比	（5～7）：（5～3）
C/N	（25～30）：1

（续）

指标内容	参数
接菌量	5%
温度	60 ～ 70℃
含水量	50% ～ 60%
熟料	有机肥
通气量	0.5 ～ 0.8（V/V · m）
发酵时间	7d
秸秆状态	长度大小
每次搅拌通气时间	12h

三、产品评价

1.创新性 采用根瘤菌拌种。精选区域适宜性强的高活力根瘤菌，加入促进结瘤固氮的钼、硼、铁、锌等微量元素及解磷解钾产IAA的益生菌（PGPR），以及能促进根瘤菌与种子接触的黏合剂，配合田间减施氮肥措施。在大豆初花期与初荚期喷施增花保荚叶面肥料，提高有效花荚数量，促进后期养分吸收供应，提高大豆产量。根据不同区域农学效率与产量反应模型，结合土壤养分供应能力与轮作施肥，设置了不同区域精量施肥配方。设立轮作条件下的大豆、花生专用配方肥料，玉米前茬下，大豆减施磷、钾肥，增施锌、硫等中微量元素肥。大豆连作条件下，根瘤菌拌种，增施硼、钼微量元素肥，配施有机无机专用肥，减少化学肥料投入。

2.实用性 研发了大豆、花生根瘤菌剂产品4种，增花保荚叶面肥套餐1种，大豆专用肥料11种，玉米专用肥15种，花生专用肥2种，掺混肥10种，秸秆与畜禽粪污快速腐熟生产有机肥及产品生产技术1套。形成并审批了地方标准3项，立项了农业农村部行业标准1项，预备申报行业标准3项。2019—2020年度累计生产大豆专用肥料2.2万t，叶面肥10t。研发产品和实用技术在东北、黄淮、西北等地累计推广应用498万亩。通过现场培训、网络培训、入户指导、实地观摩传媒等多种方式，培训农业技术人员1 000人次，培训新型职业农民3.5万人次。实现节肥25%，作物增产5%以上，累计节本增效1.5亿元。

四、产品展示

中华人民共和国
肥料登记证

登记证号：微生物肥(2019)准字(7176)号

经农业农村部肥料登记评审委员会审定，该产品准予肥料登记，特此发证。

中华人民共和国农业农村部制

生产企业：黑龙江省华龙生物科技有限公司
产品通用名：微生物菌剂
商品名：大豆根瘤菌剂
产品形态：液体
有效菌种名称：大豆根瘤菌☆☆☆
主要技术指标：有效活菌数≥50.0亿/mL
适用于：大豆☆☆☆

发证日期：2019年10月17日
有效期至：202[illegible]年10月

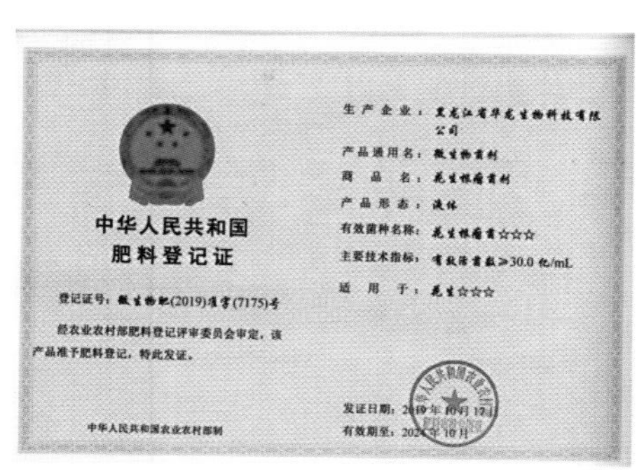
中华人民共和国
肥料登记证

登记证号：微生物肥(2019)准字(7175)号

经农业农村部肥料登记评审委员会审定，该产品准予肥料登记，特此发证。

中华人民共和国农业农村部制

生产企业：黑龙江省华龙生物科技有限公司
产品通用名：微生物菌剂
商品名：花生根瘤菌剂
产品形态：液体
有效菌种名称：花生根瘤菌☆☆☆
主要技术指标：有效活菌数≥30.0亿/mL
适用于：花生☆☆☆

发证日期：2019年10月17日
有效期至：202[illegible]年10月

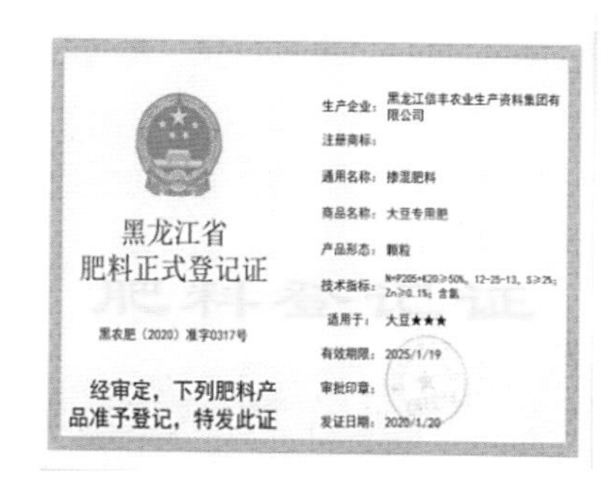
黑龙江省
肥料正式登记证
黑农肥（2020）准字0317号
经审定，下列肥料产品准予登记，特发此证
生产企业：黑龙江信丰农业生产资料集团有限公司
注册商标：
通用名称：掺混肥料
商品名称：大豆专用肥
产品形态：颗粒
技术指标：N+P2O5+K2O≥50%，12-25-13，S≥2%；Zn≥0.1%；含氯
适用于：大豆★★★
有效期限：2025/1/19
审批印章：
发证日期：2020/1/20

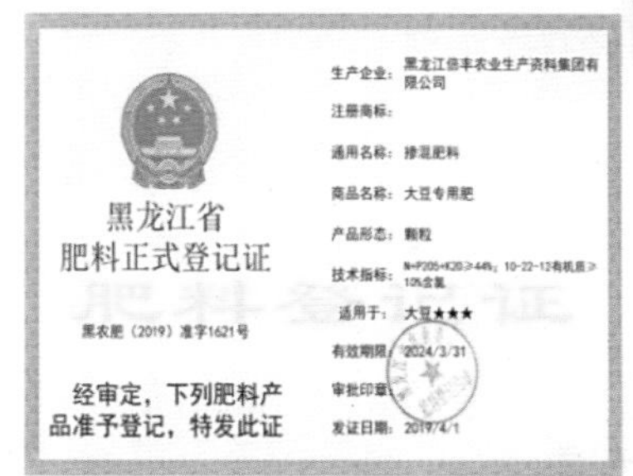
黑龙江省
肥料正式登记证
黑农肥（2019）准字1621号
经审定，下列肥料产品准予登记，特发此证
生产企业：黑龙江信丰农业生产资料集团有限公司
注册商标：
通用名称：掺混肥料
商品名称：大豆专用肥
产品形态：颗粒
技术指标：N+P2O5+K2O≥44%；10-22-12有机质≥10%含氯
适用于：大豆★★★
有效期限：2024/3/31
审批印章：
发证日期：2019/4/1

五、成果来源

项目名称和项目编号：大豆及花生化肥农药减施技术集成研究与示范（2018YFD0201000）

完成单位：黑龙江省农业科学院土壤肥料与环境资源研究所

联系人及方式：魏丹，13603639661，wd2087@163.com

联系地址：黑龙江省哈尔滨市南岗区学府路368号

含有硝化抑制剂的微生物菌肥

一、产品概述

由沈阳九利肥业股份有限公司生产的含有硝化抑制剂（肥料增效剂）的微生物菌肥是一种增效生物肥。硝化抑制剂是指一类能够抑制铵态氮转化为硝态氮的化学物质，能够选择性地抑制土壤中硝化细菌的活动，从而减缓土壤中铵态氮转化为硝态氮的反应速度。

二、技术参数

增效生物肥有效活菌数≥0.2亿/g，有机质含量≥40.0%。

增效生物肥有以下2种使用技术：

（1）侧深施肥。将侧深施肥专用肥与增效生物肥均匀混拌后，在插秧时使用侧深施肥器械施用。

（2）叶龄诊断施肥。结合水稻叶龄诊断技术，将增效生物肥应用技术融入到常规施肥技术中，返青后立即施用分蘖肥和增效生物肥。

三、产品评价

1. 创新性　硝态氮在土壤中容易流失，合理使用硝化抑制剂以控制硝化反应速度，能够减少氮素的损失，提高氮肥的利用率。

2. 实用性　该产品已实现产业化和规模化应用，并将增效生物肥使用技术融入到三江平原稻区化肥农药智能机械化减施增效技术，2019—2020年累计示范202.2万亩，辐射895.0万亩，化肥减施17.1%以上，肥料利用率提高了11.8%，水稻增产3.4%以上，总经济效益12.4亿元。该产品的经济、生态和社会效益显著，应用前景良好。

四、产品展示

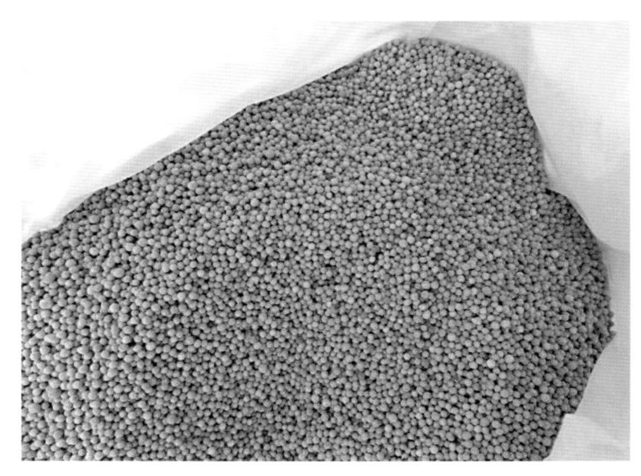

五、成果来源

项目名称和项目编号：北方水稻化肥农药减施技术集成研究与示范（2018YFD0200200）

完成单位：黑龙江省农垦科学院

联系人及方式：李鹏，13512665103，swzbyjs@163.com

联系地址：黑龙江省哈尔滨市香坊区香福路101号

微生物菌剂中蔬根保201

一、产品概述

马铃薯土传病害是造成马铃薯经济损失的主要因素之一，目前土传病害的主要防治措施是施用化学药剂，但存在环境污染和抗药性风险。通过菌株筛选、营养元素添加复配、盆栽试验验证，研制了新型复合微生物菌剂中蔬根保201。

二、技术参数

本产品形态为水剂，是一种含腐殖酸的水溶肥料，其中木霉菌发酵上清液含量≥50%，腐殖酸含量≥30g/L，N、P_2O_5、K_2O总含量≥200g/L（N≥55g/L，P_2O_5≥55g/L，K_2O≥90g/L）。

限量指标：汞（Hg）≤5mg/kg，砷（As）≤10mg/kg，镉（Cd）≤10mg/kg，铅（Pb）≤50mg/kg，铬（Cr）≤50mg/kg，水不溶物≤50g/L。

质量保证期：36个月。

登记证号：农肥（2018）准字9661号。

执行标准号：NY 1106—2010。

三、产品评价

1.创新性　该产品既能防病又能促生，对多种土传病原菌均有良好的抑制效果，能有效降低苗期土传病害的发生，富含有益微生物，可以促根养根，提高作物长势，加快植株生长，能实现马铃薯土传病害的绿色防控。

2.实用性　该产品对马铃薯疮痂病、粉痂病、黑痣病、枯萎病等土传病害具有良好的防治效果，采用薯块拌种加苗期冲施滴灌的施用方式，对马铃薯疮痂病的防效达70.51%，使马铃薯产量增加53.93%。该产品目前已实现产业化和规模化应用，年产量达2万t，年收入1 000万元；推广面积50万亩，实现农药化肥减量15%～20%，农药利用率提高20%，该产品经济、生态和社会效益显著。

四、产品展示

五、成果来源

项目名称和项目编号：马铃薯化肥农药减施技术集成研究与示范（2018YFD0200800）

完成单位：中国农业科学院蔬菜花卉研究所

联系人及方式：李磊，15711155718，lilei01@caas.cn

联系地址：北京市海淀区中关村南大街12号

高效稳定性氮肥

一、产品概述

在通过室内培养实验、盆栽试验和田间小区试验研究筛选不同土壤类型和种植作物的专用生化抑制剂基础上，确定适用于不同土壤类型和作物的专用高效抑制剂及配方。在获得专用高效生化抑制剂配方后，结合尿素工业化生产大装置的工艺技术特点和专用高效生化抑制剂及其配方的理化性质开发出具高效稳定性的尿素产业化生产工艺技术。根据工业化尿素生产装置物料介质、温度、压力、材质等特点，并结合筛选出的新型高效生化抑制剂及配方，筛选出高效生化抑制剂以及增效剂等组合制剂的载体、溶剂、液态保护剂、助剂、分散剂、触变剂、示踪剂的组配测试，研发出复合制剂配伍组分参数，获得了复合制剂的物性参数。研发出适合不同类型土壤与作物的高效稳定性尿素普通粒型和大颗粒型。

二、技术参数

本产品含氮量46%，含水量小于1.5%，缩二脲含量小于0.5%，粒径为0.5 ～ 4.8mm，包装规格为50kg。

三、产品评价

1.创新性 有效提高了生化抑制剂活性，并延长其有效作用时间。研制出适合不同作物和类型土壤的高效稳定性尿素肥料新产品，提高肥料利用率9%以上。

2.实用性 该产品已实现产业化生产和规模化应用，实现了年产56万t的高效稳定性尿素产品的工业化生产规模，其中稳定性大颗粒尿素年产达40万t，累计生产新型高效稳定性肥料10.66万t，销售收入2.35亿元，新增销售收入0.53亿元，新增利润3 198万元。

项目执行期间在东北黑土、棕壤、褐土中种植的玉米、水稻、花生、大豆、马铃薯、蔬菜、果树等作物上试验示范与推广应用高效稳定性尿素肥料和高效稳定性铵态氮肥累计达10.66万t，试验示范面积25 375亩，推广应用面积394.45万亩。在黄土、红壤、灰漠土中种植的玉米、水稻、棉花等作物上也进行了推广应用。总体实现粮食增产1.58亿kg，农业产值增加4.74亿元，节约肥料2.37万t，节约资金7 105.33万元。

应用高效稳定性大颗粒尿素在减少氮肥施用量10%以上的情况下，黑土区玉米平均增产13.59%，水稻平均增产12.15%，大豆平均增产11.78%，花生平均增产10.74%；褐土区玉米平均增产10.71%，水稻平均增产9.93%，花生平均增产8.03%；棕壤区玉米平均增产10.31%，水稻平均增产9.16%，花生平均增产9.18%。该产品取得了显著的经济、生态和社会效益，应用前景良好。

四、产品展示

五、成果来源

项目名称和项目编号：新型缓/控释肥料及稳定肥料研制（2017YFD0200700）

完成单位：中国科学院沈阳应用生态研究所

联系人及方式：李东坡，13644998391，lidp@iae.ac.cn

联系地址：辽宁省沈阳市沈河区文化路72号

新型稳定性复混肥料

一、产品概述

玉米长效免追专用肥料是集长效、高效等于一体的玉米专用肥料新产品。该产品主要针对玉米生长期内肥料利用率低、肥效期短等造成肥料投入和人工投入多的问题，利用稳定性肥料中脲酶抑制剂和硝化抑制剂的协同配伍应用对氮肥利用率和有效期进行调控，实现玉米种肥同播免追，节省肥料投入和人工投入成本。

脲酶抑制剂是专一调控土壤脲酶活性的材料，脲酶活性过高是尿素水解快、氨挥发量多的关键因素，脲酶抑制剂能调控土壤脲酶活性，延缓尿素水解速度，进而降低氨产生量和挥发量；硝化抑制剂抑制铵态氮向硝态氮转化，减少硝态氮产生，进而减少硝酸盐淋洗损失和还原态气态损失，以铵态氮形式长时间存留在土壤内。脲酶抑制剂和硝化抑制剂的协同配伍应用，能实现氮肥转化过程的双调控，具有1 + 1 > 2的效应。

二、技术参数

（1）产品养分科学配比：该产品通过区域配方的优化调整，设计了东北、华北、西南等地的推荐养分配比，东北$N-P_2O_5-K_2O$=26-10-12，华北$N-P_2O_5-K_2O$=28-7-7，西南$N-P_2O_5-K_2O$=25-8-10。

（2）脲酶抑制剂和硝化抑制剂的用量：脲酶抑制剂每吨肥料用量0.5 ～ 1.0kg，硝化抑制剂每吨肥料用量3.0 ～ 5.0kg。

（3）生产工艺：本系列产品适用于主流当下所有复合肥、复混肥生产工艺，如塔式熔体造粒、氨酸法造粒、团粒法造粒、喷浆造粒等。

三、产品评价

1.创新性 该产品相比于国内外同类产品具有成本低、效果优、普适性强、操作简单等优点，可在我国主要的玉米产区进行大面积的推广应用。

2.实用性 自2016年开始在吉林、黑龙江、辽宁、山东、河南、云南、甘肃、贵州等地开展该产品的示范推广。以示范基地为展示区开展推广以来，产品应用面积逐年提高，截至2021年11月推广面积累计超过300万亩。通过全程的跟踪调查和分析，本产品的应用实施可实现减施氮肥20%，增产7%～10%，减少追肥人工1 ～ 2次，降低氨挥发量45%～60%，减少硝酸盐淋溶损失51%～67%。实现了玉米种植的高效、丰产、绿色、环保。

四、产品展示

五、成果来源

项目名称和项目编号： 新型缓/控释肥料及稳定肥料研制（2017YFD0200700）

完成单位： 中国科学院沈阳应用生态研究所

联系人及方式： 魏占波，18577185597，huanke217@163.com

联系地址： 辽宁省沈阳市沈河区文化路72号

固体肥料级聚磷酸铵

一、产品概述

针对传统捏合机生产固体聚磷酸铵（APP）聚合反应时间长、不能连续生产和聚合度以焦磷酸盐为主的问题，建立了离子色谱法分析聚磷酸铵聚合态磷的新方法，在磷酸铵-尿素热缩合法基础上，开发连续聚合反应器，实现磷铵一步连续缩聚生产APP，并通过关键参数调控，突破固体肥料级APP聚合态磷分布可控制备技术，创制固体肥料级APP产品。所获产品聚合度分布达到国外液体APP聚合度分布（n=1 ~ 9）水平，聚合率95.4%，水不溶物小于0.1%，具有成本低、聚合度可控、溶解度高、螯合能力强、配伍性好等性能，实现磷肥产品正磷和聚磷的协同配伍转变，替代APP进口。

二、技术参数

聚磷酸铵生产关键工艺参数：尿素与磷酸一铵配比为（0.2 ~ 0.6）：1，反应温度为160 ~ 300℃。

三、产品评价

1.创新性　突破了聚磷酸铵聚合分布可控制备技术，为国内外首创，2021年1月16日被中国农学会科学技术成果评价为达到国际领先水平[中农（评价）字（2021）第7号]。聚合态磷分布肥料级固体聚磷酸铵符合我国现代农业需求，有利于我国磷肥产业升级、水溶肥产业和现代农业绿色发展，对于我国磷资源高效利用、减施增效和生态环境保护意义重大。

2.实用性　该成果已在嘉施利（宜城）化肥有限公司和云南云天化云峰化工有限公司分别建成年产3 000t和5 000t的产业化装置，带动全行业形成年产能约40万t的生产线，并牵头起草了《肥料级聚磷酸铵》(HG/T 5939—2021)。以APP和原位磷铵作为水溶肥磷源，相较工业磷铵外加螯合态中微量元素生产的水溶肥，产品生产成本下降约20%，具有防磷沉淀、平衡施肥、长效促根等性能。通过新疆、甘肃、云南、广东、内蒙古等地肥效验证，结果表明在化肥减量15%～40%时能改善作物品质，养分利用率提高5%～10%，技术和产品具有广阔的推广应用和产业化前景，对区域磷高效利用和面源污染控制意义重大。

四、产品展示

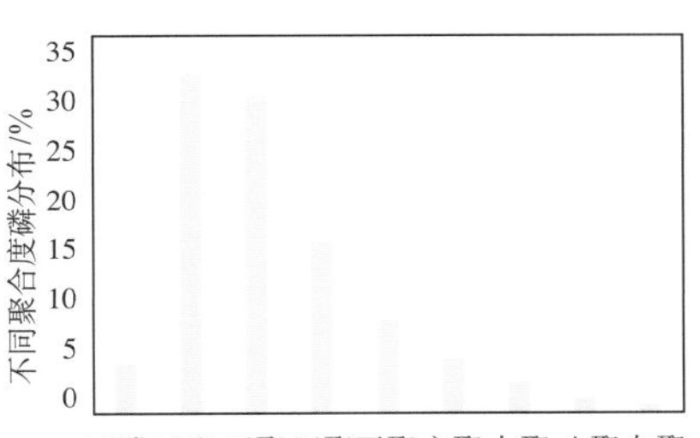

五、成果来源

项目名称和项目编号： 新型复混肥料及水溶肥料研制（2016YFD0200404）

完成单位： 中国农业科学院农业资源与农业区划研究所、四川大学

联系人及方式： 王辛龙，13540422518，wangxl@scu.edu.cn

联系地址： 四川省成都市武侯区一环路南一段24号

含中微量元素水溶性磷酸一铵

一、产品概述

创建了低成本水溶性磷酸一铵生产技术体系，首创含中微量元素的水溶性磷酸一铵（简称原位磷铵），填补了市场空白。在湿法磷酸氨化中和生产磷酸一铵（MAP）的基础上，创制了适用于湿法磷酸阳离子络合的螯合剂，建立了净化工段螯合剂原位反应工艺，突破磷酸氨化过程复合螯合技术，首创原位含中微量水溶性磷酸一铵产品，解决了中微量元素同磷的共沉淀而导致固液两相分离困难、目标产品磷回收率低的问题；同时改传统双效浓缩为三效浓缩，形成节能浓缩技术，使得运行成本降低40%；此外，改结晶为喷雾干燥进一步节约成本。基于此，构建了低成本水溶性MAP生产技术体系，磷回收率较工业MAP生产提高了10%，成本降低了21%，所获产品的水不溶物可降至0.1%以下，完全满足水肥一体化的要求。原位磷铵实现了磷与中微量元素的协同利用，可替代传统工业磷铵，被誉为“第三种磷铵”。

二、技术参数

原位MAP生产关键工艺参数：以稀磷酸为原料，中和pH为3.8 ～ 4.5，螯合剂添加量为0.1%～ 2.0%；以浓缩磷酸为原料，中和度为0.95 ～ 1.05，螯合剂添加量为3.0%～ 8.0%。

三、产品评价

1.创新性 该成果在磷与中微量元素的协同利用和节约成本方面取得了重大突破，为国内外首创，2021年1月16日被中国农学会科学技术成果评价为达到国际领先水平[中农（评价）字（2021）第7号]。原位磷铵是在原料浆法磷铵及工业级（水溶级）磷铵基础上，创制出的一种新型高效MAP产品，被誉为“第三种磷铵”，完全符合水肥一体化的要求，是基于现代农业需求创制出的新型磷肥，有利于我国肥料产业升级和现代农业绿色发展，对于我国磷资源高效利用、减施增效和生态环境保护意义重大。

2.实用性 该成果已在内蒙古大地云天化工有限公司、嘉施利（荆州）化肥有限公司和嘉施利（宜城）化肥有限公司分别建成年产12万t、5万t和3万t的产业化装置，形成了含锌硼水溶性磷酸一铵（Q/YJSL 002—2020）等企业标准，2019—2020年，累积生产12.57万t，产值3.08亿元。以原位磷铵和聚磷酸铵作为水溶肥磷源，相较工业磷铵外加螯合态中微量元素生产的水溶肥，该产品生产成本下降约20%，具有防磷沉淀、平衡施肥、长效促根等性能，在新疆、甘肃、云南、广东、内蒙古等地开展肥效验证，结果表明在化肥减量15%～ 40%时能改善作物品质，养分利用率提高5 ～ 10个百分点，技术和产品具有广阔的推广应用和产业化前景，对区域磷高效利用和面源污染控制意义重大，完全可以取代工业磷铵。

四、产品展示

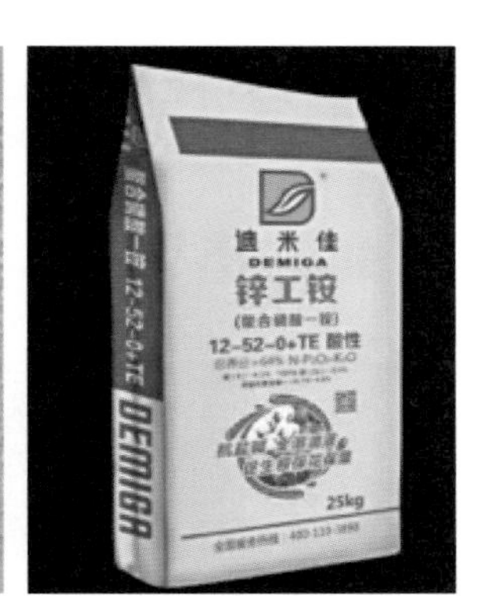

五、成果来源

项目名称和项目编号： 新型复混肥料及水溶肥料研制（2016YFD0200400）

完成单位： 中国农业科学院农业资源与农业区划研究所、四川大学

联系人及方式： 王辛龙，13540422518，wangxl@scu.edu.cn

联系地址： 四川省成都市武侯区一环路南一段24号

氨基酸功能性水溶肥料

一、产品概述

研发了低温脱水干燥技术制备高活性氨基酸功能物质的生产工艺，实现了液体脱水造粒的低温可控，明确了低温干燥生产的氨基酸功能物质更利于植物生长这一理论。

二、技术参数

本项目氨基酸功能物质的生产是由氨基酸经脱盐处理后与其他原料进行复配螯合所得，根据水溶肥料的剂型，可生产液体氨基酸功能物质，总游离氨基酸含量2.84%，有机质含量5.67%，pH 3.9，电导率96.2 mS/cm，固形物含量35%；也可用低温喷雾流化床工艺生产微颗粒氨基酸功能载体（固形物含量调至40%～60%，干燥温度80℃）。

三、产品评价

1.创新性 研发了通过低温脱水干燥技术制备高活性氨基酸功能物质的生产工艺，该技术可实现低温可控对液体进行脱水造粒，获实用新型专利三项；明确了低温干燥生产的氨基酸功能物质更利于植物生长；研制出具有促生功能的系列氨基酸水溶肥料新产品，获得肥料登记证。

2.实用性　该成果已实现产业化和规模化应用，在青岛莱西市建立了固体和液体氨基酸功能物质生产线各1条，年产2.6万t，在新疆昌吉建立了氨基酸功能水溶肥料生产线一条，年产10万t。产品在棉花和设施番茄生产中推广应用面积10万余亩。结果表明，化肥减量20%条件下，施用氨基酸功能水溶肥料，番茄产量增加5.51%，亩增收2 000元左右。该产品的经济、生态和社会效益显著，应用前景良好。

四、产品展示

五、成果来源

项目名称和项目编号：新型复混肥料及水溶肥料研制（2016YFD0200400）

完成单位：中国农业科学院农业资源与农业区划研究所、青岛农业大学

联系人及方式：李俊良，13553077195，jlli1962@163.com

联系地址：山东省青岛市城阳区长城路700号

清液型葡萄专用水溶肥系列

一、产品概述

针对四川葡萄产区不遵循需肥规律导致的化肥多施、滥施现状，以及一般水溶肥杂质烧根伤根、降低根系肥水吸收利用效率并容易堵塞滴管滴头等顽疾，提出了按照葡萄生长发育规律、根据关键物候期需要开发相应优质水溶肥的思路，与合作企业开发出该产品。该系列产品获得农业农村部登记证。

二、技术参数

清液型葡萄专用水溶肥系列产品工艺参数

序号	名称	主要成分	施用时期	功能
1	生长肥	腐殖酸≥30g/L，N≥170g/L，P_2O_5≥140g/L，K_2O≥95g/L，B≥2g/L	苗期，萌芽期，展叶期至开花期	①富含氮、磷、钾，营养均衡，能满足苗期生长需求；②含有丰富的硝态氮、铵态氮及有机态氮，能够解决低温时作物对氮的吸收障碍
2	膨果肥	N≥175g/L，P_2O_5≥125g/L，K_2O≥200g/L，Mo、Cu等微量元素	幼果膨大期	①能很好调节作物生长作用，刺激根系生长萌发，提高根系营养元素的吸收，养分全面均衡；②能明显促进作物长势，加快细胞分裂，根系、叶片、茎秆生长速度快；③含微量元素，作为营养贮存在树体中
3	转色Ⅰ型肥	腐殖酸≥30g/L，N≥110g/L，P_2O_5≥90g/L，K_2O≥250g/L，B+Mo≥2g/L	转色期	膨大果实，以高钾肥为主，并适当补钙、镁等中微量元素，对提高葡萄产量至关重要
4	转色Ⅱ型肥	N≥73g/L，P_2O_5≥18g/L，K_2O≥327g/L，Mo≤50g/L，ABA	转色期	改善果实品质，使果实着色早，着色快，果粒均匀，促使葡萄提前7～10d成熟
5	果后肥	腐殖酸≥30g/L，N≥180g/L，P_2O_5≥140g/L，K_2O≥100g/L，B≥2g/L	采果后	快速补充树体营养，恢复树势
6	朵力镁	Mg≥80g/L，Ca≥20g/L，N≥80g/L，微量元素Zn	苗期，展叶期至开花期，幼果膨大期，转色期	含有机质及中微量元素，提高光合效率和抗逆性，有效预防和治疗葡萄因缺钙、镁等引起的生理性病害，使植株生长健壮，诱导花芽分化

三、产品评价

1.创新性 ①能满足各关键物候期需肥要求；②纯度接近100%，质量标准以市场售价最高的以色列水溶肥为对照；③解决四川产区缺镁黄化、植株徒长等普遍问题。经过两年多的努力，开发了清液型葡萄专用水溶肥系列产品，该产品将固体型改为清液型，目的是提高产品纯度至接近100%；6个系列产品主要是针对6个不同的关键物候期；中量元素配置的专用肥朵力镁，重点是提高盛花期至转色期肥水吸收效率，解决好缺镁这一顽疾性问题。

2.实用性 该成果已实现产业化和规模化应用，建立了年产1万t的新型肥料生产线，清液型葡萄专用水溶肥系列新产品已实现销售收入3 500万，利润430万元；推广面积6万亩，在四川西昌葡萄产区化肥减量50%以上，化肥利用率提高9个百分点以上，累计推广效益2 000万元以上，经济、生态和社会效益显著，应用前景良好。

四、产品展示

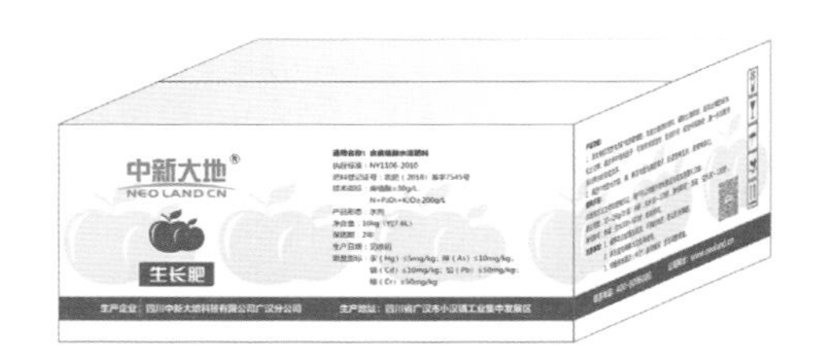

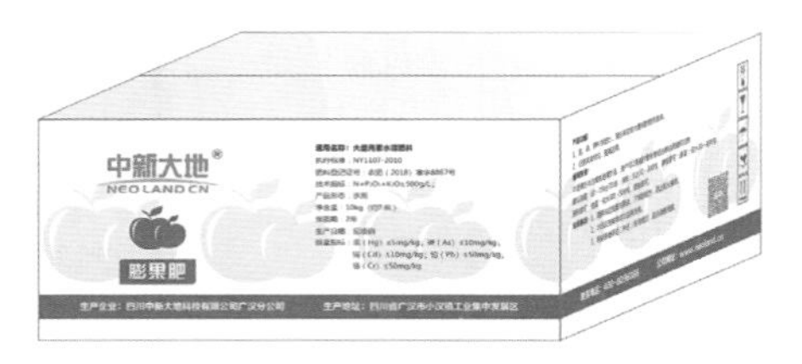

五、成果来源

项目名称和项目编号： 葡萄化肥农药减施增效关键技术集成研究与示范（2018YFD0201303-6）

完成单位： 四川省农业科学院园艺研究所、四川中新大地科技有限公司

联系人及方式： 刘晓，13880032648，liuxiaoml@163.com

联系地址： 四川省成都市锦江区狮子山路4号

炭基有机肥

一、产品概述

炭基有机肥是以生物炭为稳定性碳源，与来源于植物或动物的有机物料共同发酵腐熟的含碳有机物料混合制成的一类具有改良土壤、持续供应植物养分的新型肥料。研制出的炭基有机肥新技术分别由湖北金日生态能源股份有限公司和湖北丰益肥业有限公司等企业申请了企业标准。

二、技术参数

生物炭由各种作物秸秆在无氧或限氧条件下高温（300～500℃）热解制备，然后与来源于植物或动物的有机物料共同发酵腐熟，发酵腐熟前调节物料的水分和碳氮比等，处理后使原料含水率控制在60%～65%，C/N为20～30。堆肥温度一般维持在50～60℃，最高时可达到70～80℃。堆肥的温度由低逐渐升高的过程是堆肥无害化的处理过程（堆肥温度在45～65℃之间维持10d，病原菌、虫卵和草籽等均可被杀死）。当堆肥温度上升到60℃以上，保持48h开始翻堆，但当堆肥温度上升超过70℃时，须立即进行翻堆。翻堆务必均匀彻底，尽量将底层物料翻堆至中上部，以便充分腐熟，翻堆的频率视有机肥腐熟度而定。发酵好的半成品出料后，调整至合适的水分含量，然后进行分装。

三、产品评价

1.创新性　炭基有机肥的碳含量高，含有丰富的大量元素、中微量元素和有益微生物，具有提高土壤有机质含量、增强土壤养分供应、提高养分利用效率、调控土壤微生物种群、改良酸性土壤等多种功效，能促进作物生长，提高农产品品质，增加农业生产的经济效益。

2.实用性 该产品已实现产业化和规模化应用，建立了年产4 000t的炭基有机肥生产线，推广面积10 000亩，化肥减量15%～20%，化肥利用率提高5个百分点以上。该产品既能提高我国农业废弃物资源化利用效率，又能有效改善提高土壤质量。该产品的经济、生态和社会效益显著，具有很强的推广应用价值。

四、产品展示

五、成果来源

项目名称和项目编号：长江中下游水稻化肥农药减施增效技术集成研究与示范（2016YFD0200800）

完成单位：湖北省农业科学院植保土肥研究所

联系人及方式：张舒，13638607652，ricezs6410@163.com；杨利，13907159914，516416134@qq.com

联系地址：湖北省武汉市洪山区南湖大道18号

生物控草有机肥

一、产品概述

筛选出具高效化感成分的植物（如稗草）致病菌，并探明了化感物质抑芽机制、腐殖层遮光控长机制、致病微生物杀苗的抑草机制。采用含有除草化感物质的植物源有机物为原料，加入功能性微生物菌种，研制了有机控草肥及其大田应用技术；制定了施用技术规程。该成果获2019年湖南省科技进步一等奖。

二、技术参数

有机控草肥堆肥的主要营养原料为菜籽粕、玉米秸秆、稻草秸秆等，采用“发酵机＋场地”联合制作工艺，原材料进行预处理后投入发酵机内80℃高温杀菌2h，冷却至65℃后加入发酵菌种好氧发酵16h，然后再加入微生物功能菌种拌匀，转入场地发酵7d后挤压造粒至成品。有机控草肥质量符合《有机肥料》（NY/T 525—2021）标准。有机质含量≥60%，氮磷钾总养分≥8%，其中，N≈3%，P_2O_5≈0.5%～1%，K_2O≈5%。活菌数、重金属含量均达标。无抗生素残留，无毒无害。

三、产品评价

1.创新性　对移栽稻田杂草防控效果达85%以上，实现了移栽稻田化学除草剂的零使用。

2.实用性　该成果已实现产业化和规模化应用，在不同生态区建立了46个有机控草肥的推广示范基地，应用面积达20万亩，实现了水田杂草防控由化学除草向生态控草的新跨越。

四、产品展示

五、成果来源

项目名称和项目编号：长江中下游水稻化肥农药减施增效技术集成研究与示范（2016YFD0200800）

完成单位：湖南省农业生物技术研究所

联系人及方式：彭迪，13469469313，smileadi@126.com

联系地址：湖南长沙市芙蓉区远大二路892号

热果专用木霉生物有机肥

一、产品概述

木霉是自然界中分布较广泛的一种丝状真菌，主要存在于土壤、腐烂的木材及植物残体中，可通过分泌多种植物生长激素提高土壤养分利用率，增强根际定植能力等，发挥促生作用。热果专用木霉生物有机肥是在热区土壤筛选出的高效木霉菌经二次发酵技术制成的新型生物有机肥。

二、技术参数

收集园林修剪物、树枝、秸秆、菌菇渣及豆渣等农业废弃物，通过气流膜静态好氧发酵获得腐熟堆肥；腐熟堆肥后熟之后按照3%～5%的比例接种发酵罐，发酵获得的促生橘绿木霉菌的高密度发酵液每1 ~ 2d翻抛混匀一次，4 ~ 6d后二次发酵完成获得橘绿木霉菌生物有机肥产品。

三、产品评价

1.创新性 该有机肥所含菌株耐较高土温（土层温度小于40℃），施用后可有效提升土壤生物肥力及提高土壤抗逆（抑病）能力。有效活菌数为2亿/g，有机质含量大于40%，生物有机肥总养分（$N + P_2O_5 + K_2O$）大于5个养分。

2.实用性 该产品一般于基肥时施用。推荐用量为新植香蕉每株4 ~ 5kg，宿根蕉每株3 ~ 4kg；芒果成龄树每株5 ~ 10kg，荔枝成龄树每株2 ~ 5kg。新植蕉施用时可采用穴施拌土法，宿根蕉可采用环施拌土法。芒果及荔枝园施肥时可采用穴施或条施，注意覆土。施肥后注意浇水，保持土壤湿润，以提高功能菌在土壤中存活及定植能力。目前该产品已在太仓绿丰农业资源开发有限公司实现了转化与生产，取得了较好的经济效益与社会效益。

四、产品展示

五、成果来源

项目名称和项目编号： 热带果树化肥农药减施增效技术集成研究与示范（2017YFD0202101）

完成单位： 南京农业大学

联系人及方式： 沈宗专，13851838514，shenzongz@njau.edu.cn

联系地址： 江苏省南京市玄武区卫岗1号

热果专用芽孢杆菌生物有机肥

一、产品概述

热果专用芽孢杆菌生物有机肥是从农田土壤中筛选出高效芽孢杆菌经二次发酵技术制成的新型生物有机肥。

二、技术参数

收集园林修剪物、尾菜、菌菇渣及豆渣等农业废弃物，通过气流膜静态好氧发酵获得腐熟堆肥；腐熟堆肥后熟之后按照3%～5%的比例接种发酵罐发酵，获得的芽孢杆菌SRQ9的高密度发酵液每1～2d翻抛混匀一次，4～6d后二次发酵完成获得芽孢杆菌生物有机肥产品。

三、产品评价

1.创新性 该有机肥所含菌株根际定殖能力强、拮抗能力强、可产生多种次级代谢产物及生长激素等，施用后可有效提升土壤生物肥力及提高土壤抗逆（抑病）能力。有效活菌数2亿/g，有机质含量>40%，生物有机肥总养分（N + P_2O_5 + K_2O）>5个养分。

2.实用性 在室内通过多季盆栽试验以及田间试验，揭示了该生物有机肥产品对以香蕉、芒果为代表的热带水果生长的影响。该产品一般于基肥时施用。推荐用量为新植香蕉每株4～5kg，宿根蕉每株3～4kg；芒果成龄树每株5～10kg，荔枝成龄树每株2～5kg。新植蕉施用时可采用穴施拌土法，宿根蕉可采用环施拌土法。芒果及荔枝园施肥时可采用穴施或条施，注意覆土。施肥后注意浇水，保持土壤湿润，以提高功能菌在土壤中存活及定殖。具有较大的应用及推广前景。目前该产品已在太仓绿丰农业资源开发有限公司实现了转化与生产，取得了较好的经济效益与社会效益。

四、产品展示

五、成果来源

项目名称和项目编号：热带果树化肥农药减施增效技术集成研究与示范（2017YFD0202101）

完成单位：南京农业大学

联系人及方式：沈宗专，13851838514，shenzongz@njau.edu.cn

联系地址：江苏省南京市玄武区卫岗1号

生物有机肥高氏15号

一、产品概述

在“菌株活化复壮+分类筛选”微生物菌株高效筛选方法、“阿魏酸快速检测方法+菌肥工艺分析系统”发酵工艺快速优化方法、“分根器+效果分析系统”产品效果精准评价方法等工艺技术下，研制出“高氏15号”生物有机肥新产品，获得了农业农村部登记证，并通过定量施用器和施用规程来规范产品的使用方法，确保产品效果的稳定性。

二、技术参数

（1）产品形态：粉剂。

（2）有效活菌数≥0.2亿/g；有机质含量≥40.0%。

（3）施用剂量如下。

高氏15号施用剂量

作物	穴施用量/g	条施用量/（g/m）	撒施用量/（g/m^2）
辣椒	10 ～ 18	80 ～ 120	120 ～ 180
番茄	16 ～ 25	120 ～ 150	150 ～ 200
黄瓜	15 ～ 22	90 ～ 120	150 ～ 200
白菜	5 ～ 12	80 ～ 110	120 ～ 160
魔芋	18 ～ 30	120 ～ 180	150 ～ 220

（4）施用方法：穴施、条施、撒施、基质育苗。

三、产品评价

1.创新性 该产品有效提高了微生物菌株的环境适应性和功能性，缩短了菌肥发酵工艺的优化时长，提高了产品效果检测的科学性。

2.实用性 该产品已在湖北、北京、安徽、山东等省进行转化应用，技术转化收益累计300万元，为企业累计新增销售额超过10亿元，新增利润1.5亿元。技术承接单位在蔬菜、中药材、水果等经济作物上累计推广面积690万亩（其中湖北省内515万亩），应用田块根部病害防治效果达到79%，挽回作物经济损失69亿元（按每亩挽回1 000元计算），经济效益显著。

产品推广应用过程中，带动农户超过500户，增加就业8 930人。举办培训班41次，培训技术人员1 110人次，培训农民6 940人次，社会效益显著。

技术承接单位在生产产品的过程中，利用新技术工艺解决了当地农作物秸秆处理问题和畜禽养殖场粪污处理问题。该产品使每亩田块减少化学农药施用0.03kg，节约用水0.15t，生态效益显著。

四、产品展示

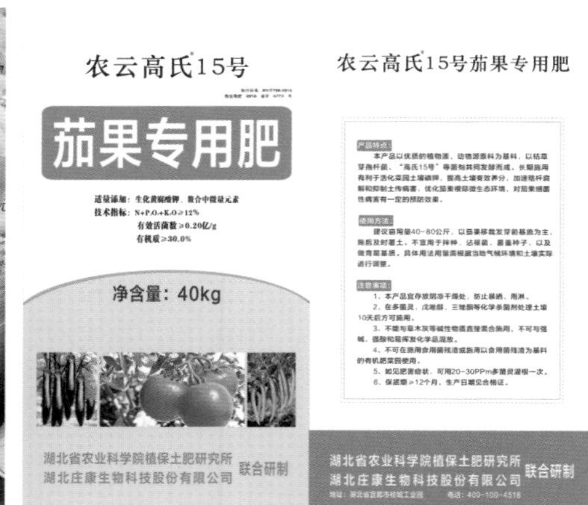

五、成果来源

项目名称和项目编号：种子、种苗与土壤处理技术及配套装备研发（2017YFD0201600）

完成单位：湖北省农业科学院植保土肥研究所

联系人及方式：汪华，13627299226，wanghua4@163.com

联系地址：湖北省武汉市洪山区南湖大道18号

柑橘矫正施肥技术及专用肥

一、产品概述

我国主产区柑橘园施肥普遍存在肥料用量过大且磷肥用量比例过高、偏氮磷钾肥而轻中微肥、偏高含量等比例化肥而轻有机肥等问题，每生产1t柑橘果实的氮磷钾肥用量通常是柑橘生产发达国家的3 ~ 4倍和推荐量的4 ~ 5倍，导致土壤酸化普遍、树体营养失衡、果实品质下降、面源污染加剧。为此，提出按照“以果定肥、因土补肥、依树调肥”的思路形成柑橘矫正施肥技术。

二、技术参数

（1）“以果定肥”。提出根据柑橘果实产量确定氮磷钾养分用量，解决随意尤其是过量施肥的问题。综合多点采样实测和文献调查数据，每生产1t柑橘果实需要消耗N 4.73kg、P_2O_5 1.00kg、K_2O 4.60kg，总养分量为10.33kg，其中脐橙、椪柑增加约15%，柚类增加约30%。柑橘果实一定的高产与优质具有一致性且钙、镁需求量增加，提出适宜的用量既是柑橘果实高产的需要又是果实优质的需要。

（2）中微量元素“因土补肥”。提出了叶片-土壤分析联合诊断柑橘园养分丰缺状况，综合提出柑橘叶片养分含量诊断推荐值：N 2.5% ~ 2.9%，P 0.13% ~ 0.17%，K 1.0% ~ 1.6%，Ca 2.8% ~ 4.5%，Mg 0.28% ~ 0.45%；Fe 60 ~ 120mg/kg，Mn 20 ~ 90mg/kg，Cu 5 ~ 15mg/kg，Zn 25 ~ 70mg/kg，B 30 ~ 100mg/kg，Mo 0.1 ~ 1.0mg/kg。明确了柑橘园钙、镁、硼、锌缺乏与土壤酸化及磷、铁、锰、铜过量，是我国柑橘园存在的突出营养问题。

（3）“以树调肥”。提出调整柑橘氮磷钾养分比例以N：P_2O_5：K_2O=1：(0.3 ~ 0.6)：(0.8 ~ 1.2)为宜；协调柑橘新梢生长、果实发育、花芽分化，根据柑橘品种、生育期及物候期调高或调低肥料用量。

（4）技物结合。研制推广柑橘专用肥。配制含有机质（腐殖酸）、中微量元素且氮、磷、钾比例适宜的柑橘专用肥，使技术落地生效，如单株果实产量50kg，每年氮磷钾总含量35%的柑橘专用肥用量为2.5 ~ 3.0kg，配合施用3 ~ 5kg有机肥，建议分2 ~ 3次（采果肥、春肥、壮果肥）采用机械挖沟或打洞施肥方式。

三、产品评价

1.创新性　将柑橘矫正施肥技术融入肥料加工工艺，配制含有机质（腐殖酸）、中微量元素且氮、磷、钾间比例适宜的柑橘专用肥，实现技术落地应用，达到柑橘肥减施、提质、增效目标。

2.实用性　综合湖南、湖北、江西、浙江、福建、云南等产区对比试验，柑橘在等养分时平均增产15.6%，在等价时平均增产15.1%，每亩为果农增加经济收益1 000元以上；明显矫正柑橘缺素症状，提高坐果率，提早着色，显著降酸、改善化渣和提高可溶性固形物。合作企业湖北宜施壮农业科技有限公司在湖北、湖南、重庆、四川、江西、广西、福建、云南等地的柑橘产区年销售柑橘专用肥6万t以上，施用面积30余万亩。

四、产品展示

五、成果来源

项目名称和项目编号： 柑橘化肥农药减施技术集成研究与示范（2017YFD0202000）

完成单位： 华中农业大学

联系人及方式： 胡承孝，13971007962，hucx@mailhzau.edu.cn

联系地址： 湖北省武汉市洪山区狮子山街1号

葡萄同步全营养配方肥

一、产品概述

葡萄同步全营养配方肥是国内研发出的首款满足了葡萄按需施肥和精准施肥需要的配方肥料产品，是葡萄营养与施肥研究的突破性进展，为果树养分的精准供应提供了有力技术支撑，目前已通过农业农村部登记备案进入批量生产阶段。

葡萄同步全营养配方肥是基于果树的营养年需求规律和土壤的供养分量、肥料的养分利用率、肥料的养分含量等基础数据，借助果树“5416”测土配方施肥技术，确定果树各关键生育阶段氮、磷、钾、钙和镁等养分的配比和相应肥料种类，进而由化学方法或物理方法制成的肥料。

二、技术参数

按照确定的葡萄各关键生育阶段氮、磷、钾、钙和镁等养分的配比和相应肥料种类，由化学方法或物理方法制备而成。

三、产品评价

1.创新性　果树同步全营养配方肥中的同步是指肥料中各养分的配比与果树的营养年需求规律同步，全营养是指肥料中各养分的种类根据土壤的养分释放特性和果树的营养需求特性确定，满足了优质果品生产对所有必需营养元素的需求。

2.实用性　该成果已实现产业化和规模化应用，建立了年产10万t的新型肥料生产线，目前推广面积累计60余万亩，增效累计6亿元以上。该产品经济、生态和社会效益显著，应用前景良好。

四、产品展示

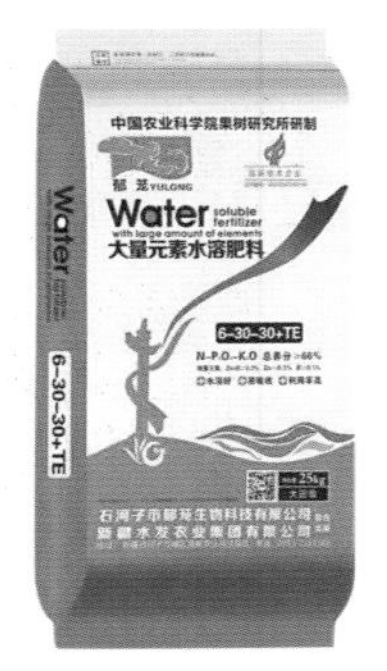

五、成果来源

项目名称和项目编号： 葡萄及瓜类化肥农药减施技术集成研究与示范（2018YFD0201300）

完成单位： 中国农业科学院果树研究所

联系人及方式： 王海波，13591963796，haibo8316@163.com

联系地址： 辽宁省葫芦岛市兴城市兴海南街98号

装备篇

ZHUANGBEI PIAN

设施蔬菜水肥一体化智能控制装备

一、装备概述

该装备控制模型以植株初始生长条件（作物种类、定植日期等）、土壤/基质水分与环境温湿度、辐射等为主控参数，智能判断作物生育进程和调配肥液浓度，自动执行灌溉施肥过程。

二、技术参数

该装备最多可支持100路继电器输出、15路模拟量输入和30路开关量输入，支持多达100个轮灌组的灌溉施肥分区控制；配备标准3路吸肥通道并支持扩展，最大吸肥量为1 200L/h，实现了不同组分多种肥料精确配比；标配1组EC检测模块，有效测量范围为0 ～ 20mS/cm，测量精度1.5%（FS）；标配1组pH传感器，pH测量范围0 ～ 14，分辨率0.01，准确度0.1级。控制系统集成了485电平Modbus RTU总线通信协议与TCP/IP网络Profinet通信协议，便于与外部设备集成。使用全彩触摸屏人机交互界面，全中文操作界面，一键式操作设计，简化了用户使用步骤。

三、装备评价

1.创新性 依据设施蔬菜不同生育期的水肥需求特点，构建了基于蔬菜作物生长和环境因子相结合的水肥精准决策指标与调控模型，提高了设施蔬菜水肥管理的智能化决策水平；开发了施肥机水肥管道模块化专用管件，实现了多种接口集合，部件模块化，安装简单，组装效率高，提高了适用性和便捷性；研发了模块化多通道水肥一体化装备，集成了自动搅拌、在线检测和水肥智能决策等功能，基于内置灌溉施肥控制决策流程实现了设备运行期无人化的水肥供需管理；开发了有机水肥一体化装备与综合管控系统，突破了有机栽培作物肥液制—配—调—灌的一体化管理瓶颈，实现了设施蔬菜有机栽培水肥一体化的全自动化供给。

2.实用性 该装备已在全国十余个省市推广应用，累计示范面积8万亩，推广34万亩（设施蔬菜4万亩，露地蔬菜30万亩）；培训基层技术人员、农民总计1.4万人次；与习惯施肥方式相比，水肥一体化技术实现了化肥减量10%～12%，化肥利用率提高5～6个百分点，平均增产4%以上。该设备的经济、生态和社会效益显著，应用前景良好。该装备入选2020年中国农业农村重大新技术新产品新装备（十大新装备）。

四、装备展示

五、成果来源

项目名称和项目编号：养分原位监测与水肥一体化施肥技术及其装备（2017YFD0201500）

完成单位：北京市农林科学院智能装备技术研究中心、金正大生态工程集团股份有限公司

联系人及方式：郭文忠，18601030522，guowz@nercita.org.cn

联系地址：北京市海淀区曙光花园中路11号北京农科大厦A座5层

旁路式土壤栽培水肥一体机

一、装备概述

旁路式土壤栽培水肥一体机采用旁路式配肥原理，通过对比水泵前置与后置吸肥效果，研发出针对不同流量与水源条件的专用型旁路施肥机管路结构，优化形成水泵后置大流量水肥一体机。

二、技术参数

旁路式土壤栽培水肥一体机采用立式多级离心泵，额定功率为4kW，吸肥管路压力为0.3MPa，单路最大吸肥流量为1 600L/h，输出压力最大为0.56MPa，输出流量为2.5 ～ 10m^3/h，能实现200m^3/h流量灌溉，灌溉分区面积可达80亩，标准尺寸（长×宽×高）为950mm×650mm×1 220mm，单机质量为120kg，出入管路采用DN50UPVC管。

三、装备评价

1.创新性 通过创新脉宽调制（PWM）算法调整多路吸肥通道电磁阀占空比，实现水肥配制浓度的精准反馈和调节，缩短响应时间。通过优化文丘里管内部参数，最大程度提高单通道吸肥流量，肥水比达到0.8 ∶ 1，从而减小旁路式施肥机功率，节省配肥设备能耗。设备开放物联网标准通信协议，能与不同轮灌控制设备及物联网控制系统对接，实现远程分区轮灌。

通过创新相似浓度优先轮灌策略，实现单台设备针对不同作物需求的多工况依次施肥；在此基础上，集成开发出控制精度高、相对国外同类设备造价低、适于多种需求共享使用的水肥一体化设备，并建立了水肥设备性能检测平台，为设备的进一步优化提供了基础。

2. 实用技术 旁路式土壤栽培水肥一体机主要应用于土壤栽培领域，与国内同类型设备相比其控制性能达领先水平，而设备价格仅为国外同类型的一半。该装备已实现产业化和规模化应用，已在贵州、新疆、甘肃、河北等地实现规模化应用，推广面积3万余亩，在露地、设施等不同应用场景中与传统滴灌相比可节水10%以上，节肥15%以上，增产3%以上。该装备的经济、生态和社会效益显著，应用前景良好。

四、装备展示

五、成果来源

项目名称和项目编号： 露地蔬菜化肥农药减施技术集成研究与示范（2018YFD0201200）

完成单位： 农业农村部规划设计研究院

联系人及方式： 李恺，18801478741，will25505177@163.com

联系地址： 北京市朝阳区麦子店街41号

大田作物精准水肥一体化装备及配套系统

一、装备概述

根据水肥一体化精准施肥需求，创制了系列化柱塞式注肥泵，提出了基于变频的精准施肥调控策略，研发了适于大田喷灌、微灌系统的智能精准施肥机及控制系统，提出了基于土壤表观电导率的田块变量灌溉施肥分区方法，构建了基于作物冠层光谱图像等数据的圆形喷灌机灌溉施肥决策模型，研发了国内首套圆形喷灌机变量灌溉施肥控制与管理系统，并通过了国家信息中心的软件评测。

二、技术参数

（1）柱塞式注肥泵。由驱动端、传动端、液力端三部分组成，具有单缸和双缸两种形式，单缸额定流量150L/h、300L/h和500L/h（双缸流量翻倍），电机功率0.37kW、0.75kW和1.1kW，最高工作压力达1.0MPa，流量调节范围10%～100%。采用免润滑技术，自吸性能优异，维护保养简单。

（2）智能精准施肥机。使用可编程逻辑控制器（PLC）进行数据采集和远程监控，各传感器、工控触摸屏与PLC之间通过RS485接口进行通信，实现了手机端APP远程监控，具有数据监测、施肥方案制定与远程控制等功能。智能施肥机的EC调控均匀度为98.4%，EC调控准确度为92.4%。

（3）变量灌溉施肥分区与实现。根据研究获得的0～90cm深度土壤表观电导率与沙粒含量呈线性负相关而与粉粒、黏粒含量呈正相关的特点，采用反距离权重法和自然间断点法进行田块变量灌溉施肥分区等级划分，通过调整圆形喷灌机行走速度、电磁阀占空比和喷头配置，并集成智能精准施肥机，实现变量灌溉施肥。

三、装备评价

1.创新性 工作流量稳定，有效提高了施肥均匀度；实现了施肥量决策、远程控制与数据监测的智能控制。

2.实用性 该装备已实现产业化和规模化应用，年生产能力达300台（套）。在小麦、玉米、牧草等大田作物上应用近80台（套），推广面积超过10万亩，应用后化肥减量10%～15%，化肥利用率提高5%，节水15%～20%，使施肥效率提高10倍以上，经济、生态和社会效益显著，应用前景良好。该产品获2020年北京市新技术新产品（服务）证书、入选2021年度国家成熟适用水利科技成果。

四、装备展示

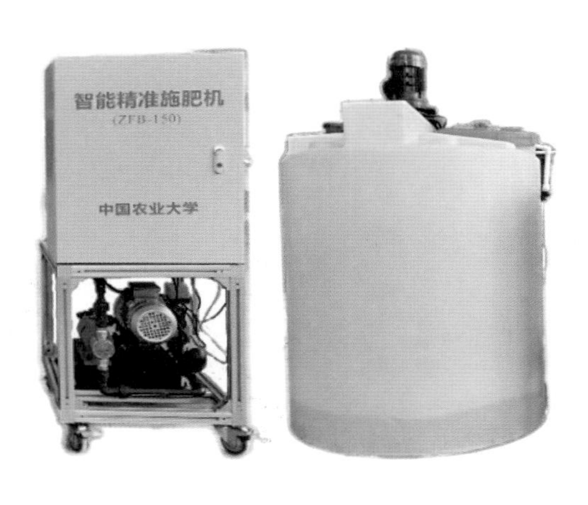

五、成果来源

项目名称和项目编号： 养分原位监测与水肥一体化施肥技术及其装备（2017YFD0201500）

完成单位： 中国农业大学、吉林农业大学

联系人及方式： 严海军，13651365864，yanhj@cau.edu.cn

联系地址： 北京市海淀区清华东路17号中国农业大学东校区

水肥一体化装备

一、装备概述

针对灌水量、水肥浓度不能精确控制及智能化决策控制缺乏等问题，面向梨、桃园研制在线管道式结构水肥一体化装备。

二、技术参数

装备配套功率10 ~ 50kW，适用灌溉流量5 ~ 200m^3/h，进出口管径50 ~ 200mm，工作压力0.2 ~ 0.5MPa，通道数5，每通道最大吸肥量1 000L/h，浓度范围0.2% ~ 2%，EC传感器范围0 ~ 20mS/cm，pH传感器范围0 ~ 14，稳态响应时间不超过150s，稳态精度不超过±5%。

三、装备评价

1.创新性 通过流量、压力等传感器，结合变频控制，实现对灌水量的精确调控。根据不同的需水、需肥规律，采用多通道配置和自动加肥装置，建立了"施肥泵+文丘里管"吸肥流量模型，采用PWM + PID变量注入技术、水肥自动混合技术，以及浓度、EC、pH实时调节技术，实现了水肥按比例、EC、pH变量精准管控。不同施肥通道的注肥量可调，解决了梨、桃对肥料量的差异需求。开发了远程控制系统和APP软件，可实现远程查看和控制。

2.实用性 在江苏省句容市结合微喷灌和滴灌系统建立了示范园50亩，辐射推广2 000亩。示范园在滴灌模式下，与对照组相比可减少化肥施用量35%，平均增产5%以上，省工80%，每亩节本增收600元以上。梨树和桃树的水肥一体化技术装备的各项指标能满足实际需要，可减少化肥使用量，提高产量，实现节本增效，具有良好的应用前景。该装备总体达国内领先水平。

四、装备展示

五、成果来源

项目名称和项目编号： 梨树和桃树化肥农药减施技术集成研究与示范（2018YFD0201400）
完成单位： 农业农村部南京农业机械化研究所
联系人及方式： 金奎，13851820110，120059323@qq.com
联系地址： 江苏省南京市玄武区中山门外柳营100号

同步施肥水稻精量直播机

一、装备概述

提出了同步开沟起垄施肥水稻精量穴直播技术，在两条播种沟中间开设一条施肥沟，深度为100mm，将肥料施入施肥沟中，并进行覆盖。提出既能实现水稻精量穴直播又能实现深施肥的同步侧位深施肥水稻精量穴直播技术，研发了适用于不同肥料的精密排肥装置，并研制了与之配套的同步侧位深施肥水稻精量穴播机。

二、技术参数

该装备适用的作物类型为水稻，适用颗粒肥，配套动力10 ~ 60kW，作业幅宽2 ~ 5m，作业速度5 ~ 10km/h，播种可选10行或20行，施肥可选5行或10行，行距可选200mm或250mm，播种量1.5 ~ 25kg/hm^2，施肥量150 ~ 1 500kg/hm^2，施肥深度70 ~ 100mm，施肥方式为气流输送式。

三、装备评价

1.创新性 创新提出了同步开沟起垄施肥水稻精量穴直播技术，在两条播种沟中间开设一条施肥沟，深度为100mm，将肥料施入施肥沟中，并进行覆盖，与传统撒施肥方式相比，可节肥15%以上，肥料利用率可提高20%以上；发明了螺旋槽轮式精量排肥器，采用“螺旋控量+气流输送”，有效提高了施肥均匀性，解决了传统施肥机械肥料易吸潮堵塞的问题；研制了同步施肥水/旱直播机两种机型，可一次性完成开沟、播种、施肥和覆盖等作业环节，提高了农业作业效率。

2.实用性 该装备已许可给国内农机企业大批量生产销售，在国内26省（直辖市、自治区）和6个国家推广应用，推广面积1 000余万亩，化肥减量15%～20%，化肥利用率提高7个百分点以上。与传统水稻移栽方式相比，该装备每亩能节约人工成本150元以上，经济、生态和社会效益显著，应用前景良好。该产品入选2017年中国农业农村重大新技术新产品新装备（十大新装备）。

四、装备展示

五、成果来源

项目名称和项目编号： 智能化精准施肥及肥料深施技术及其装备（2016YFD0200600）

完成单位： 华南农业大学

联系人及方式： 曾山，13798175915，857106266@qq.com

联系地址： 广东省广州市天河区五山路483号华南农业大学

冬小麦宽苗带撒播与基肥分层精量施用联合作业机具

一、装备概述

结合黄淮海地区的冬小麦宽幅播种施肥农艺要求，提出了一种旋耕土壤后覆盖精准定位施肥方法，建立了土壤后覆盖肥料分层施用的数学模型，设计了分层播种施肥机构，为小麦等密植作物分层定位施肥提供了一种解决方法，克服了开沟器分层施肥方式的弊端。开展了满足多路施肥控制的基于电液比例控制的精准排肥控制技术研究，研究了基于作业速度的自适应精量施肥控制技术和基于处方图的同步变量施肥控制技术，研发了一套基于电液比例技术的三路变量施肥控制系统。

二、技术参数

2BFJ-10冬小麦分层精准施肥播种机经过了第三方检测，作业速度达1.8hm^2/h，旋耕深度为18mm，播种深度为46mm，播种深度合格率为90%，深层肥料施用深度为158mm，深层肥料施肥合格率为90%，浅层肥料施用深度为80mm，浅层肥料施肥合格率为100%，深层肥料最大排肥能力为每亩9.3kg，浅层肥料最大排肥能力为每亩9.2kg，最大排种能力为4.3kg，深层肥料排肥精度为97.3%，浅层肥料排肥精度为96.3%，排种精度为96.1%，深层肥料各行排肥量一致性变异系数为3.6%，浅层肥各行排肥量一致性变异系数为4.9%，各行排种量一致性变异系数为4.3%。

三、装备评价

1.创新性 基于GNSS测量机具作业速度，实时调整排肥量和排种量，保证排肥排种均匀，实现了2路肥和1路种独立精准控制，满足冬小麦基肥分层精准施用的要求。研制出冬小麦宽苗带撒播与基肥分层精量施用联合作业机具（2BFJ-10冬小麦分层精准施肥播种机），适合黄淮海地区冬小麦播种和施用基肥，实现在宽幅条播小麦下方进行基肥的分层精准施用。

2.实用性 自2017年开展示范应用以来，该装备以小麦生产为应用背景，分别在北京、河北、河南、山东、陕西、安徽等地建立了试验点和示范区，开展示范推广工作，示范应用面积达7.5万亩。通过不同年度连续开展田间试验，此种施肥方式比习惯施肥化肥减量施用10%～15%，化肥利用率提高5～6个百分点，施肥效率达到人工施肥10倍以上。构建了适合黄淮海地区小麦基肥变量施用的作业技术体系，为我国不同区域小麦基肥变量施用技术与装备的应用和推广奠定基础，为小麦基肥精准施用提供必要的技术支撑，将在一定程度上提高我国小麦基肥施用技术装备水平，减少农业投入成本，提升耕地质量水平，推进实施科学施肥。

四、装备展示

五、成果来源

项目名称和项目编号： 智能化精准施肥及肥料深施技术及其装备（2016YFD0200600）

完成单位： 北京市农林科学院智能装备技术研究中心

联系人及方式： 武广伟，13811849440，wugw@nercita.org.cn

联系地址： 北京市海淀区曙光花园中路11号北京农科大厦A519

油麦兼用气送式精量联合直播机

一、装备概述

油麦兼用气送式精量联合直播机可一次性完成旋耕、施肥、开沟、播种和覆土镇压等多个作业环节，采用气送式排种器+排肥器实现精量排种排肥。

二、技术参数

该装备适用于油菜、小麦，适用颗粒肥，作业幅宽2m。作业速度2.5 ~ 6km/h，油菜播种可选6行或8行，小麦播种选8行，施肥可选6行或8行，行距150 ~ 250mm，锥孔轮数量1 ~ 6个，油菜播种量1.8 ~ 37.7kg/hm^2，小麦播种量15.6 ~ 330kg/hm^2，油菜播种深度5 ~ 20mm，小麦播种深度20 ~ 50mm，施肥量199.5 ~ 2 220kg/hm^2。

三、装备评价

1.创新性 气送式排肥器在工作时，通过气流的吹送力携带肥料进入肥料分配器，实现肥料混施，解决肥料易吸潮堵塞的问题，通过调节供肥装置中供肥轮转速和供肥轮的工作行程，实现施肥量（199.5 ~ 2 220kg/hm^2）精确调节；采用油麦兼用气送式排种器，实现对油菜（1.8 ~ 37.7kg/hm^2）、小麦（15.6 ~ 330kg/hm^2）播种量的精确调节，满足农艺播种量要求。

2.实用性 该技术成果持续加强技术成果的推广应用，在实际生产中累计推广应用19万亩。

四、装备展示

五、成果来源

项目名称和项目编号： 智能化精准施肥及肥料深施技术及其装备（2016YFD0200600）

完成单位： 华中农业大学

联系人及方式： 丁幼春，13971514313，kingbug163@163.com

联系地址： 湖北省武汉市洪山区狮子山街1号

棉花精准对行分层施肥技术装备

一、装备概述

针对西北干旱地区适宜机采的宽窄行棉花种植模式（行距：66cm + 10cm），提出了“秋季分层施肥，春季对行播种”的施肥模式，突破了精准对行分层施肥关键技术，研制了一种棉花基肥精准对行分层施肥机，研制出开沟阻力小、分层效果好、防堵性能好的分层施肥装置和对射式光电感应的施肥作业监测系统。

二、技术参数

该设备采用精准对行、分层深施模式，作业幅宽4.56m，浅层施肥深度达10 ~ 13cm，深层施肥深度达18 ~ 20cm，施肥深度稳定性不小于90%，能一次性完成开沟、施肥、覆土、碎土镇压作业。

三、装备评价

1.创新性　有效避免施肥损失，提升对行分层施肥作业效果。机具可一次性完成开沟、施肥、覆土、碎土镇压作业，并为后续播种作业创造良好的种床条件。

2.实用性　对行分层施肥模式下，肥料减施20%以上，肥料综合利用率提高10%，棉花亩产达386.3kg，相较于传统施肥每亩增产34.2kg。该项技术已在新疆生产建设兵团第一师、第六师、第八师、新疆沙湾县等地进行了大面积示范推广，累计完成示范推广作业20万亩，具有良好的产业前景和应用价值。目前该装备已小批量生产，日后将进一步助力棉花生产科学施肥、提质增效。

四、装备展示

五、成果来源

项目名称和项目编号：智能化精准施肥及肥料深施技术及其装备（2016YFD0200600）

完成单位：新疆农垦科学院

联系人及方式：刘进宝，15999290990，1036517909@qq.com

联系地址：新疆维吾尔自治区石河子市老街街道乌伊公路221号

马铃薯精量播种与肥料分层深施装备

一、装备概述

基于马铃薯精量播种与肥料精密分层深施技术的研究成果，开发了2CM-2型马铃薯播种机。

二、技术参数

该设备外形尺寸为2 400mm×1 200mm×1 700mm（长×宽×高），整机质量470kg。配套动力22～37kW，工作行数2行，行距22～25cm，作业速度1.0～1.5km/h，株距19～33cm，工作深度8～15cm，重种指数≤20%，漏种指数≤10%，各行排肥量一致性变异系统≤13%，总排肥量稳定性变异系数≤7%，种植深度合格率≥80%。

三、装备评价

1.创新性 解决了马铃薯采用切块薯播种的漏播问题以及马铃薯播种中存在的肥料利用率低的问题，突破了马铃薯漏种检测、播种粒距自适应调节技术、肥料分层深施技术，研制了漏播监测及自动补种装置、分层施肥开沟装置和梯形排肥装置，研制出马铃薯种肥播施精准作业装备，提高了播种机作业过程的可靠性和适应性。

2.实用性 提高了播种机智能化程度，与同类机型相比播种效率高，能实现化肥减施10%～12%，马铃薯的株距和种植深度合格率较高，该装备已实现规模化推广应用，取得了良好的经济效益和社会效益。

四、装备展示

五、成果来源

项目名称和项目编号：智能化精准施肥及肥料深施技术及其装备（2016YFD0200600）

完成单位：青岛农业大学

联系人及方式：连政国，13864296898，zglian64@126.com

联系地址：山东省青岛市城阳区长城路700号

基于车载作物养分监测的精准施肥装备

一、装备概述

基于车载作物养分监测的精准施肥装备是应用于玉米追肥、可实现依据玉米生长状况诊断信息实时调整施肥量的装备。该装备基于玉米智能化中耕追肥系统特性和作物生长需求与肥效指标的匹配关系，确定不同速度下施肥量大小，实时进行施肥策略调整。作业时通过中央集排式排肥、气力输送的方式，精准高效地将肥料施用于玉米行根际。该装备取得了北京市新技术新产品证书。

二、技术参数

用户可以根据需求设定施肥量、作业机具幅宽、每转排肥量等参数，装备的通用性强。控制系统功能明确，操作界面简单，产品具有较好的操作性，排肥准确率达96%以上。采用电力驱动排肥、风力送肥，能同时满足6行追肥作业，作业幅宽达3.6m，能实现不低于2.5hm^2/h的作业速度；能实时监测、远程传输和记录施肥量、作业面积等指标，便于后期施肥管理。

三、装备评价

1.创新性 实现了氮肥总控与精准定位、作物实时诊断相结合的变量施肥，做到了肥料总量优控及科学施用。

2.实用性 自2017年开展示范以来，该装备主要在北京、天津、河北、山东、江苏等地进行推广应用。该装备已实现规模化应用，车载作物养分监测的精准施肥装备产品已实现销售收入800多万元；推广面积20余万亩，化肥减量15%～20%，化肥利用率提高7个百分点以上，经济、生态和社会效益显著，具有良好的产业应用前景和推广价值。

四、装备展示

五、成果来源

项目名称和项目编号：智能化精准施肥及肥料深施技术及其装备（2016YFD0200600）

完成单位：北京市农林科学院智能装备技术研究中心

联系人及方式：赵学观，15313925537，zhaoxg@nercita.org.cn

联系地址：北京市海淀区曙光花园中路11号北京农科大厦A519

茶园有机肥变深、变位、精量施肥机械

一、装备概述

研发的变深、变位、变量施肥机具采用螺旋式开沟机具，中空输料机构，可一次性完成开沟、施肥、覆土作业，同时，辅助自主作业系统，完成施肥深度自适应调节。提出一次性螺旋开沟、施肥、覆土方式：建立了螺旋开沟力学模型，得到了其阻力矩方法，定量分析刀轴一般转速、开沟深度、刀具刃线、螺旋叶片外径、螺旋角等参数对其影响：进一步建立螺旋刃线参数方程，为刀具螺旋叶片设计提供参考。

二、技术参考

该装备适用施肥深度为5 ~ 35cm，适用施肥宽度为10 ~ 40cm，肥料在15 ~ 20cm深处土层向两端依次分布，耕深稳定系数98.2%，作业宽度一致性99.2%，施肥变异系数5.64%，各土层段施肥性能较稳定，能满足茶园施肥农艺要求。

三、装备评价

1.创新性 该装备为国内首创。针对茶园有机肥施肥技术难题，创新研发了横置双螺旋有机肥排肥装置，非连续性螺旋刃线和自适应变深液压调节系统，集成了电动螺旋精量排肥技术和电动偏置调节装置，创制了2FB-35-Y型变深、变位、精量施肥机，实现了标准化茶园开沟、施肥、覆土复式作业，改变了传统先开沟、后施肥、再覆土的作业方式，有效节省了劳动力，减少了作业次数，提高了作业效率。

2.实用性 能在具有机耕道、掉头区域、横向坡度在8°以下的茶园开展开沟、施肥、覆土作业。该装备实现了茶园生产管理中劳动强度较大的开沟、施肥、覆土复式作业，对克服劳动力短缺、老化等问题具有重要意义。同时，该装备创新研发的自适应变深液压调节系统，实现了茶园仿形自主施肥，为后期茶园耕作、除草等环节实现无人自主作业提供了重要技术支撑。

3.稳定性 该装备已在盐城市盐海拖拉机制造有限公司实现成果转化，并进行小批量生产销售，已在江苏推广应用。目前，正在进行HST静液压无级变速技术、高清无线图传、远程区域遥控和北斗自主导航等技术集成与研发，实现茶园无人驾驶及自主作业。

四、装备展示

五、成果来源

项目名称和项目编号：茶园化肥农药减施增效技术集成研究与示范（2016YFD0200900）

完成单位：农业农村部南京农业机械化研究所

联系人及方式：宋志禹，15366093037，songzy1984@163.com

联系地址：江苏省南京市玄武区柳营100号

基于点面阵融合式传感器的变量施肥装备

一、装备概述

基于点面阵融合式传感器的变量施肥装备是集作物长势光谱诊断技术和精准控制施肥技术于一体的装备。该装备中点面阵融合式传感器获取作物叶绿素对敏感波长光能的吸收量和作物覆盖度进而评定作物生长状态；施肥量决策和控制系统接收作物长势信息后，计算输出作物相应的施肥量，进而由喷洒机构控制施肥。

二、技术参数

传感器采集作物冠层610nm、680nm、730nm、760nm、810nm和860nm的近红外波长处的作物冠层的反射光辐射强度值，有效反应检测区域20%～95%光照强度的变化；采集冠层RGB彩色图像，像素分辨率为640px×480px，图像数据的格式为JPEG格式。传感器各个波段光强值与标准灰度板反射率间的相关系数都高于0.82，可以准确测量采集区域的反射率。外形尺寸为4 240mm×9 900mm×2 940mm，喷幅9.8m，作业速度为6.6km/h，单喷头喷洒精度为99.9%，施肥能力为6.5km^2/h，发动机转速为2 000r/min，额定压力2MPa。

三、装备评价

1.创新性 实现了作物施肥精准管理，获得了农业机械试验鉴定推广站的鉴定证书。

2.实用性 该装备已实现规模化应用，在北京、河北和黑龙江示范推广，施肥效率达到人工施肥效率的10倍以上。分别建立的东北、华北和南方施肥决策模型，比习惯施肥化肥减量施用10.5%，化肥利用率提高5 ～ 6个百分点。该装备的经济、生态和社会效益显著，应用前景良好。

四、装备展示

五、成果来源

项目名称和项目编号： 智能化精准施肥及肥料深施技术及其装备（2016YFD0200600）

完成单位： 中国农业大学

联系人及方式： 孙红，13552726986，sunhong@cau.edu.cn

联系地址： 北京市海淀区清华东路17号中国农业大学东校区

YHSF-160型设施全幅宽基肥施用复式作业机

一、装备概述

针对常见蔬菜基肥施肥机适用肥料性状较为单一的问题，以多性状基肥全幅宽精量均匀施肥为目标，研究不同性状肥料条件下的肥箱肥料扰动技术，有效避免了粉状肥料和小颗粒肥料的阻塞结块问题，显著提升了施肥均匀性；建立行走速度与施肥量相关性模型并验证，得到了操作便捷的施肥量控制曲线。

二、技术参数

施肥均匀性变异系数≤9.6%；作业幅宽1.0 ～ 1.4m；每小时作业面积为3.13亩；最大旋耕深

度25cm；配套动力40.5kW拖拉机。

三、装备评价

1.创新性 该装备对各种肥料适应性好，同一装备可完成粉状有机肥、颗粒化肥、粉末化肥等多种性状肥料的施用，施肥均匀性高；与起垄机构联合作业，可一次完成施基肥和起垄作业，作业效率高。

2.实用性 该装备已实现产品化和小批量推广应用，建立了年产200台（套）的生产线，年实现销售100台，利润120万元。该装备尤其适用于小青菜、上海青等密植类蔬菜种植，对复合肥、粉末性水溶肥、商品粉碎有机肥都有良好的适应性，一台装备可同时满足中小型蔬菜基地对基肥有机肥和复合肥的施用要求，经济、生态和社会效益显著，应用前景良好。该装备于2020年经江苏省农业机械试验鉴定站进行了技术检验，符合农机具产品标准。

四、装备展示

五、成果来源

项目名称和项目编号： 设施蔬菜化肥农药减施增效技术集成研究与示范（2016YFD0201000）

完成单位： 农业农村部南京农业机械化研究所

联系人及方式： 陈永生，15366092928，cys003@sina.com

联系地址： 江苏省南京市玄武区柳营100号综合实验楼

马铃薯立轴后抛式厩肥施肥机

一、装备概述

马铃薯立轴后抛式厩肥施肥机是结合国外先进技术和我国土壤现实情况而研发的新型农机装备，与国内已有的卧式抛撒厩肥设备相比，此机械厢体吞吐量大、抛撒范围宽、行驶时间长、作业快速高效，实现了土地规模化、规范化抛撒作业。

二、技术参数

技术先进、适用性强、通用性广，可以抛撒颗粒大小不同的固体肥料；采用双绞龙抛撒叶片，可打碎大块厩肥，运行阻力小，抛撒性能好，作业后能形成均匀肥层；高强度特制链条与传送板焊接牢固，使肥料向后传输稳定；液压马达无级变速调控传送链实现有机肥料按需求进行定量抛撒；配备有地轮平衡梁系统，即使作业行走在路况复杂的田地间，也可以保证车体平衡行驶，机器稳定性好；机架强度大，刚性好，坚固不变形。整机配置协调紧凑，组件布局合理有序，安装调整方便快捷。

三、装备评价

1.创新性 马铃薯立轴后抛式厩肥施肥机可以一次性完成有机厩肥、有机颗粒肥以及生物有机肥等固体肥料的田间均匀抛撒作业，通过增施有机肥，达到提高土壤腐殖质含量和培肥地力的目的，能够降低无机化肥的用量，提高肥料利用率，大幅度提升马铃薯种薯和商品薯的产量和品质。

2.实用性 该设备已实现产业化和规模化应用，目前已经在黑龙江德沃科技开发有限公司建立了年产200台的立轴后抛式厩肥施肥机生产线，立轴后抛式厩肥施肥机已实现销售收入0.42亿元，利润486万元；推广面积105.7万亩，化肥减量19.5%，化肥利用率提高2%以上，累计推广效益2亿元以上，经济、生态和社会效益显著，应用前景良好。

四、装备展示

五、成果来源

项目名称和项目编号： 马铃薯化肥农药减施技术集成研究与示范（2018YFD0200800）

完成单位： 黑龙江省农业科学院

联系人及方式： 闵凡祥，13633605795，minfanxiang@126.com

联系地址： 黑龙江省哈尔滨市南岗区学府路368号

TSSF-600型设施蔬菜固态有机肥撒施机

一、装备概述

本装备针对费时耗功的固态有机肥撒施而设计，效率高，功能多，使用方便，节约了大量劳动力，大大降低了生产成本。市场需求量极大，具有较高的推广价值。

二、技术参数

肥箱载肥量为1.5m^3，每小时作业面积为10 ～ 12亩，施肥幅宽为4 ～ 6m；配套动力为26kW柴油机。

三、装备评价

1.创新性　①创新制成圆盘撒肥机构与开沟施肥覆土机构相结合的多功能有机肥施肥机构，既能圆盘大幅宽撒肥又能开沟条施有机肥，实现装备多功能性；②创新施肥深度可调的开沟施肥机构，通过液压调节开沟深度，实现施肥深度的调节，开沟器后方挂接四圆盘覆土机构，可将肥料覆盖，防止肥料挥发；③创新定量喂肥机构，通过棘轮、齿轮、齿条组合调节出肥口开度从而调节喂肥量，实现定量施肥。

2.实用性　该装备已实现产业化和规模化应用，建立了年产800台（套）的生产基地，实现年销售600台，年利润420万元。该装备的经济、生态和社会效益显著，应用前景良好。该装备已进入2020年中国农机补贴目录。

四、装备展示

五、成果来源

项目名称和项目编号： 设施蔬菜化肥农药减施增效技术集成研究与示范（2016YFD0201000）

完成单位： 农业农村部南京农业机械化研究所

联系人及方式： 陈永生，15366092928，cys003@sina.com

联系地址： 江苏省南京市玄武区柳营100号综合实验楼

有机肥深施机

一、装备概述

针对腐熟牛羊粪等有机肥易结块、流动性差造成的机施难题，通过创新设计动力碎肥与输肥系统，研发了该装备。

二、技术参数

施肥深度为30 ～ 40cm，排肥量为7 ～ 10kg/m，有机肥/化肥混合比为（20 ～ 30）：1。

三、装备评价

1.创新性 实现了对有机肥的粉碎与均匀输送，解决了现有机械施肥不均匀、断条率高的问题，大幅提升了施肥作业效率与作业质量；通过化肥/有机肥双变量排肥系统的创新设计，实现了有机肥/化肥的在线混合深施与配比精准调控，满足了不同区域、不同作物的养分需求，在保证作业质量的同时使肥料利用率提高13%，节本增效显著。目前该装备已通过省部级农机专项鉴定，形成批量生产。

2.实用性 该装备已实现产业化和规模化应用，推广面积8万亩，化肥减量15%～ 20%，化肥利用率提高13%，累计推广效益1 000万元，经济、生态和社会效益显著，应用前景良好。该装备于2020年作为农业生产急需的新产品通过了省部级农机专项鉴定，集成该技术成果的“新疆甜瓜露地轻简化栽培关键技术集成研究与示范推广”项目获得2020年度新疆维吾尔自治区科技进步二等奖，“哈密瓜露地优质绿色高效轻简化栽培技术”入选农业农村部2021年农业主推技术。

四、装备展示

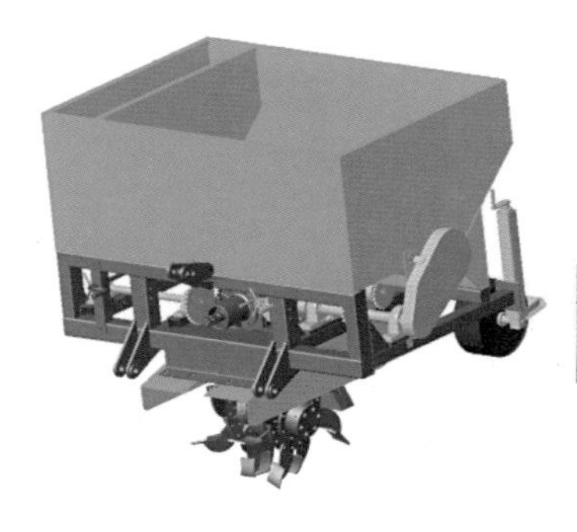

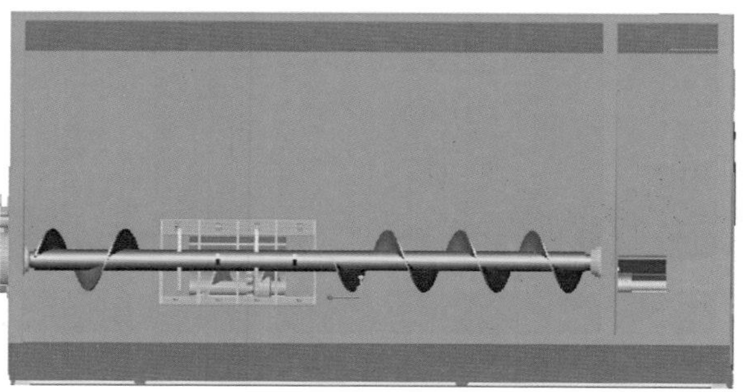

五、成果来源

项目名称和项目编号：葡萄及瓜类化肥农药减施技术集成研究与示范（2018YFD0201300）

完成单位：农业农村部南京农业机械化研究所

联系人及方式：龚艳，15366093017，nnnGongyan@qq.com

联系地址：江苏省南京市玄武区柳营100号

液压推送式有机肥抛撒机

一、装备概述

液压推送式有机肥抛撒机已形成系列产品，有6个机型已通过省级产品鉴定或推广鉴定，并广泛应用于有机水稻种植、黑土保护与地力提升等项目中。

二、技术参数

主要技术性能指标

项　目	参　数		
	2FGHW-8	2FGHW-10	2FGHL-10
配套动力/kW	73.5 ~ 102.9	73.5 ~ 125	73.5 ~ 125
输送装置型式		双层底板液压推送	
工作状态外形尺寸（长 × 宽 × 高）/mm	8 360 × 3 255 × 3 175	8 360 × 3 420 × 3 265	8 755 × 3 420 × 3 265
抛撒装置型式	双卧辊式	双卧辊式	双立辊式
撒施宽度/m	≥ 4（测5.7）	≥ 4（测6.0）	≥ 12（测16.0）
额定载重量/kg	8 400	10 000	10 000
装载容积/m^3	10.5	12.5	12.5
施肥变异系数/%	13.8	15.0	8.5
施肥量/（t/hm^2）	6 ~ 60	6 ~ 60	3 ~ 20
纯工作小时生产率/hm^2	2 ~ 4	2.5 ~ 5	5 ~ 10
轮胎数量	4	4	4
轮胎规格	16/70-20	550/60-22.5	550/60-22.5

三、装备评价

1.创新性　①国内首创双层箱板液压强力推肥机构、新型顺序动作双液压缸推送系统及新型高强度破碎抛撒机构，解决了冬季有机肥冻结后难以抛撒的难题；②创新研发有机肥施肥量精准控制系统，实现施肥量精确设定、自动控制、快进快退和安全保护等功能；③研究可互换的鸡冠轴式双卧辊式和双立辊式高效破碎、均匀抛撒技术，可满足用户的不同使用需求；④适用范围广，可广泛应用于多种有机肥（堆肥、厩肥、泥肥、绿肥等）的高效撒施还田；⑤一机多用，由于具有液压推送快速卸料功能，农闲时可用作短途运输工具。

2.实用性　应用该装备累计完成有机肥撒施还田面积500万亩。2021年该装备通过黑龙江省机械工程学会组织的科技成果评价，结论为国际先进水平。目前已取得授权国家发明专利2项、南非发明专利1项、澳大利亚革新专利1项、实用新型专利4项，该成果在撒施幅宽、施肥量精确控制和撒施均匀度等方面处于国内领先地位。

四、装备展示

五、成果来源

项目名称和项目编号：北方水稻化肥农药减施技术集成研究与示范（2018YFD0200200）
完成单位：黑龙江省农业机械工程科学研究院
联系人及方式：刘希锋，13936178990，Lxf056@163.com
联系地址：黑龙江省哈尔滨市南岗区哈平路156号

防控设施病虫害轻简化专用施药设备精量电动弥粉机

一、装备概述

设施栽培蔬菜因环境密闭导致的高湿病害已成为危害生产的关键问题，弥粉法施药可以有效解决高湿病害问题。传统喷粉机用粉量大，施药后会在植株和果实表面留下明显的附着物，受施药设备所限，弥粉法施药技术未能得到大面积应用。通过对弥粉法施药关键点进行系统研究，开发了轻简化专用施药设备精量电动弥粉机。

二、技术参数

本产品执行标准为Q/ZK JS0909—2019精量控粉型喷粉机，技术条件参GB 10395.6—1999植物保护机械。中蔬弥粉机型号为3FS-03AE，电机功率300W，运行标定转速最高为17 000r/min（12V版），药箱容积为1.41L，整机重量2kg（不含电池），配套电池需要自行匹配电压12V、容量在12Ah以上标准锂电池。

三、装备评价

1. 创新性 解决了现有施药设备无法满足弥粉法施药技术需求的问题，提高了弥粉法施药的精确度和工作效率，施药后整棚杀菌，不留死角，攻克了冬季低温条件下的高湿病害防控难、施药费工费时的技术难题，是安全环保的设施蔬菜高湿病害防控新装备。

2. 实用性 该装备已实现产业化和规模化应用，建立了年产5 000台（套）的精量电动弥粉机生产线，中蔬弥粉机已实现销售收入2 400万元，利润480万元；推广面积2 000万亩，化学农药减量35%，农药利用率提高10%以上，经济、生态和社会效益显著，应用前景良好。

四、装备展示

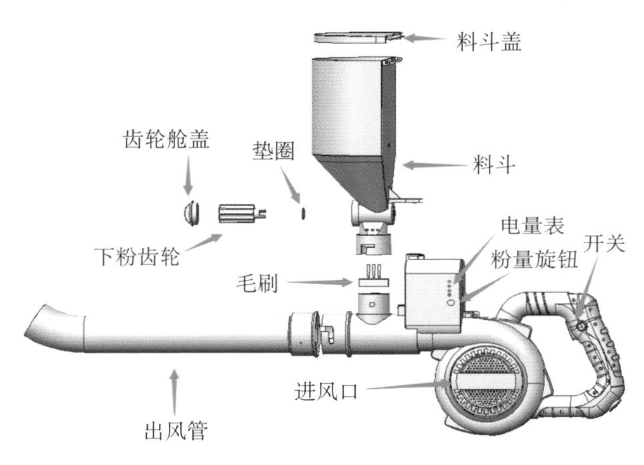

五、成果来源

项目名称和项目编号： 设施蔬菜化肥农药减施增效技术集成研究与示范（2016YFD0201000）

完成单位： 中国农业科学院蔬菜花卉研究所

联系人及方式： 李宝聚，13901296115，libaoju@caas.cn

联系地址： 北京市海淀区中关村南大街12号，100081

自走式精旋火焰土壤消毒机

一、装备概述

针对我国目前土传病害防治中存在的作业周期长、作业均匀度差、处理深度不够等问题，采用反转刀辊精细旋耕深取土与火焰高温处理相结合的处理技术，研制了可调整深度取土和精细碎土机构、火焰自动点火机构和火焰喷射部件，集成创制了土壤高温火焰处理装备。

二、技术参数

装备配套功率29.4 ～ 72.7 kW，处理深度25 ～ 30cm，深度稳定性不小于90%，作业幅宽1.2 ～ 1.4m，每小时作业面积为0.5 ～ 1亩，火焰最高温度达（1 000±50）℃，碎土率不小于90%（≤1cm）。平整度均不超过±5cm。火焰长度为15 ～ 20cm，作业后土壤温差最高可达70℃左右，并且能维持50℃以上20min，对土壤根结线虫的防治效果可达98%。

三、装备评价

1.创新性 该装备集成高温消毒和旋耕混合作业，可均匀、高效地完成深层土壤高温消毒作业。结构新颖，为世界首创。

2.实用性 该装备已大面积应用于生姜、草莓、黄瓜、半夏、白芷、百合、三七等经济作物生产，能有效解决土传病虫害以及连作障碍等农业种植问题。中国农业科学院植物保护研究所利用该设备对田间进行了3次试验，测试火焰消毒对杂草、线虫和真菌等土传病害的防治效果，以及对土壤理化性质（含水量、容重、硝态氮、铵态氮、电导率和有机质含量）、作物产量的影响。经火焰消毒技术处理后，土壤中杂草、线虫及真菌的数量显著降低。与对照组相比，对杂草的抑制率可达87.8%，对土壤根结线虫的杀虫率可达到98.1%，对镰刀菌属和疫霉属病菌的抑制率分别为68.1%和73.4%。作物产量测定显示，火焰消毒处理能显著提高作物的株高和产量。对样品理化性质进行分析，火焰消毒处理后土壤中铵态氮和硝态氮的含量均显著增加，土壤电导率增加。与对照组相比，火焰消毒处理后土壤水分、土壤容重和土壤有机质含量明显降低。

四、装备展示

五、成果来源

项目名称和项目编号：种子、种苗与土壤处理技术及配套装备研发（2017YFD0201600）

完成单位：春晖（上海）农业科技发展股份有限公司

联系人及方式：赵奇龙，18521315909，9031172@qq.com

联系地址：安徽省芜湖市三山经济开发区凤栖路15号春晖环境

土壤消毒固体药剂均匀深施装备

一、装备概述

针对土壤处理中固体药剂施药困难、劳动强度大、施药不均匀、施入深度小以及熏蒸效果不稳定等问题，结合固体微粒型土壤消毒剂的物理化学特性，设计开发了容量大、混匀度高、耕深大的固体药剂均匀深施装备，以均匀施药、无不正常漏药为目标，研究了固体药剂均匀深施技术、排药原理及药粒运动轨迹、精旋深取土技术，优化设计存储及计量装置的形状和结构参数，解决了固体微粒形土壤消毒剂易漏料、消毒剂与土壤混匀度低的问题。

二、技术参数

该装备配套功率51.4 ~ 72.7 kW，作业幅宽1.2 ~ 1.4m，每小时作业面积1.2 ~ 2.5亩，每亩药剂施入量30 ~ 70kg，处理深度20 ~ 30cm，深度稳定性≥90%，均匀度变异系数≤12%，碎土率≥80%（≤2cm），相较于传统手撒施药模式，该装备可大幅提高固体药剂在不同深度土层的分布均匀性，同时显著改善对深层土壤（20 ~ 40cm）病原物防控的效果。20 ~ 40cm深度土层中镰刀菌属及疫霉菌属病菌减退率高达90%以上。

三、装备评价

1.创新性 该装备集成精准施药和旋耕混合作业，可精准、高效且均匀地完成棉隆等固体微粒型药剂土壤深层消毒作业。该装备为国内首创，已申请了国家发明专利，获新产品证书，并主导制定了国家行业标准（JB/T 14082—2020）及企业标准（Q/CH 001—2020）。

2.实用性 该装备已经实现在较大范围内推广应用，在13个省已应用于生姜、草莓、黄瓜、半夏、白芷、百合、三七等经济作物近万亩次，效果很好，能有效解决土传病虫害以及连作障碍等农业种植问题，增产显著。该设备每小时作业面积达1.2 ~ 2.5亩，能有效提高工作效率，减轻劳动强度。该装备的应用前景良好。

四、装备展示

五、成果来源

项目名称和项目编号：种子、种苗与土壤处理技术及配套装备研发（2017YFD0201600）
完成单位：春晖（上海）农业科技发展股份有限公司
联系人及方式：赵奇龙，18521315909，9031172@qq.com
联系地址：安徽省芜湖市三山经济开发区凤栖路15号春晖环境

广角电喷土壤熏蒸装备

一、装备概述

针对传统土壤熏蒸机械间断式施药、不能对地边棚角进行施药，以及施药不均匀、效率低、施药效果差等问题，利用直流电源为动力，采用广角电喷式原理，研制了新型土壤熏蒸机。

二、技术参数

装备工作压力0.2MPa，单刀流量1.2L/min，总流量2.4L/min，每小时作业面积0.67亩，驱动电池电压12V，驱动电池容量20Ah，配套功率8.8kW，偏转角左右各30°，施药刀间距350mm，有效入土深度160 ～ 180mm，最长作业时间6h。适用于大姜、大蒜、大葱、草莓、芋头等经济作物的土壤消毒作业。

三、装备评价

1.创新性 采用大功率直流电源，连续给药，药液均匀分布；采用变挡移位装置，使承载轮不变位的情况下，移动施药泵，使施药导管能变位，对地边棚角准确施药，确保了氯化苦土壤熏蒸面积全覆盖，实现高效精准用药，提高熏蒸效果和施药效率。

2.实用性 在恒温棚、露天地进行了生姜、番茄、芋头、草莓、果树等不同作物、不同条件的土壤熏蒸试验。并配合项目实施，在山东威海、济宁、枣庄、烟台等地进行了西洋参、大蒜、大葱、土豆等新品种土壤熏蒸试验；在云南邵阳、文山等地进行了百合、三七等试验。推广应用3 600多台，示范推广面积37万多亩。减少农药成本8 000多万元、化肥成本6 800多万元，增加农民收入15亿多元及农产品出口20亿美元。

四、装备展示

五、成果来源

项目名称和项目编号：种子、种苗与土壤处理技术及配套装备研发（2017YFD0201600）
完成单位：安丘市供销农业生产资料有限责任公司
联系人及方式：张爱荣，19861319896，aqgxnz@163.com
联系地址：山东省潍坊市安丘市兴安街道四海社区

低容量连杆钉耙式组合喷头喷雾装备

一、装备概述

低容量连杆钉耙式组合喷头喷雾装备是一种农用防漂移、低容量喷雾的钉耙式组合喷头结构，可替代现有喷雾器喷头实现“一喷三省”（省药、省水、省工）的目的。本装备适用于甘蓝、白菜、茶叶、香葱、水稻等底矮作物，或葡萄、猕猴桃等棚架式作物。

二、技术参数

低容量连杆钉耙式组合喷头由单眼喷杆、直角三通或直角四通、长直接杆、M14堵头、锁紧螺母、密封圈、导向垫圈、喷嘴垫圈、直角接头、M14连接螺母构成。单眼喷杆、直角三通或直角四通、直角接头和长直接杆为POM材质，M14堵头、锁紧螺母、导向垫圈、M14连接螺母均为PP材质，密封圈为硅胶［硬度（65±5）］材质，喷嘴垫圈为PP材质或不锈钢材质。

三、装备评价

1. 创新性 根据喷雾机压力调整喷头数量，扩大了喷雾面积，缩短了喷雾时间，提高了工作效率。低容量连杆喷头可广泛用于农业、林业、卫生、城市绿化等领域。

2. 实用性 该装备已实现产业化和规模化应用，建立了年产能力10万套的新型喷药器械生产线，已实现销售收入4 000万元；推广面积50余万亩，农药减量35%以上，农药利用率提高10%以上，累计推广效益2亿元以上，经济、生态和社会效益显著，应用前景良好。

四、装备展示

五、成果来源

项目名称和项目编号： 北方水稻化肥农药减施技术集成研究与示范（2018YFD0201200）
完成单位： 贵州大学
联系人及方式： 尹显慧，13618587322，xhyin@gzu.edu.cn
联系地址： 贵州省贵阳市花溪区花溪大道南段2708号贵州大学

果园精准仿形变量风送喷雾技术与装备

一、装备概述

通过调整导风喷雾装置的气雾喷射角度，调控喷雾量和风速，使其在垂直方向的分布曲线与果树冠层轮廓吻合，提高风送气流定向性和雾滴穿透性，减少农药雾滴损失。以三维激光点云构建果树冠层模型，建立了以三维点云密度表征果树冠层枝叶密度的精准变量施药模型，当喷雾区域与探测区域在时间空间维度相对应时，实时控制执行机构电磁阀的动作，实现了基于冠层特性的农药精准喷施。

二、技术参数

（1）气流调控技术。通过调整风送装置出口导流板角度，使气流集中吹送至果树冠层区域。上导流板指向冠层顶部以下10层面的位置，下导流板指向树干高度以上10层面的位置，角度最小为15°，使下层气流脱离地面边界摩擦引起卷吸效应。

（2）雾量调控技术。通过调整喷头喷射角度和设置不同型号喷头组合，使雾量垂直分布曲线与果树冠层轮廓吻合。同一果园可视为相同冠层形状。进入不同栽培模式的果园喷雾前应重新进行雾量分布调整。

（3）变量喷雾技术。激光雷达自动探测果树冠层，通过激光点云密度与枝叶密度之间的函数关系，生成探测区域时空维度的施药量处方图，基于PLC的PWM脉宽调制技术控制电磁阀的开关频率，控制对应喷头的喷雾作业，实现基于冠层枝叶密度的按需施药作业。

三、装备评价

1.创新性 果园精准仿形变量风送喷雾技术可将农药有效利用率由原有的30%提高到50%以上，可减少农药施用量20%以上。

2.实用性 该装备已实现产业化和规模化应用，在25个省市累计推广系列化果园精准仿形变量风送喷雾机5 149台，企业新增效益2.45亿元，新增利润2 194.02万元；全国累计应用796.4万亩以上，节约劳动力和农药成本15.93亿元，共计新增收益18.38亿元。经济、生态和社会效益显著，应用前景良好。

四、装备展示

五、成果来源

项目名称和项目编号： 梨树和桃树化肥农药减施技术集成研究与示范（2018YFD0201400）

完成单位： 江苏省农业科学院

联系人及方式： 吕晓兰，15062270867，lxlanny@126.com

联系地址： 江苏省南京市玄武区钟灵街50号

全自主飞行植保无人机

一、装备概述

通过研发自动化控制和智能化作业的技术和关键装置，实现了植保无人机操控的自动化。可根据预先测绘的作业边界与设置的飞行参数，自动规划航线，一键启动后作业全程全自主飞行，具备断点续喷、低电返回等功能；采用RTK差分定位系统，使作业航迹精度提升至厘米级；具备仿地飞行与自主避障的初步功能；支持大数据管理平台，实现无人机监控及飞防服务的管理；实现不重喷、不漏喷及均匀喷洒的作业要求，为植保作业与农药减施提供了可靠的作业平台。

二、技术参数

一键起降，航线自动规划，全自主飞行，断点续喷，低电返回。可选择手动、AB点、半自主、全自主等多种模式作业。RTK导航，作业航迹精度可达厘米级。自主避障，仿地飞行。喷洒系统流量与飞行速度关联。具有远程监控飞机各项参数、实时统计作业面积和作业质量、远程锁定解锁飞机、建立电子围栏等云后台管理功能。载药量10 ～ 20kg（视具体机型），每小时作业面积超50亩。

三、装备评价

1.创新性 研发的植保无人机共有电动多旋翼、电动单旋翼及油动单旋翼3种机型，均已实现了批量化生产，技术水平在国内居于先进或领先地位。

2.实用性 植保无人机已实现产业化和规模化应用，研发的3种机型累积推广作业面积已达数千万亩次，农药减量10%～30%，植保作业收入超3亿元，经济、生态和社会效益显著。

四、装备展示

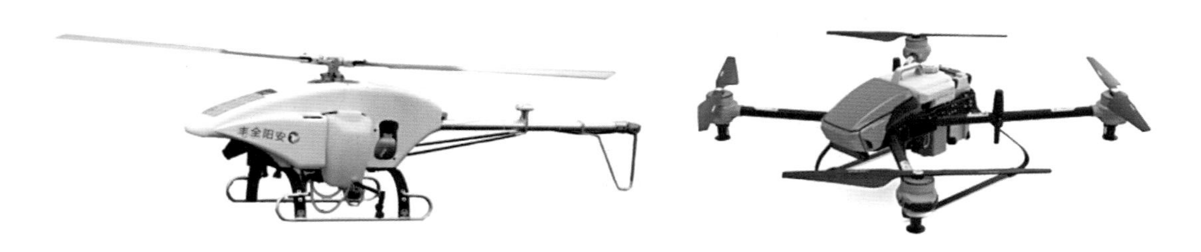

五、成果来源

项目名称和项目编号： 地面与航空高工效技术及智能化装备（2016YFD0200700）

完成单位： 安阳全丰航空植保科技有限公司、广州极飞科技股份有限公司、深圳高科新农技术有限公司、无锡汉和航空技术有限公司

联系人及方式： 刘越，18567879620，18567879620@163.com

联系地址： 河南省安阳市北关区工业园区创业大道中段路北

智能LED单波段太阳能杀虫灯

一、装备概述

智能LED单波段太阳能杀虫灯具备云平台控制，包括信息采集、害虫智能识别、监测预警、波段自动转换、自动清虫等几个模块。可自动采集并识别害虫种类和数量，并将结果输入监测预警模块，通过判断不同害虫预警阈值，给出预警信息，根据预警结果，自动调整适宜的波长，并定时清虫。

二、技术参数

可自动采集并识别害虫种类和数量，能通过监测预警控制平台自动分析预警。具有GPS定位系统，能实现坐标定位，可在智能管理平台中查看田间实际情况。具备时控功能、雨控功能、光控功能。杀虫灯正常工作时能自动清虫。采用8个发光面LED诱虫灯管，能通过手机或电脑远程启停和自动转换单波段灯管光源。诱虫率达90%，害益比远高于普通杀虫灯。

三、装备评价

1.创新性 能实现害虫的可持续精准防控，解决了当前杀虫灯信息化和智能化水平低、诱控技术对非靶标昆虫影响大、虫尸影响诱控效果等问题。

2.实用性 杀虫灯拥有生产线4条，年产达5万台；拥有具独立自主知识产权的云平台，相关模块数据丰富，技术成熟，已在四川、重庆、湖北等全国24个省（直辖市、自治区）推广应用。至今为止，累计生产、销售杀虫灯78 376台，推广面积达656.4万亩，新增经济效益11.28亿元，经济效益显著，为我国包括小麦在内的主要粮经作物病虫害精准绿色防控做出了重要贡献。该装备获四川省科技三等奖1项，授权专利37项，注册商标16项，制定团体标准1项。该装备以当前物理诱控产品存在的问题为导向研制而成，引诱害虫专一性强，大幅降低了对天敌和中性昆虫的不良影响，丰富了物理诱控产品市场，减少了产品对环境的负面影响，应用前景良好。

四、装备展示

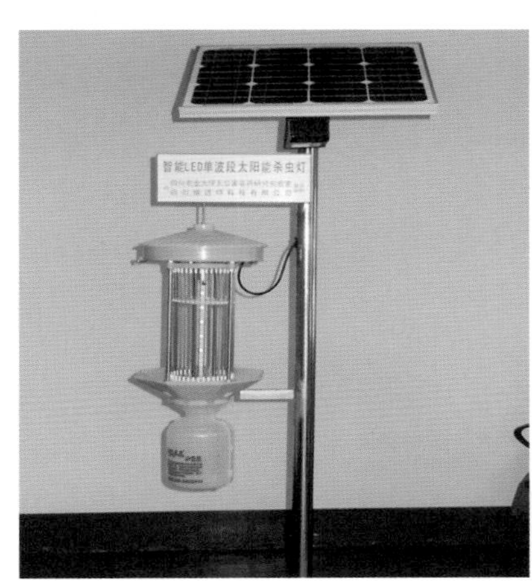

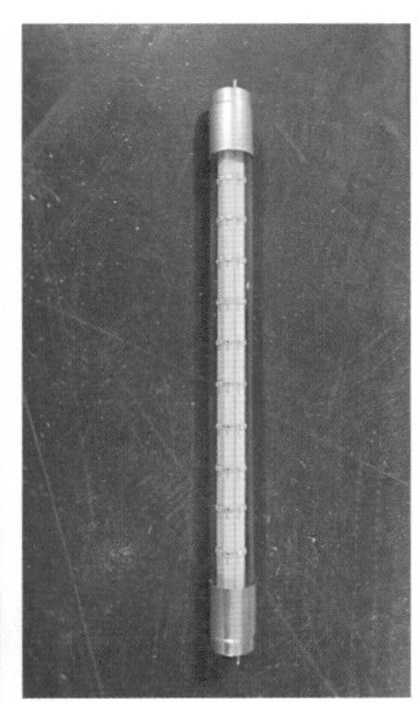

五、成果来源

项目名称和项目编号： 长江流域冬小麦化肥农药减施技术集成研究与示范（2018YFD0200500）

完成单位： 四川农业大学

联系人及方式： 张敏，13608266875，yalanmin@126.com；陈华保，13084306538，chenhuabao@sicau.edu.cn

联系地址： 四川省成都市温江区惠民路211号

农作物蛾类害虫防治灯光产品防蛾灯

一、装备概述

防蛾灯是利用夜出性蛾类害虫对黄光［波长（575±15）nm］和绿光［波长（530±10）nm］具有敏感性这一特性开发的一款害虫防治灯光产品。与白天活动的具有并置眼的昆虫（如草蛉、食蚜蝇等）不同，蛾类害虫成虫具有对黄光和绿光极其敏感的叠加眼，晚上使用黄光及绿光，蛾类成虫便会误以为那时仍是白天，故其飞行、交尾、产卵和觅食行为受到抑制，从而达到控制蛾类害虫的目的。此装备的防治对象包括棉铃虫、小菜蛾、金纹细蛾、甜菜夜蛾、茶毛虫、茶尺蠖、草地贪夜蛾等蛾类害虫。

二、技术参数

有效光源包括低压钠灯（589nm波长）及LED灯［（575±15）nm和（530±10）nm］，使用寿命超10 000h。整灯功率26W，待机功率不大于5W。太阳能电池板可用单晶硅太阳能电池板，功率≥60W（根据当地光辐照强度选配）；蓄电池可用免维护胶体电池≥DC 12V/24Ah（电池容量可以根据实际需求选配）。光控、雨控和时间控制：晚上自动开灯，白天自动关灯（待机）；在夜间工作状态下，不因受瞬间强光照射而改变工作状态；雨控装置按外界雨量变化自动控制整灯工作；根据目标昆虫生活习性规律，可设定8个时间控制模式。线路板高度集成一体化设计，运用单片机和程序软件控制电路。一体化线路板包括单片机控制模块、太阳能控制器模块，无排线，降低电源损耗。可实现一键自检和设定工作时长。根据作物种类设置防蛾灯高度，以光源高出作物冠层50.0 ～ 200.0cm标准安装。控制面积为1亩，两灯之间推荐安装距离为30m。

三、装备评价

1.创新性 本装备主要针对蛾类，具有相对专一性。研发的防蛾灯产品已经制定了企业标准和田间操作规程的团体标准。

2.实用性 该装备已初步实现量产，建立了年产5千台的防蛾灯生产线，目前主要在河南、四川、贵州的茶树、果树、中草药的蛾类害虫防治上开展应用。项目实施以来推广面积1 000亩次，作物生长周期内杀虫剂减少使用2 ～ 5次，累计推广效益10万元，经济、生态和社会效益显著，生产厂家与全国农业技术推广服务中心签订了防蛾灯推广应用协议。

四、装备展示

五、成果来源

项目名称和项目编号：作物免疫调控与物理防治技术及产品研发（2017YFD020090）

完成单位：河南省农业科学院植物保护研究所

联系人及方式：武予清，13673394123，yuqingwu36@hotmail.com

联系地址：河南省郑州市金水区花园路116号

太阳能风力式捕虫器

一、装备概述

采用风吸加挡板的陷阱式捕虫技术替代电击杀虫，用挡板代替高压电网，在诱虫灯灯具的下方设置吸虫风道，在风道顶部有进风口，底部有风扇，扇叶转动使空气流动产生吸力（负压），把灯光诱捕至挡板的昆虫吸进风扇下端的集虫盒中，风吸加挡板的捕虫技术避免了传统诱虫灯中高压电网对天敌昆虫的无差别式杀伤，有利于实现对靶标害虫的高效诱捕。针对原有杀虫灯光源波长单一广谱且害虫诱捕效率低的问题，筛选出70余种农业害虫的敏感波长。通过精确调制不同稀土荧光粉的比例，开发出因作物害虫而异的诱虫光源。在此基础上研发出高效诱捕靶标害虫的风吸陷阱式专用诱虫灯系列产品，如水稻、茶叶、玉米和果树害虫太阳能专用诱虫灯。基于对稻田、果园和茶园等生态系统中灯下昆虫的体型测量和行为观察结果，在集虫盒上部三分之一处设置直径0.5 ～ 0.8cm孔眼式逃生门，集虫盒中以飞行为主的鳞翅目害虫以及个体较大的金龟子和叩头虫等鞘翅目害虫都无法通过逃生门逃逸，但大多数瓢虫、寄生蜂和草蛉等天敌昆虫具有较强的爬行能力而且身体较小或细长，则可以从孔眼式逃生门逃出，这一设计减少了对天敌昆虫的杀伤。通过室内外测试确定了重要农业害虫的夜间上灯节律，研发出具有光控、雨控和时控开关灯的诱虫灯智能远程控制系统，在害虫上灯高峰期开灯，显著提高诱虫灯捕虫的精准性，降低天敌昆虫上灯概率。研发出基于诱蛾量的自动倒虫技术，提高了诱虫灯的工作效率，减轻了人工倒虫的劳动强度。

二、技术参数

根据产品配置、产品技术参数，选用如下配置：①太阳能电池板为40W；②20Ah锂电池；③电机选择节能无刷直流电机，DC 12V/ 6W等。

三、装备评价

1.创新性

（1）捕虫原理创新。太阳能风力式捕虫器主要利用灯光诱虫，通过风机转动产生负压将害虫吸入收集器，使害虫风干、脱水，进而达到杀虫的目的。对光源和杀虫方式改进，减少了误杀天敌的现象，提高了害虫灭杀效率。太阳能频振式杀虫灯也是通过灯光诱虫，使昆虫接触能瞬间产生高压电流的电网杀虫，利用此杀虫灯时害虫及益虫都被杀死，而太阳能风力式捕虫器可避免这一现象产生。

（2）益虫逃生装置创新。基于对稻田、果园和茶园等生态系统中灯下昆虫的体型测量和行为观察结果，在集虫盒上部三分之一处设置直径孔眼式逃生门，集虫盒中以飞行为主的鳞翅目害虫以及个体较大的金龟子和叩头虫等鞘翅目害虫都无法通过逃生门逃逸，但大多数瓢虫、寄生蜂和草蛉等天敌昆虫具有较强的爬行能力而且身体较小或细长，则可以从孔眼式逃生门逃出，该装备减少了对天敌昆虫的杀伤作用。

（3）诱虫光源波长创新。根据农业生态系统中的靶标害虫种类，选用相应辐射波长的光源，诱虫灯应包含靶标害虫的特有敏感波长。湖南本业绿色防控科技股份有限公司具备自己的诱虫光源生产线，能针对不同靶标害虫生产能发出特定波长的光源，诱杀害虫效果更好。

（4）集成防控创新。针对不同害虫采取光诱、性诱、色诱集成防控一体方案，提升了害虫灭杀效率。

（5）物联网技术及自动倒虫创新。太阳能风力式捕虫器可以根据客户需求配置物联网技术及自动倒虫技术，做到远程控制，节约人工成本。

2. 实用性

（1）减少农药残留，减轻环境污染。在过去，人们普遍利用农药进行害虫防治，此法下许多农作物表面上残留了农药，易危害人类健康。如今，太阳能风力式捕虫器的问世减少了农药使用，于保护环境有益。

（2）缓解能源紧张。太阳能风力式捕虫器能直接将太阳能转化为电能，缓解了能源紧张的问题。

（3）节省农业成本。当前农药和人力成本越来越高，这给一些贫困地区的农民带来沉重的负担，使用太阳能风力式捕虫器减少了许多成本。使用风吸加挡板的光陷阱捕虫方式取代电网式捕虫，智能远程控制开关灯取代夜间持续开灯，节约了用电量；利用自动倒虫取代人工倒虫，节约了人工成本；专用、高效、安全和智能化诱虫灯的单灯诱虫量显著提高，减少了农药的使用次数；本项目诱虫灯的寿命达3 ～ 5年，可以多年使用，节约了农业成本。

四、装备展示

五、成果来源

项目名称和项目编号：作物免疫调控与物理防控技术及产品研发（2017YFD0200900）

完成单位：华中农业大学、湖南本业绿色防控科技股份有限公司

联系人及方式：黄求应，18627065895，qyhuang2006@mail.hzau.edu.cn

联系地址：湖北省武汉市洪山区狮子山街1号

便携式负压捕虫机

一、装备概述

便携式负压捕虫机创新采用负压原理，通过将目标害虫吸入内部风机予以灭杀，能实现物理

防治害虫。工作原理如下：离心风机高速旋转，在扇叶至进风口之间形成负压风腔与高速气流；目标害虫随气流进入风机内被扇叶击杀，并随气流被收集至集虫袋内。通过流场模拟分析可知较优的入口风速为10～15m/s；通过扇叶结构优化和轻量化设计，可使捕虫机的作业噪声值小于75dB。

二、技术参数

捕虫机主要参数

参　数	
外形尺寸（长×宽×高）/mm×mm×mm	500×400×400
整机质量/kg	6.5
配套汽油机型号	KM139F
配套汽油机功率/kW	0.7
吸风口风速/（m/s）	10～15
工作效率/（hm^2/h）	0.3～0.5

三、装备评价

1.创新性　便携式捕虫机具有操作简单、携带方便等特点，可将部分害虫控制在发生前，减少农药用量，减轻环境污染与农残的影响，适合我国茶园的小绿叶蝉等害虫的防控。研究表明，捕虫机的最优组合作业参数为：捕虫吸筒角度130°，入口风速15m/s，作业速度0.4m/s。利用捕虫机首次捕虫，虫口减退率可达70%以上。

2.实用性　该装备已实现产业化和规模化应用，建立了年产1万台的生产线，便携式负压捕虫机已在全国茶叶主产区推广应用，推广面积20余万亩，捕虫率达到70%以上，农药减施20%～30%，累计推广效益200万元以上，经济、生态和社会效益显著，应用前景良好。该装备与技术入选2017—2019年农业农村部主推技术。

四、装备展示

五、成果来源

项目名称和项目编号：茶园化肥农药减施增效技术集成研究与示范（2016YFD0200900）

完成单位：农业农村部南京农业机械化研究所

联系人及方式：韩余，15366093097，hanyu@caas.cn
联系地址：江苏省南京市玄武区柳营100号

作物长势健康实时监测诊断产品

一、装备概述

作物长势健康实时监测诊断产品是一款基于高通量光谱信号的便携式作物健康分析设备，可对小麦、玉米、水稻、茶叶等多种作物的生长指标进行实时原位测量，可测量指标包括归一化植被指数（NDVI）、叶面积、叶绿素含量、覆盖度、生物量等，推荐施肥及预估产量的功能可直接指导实际农业生产。作物长势监测仪设备轻巧、使用方便，可进行大量的数据采集及模型更新，观测指标丰富，具有数据一键采集分析和实时在线显示功能。

二、技术参数

作物长势健康实时监测诊断产品主要参数

性能指标	主要参数	性能指标	主要参数
光谱波段	■ 波段：650nm，810nm ■ 带宽：±10nm ■ 稳定性：±5%	数据采集	■ 光谱测量 ■ 经纬度 ■ 时间戳 ■ 照片/文字
测量指标	■ 通道光谱/NDVI ■ 叶绿素/氮素含量 ■ 覆盖度/生物量/LAI ■ 估算产量/潜在产量 ■ 推荐N、P、K施肥	尺寸重量	■ 整箱尺寸：34cm×27cm×15cm ■ 仪器尺寸：14cm×6cm×1.1cm ■ 重量：80g
测量对象	■ 小麦、玉米、水稻 ■ 用户自定义植被类型	工作方式	■ 蓝牙通信 ■ 单机/多机协同 ■ 模型自动更新

三、装备评价

1.创新性 该产品不仅适用于手持便携式观测，也能在车载、无人机载等平台上使用，使用场景多样化。同时，还可实现小麦、玉米、水稻、茶叶等多种作物长势原位测量和决策，是一款高性能、易操作、低成本的专业仪器，填补了作物长势调查工具市场的空缺。

2.实用性 截至2021年末，作物长势监测仪已在全国21个省份、118个县市推广500余套，用户类型覆盖个体农户、农业合作社、专业农场、科研院校等，如农业农村部信息中心、中国农业科学院农业资源与农业区划研究所、山西农业大学、安徽大学、新疆农业科学院、四川现代农业产业园、湖南现代农业产业园等。目前平台已收集各类数据10万余条，包括10余种作物植被。作物长势监测仪已获得国家专利、新技术新产品证书等，并入选2021年农业农村部新技术新产品。

四、装备展示

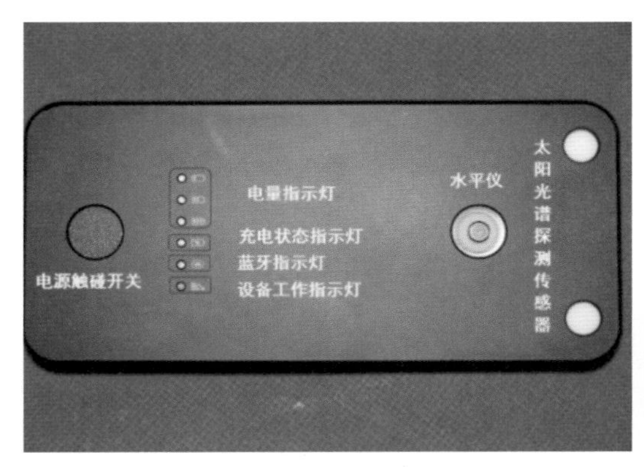

五、成果来源

项目名称和项目编号： 养分原位监测与水肥一体化施肥技术及其装备（2017YFD0201500）

完成单位： 北京市农林科学院信息技术研究中心

联系人及方式： 徐波，18515601220，xub@nercit.org.cn

联系地址： 北京市海淀区曙光花园中路11号北京农科大厦A座1007

种子丸粒化装备

一、装备概述

针对我国目前种子丸粒化技术装备工艺程序复杂，粉末手工进料、包衣剂滴状供给费工费时且丸粒化质量差，总体智能化程度低等现状，研究了种子丸粒化成形机理，通过转速分段编程变频调控、梯形双斜面搅拌、分枪供液和气动粉末输送等技术的创新，开发了种子丸粒化装备和控制系统。

二、技术参数

该装备结构新颖，各系统连接方式巧妙，粉末进料系统、喷雾系统和混合系统都可以实现自动化控制，粉末进料系统、喷雾系统和混合系统可以适时工作或停止。装备配套功率5.5kW，每小时生产150kg，喷液流量80mL/min，生产效率超120kg/h，正品率超98%，整齐度达85%，单籽率达100%，有籽率达100%。

三、装备评价

1.创新性 实现种子丸粒化过程中供液、供粉及主机转速精准智能调控，显著提高了种子丸粒化效率和正品率，增强种子抵抗能力。在单籽率、有籽率、发芽率方面已经达到世界先进水平。

2. 实用性 在多个地区进行了高粱、板蓝根、胡萝卜、油菜和藜麦等作物的种子丸粒化试验示范，试验面积达2.228万亩。针对种子具体特性选择合适的药、肥和丸化剂，将种衣剂分散在丸粒化包衣材料中，从而达到长期有效防治种传、土传黑斑病、黑腐病等病害。针对种子具体特性制定专用的丸粒化方案，试验示范结果均表明种子丸粒化成效显著。种子丸粒化装备解决了机械化精量播种问题，采用播种机进行播种，保证每穴播种一粒，准确率可达95%，每亩节约用种量400g，无须间苗。与传统种子对照，提前3d发芽，发芽势比传统种子提高26%，出苗更齐整。丸粒化包衣胡萝卜种子包衣材料含有效杀菌成分，在苗期40d内可以不再施药，能减少农药用量，防治效果高于85%，减少化学农药施药量20%，有效降低胡萝卜农药残留量。

四、装备展示

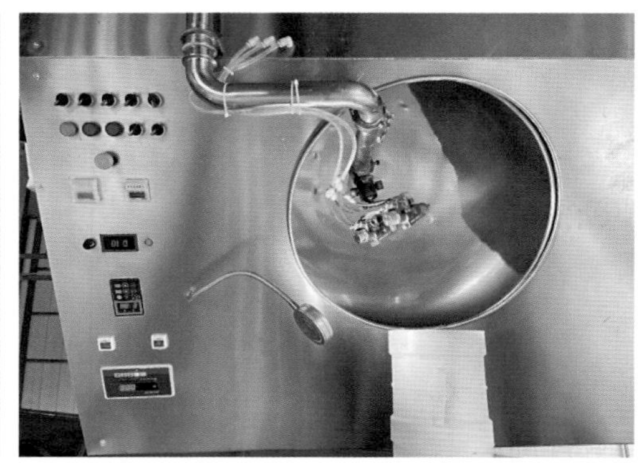

五、成果来源

项目名称和项目编号： 种子、种苗与土壤处理技术及配套装备研发（2017YFD0201600）

完成单位： 云南子实种业科技有限公司

联系人及方式： 王红辉，13888876565，724630345@qq.com

联系地址： 云南省昆明市寻甸回族彝族自治县金所街道金河大道产业园商务中心

技术篇

JISHU PIAN

基于产量反应和农学效率的推荐施肥方法（养分专家NE系统）

一、技术概述

针对我国化肥利用率低、小农户不具备测土条件、作物种植茬口紧以及测土施肥实现困难等问题，建立了基于产量反应和农学效率的推荐施肥方法。

二、技术要点

（1）产量反应确定。产量反应是不施用某种养分与养分施用充足两种处理的产量差。如果已知产量反应，则直接输入，系统根据产量反应推荐施肥；如果没有产量反应数值，则系统可根据土壤测试中有机质含量、速效氮、速效磷和速效钾的测定等级确定产量反应；若没有土壤测试结果，则系统可根据历年产量以及已经输入的土壤质地、土壤颜色、土壤有机质含量等信息，确定土壤养分（基础）供应状况和产量反应。

（2）单位产量养分吸收量确定。以上述大量田间试验的数据库为基础，应用QUEFTS模型模拟不同潜在产量和目标产量下的养分吸收量，得出最佳的单位经济产量养分吸收量。该模型采用线性-抛物线-平台函数，不仅考虑了氮磷钾三种元素间的两两交互作用，同时考虑了气候特征和种植类型。

（3）施肥量确定。氮肥用量依据作物产量反应和农学效率的相关关系确定（施氮量=产量反应/农学效率）。磷肥和钾肥用量除了考虑产量反应外，还考虑了土壤磷和钾的养分平衡，即要归还一定目标产量下作物的养分移走量（施磷或施钾量=作物产量反应施磷或施钾量+维持土壤磷或钾养分平衡部分）。作物秸秆还田所带入的养分，以及上季作物养分残效也在推荐用量中给予综合考虑，同时还考虑作物的轮作系统。

三、技术评价

1.创新性 该技术克服了国际上土壤测试中氮素测定方法繁琐、与作物产量反应相关性差等难题。除了考虑土壤养分供应，还考虑了土壤以外其他来源的养分，如有机肥、秸秆还田、大气沉降和降水等带入的养分，并考虑作物轮作体系和采用4R养分管理策略，时效性强，在具备或不具备土壤测试条件下均可使用，是一种使用便捷且易于推广的作物推荐施肥新方法。

2.实用性 在我国，玉米、小麦和水稻主产区应用该技术指导施肥，与农民习惯施肥相比，节约氮肥10%～30%，提高作物产量1%～6%，每亩增收50～100元，提高氮素回收率10～15个百分点。该技术入选2019年农业农村部主推技术，获得2019年神农中华农业科技一等奖和2020年国家科技进步二等奖。

四、技术展示

五、成果来源

项目名称和项目编号： 肥料养分推荐方法与限量标准（2016YFD0200100）

完成单位： 中国农业科学院农业资源与农业区划研究所

联系人及方式： 何萍，13910911532，heping02@caas.cn

联系地址： 北京市海淀区中关村南大街12号

化肥绿色增值技术

一、技术概述

针对我国尿素、磷铵、复合肥等大宗化肥产品养分易损失、难固定、肥效差且减肥易减产等突出问题，发明了微量高效生物活性有机增效载体与肥料科学配伍创制绿色高效肥料技术新途径，创立了“肥料-作物-土壤”系统综合调控增效的化肥产品创新理论体系，突破生物活性增效载体微量高效关键技术，创制出具有“肥料-作物-土壤”综合调控增效功能的载体增效肥料系列新产品，发明增值尿素、增值磷铵和增值复合肥，大幅度改善肥效，提高肥料利用率；创建了绿色高效增值肥料与大宗化肥生产装置相结合一体化生产的产业技术，实现大产能、低成本，开拓增值肥料新产业，为我国大宗化肥产业绿色转型升级提供科技支撑。

二、技术要点

（1）创立绿色增效制肥技术新途径。开创了微量天然/植物源生物活性载体与化肥配伍创制绿色高效化肥产品的新路线，发明增值肥料，开辟了化肥高效率、大产能、低成本绿色升级新道路。揭示了不同类型生物活性增效载体的羧基、氧芳香碳、醛/酮等官能团是氮素、磷素和根系调控主要结构因子这一结论，发现了载体-肥料-根系“靶向协同增效”机制，建立了“肥料-作物-土壤”综合调控增效的化肥产品创制新理论，为大宗化肥绿色转型升级提供了理论支撑。

（2）创建绿色高效增值肥料产品体系。发明了腐殖酸pH分级-官能团修饰、海藻生物发酵-细胞自溶、氨基酸磷素催化-分子量可控等高活性载体制备技术，创制了尿素、磷铵、复合肥专用增效载体32个，载体微量高效（0.1%～0.5%，为常规载体的1/20）；攻克了高温、酸碱等工艺条件下载体活性保持以及微量载体与大宗化肥高效配伍关键技术，创制了增值尿素、增值磷铵、增值复合肥新产品25个，为大宗化肥绿色转型升级提供了产品保障。

（3）创建了载体与大型化肥装置结合一体化、标准化、连续化生产增值肥料产业技术。根据大宗化肥生产工艺特点，系统研究了增效载体成分与尿素装置防腐蚀关键控制指标，发明了增效载体-磷酸-液氨共反应载体活性提升技术，确立了载体与尿素、磷铵、复合肥装置结合的剂型、添加量、安全性、载体活性保持、产品质量保障等工艺参数。增效载体与大宗化肥生产装置相结合一体化生产技术：①尿素生产工艺，增效载体添加工段于一段蒸发和二段蒸发之间，反应温度130～140℃；②磷铵生产工艺，增效载体添加工段于硫酸管道或洗涤液混酸槽，反应温度≤160℃，造粒温度80℃；③复合肥高塔工艺，增效载体添加至熔融液或料浆混合槽中，反应温度90～110℃。

三、技术评价

1.创新性 开辟了微量高效生物活性有机增效载体与肥料科学配伍创制绿色高效肥料技术新途径，创制出具有“肥料-作物-土壤”综合调控增效功能的载体增效肥料系列新产品，大幅度改善肥效，提高肥料利用率；突破生物活性增效载体微量高效关键技术，创建了增效载体与大宗化肥生产装置相结合一体化生产增值肥料的产业技术，实现大产能、低成本生产绿色高效肥料，开拓增值肥料新产业，为我国大宗化肥产业绿色转型升级提供科技支撑。

2.实用性 目前，该技术在我国大型尿素、磷铵、复合肥企业的应用覆盖率超过80%，增值肥料（增值尿素、增值磷铵、增值复合肥）年产量达1500万t，产量居全球之首（新华社2020年1月11日电）。2017年，创造了以年产80万t大型尿素装置一次性连续生产10万t腐殖酸尿素的世界纪录，载入中国氮肥工业发展60年大事记（1958—2018年），同年，在开磷集团于世界上首次实现海藻酸磷酸二铵产业化；增值复合肥在中海化学、开门子肥业、芭田股份、中-阿化肥等大型复合肥企业产业化，年产量达900万t。

在我国不同区域［17个省（直辖市、自治区）］开展的以化肥绿色增值技术为核心的新产品网络化试验示范结果显示，与传统化肥相比，增值肥料在粮食作物上的增产潜力为14%～17%，减肥潜力达10%～30%。

2021年1月16日，中国农学会评价该技术成果为“整体达到国际先进水平，其中载体增效制肥及其综合调控‘肥料-作物-土壤’系统增效技术处于国际领先水平”［中农（评价）字〔2021〕第5号］。该技术入选2021中国农业农村重大新技术。

四、技术展示

五、成果来源

项目名称和项目编号： 新型复混肥料及水溶肥料研制（2016YFD0200400）

完成单位： 中国农业科学院农业资源与农业区划研究所

联系人及方式： 李燕婷，13264125169，liyanting@caas.cn

联系地址： 北京市海淀区中关村南大街12号

绿色高效专用复混肥料创制与应用

一、技术概述

目前存在我国专用复合肥料配方与区域土壤、作物匹配性不高，大、中、微量元素配比及养分形态配伍不科学，制约专用肥配方科学性和肥效提高的突出问题。通过运用该技术，基本摸清了我国主要农区土壤中微量元素丰缺现状，明确了镁、锌、硼、钙等在主要作物上的肥效反应及适宜用量；揭示了主要作物不同区域氮素/磷素形态配伍与肥效的关系及其协同增效机理；创建了南方以镁硼、北方以锌为重点的专用肥配方升级技术，创制大中微量元素协同配比和养分形态科学配伍的作物专用复合肥料配方63个；开发了低成本生物活性有机螯合剂，建立有机-聚磷-多元螯合技术，破解了中微量元素与磷素拮抗保活难题，构建了专用复合肥中微量元素高效保活技术体系，建成绿色高效专用肥新产品生产线12条，年产能达190万t。

二、技术要点

1.柑橘专用肥　蜜柚高效专用套餐肥施肥技术是集蜜柚高效专用套餐肥、根区精准施肥技术和土壤酸化改良于一体的新技术。根据蜜柚养分需求规律和土壤供应规律，平衡氮磷钾养分，补充镁营养，组配出与蜜柚高产优质需求相匹配的高效专用套餐肥；施用时通过将施肥位置调整到离柚树主茎20 ~ 80cm的根系密集区范围内，采用放射沟条施或浇施方式；配合土壤酸化改良技术，实现了蜜柚精确定量科学施肥。

（1）套餐肥的设计。根据蜜柚养分需求规律和土壤养分供应规律设计优质配方肥[萌芽肥配方为20（N）：5（P_2O_5）：15（K_2O）：2（MgO）；壮果肥配方为15（N）：5（P_2O_5）：20（K_2O）：2（MgO）]，分别于2月末和5月末施用，用量均为每亩37.5kg左右，每年每亩蜜柚施用专用肥总量在75kg左右。

（2）根区施肥技术。对于10 ~ 15年生果树，施肥或土壤酸化改良区域为距离树干20 ~ 80cm，范围环形施用；对于其他树龄果树，可根据树冠大小将施肥圈外沿适当调整20 ~ 40cm。

（3）土壤酸化改良技术。每亩果园施用白云石粉、石灰或壳灰等改良剂，用量为每亩100kg，连续施用2 ~ 3年，将果园土壤pH控制在5.5 ~ 6.5范围内，既能改良土壤酸化问题，又能及时补充钙等中量营养元素，钝化重金属活性，有效解决果园土壤酸化带来的不良问题。

2.油菜专用肥 油菜专用肥是根据我国冬油菜主产区土壤养分供应特点和油菜养分吸收规律提出的区域大配方，氮磷钾配方为25（N）：7（P_2O_5）：8（K_2O），含有硝化抑制剂和脲酶抑制剂，1/3的磷源为钙镁磷肥，添加了8%腐殖酸，防止肥料中各养分因相互作用而失效。并且每50kg专用肥中含高质量硼砂0.5 ~ 1kg，硫酸镁为填料。该配方将大量元素、中量元素和微量元素养分按适宜比例配合，同时考虑氮、磷养分形态配伍，能显著促进油菜生长，提高菜籽产量，增加经济效益，同时具有一次性施用满足全生育期需求的特点，省工省力。当前冬油菜产区平均产量为每亩170kg时，推荐的区域平均适宜的专用肥用量为每亩45kg；对于高产区域（每亩产量超200kg），专用肥用量可提高至每亩55 ~ 60kg，或在越冬期每亩追施尿素5 ~ 10kg；对于低产田块（每亩产量小于120kg），专用肥用量可减少至每亩30 ~ 35kg。同时，也可根据前茬作物、地力水平和典型种植区域适当调整专用肥用量。

3.水稻专用肥 水稻专用肥是根据湖北水稻的养分吸收规律，结合区域土壤养分供应状况，尤其是中微量元素含量、肥效反应以及磷肥形态配伍提出的区域水稻专用肥大配方。氮磷钾配方为25（N）：6（P_2O_5）：12（K_2O），50%的磷源为钙镁磷肥，镁（MgO）和锌（$ZnSO_4$）的添加比例为2%～4%。在当前湖北省水稻平均产量为每亩550kg时，推荐的区域平均适宜专用肥用量为每亩50kg，高产田块可在孕穗期适当追施5 ~ 7.5kg的尿素。

三、技术评价

1.创新性 实现产业化，为复混肥料产业向满足农业需求转型升级提供科技支撑。

2.实用性 该技术建立了12条作物专用高效复混肥料生产线，年产190万t，已获得肥料登记证21个，新产品合计产销74.5万t。构建科技小院“政产学研用”研究与示范推广应用平台，制定作物化肥减施增效方案12套，示范推广面积达1754万亩，实现节肥16.4%、增产11.9%、增收137亿元、增税1.16亿元，带动肥料行业良性发展。经第三方评价，研究成果总体达到国际先进水平，其中大中微量元素协同增效机制研究达到国际领先水平。

四、技术展示

五、成果来源

项目名称和项目编号：新型复混肥料及水溶肥料研制（2016YFD0200400）

完成单位：中国农业科学院农业资源与农业区划研究所，中国农业大学

联系人及方式：崔建宇，13661230066，cuijy@cau.edu.cn

联系地址：北京市海淀区中关村南大街12号，北京市海淀区圆明园西路2号中国农业大学西校区

沼液膜浓缩肥水分离开发液体肥料技术

一、技术概述

沼液膜浓缩肥水分离开发液体肥料技术，不仅能使沼液处理后90%的沼液水达到清洁排放和农田灌溉的标准，而且还能有效利用沼液浓缩液开发沼液配方肥（便于配送和贮存，或加工成为沼液配方肥）。

二、技术要点

根据沼液特点设置前处理技术，集成沼液膜浓缩技术与设备，开发沼液配方肥和营养液，构建日处理100t沼液、浓缩生产10t营养液（配方肥）、处理生成90t循环水的示范工程。处理工艺先进，设备自动化程度高，维护简单，能较理想地实现沼液肥水资源化利用。

三、技术评价

1.创新性 可以实现产业化和市场化运作，实现沼液肥水循环利用，节水节肥，为化肥减施增效提供技术支持。

2.实用性 投资效益分析如下。按照日处理沼液100t、设备投资100万元左右计，每处理

1t沼液运行费用为5 ～ 10元。若浓缩10倍，形成10t浓缩沼液肥，则其价值为5 000元（每吨500元计）；形成90t循环水，其价值为360元（每吨4元）。若年处理沼液30 000t，形成浓缩液3 000t、循环水27 000t，则浓缩液产值150万元加循环水产值10.8万元，合计160.8万元。减排COD近60t，减排全氮45t，减排全磷14t，还能节约钾肥24t和其他肥料。同时，还可大量减少沼液配送运输成本，减轻配送运输造成的大气污染，实现农业废弃物的资源化利用和农村能源的可持续发展。国内建有示范工程10多个，日处理量为10 ～ 500t。浙江省内示范应用典型单位有：宁波龙兴生态农业科技开发有限公司（象山日处理沼液15t，生产沼液肥2t）；衢州市宁莲畜牧业有限公司（衢江日处理沼液100t，生产沼液肥10t）；浙江开启能源科技有限公司（龙游日处理沼液400t，生产沼液肥40t）；海南惠富达公司（日处理沼液50t）。

四、技术展示

五、成果来源

项目名称和项目编号： 热带果树化肥农药减施增效技术集成研究与示范（2017YFD0202100）

完成单位： 浙江大学

联系人及方式： 石伟勇，13003641458，wyshi@zju.edu.cn；石庆胜，15967106231，wyshi@zju.edu.cn

联系地址： 浙江省杭州市西湖区余杭塘路866号

水溶肥节水灌溉和一拌两喷飞防减肥减药降耗关键技术

一、技术概述

水溶肥节水灌溉和一拌两喷飞防减肥减药降耗关键技术是利用水肥一体化灌溉设备，以生物有机肥和控释氮肥为基肥，自研水溶肥融合微喷灌或大型卷盘式喷灌实现减肥效果，一拌两喷飞防实现减药降耗的目的。

二、技术要点

（1）种子种植前每亩用27%苯醚·咯·噻虫嗪60mL、21%吡虫啉·戊唑醇悬浮剂包衣或30.8%吡虫啉＋1.1%戊唑醇混剂50mL。

（2）每亩施N 10kg，施P_2O_5 6kg，施K_2O 5kg，其中底肥施入40%氮肥、80%磷肥和50%钾肥，剩余氮磷钾肥自制成水溶肥，分2次结合水肥一体化微喷带灌溉技术施入，小麦全生育期在起身后期和抽穗期灌水2次，每亩灌水60m^3。

（3）返青拔节期，防治阔叶杂草每亩用10%苯磺隆可湿粉18g＋20%氯氟吡氧乙酸乳油40mL；防治野燕麦、雀麦等每亩用70%氟唑磺隆水分散粒剂3.3g。防治根部病害每亩用43%戊唑醇4～6g＋吡唑·醚菌酯10g。

（4）齐穗期，每亩喷洒45%戊唑·咪鲜胺50mL；每亩用25%噻虫嗪水分散粒剂4～6g＋2.5%高效氯氟氰菊酯水乳剂15～20mL防虫害。

三、技术评价

1.创新性　该技术根据冬小麦种植区土壤养分供给特点及作物需肥特征，在小麦播种前以生物有机肥和控释期40～60d的控释氮肥为底肥，减少15%～30%的化肥施用量，春季追肥时用自行研制的高氮钾水溶肥和微量元素肥料结合水肥一体化灌溉在拔节前后施入，小麦种子种植前进行混合药剂包衣，返青拔节期和齐穗期采用飞防措施进行除草和杀虫药剂的喷施。本技术实现了减肥减药效果。

2.稳定性　集成技术在河北省小麦田3年示范区和辐射区总面积150万亩，增产12 354万kg；化学氮肥投入减少20%，平均每亩减少施入7.2kg纯氮肥，示范区和辐射区150万亩减少纯氮肥投入量7 200t，折合尿素1.56万t，若以每吨尿素1 800元、每千克小麦2.2元计算，则3年农药平均每亩节约26元，农药使用飞防喷洒每亩减少用工15元。如果只考虑减肥和农药耗材和施药用工成本，则3年净增收37 555万元。利用水肥一体化技术每亩地可节约用水20m^3，如果在150万亩小麦种植区实施，可节约用水3 000万m^3。

四、技术展示

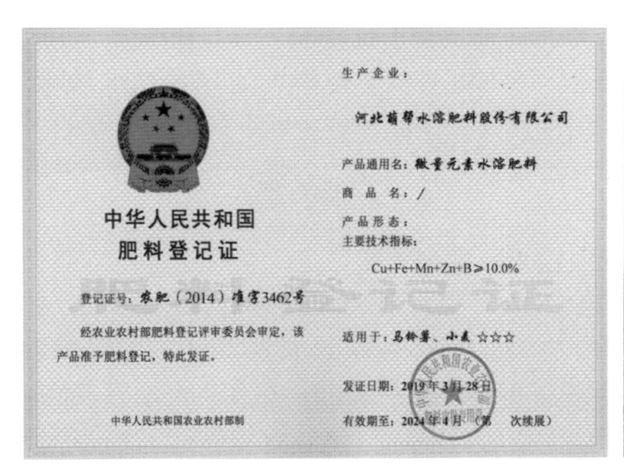
中华人民共和国
肥料登记证
登记证号：农肥（2014）准字3462号
经农业农村部肥料登记评审委员会审定，该产品准予肥料登记，特此发证。
中华人民共和国农业农村部制

生产企业：
河北萌帮水溶肥料股份有限公司
产品通用名：微量元素水溶肥料
商品名：/
产品形态：
主要技术指标：
Cu+Fe+Mn+Zn+B≥10.0%
适用于：马铃薯、小麦 ☆☆☆
发证日期：2019年3月28日
有效期至：2024年4月（第　次续展）

五、成果来源

项目名称和项目编号： 黄淮海冬小麦化肥农药减施技术集成研究与示范（2017YFD0201700）

完成单位： 河北农业大学
联系人及方式： 王艳群，13784280108，1224473728@qq.com
联系地址： 河北省保定市莲池区乐凯南大街2596号河北农业大学西校区

西北（半）干旱地区黑膜覆盖垄上微沟化肥农药减施增效抗旱栽培技术模式

一、技术概述

该技术适合西北（半）干旱地区马铃薯种植，耕作垄面呈M形，选用黑膜覆盖，覆膜一周后垄沟打孔。该模式下产量达每亩3 107.49kg，较传统露地平播增产16.56%，同时由于其具有保温保湿、防除杂草及防除部分地下虫的作用，故起到了减肥减药的效果。该技术特别适合在干旱山区，尤其是在机械化不能展开的地区推广应用。

二、技术要点

（1）塑料膜的选用。选用黑膜覆盖，黑膜具有防治杂草及提高保温效率的特点，一般选拉力强、易降解、厚度0.008mm左右、宽幅120cm的黑膜。

（2）起垄整地。按幅宽120cm、垄宽75cm、垄沟宽45cm、高15cm、垄脊微沟10cm起垄，用宽幅120cm的黑色塑料膜覆盖垄面垄沟，起垄后要进行整垄，使用整垄器，使垄面平整、紧实，两边用土压严压实，同时每隔2 ~ 3m横压土腰带，垄面呈M形。覆膜一周后要在垄沟内打渗水孔，孔距为50cm，以便降水入渗。

（3）施肥及病害防治。一般在每亩施腐熟优质农家肥3.5t的基础上，每亩再施马铃薯专用肥53kg；或每亩施尿素20kg、磷酸二铵25kg、硫酸钾13kg。农家肥结合播前耕地，撒入地块耕翻，化肥结合起垄覆膜集中施于垄中间。播种时采用70%甲基硫菌灵可湿性粉剂1∶1 000拌种，处理后3d播种。对于地下害虫严重的地块，播前结合整地，每亩用40%辛硫磷乳油150g兑水30kg，均匀喷入土壤防治。如果杂草不严重，可以不施药或局部施药，黑膜覆盖可以有效抑制杂草的生长。对于杂草严重的地块，播前结合整地，每亩用90%乙草胺乳油130g均匀喷入土壤防治。采用即喷即覆膜的方式全地面喷雾。

（4）播后管理。及时维护地膜完整，出苗期要随时检查，发现穴苗错位，及时放苗；苗期每亩喷施30%吡虫啉微乳剂15mL，块茎形成期每亩喷施5%香芹酚水剂60mL + 40%啶虫脒水分散粒剂4g，块茎膨大期每亩喷施80%烯酰吗啉水分散粒剂20g + 5%香芹酚水剂60mL，淀粉积累期每亩喷施72%霜脲·锰锌可湿性粉剂140g + 70%丙森锌可湿性粉剂150g，在各生育期只喷施1次；若苗期生长缓慢，严重缺氮，可用0.5%尿素水溶液每7 ~ 10d喷1次，连喷2 ~ 3次；现蕾至盛花期，分别用0.5%磷酸二氢钾水溶液、0.02%硫酸钾水溶液每7 ~ 10d喷1次，连喷2 ~ 3次。

三、技术评价

1.创新性 明确了西北（半）干旱地区马铃薯黑膜覆盖垄上微沟增产机理。黑膜覆盖种植方式可有效增加马铃薯生育前期（播种到末花期）耕层0 ~ 25cm土壤的热量条件，较传统露地平播增加土壤温度2.33 ~ 4.64℃，增加土壤积温327.88℃；微沟有助于收集雨水，能够为种薯提供较充足的水分。可使出苗期至成熟期各生育时期提前10 ~ 15d，促进生育前期营养生长效果明显；增加单株结薯重差异显著（$p < 0.05$），产量达每亩3 107.49kg，较传统露地平播增产16.56%，同时由于保温保湿、防除杂草及防除部分地下虫，起到了减肥减药作用。

2.实用性 在甘肃省中部干旱地区马铃薯主产区建立示范基地9个，示范面积74.11万亩（原原种0.81亩，原种36.1万亩，良种134.2万亩），辐射带动97万亩，总面积171.11万亩。示范基地的建立，有效带动了当地马铃薯脱毒种薯生产技术和科学化管理水平，增加了原原种单株结薯粒数，黑膜覆盖有效缓解了旱地栽培缺水，使脱毒种薯产量大幅度提高，质量变好，保障了甘肃省马铃薯脱毒种薯优质高效生产，对甘肃省马铃薯产业健康稳步可持续发展做出了积极贡献，得到了当地政府和技术用户的赞誉。

四、技术展示

五、成果来源

项目名称和项目编号： 马铃薯化肥农药减施技术集成研究与示范（2018YFD0200800）

完成单位： 甘肃省农业科学院马铃薯研究所

联系人及方式： 张武，13919360858，842487867@qq.com

联系地址： 甘肃省兰州市安宁区农科院新村1号

西北半干旱地区黑膜覆盖膜下滴灌化肥农药减施增效栽培技术模式

一、技术概述

该技术适合西北半干旱地区马铃薯种植，滴灌带位于小垄中间，起垄、播种、滴灌带铺设、黑膜覆盖一次性机械化完成。滴灌带置于黑膜下面，土壤上面。该模式使肥料利用率提高了8.3%，化学肥料减量20.58%，化学农药利用率提高12.13%、减量30%，平均增产5%，亩增加产值288.18元。

二、技术要点

1.塑料膜的选用 选用黑色塑料膜覆盖，黑膜具有防治杂草及提高保温效率的特点，一般以拉力强、易降解、厚度0.008mm左右、宽幅120cm为宜。

2.起垄整地 垄宽110cm、垄高20cm，大垄宽80cm、小垄宽30cm，滴灌带位于小垄中间，起垄、播种、滴灌带铺设、黑膜覆盖一次性机械化完成。滴灌带置于黑膜下方、土壤上方。

3.施肥及病害防治 结合秋深耕或播前整地每亩施用1 500kg有机肥或20kg复合肥（$N:P_2O_5:K_2O=15:15:15$）。出苗前10d左右膜上机械覆土，出苗后将尿素（含N 46%）、水溶性二铵（含P_2O_5 53%）和硫酸钾晶体（含K_2O 52%）的复混肥料（$N:P_2O_5:K_2O=15:5:10$）90kg随滴灌分4 ~ 5次施入。播种时用70%甲基硫菌灵可湿性粉剂1：1 000拌种，处理后3d播种。对于地下害虫严重的地块，播前结合整地，每亩用50%辛硫磷乳油1.5kg兑水30kg，均匀喷入土壤防治。对于杂草严重的地块，播前结合整地，每亩用90%乙草胺乳油1 130kg均匀喷入土壤防治。

4.播后病虫害管理 苗期每亩喷施30%吡虫啉微乳剂15mL，块茎形成期每亩喷施5%香芹酚水剂60mL + 40%啶虫脒水分散粒剂4g，块茎膨大期每亩喷施80%烯酰吗啉水分散粒剂20g + 5%香芹酚水剂60mL，淀粉积累期每亩喷施72%霜脲·锰锌可湿性粉剂140g + 70%丙森锌可湿性粉剂150g，在各生育期只喷施1次。

三、技术评价

1.创新性 黑膜覆盖种植方式可有效增加马铃薯生育前期（播种到末花期）耕层0 ~ 25cm土壤的热量条件，较传统露地平播能使土壤温度增加2.33 ~ 4.64℃，使土壤积温增加327.88℃；膜下滴灌还可以有效减少水分蒸发量，同时由于定向施肥的作用，可以大幅减少肥料及农药使用量。

2.实用性 项目组发挥技术优势，立足本地特点，累计建立20余个核心技术示范区，综合技术模式示范推广累计165.16万亩，辐射340.34万亩，使示范区肥料利用率提高了8.3%，化学肥料减量20.58%，化学农药利用率提高12.13%、减量30%，平均增产5%，亩增加产值288.18元。培训农技人员1 442人次，培训新型职业农民3.298万人次。

四、技术展示

五、成果来源

项目名称和项目编号：马铃薯化肥农药减施技术集成研究与示范（2018YFD0200800）

完成单位：甘肃省农业科学院马铃薯研究所

联系人及方式：张武，13919360858，842487867@qq.com

联系地址：甘肃省兰州市安宁区农科院新村1号

生物农药活性分子的异源高效合成技术

一、技术概述

针对微生物源生物农药活性分子，成功地建立了伯克氏菌的高效基因组编辑技术，是伯克氏菌遗传工程研究中的一座里程碑。应用该基因组编辑系统在多种伯克氏菌株的非核糖体脂肽基因簇的上游插入启动子，成功激活了十个非核糖体肽基因簇，并解析和报道了多种新型脂肽的结构、生物合成途径和活性。共晶晶体结构引导实现了脂肽的脂酰链长度从乙酰基到十六酰基的巨大改变，获得了活性提高的“非天然”衍生物。起始缩合（Cs）结构域替换和点突变是具有普适性的脂链改造新方法，该方法进一步完善了脂肽的组合生物合成策略，丰富了微生物天然产物结构改造的方法。该方法同样适用于农药活性代谢物的生物组合合成，能促进结构衍生优化。

二、技术要点

（1）微生物源活性代谢物的发掘与途径重构（Red/ET重组工程技术开发）。伯克氏菌基因组中存在大量包含潜在基因簇，但由于缺乏有效的基因编辑技术，伯克氏菌来源的非核糖体脂肽的挖掘受到了阻碍。项目组通过基因组扫描在伯克氏菌中发现了一对新型噬菌体重组酶Redαβ7029，能够在本源菌及多种伯克氏菌中介导重组工程，因此得以在伯克氏菌中成功地创建了高效基因组编辑技术，可利用50bp同源臂一步删除200kb的基因组序列。

（2）微生物源活性代谢物的发掘与途径重构（基于Red/ET重组工程的微生物源活性脂肽类改造技术）。脂肽的脂酰链长度对于平衡其毒性和生物活性至关重要。利用Cs结构域交换成功实现了带有N-乙酰基的脂肽和带有N-辛酰基的两类脂肽的脂酰基互换，确立了一种普适的可用于改变脂酰链的方法。进一步解析了Cs结构域突变体与供体底物辛酰辅酶A的共晶晶体结构，确定了控制脂酰基长度的关键氨基酸残基，阐明了Cs结构域对脂酰基辅酶A的特异性选择机制。

（3）植物源生物农药合成元件挖掘和高效底盘构建。以植物源农药苦皮藤素开发为例，对苦皮藤进行基因组测序组装，结合转录组分析，获得苦皮藤素合成的候选基因，运用多体系表达验证技术，筛选得到苦皮藤素合成关键萜类合成酶和P450酶；基于代谢网络设计和重构技术，对底盘MVA途径进行优化，增加前体供应，减少竞争途径损耗，同时优化启动子，调控关键基因表达，通过优化补料策略，实现生长速率与产物合成的合理分配，最终在5L发酵罐中将关键中间体γ-桉叶醇产量提升至2.56g/L，为苦皮藤素类产品的微生物高效生产奠定了基础。

（4）生物农药活性物质高产菌株构建及绿色制造工艺开发。针对生物农药柠檬烯，在酿酒酵母底盘中设计了正交合成途径，通过对前体合成途径的加强，提升异源合成产量，同时对柠檬烯合成模块进行染色体整合，并通过PDH-bypass增加前体乙酰辅酶A的供应，额外增加柠檬烯合成模块的拷贝数，补料发酵后产量达到2.23g/L，为现有文献报道中的最高水平，形成了中试规模异源合成工艺。

三、技术评价

1.创新性 针对植物源生物农药及活性分子，综合运用多组学联合分析、代谢网络设计和重构等技术，开展高效合成元件的筛选和挖掘、高产微生物底盘的构建等研究，构建生物农药活性分子高效微生物细胞工厂，为解决植物源生物农药来源受限、生产工艺复杂、效率低下等瓶颈问题提供了解决方案。

2.实用性 开发基于Red/ET重组的微生物源活性代谢物异源表达与途径重构技术，开展微生物源活性代谢物发掘与衍生化、植物源生物农药合成元件挖掘和高效底盘构建，以及生物农药活性物质高产菌株构建及绿色制造工艺开发等工作，实现了苦皮藤素关键中间体、大黄素甲醚等产品的微生物异源合成，构建了柠檬烯、多杀菌素、申嗪霉素等生物农药产品的绿色制造工艺，其中多杀菌素在项目执行期内实现了产业化。将合成生物学这种新兴技术引入生物农药开发领域，为生物农药的开发提供了新思路和新方法。合成生物学与生物农药开发研究对象的一致性及其技术成果的实用性，使其成为突破生物农药产业技术瓶颈的不二之选。实现生物农药品种在微生物底盘中高效合成，可以从根本上解决原材料来源受限及资源过度消耗的问题，微生物生长迅速，培养条件容易控制，适于大规模生产；且微生物底盘代谢途径相对明确，产物易于分离纯化，可以有效降低生物农药品种的生产成本，增加生物农药品种的受众，大幅提升市场竞争力。此外，通过底盘微生物中合成途径的改造和优化、底物结构的改变及修饰基因的调整可以获得大量天然生物农药品种的衍生物，结合高通量筛选，有望获得更多效果更优的新型生物农药品种。

四、技术展示

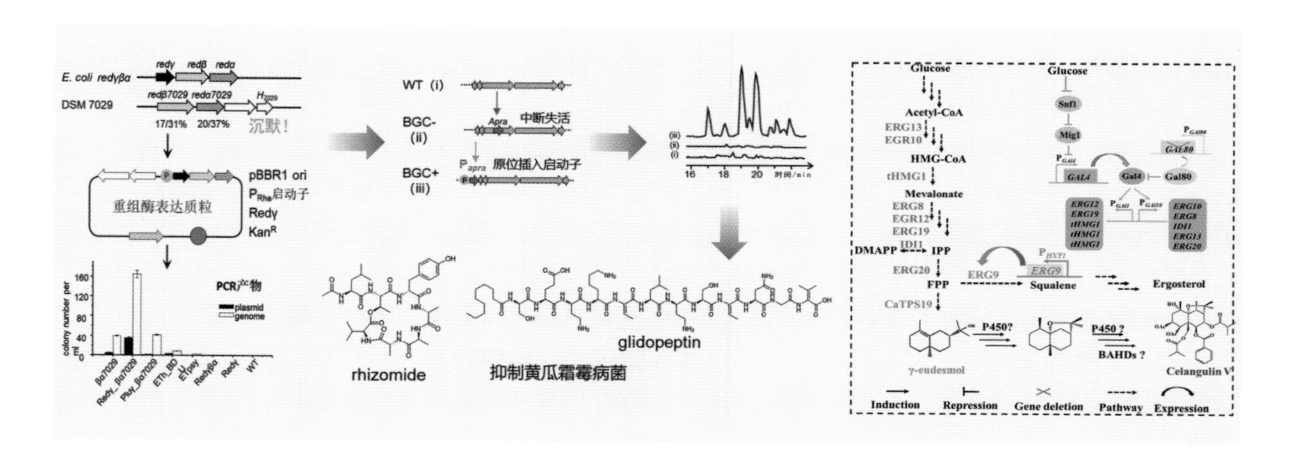

五、成果来源

项目名称和项目编号： 天然绿色生物农药的合成生物学与组合合成技术（2017YFD0201400）

完成单位： 天津大学

联系人及方式： 乔建军，13920082231，jianjunq@tju.edu.cn
联系地址： 天津市津南区雅观路135号天津大学北洋园校区

基于China-Pearl模型的旱田用农药地表水暴露预测技术

一、技术概述

通过建立科学合理的概念模型、嵌入系列计算公式和设置标准场景，创建了旱田用农药地表水浓度预测模型（China-Pearl）。基于模型内嵌的大量基础调查数据和运算方法，输入农药相关的基本理化特性、环境归趋特征数据以及使用方法后，可完整模拟化学农药从作物到农田、从农田到周边水体的迁移过程，以及在作物-农田-水体系统中的代谢过程，最终获得农药使用后在周边水体中的预测暴露水平。

二、技术要点

（1）概念模型。综合考虑农药施用后作物叶面的拦截、在叶面上的消解与挥发、经由雨水冲刷陆续进入农田、在农田中的降解与淋溶、随飘移及降水后的地表径流及土壤侵蚀进入地表水体、在池塘等地表水体中的挥发与外溢、降解与吸附等过程，并建立了相应的算法和所需的基础数据库。

（2）场景体系。通过利用全国743个气象台站30年观测日值大数据计算全国所有旱作耕地海拔高程、多年平均降水量、多年平均温度、多年每日最大降水量第80百分位分布，China PSEM模型构建了10个能代表现实中最糟糕情况的标准场景点，包括新民、乌鲁木齐、同心、潍坊、商丘、武功、南昌、连平、泸州和海口。如果农药在标准场景下环境风险可接受，则认为在其他情况下使用也应是安全的。

（3）基础数据库。在每一个场景点，分别嵌入了典型气象数据、土壤数据、作物数据等。其中，气象数据库涵盖了各场景点26年气象观测日值，包括气温、降水、湿度、气压、风速、日照时数、参考蒸腾量等；土壤数据库涵盖各场景点典型土壤不同剖面土层厚度、机械组成、持水量、有机碳含量、干容重、土层厚度、pH等数据；作物数据库包括小麦、玉米、马铃薯、棉花、甘蓝、柑橘树、苹果树、花生、茶树、烟草、大豆、十字花科蔬菜等主要作物的物候期，农事操作（播种、出苗、收获、灌溉等），以及随生育历期变化的冠层面积、根深、株高等数据。

三、技术评价

1.创新性 该模型是我国首次建立的旱田用农药环境风险评估的地表水暴露模型，攻克了国际上季风性气候种植区用药风险评估的技术难题，实现了全国范围旱田用农药环境风险的科学预测。

2.实用性 暴露预测模型是开展农药环境风险评估的常用工具，能解决无法在所有使用地域、连续多年开展实际监测的现实难题。China-Pearl实现了全国范围旱田用农药在地表水中的暴露水平预测，项目研究中还采用一百余种已登记农药对China-Pearl模型进行了验证，预测浓度水平及其风险评估结果基本符合农药本身的环境代谢与归趋特性以及过去对其风险的认知，具有可用性和科学性。该技术满足了我国农药登记环境风险评估的现实需要，将为农药环境安全性管理提供技术支撑，为绿色农药的研发与合理使用提供技术手段。

四、技术展示

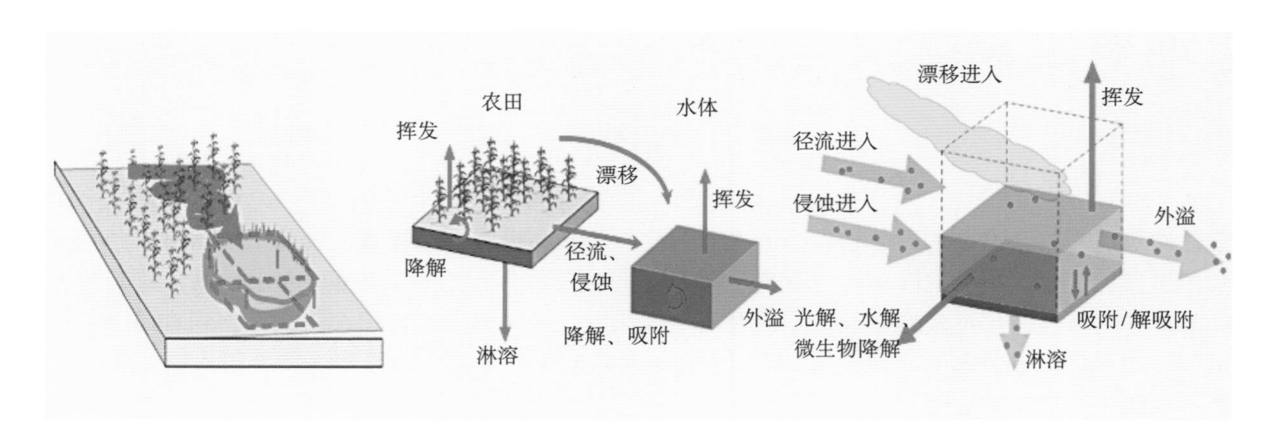

五、成果来源

项目名称和项目编号：高效低风险小分子农药和制剂研发与示范（2018YFD0200100）

完成单位：农业农村部农药检定所

联系人及方式：陈朗，18640198725，654164058@qq.com

联系地址：北京市朝阳区麦子店街22号楼

基于同位素示踪技术的农药精准代谢技术

一、技术概述

同位素示踪技术具有痕量精准、直观（同位素成像）、溯源追踪等独特的技术优势，是其他技术无法替代的。本研究攻克了高比活度-多位置标记农药合成技术、样品预处理定向去杂技术、代谢物组成精准甄别技术、代谢物分子结构高效鉴定技术等技术难点，构建了具有痕量精准、高端前沿、独特难替特点的核与非核融合精准测评技术体系。

二、技术要点

（1）高比活度-多位置^{14}C标记农药合成技术。采用^{14}C标记苯甲酸原料，合成了两种高比活度-多位置^{14}C标记的香草硫缩病醚，建立了^{14}C标记香草硫缩病醚的微量^{14}C标记合成方法，解决了创制农药示踪剂匮乏的瓶颈问题。该合成技术方法已获得两项授权发明专利，其中1项为美国发明专利。

（2）样品预处理定向除杂技术。样品预处理过程中采用放射性同位素示踪技术，通过每步骤的放射性检测，能选择性取舍目标物（放射性物质）和杂质（非放射性物质），从而大大降低后续色谱分析的杂质干扰，而且各种微量降解物不易丢失，使降解物的组成鉴定工作更为科学可靠。

（3）代谢物组成精准甄别技术。采用HPLC-LSC联用技术，利用放射性特征以确定目标组分的保留时间，指引质谱有针对性地重点鉴定对象，使分子结构解析由复杂趋于简单。

（4）代谢物分子结构高效鉴定技术。采用液相色谱-高分辨质谱联用技术和高比活度 ^{14}C 同位素特征快速锁定香草硫缩病醚农药母体离子，便于二级质谱高效鉴定代谢产物及碎片离子。

三、技术评价

1.创新性 运用该技术体系，制备能反映香草硫缩病醚完整分子特征的多位置 ^{14}C 标记的香草硫缩病醚，溯源追踪与痕量精准甄别其在环境（好氧土壤、厌氧土壤、和水-沉积物系统）中的代谢产物结构，明确了残留代谢物组成，提出农药残留定义和监管对象，直接推动了我国具有自主知识产权的新农药香草硫缩病醚的正式登记与产业化应用。

2.实用性 该技术已得到广泛应用，为香草硫缩病醚的安全性评价提供了代谢资料，助推了其正式登记和生产应用。该技术的研发人员多次被农业农村部农药检定所邀请在重庆、南宁、福州等地为全国农药代谢试验单位技术进行技术指导和培训。

四、技术展示

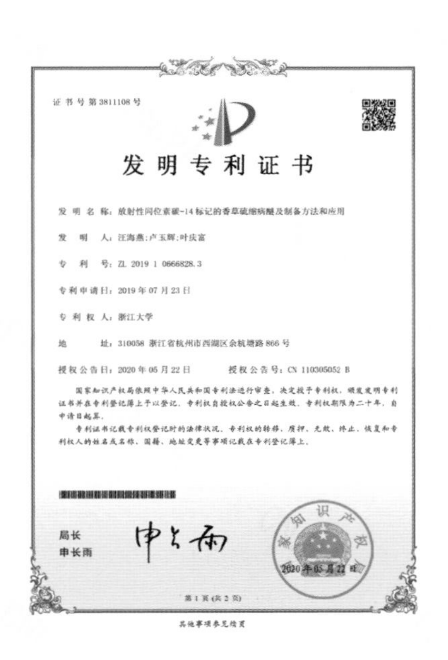

证书号第3811108号

发明专利证书

发明名称：放射性同位素碳-14标记的香草硫缩病醚及制备方法和应用

发明人：汪海燕；卢玉辉；叶庆富

专利号：ZL 2019 1 0666828.3

专利申请日：2019年07月23日

专利权人：浙江大学

地址：310058 浙江省杭州市西湖区余杭塘路866号

授权公告日：2020年05月22日　　授权公告号：CN 110305052 B

国家知识产权局依照中华人民共和国专利法进行审查，决定授予专利权，颁发发明专利证书并在专利登记簿上予以登记。专利权自授权公告之日起生效。专利权期限为二十年，自申请日起算。

专利证书记载专利权登记时的法律状况。专利权的转移、质押、无效、终止、恢复和专利权人的姓名或名称、国籍、地址变更等事项记载在专利登记簿上。

局长
申长雨

2020年05月22日

第1页（共2页）

其他事项参见续页

五、成果来源

项目名称和项目编号： 高效低风险小分子农药和制剂研发与示范（2018YFD0200100）

完成单位： 农业农村部农药检定所

联系人及方式： 陈朗，18640198725，654164058@qq.com

联系地址： 北京市朝阳区麦子店街22号楼

农药减施增效精准变量控制技术

一、技术概述

结合中国东北地区农作物规模化种植农艺要求和保护性耕作栽培技术模式，围绕农药高效利用机理与减施标准、技术创新与装备研发、技术集成与示范应用的全产业科技链条，进行了基于模糊PID控制的农药施用精准变量控制技术、低量立体喷雾技术、宽幅喷杆自适应调节等关键技术研究，研发了适合东北农作物规模化种植农艺要求的系列精准高效植保装备，解决了作物生长中后期难以实现精准智能喷雾作业的技术瓶颈，形成了以农药、叶面肥机械化减施增效为特点的高效精准植保机械田间作业操作规程和技术规范，实现了植保机械在单位作业面积内随车速变化均匀施药。

二、技术要点

农药减施增效精准变量控制技术主要用于农作物苗前、苗后喷洒杀虫剂、灭草剂、除草剂、液体化肥、作物生长激素等植保作业，能全面提升粮食产量和化肥农药利用率。该技术的车速变量反应时间小于1秒，变量跟随误差控制在2%以内，喷头喷量变异系数小于5%，沿喷杆喷量均匀性变异系数小于7%，生产率为8 ～ 10hm^2/h。

针对我国原有植保装备系统复杂、关键部件性能不高和喷雾均匀性差等技术难点，创新研发了基于PID模糊控制技术的农药施用精准变量控制系统，优化病虫草害的农田植保智慧作业预测算法及执行策略，实现了规模化农业生产的植保装备精准智能作业，形成了适用于东北黑土区不同保护性耕作植保作业模式和综合技术体系。

通过低量立体喷雾技术、宽幅喷杆自适应调节等共性关键技术研究，实现国产植保装备核心关键技术的智能化应用，解决了作物生长中后期难以实现精准智能喷雾作业的技术瓶颈，提出了变量控制系统、仿生分禾器、避障系统和喷杆调平装置等关键部件的优化设计方法，大幅度增加了植株上、中、下部位及叶片背面的高密度雾滴沉积量。

三、技术评价

1.创新性 该技术大幅度增加了植株上、中、下部位及叶片背面的高密度雾滴沉积量，较传统农药的喷施方式可节省农药、叶面肥20%～30%，在农药机械化减施增效领域取得了多项关键技术突破，已获授权国家发明专利5项，可真正做到大田化学农药全面积等量精准喷施，同时能有效提高农药的利用率和病虫草害防治效果，减少隐性的农药残留和环境污染。

2.实用性 本项技术自2017年开展示范以来，由三家企业转化合作生产的智能变量控制系统近千台套，在规模化大田农业植保作业中广泛应用，技术示范应用面积超过100万亩。连续多年施药对比试验及跟踪调查结果表明，应用精准变量控制技术农药有效利用率提高10%，农药施用减量30%，平均增产5%，能达到农业生产植保作业农药、叶面肥机械化减施增效的综合目标。

四、技术展示

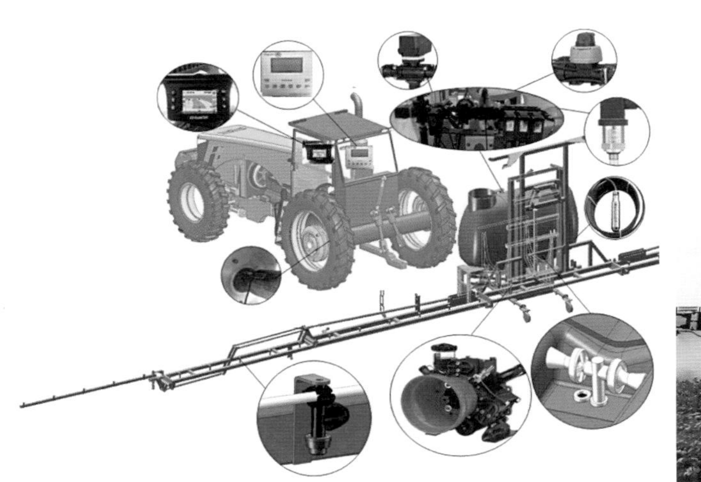

五、成果来源

项目名称和项目编号： 马铃薯化肥农药减施技术集成研究与示范（2018YFD0200800）

完成单位： 东北农业大学

联系人及方式： 孙文峰，13304508203，13304508203@163.com

联系地址： 黑龙江省哈尔滨市香坊区长江路600号

植保无人机精准航空喷施技术

一、技术概述

植保无人机精准航空喷施技术是针对主要农作物病虫害的防治缺乏植保无人机配套的喷施技术、航空喷雾作业难以精准喷施等问题，从航空喷施雾滴沉积与飘移理论、喷雾关键技术、关键部件与装备、施药作业模式等方面进行研究和创新的一项技术。

二、技术要点

（1）航空喷施雾滴飘移理论。构建植保无人机的旋翼风场模型，揭示无人机旋翼风场对雾滴沉积分布的影响机理，建立旋翼气流及农田高温高湿环境耦合作用下的雾滴飘移预测模型。

（2）关键技术与部件。构建适用于植保无人机的多种型号航空喷头粒径决策模型，发明多种类型的无人机专用低空低容量雾化喷头，开发基于人工神经网络的航空变量喷施系统和变量喷洒技术。

（3）飞防作业模式。为保证植保无人机施药安全和飞防药效，从适用机型、作业质量评估、优化作业参数、作业模型等多个方面，持续研究我国水稻、小麦和棉花等主要农作物的飞防技术，优选作业参数，创新性构建植保无人机对主要农作物的施药作业模式。

三、技术评价

1.创新性　该技术基于构建的适用于植保无人机航空喷头粒径决策模型，发明了多种类型的无人机专用低空低容量雾化喷头，并开发了基于人工神经网络的航空变量喷施系统和变量喷洒技术，实现了喷施雾滴精确对靶、喷量可调、变量易控、沉积均匀、减少飘移等效果。

2.实用性　自2017年开展示范以来，技术成果已应用到全国20多个省市，近年来累计作业5377万亩次，新增销售额16.1万元，实现利润5.6亿元；节省农药20%，节省劳动力60%，实现了农药的减量高效使用，促进了行业有序发展。农业农村部科技发展中心组织国内知名专家对该技术进行了科学评价，结论为成果总体水平达到国际领先水平。

四、技术展示

五、成果来源

项目名称和项目编号： 地面与航空高工效施药技术及智能化装备（2016YFD0200700）

完成单位： 华南农业大学

联系人及方式： 兰玉彬，13922707507，ylan@scau.edu.cn

联系地址： 广东省广州市天河区五山路483号

多旋翼植保无人机高效施药技术

一、技术概述

多旋翼植保无人机高效施药技术是集无人机平台设计、高效精准施药技术于一体的新技术。该技术根据农作物生长情况和病虫害发生程度，提供高效精准的施药技术；实现人药分离，减小作业人员中毒风险。其中无人机平台可实现厘米级精度定位，施药作业有全自主模式和手动模式两种操控模式；植保作业时，可根据田间作物种植信息、冠层覆盖度和生长期等数据调整作业参数，适应作物高度和冠层覆盖度的变化，确保药量准确，雾滴沉积效果有保障。

二、技术要点

（1）无人机平台。可实现自主作业，能根据不同作业参数下的喷幅，规划作业路径，智能化水平高；结构简单，维护更换方便，旋翼臂采用剪刀型折叠方式，方便运输和转场。

（2）施药技术。多旋翼植保无人机距离作物高度为1 ～ 1.5m，雾滴在风的作用下与作物充分接触，雾滴沉积效果好；作物在风场搅动下，叶片正面和背面接触雾滴的概率增加；采用低容量高效喷雾技术，相较于传统地毯式喷雾，减少了农药用量。

（3）作物信息与定量施药技术。采集农作物生长各个生长期时的RGB图像，估算作物覆盖度与冠层体积。依据植保作业雾滴覆盖度标准，计算喷雾量，实现定量施药。

三、技术评价

1.创新性 该技术的作业效率是人工作业的25 ～ 30倍，在病虫害爆发时可在规定时间内迅速完成防治任务，从而控制病虫害的发展蔓延。

2.实用性 自2017年开展示范以来，技术应用面积实现几何级增长。2020年在湖南、江西、山东、安徽、内蒙古、黑龙江等地示范应用面积超过20 000亩，全国累计作业面积超过10万亩，减少化学农药使用量20%，培训新型职业农民、多旋翼植保无人机操控手5 000人次。

四、技术展示

五、成果来源

项目名称和项目编号：马铃薯化肥农药减施技术集成研究与示范（2018YFD0200800）

完成单位：湖南农业大学

联系人及方式：李明，15974170086，liming@hotmail.com

联系地址：湖南省长沙市芙蓉区东湖路470号

精准快速选药技术及产品

一、技术概述

精准快速选药技术及产品是针对我国农作物病虫草害防治用药因存在时空差异而存在敏感性差异的状况，从群体水平、生化水平和基因水平三个层级上研发的精准、快速选择高效敏感防治药剂的技术，并形成一系列实用产品。

二、技术要点

（1）群体水平精准快速选药技术及产品。是主要针对害虫和杂草研发的选药技术及产品。以单一诊断剂量为标尺，以特定时间内生物死亡率为判定标准，采用药膜法、敏感性当季快速检测法（RISQ）等群体水平敏感性测试技术，通过抗性与敏感性水平的拟合、诊断剂量选择以及货架期的确定，形成精准快速选药试剂盒产品。虫害防治药剂选择时间仅需1 ～ 3h，杂草防治药剂选择时间由20d降低至7 ～ 12d，大幅缩短了田间选药时间。

（2）生化水平选药技术及产品。该技术主要以杂草莽草酸含量与除草剂敏感性相关性为基础研发的，集成酶提取剂、反应剂、显色剂形成反应体系，以比色卡可视化检测为标准判断结果，检测时间8h，选药时间大幅减低。

（3）分子水平选药技术及产品。该技术适用于病虫草等防治靶标尤其是病菌的防治高效药剂选择。通过DNA快速提取技术（3min），反应体系预分装，研制便携式加热装置以及结果显示可视化，使环介导等温扩增技术等分子生物学技术从实验室走向田间地头。该技术检测时间为1 ～ 3h，检测率达95%以上。

三、技术评价

1.创新性 该技术实现了作物病害、杂草药剂敏感性田间诊断技术及产品“零”的突破，突破了环介导等温扩增技术等分子生物学技术从实验室走向田间地头所需条件的技术瓶颈，推进了分子选药试剂盒产品实际应用进程，使化学农药的选择实现了由“外围推荐”向“依田定制”转变，大幅提高了选药的精准度和高效性，尽可能避免了因敏感性丧失而造成的农药过量使用现象。

2.实用性 该技术可以针对一个田块的防治靶标的药剂敏感性选出高效药剂，可大幅减少用药量，对延缓防治靶标抗药性的产生以及生态环境安全具有积极意义。群体快速选药产品简单实用，略加培训后农民即可掌握使用。因此，该选药技术体系将随着我国农业产业的精细化、智慧化发展，越来越得到重视和普遍应用，发展潜力巨大。2017年开始对该技术及产品进行示范以来，应用面积实现几何级增长。2017—2020年在河南、安徽、山西、山东、江苏、贵州、重庆、北京等地开展示范推广应用，面积达20万余亩，节本增效达5 900万余元，化学农药减量20%以上，农药利用率提高7%以上，突破了病虫草害化学防治田间选药技术瓶颈，使田间选药更加快速、精准和易行，为我国农药零增长目标的实现提供了重要的技术和产品支撑。

四、技术展示

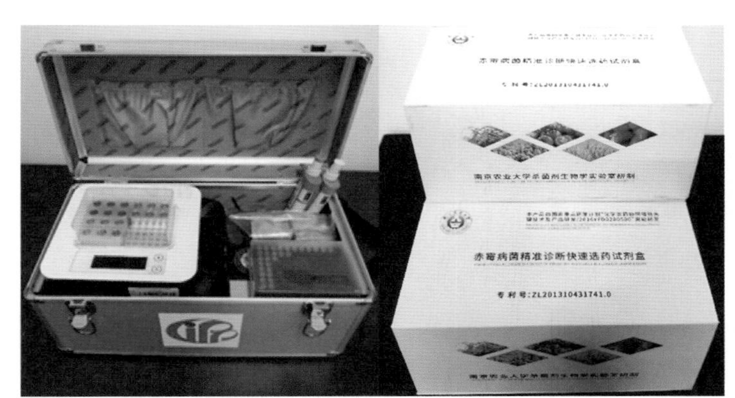

五、成果来源

项目名称和项目编号：化学农药协同增效关键技术及产品研发（2016YFD0200500）

完成单位：中国农业科学院植物保护研究所、中国农业大学、南京农业大学、华中农业大学、山西省农业科学院植物保护研究所等10家单位

联系人及方式：蒋红云，13641271548，hyjiang@ippcaas.cn

联系地址：北京市海淀区圆明园西路2号

有益微生物驱动的全程有机/绿色种植技术

一、技术概述

大量使用农药化肥导致了农药残留、环境污染、耕地质量下降等一系列问题。有益微生物驱动的全程有机/绿色种植体系（简称BeMMO或BeMMG体系）是以自主研发的三菌合剂——“宁盾”为核心的一套绿色防控体系。通过土壤检测进行按需施肥，同时精准使用农药，以达到减肥减药的目的；检测各种农药与微生物菌剂的兼容性，保证微生物的存活率；控制用药时间和频率，提高农药使用效率；实时检测作物生长指标及产量，做好投入产出比计算，以提高经济效益；做好产品品质检测，根据实际情况授权农户使用BeMMO或BeMMG商标，促进农户销售。

二、技术要点

BeMMO体系或BeMMG体系按以下步骤开展。

（1）从土壤观察/检测开始，按需施肥。

（2）以不同周年轮作方案协助微生物菌剂改良土壤，辅助种植一些与之共生兼具有害生物驱避／益虫诱集等特性的覆盖作物进行以草控草，生物防虫。

（3）以宁盾、线灭，以及绿僵菌、短稳杆菌等微生物菌剂和昆虫信息素等为主防治多种病虫害，辅以植物源农药、矿物源农药、低毒高效化学农药，检测各项产品之间的相容性后选择使用，各项措施协同。

（4）收获时再次检测土壤，验证BeMMG体系对土壤的改良效果。同时，检测农产品品质。

（5）计算BeMMG体系与常规种植的收益，开展经济核算，并授权使用BeMMG商标。BeMMG体系符合国家绿色标准，BeMMO体系符合国家有机标准。

三、技术评价

1.创新性 该技术解决了农业生产中农户滥用药、不会用药、大量用药的问题，也为农户促进销售、增加收入贡献了力量。

2.实用性 该技术已实现产业化和规模化应用，建立了年产10万t的新型肥料生产线，缓控释掺混肥料新产品已实现销售收入2.24亿元，利润1 376万元；推广面积200余万亩，化肥减量15%～20%，化肥利用率提高7%以上，累计推广效益3亿元以上，经济、生态和社会效益显著，应用前景良好。该产品入选2019年中国农业农村重大新技术新产品新装备（十大新产品）。

四、技术展示

五、成果来源

项目名称和项目编号： 新型高效生物杀菌剂研发（2017YFD0201100）

完成单位： 南京农业大学

联系人及方式： 蒋春号，15850586539，chjiang@njau.edu.cn

联系地址： 江苏省南京市玄武区童卫路6号

微生物菌剂防病促生技术

一、技术概述

微生物菌剂防病促生技术是应用于工业番茄和辣椒育苗且结合了田间滴灌施肥的新技术。

二、技术要点

（1）微生物菌剂的选用。选用由两种或两种以上互不拮抗的微生物菌种制成的复合微生物菌剂。

（2）苗期使用。出苗率达到80%以上时，采用复合微生物菌剂100倍液喷淋苗盘，每隔7d重复一次。移栽前1～2d喷施1次。

（3）田间使用。移栽当天，将复合微生物菌剂滴灌施入田间，每亩使用剂量为0.5L，在定植水浇灌完成前30～60min，分3～4次加入施肥罐中并通过滴灌施入田间。分别在工业番茄和辣椒花期、坐果初期和坐果盛期，叶面喷施复合微生物菌剂1次，按每亩0.5L使用剂量，采用大型机械田间均匀喷施。根据田间叶部病害发生危害情况及具体天气情况，补充喷施化学药剂。

（4）注意事项。应用复合微生物菌剂防病的工业番茄，全生育期不可使用任何杀菌剂，若田间补充喷施化学杀菌剂，则应在间隔20d后再喷施复合微生物菌剂。可正常使用杀虫剂。

三、技术评价

1.创新性 微生物菌剂含多种代谢产物，具有广谱抗菌活性和强劲的抗逆能力，通过调节土壤根际微生物的组成和结构，提高有益微生物的数量，抑制原菌及害菌，抵抗因连作重茬引起的土传危害，使土壤和根部微生态系统恢复平衡，从而达到强力护根、促根快繁、健壮植株、抗逆增产的目的。

2.实用性 自2016年开展示范以来，技术应用范围稳步扩大。2018—2020年分别在新疆工业番茄和辣椒产区昌吉市、吉木萨尔县、和硕县和焉耆回族自治县等地进行应用示范，示范面积超过10万亩。连续3年大田对比试验跟踪调查的结果表明，该技术在工业番茄和辣椒苗期可减少化学杀菌剂用量100%，田间减少化学杀菌剂用量35%以上，工业番茄和辣椒产量均增加5%以上。

四、技术展示

五、成果来源

项目名称和项目编号： 西北干旱区露地蔬菜化肥农药减施技术模式建立与示范（2018YFD0201205）
完成单位： 新疆农业科学院植物保护研究所
联系人及方式： 许建军，13999989115，xjj72@163.com
联系地址： 新疆维吾尔自治区乌鲁木齐市南昌路403号

土传病害绿色防控关键技术

一、技术概述

针对高附加值作物重大土传病害发生重、防治难的问题，对病原物发生、传播及流行规律进行了研究，建立了土传病原物快速分离、检测及鉴定方法，明确了重要病原菌的发生规律。筛选出高效、无残留、对非靶标微生物干扰可恢复的土壤熏蒸剂。针对不同熏蒸剂的特点，研发了配套标准化土壤熏蒸消毒施药技术和智能化土壤消毒装备。针对病害防控，提出了田园卫生、种子及种苗选用与消毒、田间病点标记与铲除、全程病害监控与药剂防治、生物防治与生态调控、肥水管理的综合治理技术体系。在推广应用上，建立了专业土壤熏蒸社会化服务体系，所有土壤熏蒸消毒服务均按照国家标准规范实施。

二、技术要点

（1）病害诊断技术。针对主要土传病害病原微生物，研制出尖孢镰刀菌、辣椒疫霉菌、大丽轮枝菌的快速检测试剂盒，研发了重要致病菌青枯菌、链格孢属真菌、尖孢镰刀菌的酶联免疫快速检测技术，适用于田间病害诊断。

（2）土壤熏蒸消毒技术。筛选出了高效、无残留、对非靶标微生物干扰可恢复的土壤熏蒸剂—二甲基二硫、硫酰氟、异硫氰酸烯丙酯、棉隆、威百亩；配套以化学灌溉、注射、胶囊、混土、分布带施药及控制熏蒸剂逃逸等技术，一次应用后对土传病害防控效果达到85%以上。

（3）土壤消毒配套装备。研发了适合我国耕作条件的自走式精细旋耕施药机、自走式精旋土壤火焰消毒机、广角电喷式注射消毒机等系列装备，大幅提升了土壤消毒效率、效果与稳定性。

（4）土壤熏蒸消毒社会服务模式。建立了专业土壤熏蒸社会化服务体系，所有土壤熏蒸消毒服务均按照国家标准规范实施，同时，高毒农药由专业队伍直接用于田间、避免农民直接接触使用作业所产生的问题。

三、技术评论

1.创新性 技术成果的应用解决了千百年来困扰生姜、三七、山药、百合等作物土传病害问题和连作障碍难题，实现了高附加值作物的持续高产、稳产。

2.实用性 目前该技术已经在我国北京、河北、山东、辽宁、云南等地的草莓、生姜、番茄、黄瓜、三七、山药等作物种植区开展了多年的示范和推广应用。项目参加单位安丘市供销农资公司以本技术为支撑，对生姜土传病害进行统防统治，每年服务面积达10万亩，安丘生姜出口合格率达100%，出口量占全国第一。2017—2021年该技术在生姜、草莓、三七等园艺和经济作物上累计推广应用63.7万亩，间接经济效益达52.5亿元。主要技术成果“土壤熏蒸消毒技术”入选农业农村部2021年农业主推技术。

四、技术展示

五、成果来源

项目名称和项目编号： 种子、种苗与土壤处理技术及配套装备研发（2017YFD0201600）

完成单位： 中国农业科学院植物保护研究所

联系人及方式： 曹坳程，13911826293，caoac@vip.sina.com

联系地址： 北京市海淀区圆明园西路2号

优质绿色农产品生产病虫害防控技术

一、技术概述

该技术坚持“绿色减量”策略，优化当前优质绿色农产品生产中的病虫害防控技术体系，构建覆盖重要优质绿色农产品生产的防控技术模式。

二、技术要点

（1）基于农药减量与毒素减控的小麦赤霉病可持续治理技术。在不同地区优先选择相对抗病或发病相对较轻的品种（长江中下游或淮南麦区优先种植宁麦13、宁麦26、扬麦21、扬辐麦4号、华麦6号等；沿淮及黄淮南片麦区优先种植淮麦30、徐农029、瑞华麦523等）和采用健康栽培技术的基础上，一是进行种子药剂处理，秋播前采用戊唑醇、丙硫菌唑与吡虫啉等药剂拌种，降低前期赤霉病菌侵染概率和纹枯病发生程度，兼治黑穗病、蚜虫等；二是利用高效药剂替代，在小麦抽穗扬花期及时喷施氰烯·戊唑醇、丙硫·戊唑醇、氟唑菌酰羟胺以及其他戊唑醇复配剂等高效对路药剂，坚持轮换用药，对于病害流行风险大的地区，用好二次药；三是做好收获期毒素管控。在小麦蜡熟末期至完熟初期，小麦籽粒水分含量低于22%时用联合收割机进行收获，收获后小麦应及时晾晒，必要时采用烘干设备烘干。

（2）基于生态控害的稻田综合种养病虫绿色防控技术。一是种苗处理技术。使用17%杀螟·乙蒜素200倍液避光浸种48h，34%（氯虫苯甲酰胺+噻呋酰胺+三氟苯嘧啶）拌种剂可有效控制秧田期和大田前中期的稻蓟马、稻飞虱、螟虫、恶苗病、纹枯病等水稻病虫害。在杂交籼稻区加用40%三氯异氰尿酸可湿性粉剂浸种，预防细菌性病害。二是生态防控技术。在稻田进水口设置拦截网，截流杂草种子、纹枯病菌核等。水稻移栽前后调整水位来控制杂草萌发生长。三是人工释放天敌技术。在田埂边种植香根草诱杀大螟和二化螟；在田埂边种植大豆、芝麻等植物，保护天敌。于水稻二化螟、大螟、稻纵卷叶螟各代成虫高峰期人工释放赤眼蜂，释放3次，每代次间隔3 ~ 5d，每亩每次释放10 000头。

（3）基于性信息素与人工天敌应用的果菜茶化学农药减量技术。一是性信息素诱杀技术。该技术适用于蔬菜生产中斜纹夜蛾、甜菜夜蛾、棉铃虫等鳞翅目害虫防治。害虫成虫始见后，田间每亩放置3个诱捕器，每个诱芯/诱捕器间距为50m左右。二是性信息素迷向技术。梨小食心虫迷向技术适用于桃、苹果、梨等作物，迷向丝密度为每亩33 ~ 40根，有效期3 ~ 6个月。小菜蛾迷向技术适用于青菜、甘蓝、菜花、西兰花等作物，密度为每亩33 ~ 40根，有效期3 ~ 6个月。三是人工释放天敌技术。在蔬菜、果树等经济作物田间红蜘蛛虫量较低时运用，人工释放捕食性天敌——益螨。对于十字花科、茄果类蔬菜及草莓、桃、葡萄等作物，于蚜虫、粉虱等始盛期放置异色瓢虫卵卡，以每卡20粒卵计，中小型果树每株放置1张卡，蔬菜每2 ~ 3m^2放置1张卡。

该技术适合全省所有小麦产区。对于稻田综合种养，适合全省虾稻共作生产区。对于果菜茶，适合全省果树、蔬菜主产区。

三、技术评价

1.创新性 减轻病害发生危害程度，减少农药用量，降低毒素污染风险，实现主要农作物病虫害可持续治理，保障农产品质量安全，提升农产品品质。

2.实用性 小麦：与常规防治相比，该技术模式可以减少农药用量10%以上，亩产增收50kg左右，毒素含量降低30%左右。稻田综合种养：该技术在关键时期采用生物农药防治等非化学防治措施，可有效提高稻谷产量和品质。果菜茶：该技术年推广应用200万亩次，亩减少用药2次，农药减少用量30%左右。该技术入选2020—2021年江苏省全省农业重大技术推广计划。

四、技术展示

五、成果来源

项目名称和项目编号： 长江流域冬小麦化肥农药减施技术集成研究与示范（2018YFD0200500）

完成单位： 江苏省植物保护植物检疫站、江苏省农业科学院等

联系人及方式： 吴佳文，19962009131，120334169@qq.com；陈怀谷，13813913962，huaigu@jaas.ac.cn

联系地址： 江苏省南京市玄武区钟灵街50号

天敌昆虫工厂化大规模扩繁技术

一、技术概述

该技术革新了天敌昆虫工厂化大规模扩繁核心工艺，突破了人工饲料、滞育调控等技术瓶颈，进行了中试生产，优化了应用技术。技术成果较为成熟，具有良好的转化前景。

二、技术要点

革新天敌昆虫大规模繁育技术路线及参数，优化了7种天敌人工饲料，筛选10种天敌替代猎物或载体植物，蚜茧蜂类天敌扩繁周期缩短为传统技术的1/6，多种天敌扩繁效率提高1/3、成本降低1/5以上；掌握了瓢虫、草蛉、蚜茧蜂等天敌滞育诱导、滞育维持和滞育解除技术，天敌产品货架期延长4 ～ 8倍；研发大规模扩繁器械14种及自动化监测控制系统，建立天敌产品串接全链条的生产线23条，创制天敌产品30余种，扩繁蠋蝽、草蛉、瓢虫、蚜茧蜂、蚜小蜂、赤眼蜂、捕食螨等各类天敌产品3 500亿头，极大地丰富了我国天敌昆虫产品类型。

三、技术评价

1.创新性 针对我国天敌昆虫产业发展的3个关键技术瓶颈，攻坚人工饲料配置、替代猎物饲养和天敌昆虫扩繁。

2.实用性 项目实施以来，在黑龙江、吉林、北京、河北、山东、山西、广东、福建、浙江、湖北、贵州、重庆等地，建立夜蛾黑卵蜂、稻螟赤眼蜂、螟黄赤眼蜂、玉米螟赤眼蜂、松毛虫赤眼蜂、烟蚜茧蜂、食蚜瘿蚊、半闭弯尾姬蜂、丽蚜小蜂、七星瓢虫、多异瓢虫、大草蛉、中华通草蛉、丽草蛉、蠋蝽、小花蝽、平腹小蜂、智利小植绥螨、巴氏钝绥螨、黄瓜新小绥螨、剑毛帕厉螨、中华甲虫蒲螨等生产线，开发并优化了多种天敌昆虫产品，改进产品质量控制技术，升级产品包装储运技术，极大地丰富了我国天敌昆虫产品类型，对于开展“以虫治虫”生物防治研究、降低农药用量、提升农产品质量、提高农民收入具有重要的应用前景。

四、技术展示

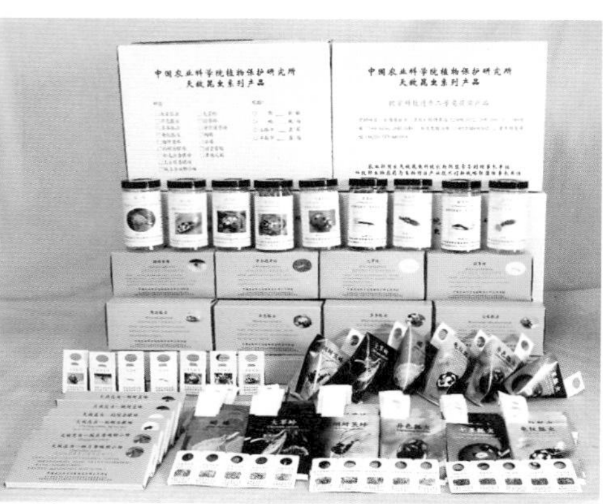

五、成果来源

项目名称及项目编号：天敌昆虫防控技术及产品研发（2017YFD0201000）

完成单位：中国农业科学院植物保护研究所

联系人及方式：张礼生，13810338766，zhangleesheng@163.com

联系地址：北京市海淀区圆明园西路2号

滞育松毛虫赤眼蜂生产技术

一、技术概述

滞育是昆虫为了逃避不利的环境条件而停止生长发育的一种适应性行为，也是昆虫保持生活周期与季节变化一致的一种基本手段。该技术利用滞育技术解决了松毛虫赤眼蜂生产中长期贮存的问题，打破了生产季节限制，实现了松毛虫赤眼蜂的工厂化生产。

二、技术要点

松毛虫赤眼蜂蜂种与新鲜柞蚕卵按1：(25 ～ 30）比例进行接蜂。当蜂种羽化25%～ 30%时，将种蜂卵均匀撒在接蜂盘中，铺上孔径尺寸2mm的纱网，再将新鲜卵定量平铺到纱网上，送入(25±1）℃、RH（75±5）%的暗室内产卵寄生，36 ～ 48h后，去除蜂种，标明日期送入发育室发育。待发育到幼虫中后期时，将寄生卵置于10 ～ 12℃、RH（75±5）%的全暗条件中，平铺在卵盘内，卵厚3 ～ 4cm，每天翻动两次，诱导25 ～ 30d即可进入滞育状态。将滞育的赤眼蜂转入（3±1）℃、RH（75±5）%的黑暗条件下解除滞育55d后，转入10℃放置2d，在20 ～ 15℃变温条件下放置5d，在25 ～ 20℃变温条件下发育至蛹后期在（3±1）℃、RH（75±5）%的保鲜冷藏库贮存备用，贮存时间≤7d。

三、技术评价

1.创新性　产品货架期是天敌昆虫生产中的重大难题之一，利用滞育技术解决了松毛虫赤眼蜂生产中长期贮存的问题，与常规生产相比，可以将产品货架期从30d延长至90d以上，打破了赤眼蜂生产的季节限制，变季节性生产为周年生产，在厂房、设备不变的条件下使生产能力扩大2～3倍。同时可以满足不同区域、不同发生时期的害虫防治需求。

2.实用性　该技术进一步促进了松毛虫赤眼蜂的推广及应用，建立了年产150亿头的生产线，近3年在吉林省内推广应用滞育松毛虫赤眼蜂防治玉米螟面积约20万亩，在河北省防治棉铃虫、玉米螟、高粱条螟及桃蛀螟等害虫3万亩。除此之外，滞育松毛虫赤眼蜂还可以应用于其他多种重要农林害虫，如棉铃虫、大豆食心虫，其经济、生态和社会效益显著，应用前景良好。在大量工作的基础上，针对松毛虫赤眼蜂滞育技术相关内容，制定了两项企业标准：《滞育松毛虫赤眼蜂》(Q/JLND 001—2019) 和《松毛虫赤眼蜂滞育技术规程》(Q/JLND 001—2019)。于2021年获批吉林省地方标准《滞育松毛虫赤眼蜂生产技术规程》(DBXM 025—2020)。

四、技术展示

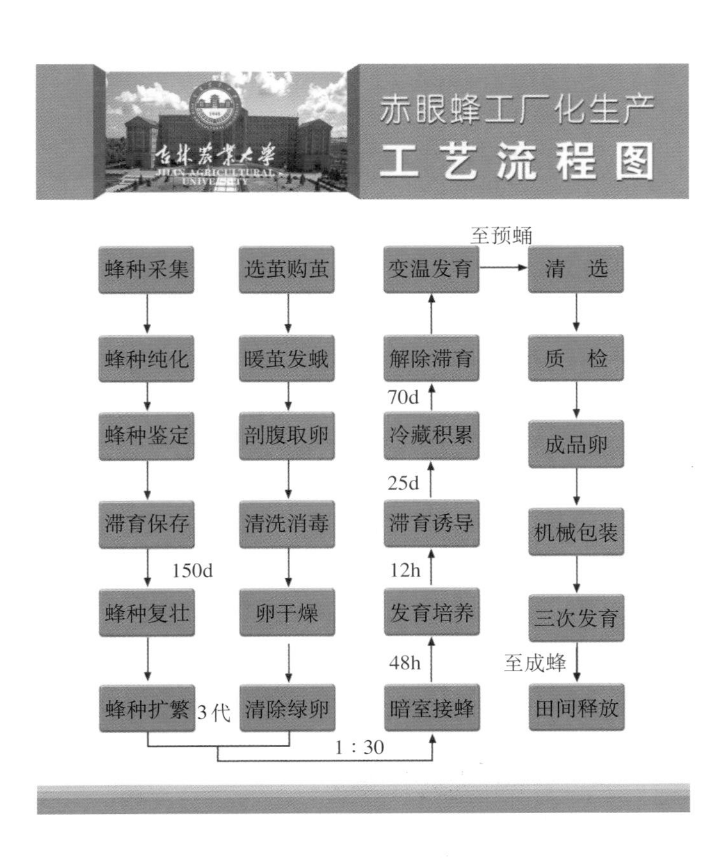

五、成果来源

项目名称和项目编号：天敌昆虫高效繁育与贮存的调控机理（2017YFD0200400）

完成单位：吉林农业大学

联系人及方式：张俊杰，13804328111，junjiezh@126.com
联系地址：吉林省长春市净月开发区新城大街2888号

缓释颗粒剂处理水稻秧盘施药技术

一、技术概述

该技术是将农药施药技术与水稻机插秧技术有机结合的一项新技术。该技术将农药加工成具有缓释性能的颗粒，在插秧当天（或前一天）以手工或机器撒于水稻育秧盘，插秧时颗粒黏附在秧苗根部，秧苗带药下田，插秧后缓释颗粒位于水稻秧苗根部，颗粒中的农药有效成分随水稻生长逐渐释放，经根系吸收后向上传导到水稻上部茎叶组织中控制水稻病虫害。

二、技术要点

（1）该项技术是针对水稻机插秧而设计的，能在机插秧过程中实现施药与插秧相结合。
（2）具有缓释性能的农药颗粒不但可以提升药剂对秧苗的安全性，还有利于增加药剂的持效期。
（3）只需要在插秧前将缓释颗粒均匀撒在育秧盘上，不需要其他人力、物力。
（4）颗粒剂撒施时手撒或机器撒施均可。
（5）以根部施药代替叶面喷雾，可以有效减少农药使用次数。

三、技术评价

1.创新性 该项技术省时省力，施用的药剂颗粒全部位于秧苗根部，施药靶标性强，没有药剂飘移，且所施药剂位于水稻秧苗根部稻泥中，不接触天敌，对天敌生物安全。

2.实用性 目前已有11项秧盘处理缓释颗粒剂获得登记。自2018年开展示范以来，在江苏、安徽、广东、广西等地示范应用面积超过35万亩。连续3年大田对比试验跟踪调查结果表明，缓释颗粒剂处理水稻秧盘施药技术可以使农药使用次数减少2 ～ 3次，使农药利用率提高60%以上，且可以实现省力化施药。

四、技术展示

五、成果来源

项目名称和项目编号：种子、种苗与土壤处理技术及配套装备研发（2017YFD0201600）
完成单位：中国农业科学院植物保护研究所
联系人及方式：杨代斌，13691237855，yangdaibin@caas.cn
联系地址：北京市海淀区圆明园西路2号

三江平原稻区化肥农药智能机械化减施增效技术

一、技术概述

针对三江平原稻区化肥农药高效、精准、智能化施用技术缺乏的问题，该技术以水稻叶龄诊断技术为基础，应用化肥农药智能化施用器械，结合水稻病害协同防治、助剂与除草剂配套使用、侧深施肥等施肥施药技术，优化集成形成三江平原稻区化肥农药智能机械化减施增效技术，并进行了大规模示范，实现了化肥农药减施的目标。

二、技术要点

（1）化肥减施增效技术。

①侧深施肥。化肥减施增效技术是在侧深施肥器械配合下，将增效生物肥应用技术与侧深施肥技术相结合，以达到减施化肥的目的。具体技术要求如下：将侧深施肥专用肥与增效生物肥均匀混拌施用，使化学肥料总用量减少20%，在插秧时使用侧深施肥器械施用，使穗肥氮肥施用量减少为全年用量的20%、钾肥施用量减少为全年用量的30%～40%。

②叶龄诊断施肥。结合水稻叶龄诊断技术，将增效生物肥应用技术融入到常规施肥技术中，达到减施化肥的目的，化肥较常年减施17%以上。具体施肥技术如下：氮肥基施全年总量的40%，磷肥全部基施，钾肥施用全年总量的60%～70%；返青后立即施用分蘖肥，氮肥施用全年用量的30%，每亩施增效生物肥5kg；调节肥施用氮肥全年用量的10%；穗肥施用氮肥全年用量的20%、钾肥全年用量的30%～40%。

（2）农药减施增效技术。

①杀菌剂减施增效技术。杀菌剂减施主要利用助剂混配技术与植保无人机施药。施药时植保无人机飞行高度在1.5～2m之间，飞行速度在3～5m/s之间，亩喷液量为1.5～2L。

②虫害化学防治替代技术。利用物理手段黄色诱虫板防治水稻潜叶蝇和负泥虫。水稻插秧后，将黄色诱虫板展开并固定，悬挂密度为每亩15～20片，固定位置为距作物上部15～20cm，诱杀潜叶蝇和负泥虫成虫。利用性诱剂群集诱杀方法和释放天敌昆虫赤眼蜂防治稻螟蛉、二化螟等螟虫类害虫。7月初，在田间设置以管状诱芯为载体的性诱剂引诱雄蛾交配以使其溺死水中，诱捕器放置密度为每亩1套，诱捕器下沿距地面0.5～1m，分蘖期低，齐穗后提高。采用释放二化螟天敌生物赤眼蜂的方法进行生物防治，使用球形放蜂器，放蜂田每亩设置3个放蜂点，采用

抛扔的方式分3次平均放蜂，放蜂的时间间隔为5d，每亩总计释放3万头赤眼蜂。

③除草剂减施增效技术。水整地结束，待泥浆自然沉降，水面澄清，于插秧前5 ～ 7d，使用酰胺类除草剂、噁草酮类除草剂、磺酰脲类除草剂（农药登记用量的低量）与扩散剂混配，应用植保无人机喷雾施药于水面，施药后水层3 ～ 5cm，保水5 ～ 7d。

（3）秸秆还田促腐剂在水田中的应用。收获时抛洒秸秆，喷施秸秆促腐剂，增加分解有机质的微生物的数量，加快秸秆腐解速度。

三、技术评价

1.创新性 课题具有智能机械化施肥施药技术集成创新性，将适合三江平原稻区化肥农药减施技术集成组装，并与智能化施肥施药农机装备融合配套，集成创新出三江平原稻区化肥农药智能机械化减施增效技术模式，并可复制推广。

2.实用性 课题提出了三江平原稻区化肥农药智能机械化减施增效技术，制定了相应的技术规程和黑龙江省地方标准《三江平原水稻智能机械化生产技术规程》（DB23/T 2784—2020）。2019—2020年累计示范202.2万亩，辐射895万亩，化学农药减施38.1%以上，农药利用率提高了16.1%，化肥减施17.1%以上，肥料利用率提高了11.8%，水稻增产3.4%以上，总经济效益12.4万元。经第三方科学技术成果评价，该技术达到国际先进水平。

四、技术展示

五、成果来源

项目名称和项目编号： 北方水稻化肥农药减施技术集成研究与示范（2018YFD0200200）

完成单位： 黑龙江省农垦科学院、全国农业技术推广服务中心、黑龙江省农业科学院齐齐哈尔分院、黑龙江省农业科学院耕作栽培研究所、浙江奥复托化工有限公司

联系人及方式： 李鹏，13512665103，swzbyjs@163.com

联系地址： 黑龙江省哈尔滨市香坊区香福路101号

寒地稻区“二封一补”动态精准施药减施技术

一、技术概述

该技术是针对寒地稻区水稻生产中除草剂使用次数多、用药量大，部分抗性及难防杂草无法得到有效防控问题，结合栽培管理提出的杂草精准防控技术。

二、技术要点

（1）“二封一补”减施技术是一个动态的施药过程。“二封一补”施药模式依据田间不同杂草群落构成情况、耕作栽培情况、气候条件等因素具体情况可分解为“二次封闭”“一封一杀”“一次封杀”“二封一补”四种模式，并不只有一个固定的模式，而是依据实际情况有效地对各施药节点进行合理组合，从杂草有效防控及节本增效的角度考虑，并结合本地区实际情况。

（2）插前、插后两次封闭用药的技术要点。受本地区春季低温及旱育秧秧苗素质问题影响，插前用药以利于秧苗缓青为主，将安全性放在首位，避免水稻发生药害，对杂草以“控”为主，兼防为辅，有效控制杂草发生基数及叶龄株高，用药技术上可将磺酰脲类除草剂吡嘧磺隆使用期前移，由常规用药的二封处理移到插前施药处理，可针对杂草发生基数、种类、叶龄等情况选择用药，达到有效防控水稻整个生育期杂草的目的。插前、插后两次用药的关键在于时间点的有效衔接，插前用药以安全性为基本出发点，防控结合，为插后两次封闭创造良好的时间与空间，使插后“二封”能有的放矢地选择有效用药并与插前封闭用药持效期实现有效结合延续。

（3）插后“一补”茎叶喷雾的使用技术要点。受气温、秧苗素质、耕作栽培条件、田间水层管理等因素影响，导致无法进行移栽后有效二封处理的地块，进行茎叶喷雾同样强调杂草防早治小，禾本科杂草防治不要超过4叶期，阔叶杂草、莎草科杂草以低叶龄为主，在水稻秧苗完全缓青允许的前提下，依据田间不同草相，选择恰当的药剂复配、适当的用药量、适宜的施药方法施药，在水稻拔节孕穗前有效防除田间杂草。

三、技术评价

1.创新性 该技术倡导杂草“早期治理”，采用不同作用机理除草剂“多靶标协同控草”组合防控，进行移栽前早期施药“封闭”控草，移栽后根据草情有效选择药剂进行“二封”或“一补”的动态精准施药模式组合，对杂草防早控小，减少施药次数，降低除草剂使用量，同时优化集成农业、生物等技术措施，实现节本增效、轻简环保、高效安全防控水稻全生育期杂草，指导寒地稻区杂草综合防控。技术将农业、生物、化学等措施相结合，能经济、安全、有效地控制杂草发生和危害，其核心为二封一补动态精准施药减施增效技术。

2.实用性 与目前常规的施药技术相比，该技术能使亩均用药次数至少减少1次，用药次数由常规3～4次降低为2次，药剂有效成分用量平均减少30%以上，不同施药模式及药剂选择每亩用药剂成本减少11.0 ～ 20.8元，每亩均用药及用工成本合计降低28.3 ～ 40.8元，产量增产5.2%～ 8.5%，且检测结果表明稻谷品质明显优于常规用药。二封一补动态精准施药技术，配合轻简化栽培、省力化施药应用技术探索，可有效指导寒地稻区杂草精准防控，有效降低农业生产成本，减少水土环境污染源，保护生态环境。

四、技术展示

五、成果来源

项目名称和项目编号：北方水稻化肥农药减施技术集成研究与示范（2018YFD0200200）

完成单位：黑龙江省农业科学院植物保护研究所

联系人及方式：黄元炬，18646362312，huangyuanju@163.com

联系地址：黑龙江省哈尔滨市南岗区学府路368号

水稻机械化秧肥同步一次性施肥技术

一、技术概述

水稻机械化秧肥同步一次性施肥技术实现了水稻种植精准化、轻简化和一体化。精准化包括种植密度精准化和施肥精准化（测土配方施肥及配方肥产品技术）；轻简化是一次性施肥技术，应用树脂包膜控释肥产品实现一次施肥满足水稻全生育期养分需求的控释产品技术；一体化是插秧施肥同步技术，采用机械穴深施技术，在机插秧的同时，利用机械将肥料施入秧根斜下方3 ～ 5cm处，解决施肥方法和施肥位置的问题。

二、技术要点

（1）水稻秧龄：16 ～ 20d。机插密度：中籼稻选择株行距17cm × 30cm，每亩约1.31万穴；粳稻选择株行距12cm × 30cm，每亩约1.85万穴。

（2）施肥方式与位置：机插秧的同时，利用机械将肥料施入秧根斜下方3 ～ 5cm处。

（3）肥料品种与用量：中籼稻每亩施配方肥（N-P_2O_5-K_2O = 28-9-13）35 ～ 40kg，每亩总养分量17.5 ～ 20kg；粳稻每亩施配方肥（N-P_2O_5-K_2O = 28-9-13）45 ～ 50kg，每亩总养分量22.5 ～ 25kg。

应用树脂包膜控释肥产品（大颗粒尿素: 40d释放期: 90d释放期为1 : 1 : 1）实现一次性施肥，后期不再追肥。

三、技术评价

1.创新性　精准施肥技术解决了施肥量、肥料品种和养分配比的问题。

2.实用性　项目实施期间，在安徽省滁州市、池州市、巢湖市、合肥市、六安市、潜山市等地，累计推广应用面积达50万亩以上，累计减施化肥近200万kg，增加产量超过2 000万kg，节本增收近8 000万元。开展培训班次近10次，累计培训生产经营性农民及农技人员920人次，服务农业新型主体160余个。组织行业专家开展观摩评审会议近10次。

四、技术展示

五、成果来源

项目名称和项目编号：长江中下游水稻化肥农药减施增效技术集成研究与示范（2016YFD0200800）

完成单位：安徽省农业科学院土壤肥料研究所

联系人及方式：孙义祥，18226658968，sunyixiang@126.com

联系地址：安徽省合肥市庐阳区农科南路40号

水稻多终端施肥咨询技术

一、技术概述

该技术以地理信息技术（GIS）为基础，融合专家施肥经验和稻田土壤养分、品种等基础数据，通过时空数据融合施肥知识库构建而成的施肥咨询系统，实现“多种终端、一套数据、模型定制、共享分发”的施肥咨询，根据选择的作物、地力水平、目标产量等，给出相应的施肥方案。

二、技术要点

（1）高清多级离线瓦片缓存地图包技术。系统以2 ~ 18级高清卫星影像为背景，数据来源于公网免费地图服务，如百度地图等，可结合不同数据源的特点进行多源数据融合，高清影像覆盖浙江省全境。支持最新的离线缓存地图包技术，使系统在断网条件下仍然可使用2 ~ 18级瓦片缓存高清卫星影像底图，使触摸屏施肥咨询一体机的部署范围变得更广。同时，使用瓦片缓存技术，在提升显示速度的同时也降低了系统运行的硬件需求，无闪烁图层切换、平缓缩放、多点触控等设计使地图的视觉体验、操作体验更佳。

（2）基于专家知识库的多组合施肥方案。本系统采用基于专家知识库的施肥方案，即兼顾不同水稻品种类型对养分需求差异、地理因素和耕作习惯等引起的地域差异等因素，因地因作物进行土壤养分指标分级，并结合专家校核，酌情添补微量元素或作物特定需求元素，采用多因素组合枚举法建立施肥方案专家知识库。从水稻对营养元素的需求特性、数据可获取性、系统可操作性等方面综合考虑，选择土壤有机质、全氮（或碱解氮）、有效磷、速效钾4个要素，根据不同作物（如水稻、蔬菜、特色水果）品种的需肥特性并结合当地气候、土壤性质等地域性差异，对4个要素进行高级、中级、低级3个等级的划分，从而形成针对当地某一特定品种的4要素3水平共81种组合方案，结合当地专家经验逐个校核修正，以枚举法形成完整的施肥方案组合并建立数据库。这种基于专家知识库的施肥方案，一则无须用户调配参数，二则方案数量精简，三则方案区域针对性强，配方肥、单质肥、微肥均可配合使用，能避免肥料错搭、乱用。

（3）简单实用。提供了手机（微信小程序）、触摸屏等便捷的终端咨询形式。通过镇、村定位，找到目标村庄，由于系统结合了最新高清影像（含离线或在线模式），只需要通过简单的手拖动即可清晰定位到目标地块（田畈）。点触目标田畈，即可获得该田畈的土壤类型、地力等级和养分（氮、磷、钾、有机质和pH）等相关信息，并提供水稻等多种作物的施肥方案。

三、技术评价

1.创新性 极大地便利了水稻施肥咨询的推广应用。

2.实用性 自2017年开展示范以来，该技术在各类现场会及乡镇农技人员中得到应用，受到的评价较好。相关技术推广应用到了长江中下游的浙江、江苏等省份的60余个水稻生产基地和示范县，提供精准施肥咨询16 500余次，每亩平均氮肥或复合肥用量减少8 ~ 14kg、每亩施肥成本减少10 ~ 80元。该技术受到浙江日报、农民日报等重多媒体的报道。

四、技术展示

五、成果来源

项目名称和项目编号： 长江中下游水稻化肥农药减施增效技术集成研究与示范（2016YFD0200800）

完成单位： 浙江省农业科学院

联系人及方式： 邓勋飞，13777411501，dengxunfei@163.com

联系地址： 浙江省杭州市德胜中路298号

水稻“一基一追”施肥技术

一、技术概述

水稻“一基一追”施肥技术是针对江苏水稻施肥次数多且氮肥过量投入等问题而提出的一项氮肥运筹新技术。

二、技术要点

（1）肥料品种。基肥选择含氮25%以上的高氮配方肥（优选缓控释高氮配方肥），追肥选择普通尿素；基肥中磷钾含量根据测土配方施肥结果确定；基肥质量符合国家标准，要求粒型整齐、硬度适宜、吸湿少。

（2）施肥方式。基肥侧深施或结合整地混施，追肥撒施。基肥选用侧深施肥时，应注意深耕埋草、精细整平，应遵守机械作业规程，防止输肥管道堵塞和施肥不匀。选用结合整地混施时，如采用旱旋混施，应注意控制泡田灌水量，以不外排为准；如采用湿旋混施，应在混施后打浆。

（3）肥料用量。根据目标产量、区域土壤特征和氮肥利用率确定氮肥总用量。一般以600kg

为亩目标产量，氮肥总用量为每亩14 ～ 16kg纯氮。磷钾用量根据测土配方施肥结果确定。

（4）肥料运筹。氮肥基追比例为（6 ～ 7）:（3 ～ 4），高肥力土壤采用7:3，低肥力土壤采用6:4。磷肥一次基施。钾肥一次基施或基施追施各半。

（5）配套技术。采用浅水插秧、寸水返青、薄水分蘖、苗够晒田、干湿交替等方式进行水分管理。采用“一封一杀”进行除草。采用综合绿色防控技术进行病虫害防治。

三、技术评价

1.创新性 该技术根据水稻需肥规律、土壤供肥规律，以及氮肥在土壤中的转化、运移和利用特点，通过一次基肥和一次追肥满足水稻生长的两个关键时期——分蘖期（养分临界期）和拔节孕穗期（养分最大效率期）对养分的需求，实现减次减量、稳产增效。

2.实用性 该技术于2016年开始定位试验研究，2018年开始在江苏苏州、常州、南京、泰州等地开展示范，2019年入选江苏省化肥减量新技术名录，2021年获颁江苏省农学会团体标准。目前，在江苏各区县都已开展技术示范，应用面积不断扩大，部分县市已占水稻种植面积的15%～ 20%。连续3年在25个示范点大田对比试验的结果表明，该技术平均减施氮肥22.2%，增产3.7%，减少施肥用工1 ～ 3次，每亩增加经济效益72.1元，氮肥利用率增加7.9%。

四、技术展示

五、成果来源

项目名称和项目编号：长江中下游水稻化肥农药减施增效技术集成研究与示范（2016YFD0200800）

完成单位：江苏省农业科学院

联系人及方式：宁运旺，13815853806，ningyunwang460@sina.com；张辉，13813957946，9833672@qq.com；张永春，13057577553，yczhang66@sina.com

联系地址：江苏省南京市玄武区钟灵街50号

水稻机插秧同步侧深施肥技术

一、技术概述

水稻机插秧同步侧深施肥技术是一种资源节约和环境友好型栽培方式，即在移栽的同时将肥料颗粒直接施于水稻秧苗一侧3 ~ 5cm的土壤中，实现农机农艺的高度融合。

二、技术要点

（1）整地。

①旱整地。以翻地为主，旋耕为辅，或直接旋耕整地作业；翻地深度为18 ~ 22cm，旋耕深度为14 ~ 16cm；翻地应扣垡严密、深浅一致，不重翻不漏翻，不留生格。

②水整地。旱整地后泡田2 ~ 5d，垡片泡透后采用旋耕整地机或水田搅浆机整地；埋茬起浆作业后，田间残茬等杂物埋茬率≥80%，秸秆埋茬深度≥5cm，田块内高低差≤3cm，泥脚深≤3cm，田块沉淀良好，使沙土泥浆沉降1 ~ 2d，使壤土沉降2 ~ 3d，使黏土沉降3 ~ 5d，保持水层深度5 ~ 7cm。

（2）肥料选择与用量。

①肥料选择。选用氮磷钾比例合理、粒型均匀、表面光滑、硬度大于20N、手捏不碎、吸湿少、不黏、不结块、粒径为2 ~ 5mm的圆粒配方肥（或复合肥）或缓控释肥。

②肥料用量。辽宁中北部稻区推荐每亩施氮（N）10 ~ 13kg、磷（P_2O_5）4 ~ 6kg、钾（K_2O）4 ~ 6kg；辽河三角洲稻区推荐每亩施氮（N）13 ~ 15kg、磷（P_2O_5）4 ~ 6kg、钾（K_2O）4 ~ 6kg；辽东南稻区推荐每亩施氮（N）8 ~ 12kg、磷（P_2O_5）3 ~ 5kg、钾（K_2O）3 ~ 6kg。

（3）侧深施肥装置。侧深施肥装置应具备单行施肥离合功能和段肥报警功能，带有施肥量调节装置，并具有插前埋草整平功能，排肥量每亩30 ~ 60kg。

（4）侧深施肥装置及施肥量调试。按照侧深施肥机使用说明书方法试运转作业、调整插植部件、施肥部件、电控部件，检查排肥管接头，确保接头连接紧密不漏肥；针对肥料密度、地块滑移程度，通过小面积试验确定施肥量档位。

（5）施肥位置及深度。施肥位置应保持在苗带侧方3 ~ 5cm、泥面深度4 ~ 6cm处，通过小面积试验作业调整肥料覆盖效果，使用带有强制覆肥装置的气吹式施肥机使肥料覆盖率达到90%以上，使用不带强制覆肥装置的螺旋推进式施肥机使肥料覆盖率达80%以上。

（6）机械化插秧作业。在插秧时同步将肥料施于秧苗位置，栽插作业应平缓起步、匀速前行，严禁急停急走；对于地头、地角及不规则田块应避免重复施肥或漏肥。

（7）安全要求。驾驶员与其他操作人员要按照机具说明书及有关安全要求驾驶操作，并做好机具日常维护保养工作。

三、技术评价

1.创新性 该技术可将养分精准集中送达根区形成呈条状的贮肥库，有效减少肥料挥发和流失，提高养分利用效率。在相同肥料种类和施氮量条件下，水稻侧深施肥与表层撒施相比可通过提高齐穗至成熟期叶面积指数、剑叶光合速率和干物质积累量，获得足够多的有效穗数和穗粒数，从而获得高产。同时，侧深施肥可协同促进植株根区供氮与吸氮能力，提高氮肥利用效率，是一种兼具高产、轻简与高效的水稻施肥方式，对科学减施化学肥料、减少劳动力投入成本、提高稻作现代化水平具有重要意义。

2. 实用性 本技术实现了定位、定量精准施肥，构建了水稻机插秧侧深施肥同步作业技术模式，分别在辽阳、盘锦、营口等水稻主产区开展了试验示范工作，三年累计建设技术示范区35万亩及技术辐射区49.8万亩。核心示范区较常规施肥降低了化肥施用总量17%以上，氮肥利用率提高8%以上，水稻产量增加5.3%～20.6%；技术辐射区水稻产量增加4.5%～6.7%。累计减少化肥投入2.62万t（折纯），水稻增产6.66万t，按2020年水稻收购价格每千克1.4元计算，累计增收9324万元。培训专业技术人员150人次，示范户1 000人次，发放培训资料10 000余份，项目区农民的科学种田意识显著提高，取得了巨大的经济、社会和生态效益。

四、技术展示

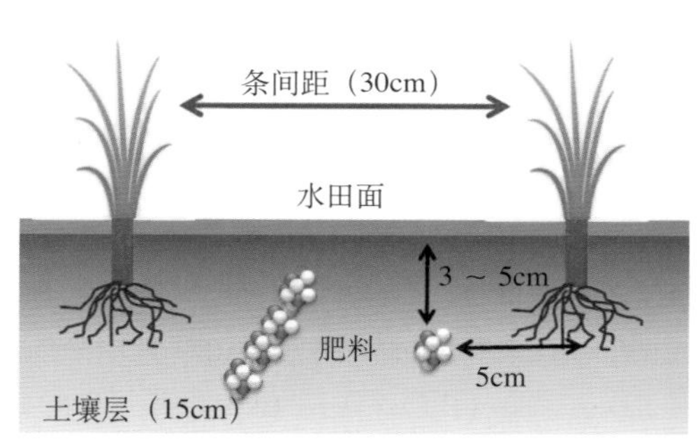

五、成果来源

项目名称和项目编号： 北方水稻化肥农药减施技术集成研究与示范（2018YFD0200200）

完成单位： 辽宁省农业科学院

联系人及方式： 宫亮，024-31029897，gongliang1900@sina.com

联系地址： 辽宁省沈阳市沈河区东陵路84号

水稻5C健康管理药肥双减集成模式

一、技术概述

水稻5C健康管理药肥双减集成模式围绕肥药减施增效目标而创建，“减药先减肥，减肥靠栽培”是其技术框架与逻辑。模式以5C（控种、控水、控苗、控肥、控药）为关键技术，瞄准健康的水稻和环境，通过栽培管理改善（控种、控水、控苗），为化肥减量创造空间；通过水肥调控（控水、控肥），为减药创造空间；通过苗情苗势和稻田水分调控（控水、控苗、控药），为实现生产目标创造有利的生物和环境条件。

二、技术要点

（1）秧苗素质。秧苗3叶前以多效唑化控、速效肥促长、3叶后控水等方法，培育苗龄25～28d、株高15～18cm、带一个分蘖或分蘖芽萌动的健康壮秧。

（2）田地质量。田地用机械尽量整平，中低地力田块亩施有机肥200～300kg或菜籽饼100～150kg以提升土壤肥力。

（3）栽培密度。亩基本苗6万～8万，有效穗21万～23万。

（4）肥水运筹。氮肥运筹上中等地力亩产650kg的施用纯氮18kg，基肥：苗肥：穗肥为5:0:5，其中分蘖肥根据秧苗群体素质诊断为亩施速效氮0～5kg，穗肥根据苗情和叶龄诊断结果在余3～4叶撒施。水浆管理采用干湿交替方案实施，孕穗期保持田间土壤湿润。

（5）除草技术。采用常规两次封闭方案，第二次封闭延至水稻移栽后12～15d实施。

（6）病虫防治。移栽前用三环唑＋氯虫苯甲酰胺＋噻呋酰胺为送嫁药；移栽后纹枯病于穗肥施用后噻呋酰胺防治1次；稻瘟病、稻曲病于破口前、破口期防治2次；稻飞虱用稻田蜘蛛防治；稻纵卷叶螟于破口前根据病虫精准测报结果用氯虫苯甲酰胺防治1次；如遇突发病虫，应视情况予以应急处理。

（7）其他说明。本模式核心是管理，对水稻苗情、病虫与生产全过程进行信息化监测，以便及时对肥水管理、病虫防治做出应对措施，确保生产安全、高效。在病虫草防治和施肥作业上，以无人机作业为主、植保机作业为辅。

三、技术评价

1.创新性 与其他肥药减施模式相比，该模式减施思路整体性强，实现了化肥农药协同减施；以资源高效利用为立足点开展减施技术集成，经济有效性显著；以健康生产目标为指导，生态效益明显。

2.实用性 该技术脱胎于植物病毒“无药防治”技术，于2002年始在江苏洪泽连续研究示范20年，2016—2021年在国家重点研发计划的资助下在江苏姜堰、洪泽、盐都、建湖、淮安、淮阴、海安、兴化、江宁等地累计推广220万亩左右，2021年通过了江苏省农业技术推广协会评价。2017—2020年在姜堰、洪泽、盐都、建湖等地累计建立示范点63个，核心示范区氮肥减施17%以上，农药减量35%以上，水稻每亩平均增产5%以上，每亩节本增效150元以上。

四、技术展示

五、成果来源

项目名称和项目编号： 长江中下游水稻化肥农药减施增效技术集成研究与示范（2016YFD0200800）

完成单位： 江苏省农业科学院植物保护研究所

联系人及方式： 程兆榜，13770605495，19900005@jaas.ac.cn；陆凡，13705181875，19850016@jaas.ac.cn

联系地址： 江苏省南京市玄武区钟灵街50号

水稻轻简化稻田杂草“早控-促发”治理技术

一、技术概述

水稻轻简化稻田杂草“早控-促发”治理技术是集农业措施、化学防控的早期治理以及精准施药于一体的新技术。

二、技术要点

（1）早期控草技术。利用除草剂的芽前封闭功能，在稻田翻耕前后、播后苗前施用封闭除草剂或在苗后早期施用封杀结合除草剂。通过深翻、清洁田园、诱导出草、水层管理，将杂草基数减少40%～60%，提高水稻对杂草的竞争力。

（2）当季诊断杂草抗药性技术。根据不同靶标除草剂的作用原理，以营养液为培养介质并结合浸药方式进行贴牌水培，利用供试除草剂的敏感杂草生物型建立甄别剂量，快速检测出杂草对除草剂的抗药性，适用于所有茎叶处理剂。该方法仅需10～15d，相较整株法的30～40d，极大地缩短了检测时间，提高了检测效率。

（3）“一二三”控草减量技术。在水稻种植后1个月之内完成杂草防治。按如下方案进行除草剂的喷施处理：一指在水稻种植后1个月之内完成杂草防治工作，不往后推；二指在1个月之内施用除草剂两次；三指三种组合施药方法满足不同农户、不同栽培管理水平的要求。三种不同的组合施药方法，是指把水稻播种或种植后1个月分为1、2和3，1表示播种后0～10d，2表示播种后10～20d，3表示播种后10～20d。根据不同的农田系统选用以下3种个性化的定制方案：①1＋2方法，适用于整地水平高、排灌方便和管理精细、有农事计划的大型农场；②1＋3方法，适用于排灌方便，但栽培管理相对粗放的大农户；③2＋3方法，适用于排灌不方便的大农户。

（4）精准对靶施药技术。针对敏感或低抗类型田块，采用“多靶标除草剂协同延抗”技术模式，以“ALS-ACCase抑制剂、ALS-HPPD抑制剂、ALS-ACCase-HPPD抑制剂”等不同作用靶标的除草剂联合施用；针对中/高抗田块，采用“靶向差异除草剂轮换控抗”技术模式，根据杂草抗药性特征，将不同靶向除草剂如ALS抑制剂、ACCase抑制剂、HPPD抑制剂等轮换使用，高效防除抗药性杂草。

三、技术评价

1.创新性 该技术根据稻田杂草与水稻在水、肥、光及其他资源的竞争特点，探索了稻田杂草的早期治理技术；根据不同靶标除草剂的作用原理，研发了快速检测杂草抗药性的技术，该方法适用于所有茎叶处理剂，仅需10 ～ 15d，相较常规整株法的30 ～ 40d，极大地缩短了检测时间，提高了检测效率；针对不同抗药性水平的田块，采用“多靶标除草剂协同延抗”和“靶向差异除草剂轮换控抗”技术，高效防控稻田抗药性杂草；根据不同种植面积农户的需要，提出了“一二三”控草减量技术，在水稻种植后1个月内完成杂草防治，促进水稻健康生长。

2.实用性 自2017年开展示范以来，在湖南、湖北、江西、安徽、江苏、浙江、黑龙江、宁夏等地建立试验示范60多个。试验示范结果表明，该技术可减少用药1次，每亩节约人工成本20元，每亩节约除草剂成本40元，每亩累计节约成本60元。该技术采用以早期治理为基础的杂草管理体系，极大地减少了化学除草剂施用，是一项资源节约型、环境保护型绿色作物生产技术，有利于解决现代作物生产过程中抗药性杂草及大量化学除草剂施用引起的一系列生态问题。

四、技术展示

整地

平田

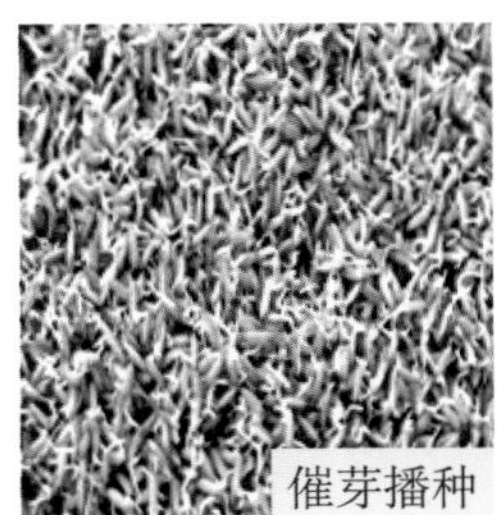
催芽播种

施封闭药

控草效果

五、成果来源

项目名称和项目编号： 长江中下游水稻化肥农药减施增效技术集成研究与示范（2016YFD0200800）

完成单位： 湖南省植物保护研究所

联系人及方式： 马国兰，13507317482，524215478@qq.com

联系地址： 湖南省长沙市芙蓉区远大二路726号

水稻农机、有机无机配施、二封一杀杂草防治技术

一、技术概述

水稻农机、有机无机配施、二封一杀杂草防治技术是集成西北旱直播连作水稻农业全程机械

化、有机无机配施（比）和二封一杀杂草防控于一体的肥药减施增效技术。

二、技术要点

（1）整地、施肥和播种技术。

①4月中旬整地：使用激光平地仪平地。

②4月中旬施肥、旋耕：每亩基施45%配方肥（$N-P_2O_5-K_2O$ = 22-14-9）25kg、7%动物源商品有机肥（$N-P_2O_5-K_2O$ = 3.5-1.5-2）80kg，用播肥机分两次播入，机械旋耕后用激光平地仪复平。

③4月下旬播种：选用宁粳43号、宁粳57号等中早熟优质品种，每亩播量为18 ~ 20kg。

（2）苗期管理技术。

①土壤封闭技术：5月上旬初灌，上水后3 ~ 7d，采用无人机每亩用90%仲丁灵75 ~ 100mL，兑水800 ~ 1 000mL，飞防作业土壤封闭防除杂草。

②茎叶杀锄草技术：在水稻2.0 ~ 2.5叶时，采用无人机每亩用25%氰氟草酯300 ~ 350mL，兑水1 000 ~ 1 200mL，飞防防除杂草。

③二封：茎叶除草灌水后3 ~ 7d内，采用无人机每亩用30%丙草胺100mL拌肥或细沙土飞防封闭防除杂草。

④第一次追肥：5月下旬，每亩撒施尿素8 ~ 10kg。

（3）分蘖-拔节末期管理技术。

①第二次追肥：6月中旬，每亩撒施尿素5 ~ 7kg。

②无人机防治病虫害：7月上旬，每亩用1 000亿孢子/g枯草芽孢杆菌6 ~ 12g + 40%氯虫·噻虫嗪8 ~ 10g，采用无人机飞防防治病虫害。

（4）孕穗灌浆期管理技术。无人机防治病虫害：7月下旬，每亩用75%三环唑25 ~ 30g + 20%三唑磷100 ~ 150mL + 磷酸二氢钾50g，采用无人机防治病虫害。

（5）收获期。在9月下旬至10月上旬，稻谷含水量达到18% ~ 22%时，采用半喂入式联合收割机适时收割。

三、技术评价

1.创新性 该技术在旱直播水稻生产全过程实现了全程机械化；有机无机配施（比）技术，使有机肥替代化肥量达到20%，水稻收获后土壤碱解氮和总氮含量下降不明显，配施有机肥显著增加植株高度，有利于建立良好的群体结构，减施化肥200 ~ 220kg/hm^2，水稻增产6.3%；明确了二次封闭的采用不同的化学药剂，与常规相比每亩用量减少了25%，田间杂草数量减少53.3%，解决了常年稻田杂草防治问题，缓解了土壤连作障碍。

2.实用性 2018年在宁夏、新疆建立2个核心示范区，3年累积示范应用面积超过15万亩，化肥、农药用量分别减少了25%、33.6%，亩增产6.3%，杂草防治效果达96.6%，亩节本增效96.6元，累积节本增效0.14亿元。

四、技术展示

五、成果来源

项目名称和项目编号：北方水稻化肥农药减施技术集成研究与示范（2018YFD0200200）
完成单位：宁夏农林科学院农业资源与环境研究所、宁夏农林科学院农作物研究所
联系人及方式：张学军、马洪文，17711814687，zhxjun2002@163.com
联系地址：宁夏回族自治区银川市黄河东路590号

机直播稻“播喷同步”杂草防控技术

一、技术概述

机直播稻“播喷同步”杂草防控技术是在直播机播种时，采用自主研发的专用喷雾装置同步喷施封闭除草剂，将机直播稻生产中涉及的土、水、种、草、药、械6个关键要素与控草效果及水稻安全性联系在一起。

二、技术要点

（1）平整田块。要求将平整好的田块在播种前2d开沟排水沉降（沙性土壤提前1d）。整块田平均落差不超过3cm，保持无坑洼、无积水，否则会影响水稻出苗和杂草防治效果。

（2）气象条件。要求播种当天不能下雨。风力大于7级时会造成除草剂漂移，不建议开展生产活动。大风大雨天实施生产活动不利于水稻出苗和杂草防治。

（3）喷头型号。采用高压雾化扇形喷头，型号根据播种当天风力大小确定，0 ～ 3级风选用ST110-01喷头，4 ～ 5级风选用ST110-015喷头，6 ～ 7级风选用ST110-02喷头。

（4）除草剂兑水量。依据我们多次试验结果，除草剂兑水量与直播机在田间行驶速度和喷头型号有关。日本洋马插秧机配套ST110-01喷头，每亩需兑水8L。由于插秧机型和喷头型号不同，必须先用清水模拟播种试验，精确测算每亩地用水量。

（5）种子处理。播种前先将种子晾晒2 ～ 3d。浸种36 ～ 48h，常规消毒处理，盲谷播种。早稻播种时，如气温较低，可催芽12h至种子破胸露白。

（6）除草剂选择。根据当地情况选择适合的除草剂种类。一般选用丙草胺＋苄嘧磺隆、嗪吡嘧磺隆、噁草酮等，除草剂用量参照说明书。

（7）除草剂稀释方法。根据田块面积，计算出除草剂用量。除草剂最好用自来水稀释，或用其他清洁水稀释。所有倒入药液箱的物质都需经过滤网，以防杂质进入堵塞喷雾器。先将一半水加入药液箱。待倒入药液（母液）后再将剩余水加入药箱混匀。

（8）播种和除草剂喷施。开启播种开关，同步开启水泵电源开关，同步播种和施药。播种完毕后，关闭水泵电源开关。

三、技术评价

1.创新性 有效解决了机直播稻田控草中费工、耗时、低效的难题，具有安全、轻简、节本、增效等特点。

2.实用性 2019年该技术被浙江省桐乡市列为机械换人的典型技术加以推广。广大农技植保人员和种粮大户一致认为该技术是在农业新技术中效果最直接、操作最简单、效益最明显、推广最容易的好技术。经测算，实施“播喷同步”杂草防控技术，每亩可节省直接生产成本50元以上；除草剂喷雾均匀，用量减少15%，对环境更加友好，经济、社会、生态效益显著。目前该技术已在浙江、四川、湖南、安徽、湖北、上海等地推广应用500余万亩。

四、技术展示

五、成果来源

项目名称和项目编号：长江中下游水稻化肥农药减施增效技术集成研究与示范（2016YFD0200800）

完成单位：中国水稻研究所

联系人及方式：张建萍，0571-63370288，nkzhang_jp@163.com

联系地址：浙江省杭州市富阳区水稻所路28号

机插水稻田“二封一补”控草技术

一、技术概述

该技术是针对江苏耕作方式改变，杂草抗药性水平上升，稻田杂草发生种类多、数量大、危害重，以及常规化除成本高、防效不稳、药剂用量大等问题研发的控草新技术。

二、技术要点

（1）草情定期监测技术。通过应用江苏省农业有害生物监控信息系统，进行稻苗期、生长期、开花期、换茬期杂草群落动态监测，根据杂草发生数量，制定相应的杂草防除技术规程，实现稻田“减药控草”的可持续综合管理。

（2）新防除策略应用技术。即“二封一补”策略，在水稻机插前后选用安全有效的土壤封闭除草剂，到水稻分蘖前后根据草相精准选用茎叶处理除草剂。

（3）新除草剂应用技术。针对稻田抗性杂草的发生规律、危害特点等，完善10%稻青青（噁唑·氰氟乳油）等新除草剂应用技术，尤其是注重适期用药、用药量、水量精准等。

（4）辅助农业措施控草技术。通过实施合理轮作换茬、机械精耕细作整地等管理措施，强化栽培技术管理，采取断源、截流和竭库，降低土壤潜杂草群落的规模，减少杂草发生数量。

（5）全程减药控草技术。以作物栽培特点、杂草发生规律、田间管理特点、除草剂新品种使用技术以及农业措施为构件，优化有效防除抗性杂草的稻田全程减药控草技术体系。

三、技术评价

1. 创新性 该技术根据稻田杂草发生规律、稻田抗性杂草对靶向除草剂的敏感性，获得高效、安全的除草剂新品种，结合因地制宜的农业除草措施，建立了可有效控制草害的稻田全程减药控害新技术，实现“药剂减量、稳产增效”。

2. 实用性 该技术于2016年开始在江苏常州、南京、淮安等地优化集成系统试验示范研究，入选2017年全省（江苏）农业重大技术推广计划；完善后的技术入选2018—2019年全省（江苏）农业重大技术推广计划。项目执行期间在江苏兴化、淮安、泗洪、泰兴、涟水、镇江、铜山、东台、睢宁、新沂等地推广超过300万亩次，化学除草剂减量20%以上，每亩节省人工成本20元，节省除草成本7 000万元；以每亩增收15kg计，可增收稻谷3000t。

四、技术展示

五、成果来源

项目名称和项目编号：长江中下游水稻化肥农药减施增效技术集成研究与示范（2016YFD0200800）
完成单位：江苏省农业科学院
联系人及方式：李永丰，13405850218，2571626153@qq.com；杨霞，18915972910，xiayang_njau@hotmail.com
联系地址：江苏省南京市玄武区钟灵街550号

水稻全程病虫害轻简化防控技术

一、技术概述

针对水稻病虫害多且各生育期均有重大病虫危害的特点，以适度高产为目标（较当地平均产量增加3%～5%），提出以预防措施为主，在因地制宜采取实用的非化学防治技术增强稻田系统抗性、降低病虫发生程度和灾变频率的基础上，与水稻生产关键环节相结合，采取防、控两种用药策略，主抓播种前、移栽前和破口前三个关键环节的预防性用药，辅以分蘖期、穗期的达标防治，集成了水稻全程病虫害轻简化防控技术。该技术经多年多点的示范应用，能实现省工、减药并能有效控害，使稻田天敌增加，适合水稻全生育期病虫害的可持续治理。

二、技术要点

1.核心技术——“三防两控”水稻全程病虫害轻简化防控技术 针对水稻生产全程发生的不同病虫害，采取防、控两种用药策略，即在播种前、移栽前和破口前三个关键环节进行预防性用药（三防），在分蘖期、穗期进行达标防治（两控）。

（1）“三防”。针对常发性大概率发生危害的病虫，将防治时期前移而进行的预防性施药，不但能防患于未然，起到事半功倍的效果，还能减少用药量、节省施药用工，尤其是第二防（栽前秧苗药剂处理），不仅可减少本田用药和用工，还有利于保护本田前期天敌，发挥稻田对病虫的自然控制力。

①第一防——种子处理。播种前选用长持效药剂品种或剂型进行浸种、拌种或包衣，主要预防种传病害以及秧田期病虫害。

浸种：将稻种与长持效浸种用药剂以一定比例稀释，体积比1∶（1.2～1.5），浸种1～2d（温度低时浸种时间可延长）。防治恶苗病可用咪鲜胺、咯菌腈、氰烯菌酯等。防治秧田期稻蓟马、白背飞虱、灰飞虱及其传播的南方黑条矮缩病或黑条矮缩病可用吡虫啉、噻虫嗪或吡蚜酮等。水稻干尖线虫发生较重的地区或品种，可通过温汤浸种的方式有效控制线虫的危害，具体方法为使稻种在56℃温水中浸15min，之后按照常规方法浸种催芽。

拌种或包衣：将水稻种子与适量药剂拌匀。预防恶苗病，每千克水稻种子用咯菌腈0.02～0.2g、噁霉灵0.8～1.6g或戊唑醇0.05～0.15g；预防稻蓟马、白背飞虱、灰飞虱及其传播的南方黑条矮缩病或黑条矮缩病，每千克水稻种子用吡虫啉2～4g、噻虫嗪0.5～1g或吡蚜酮1～1.5g。

②第二防——移栽前秧苗药剂处理。水稻移栽前1～2d将药剂均匀喷雾或撒施于秧苗，能预防移栽后一个月内的病虫害，兼治秧田后期病虫害，可优先选用长效缓控释秧盘处理剂或长持效药剂，如防治白背飞虱及其传播的病毒病用吡虫啉、吡蚜酮或三氟苯嘧啶等，防治二化螟用氯虫苯甲酰胺（高抗性地区不用）。适当增加药剂有效成分的含量可延长药剂持效期和提高防效，手插秧和抛栽秧药剂用量是大田用量的5～8倍，机插秧以不超过大田用量的20倍为宜，具体倍数应视病虫对药剂的敏感性和药剂的安全性而定。

③第三防——破口前预防性保穗用药。破口前针对穗期病虫害采取综合性用药措施。水稻破口前施药预防穗期病虫害，破口前施药的具体时间一般以预防的主要对象为参照，稻曲病流行区适合在破口前5～10d（5%～10%的剑叶与倒2叶叶枕平）时进行防治，而稻瘟病流行区推迟到破口5%时进行。预防稻曲病、稻瘟病或纹枯病的药剂有肟菌·戊唑醇、嘧菌脂·苯醚甲环唑、吡唑醚菌酯，预防褐飞虱或白背飞虱选用吡蚜酮或三氟苯嘧啶，预防二化螟或稻纵卷叶螟用氯虫苯甲酰胺（二化螟对该药高抗药性地区慎用）。

（2）“两控”。针对暴发性或流行性病虫害，在水稻分蘖期和穗期当其发生达到防治指标时进行应急性防治，优先采用高效生物农药，辅以高效低毒化学药剂，减少对分蘖期天敌的影响，避免水稻农药残留超标。

①第一控——分蘖期的达标防治。分蘖期达到防治指标的病虫害，应施用低毒速效性化学农药或微生物农药与低毒化学农药混用进行应急性防治。主要病虫防治指标：稻飞虱分蘖盛期500～1 000头/百丛，稻螟虫达到枯鞘丛率5%～10%，卷叶螟束尖5%～10%，纹枯病丛发病率5%～10%。低毒速效性化学农药包括防治稻飞虱的烯啶虫胺、防治鳞翅目害虫的氯虫苯甲酰胺、防治纹枯病的噻呋酰胺等；生物农药包括防治鳞翅目害虫的苏云金杆菌、甜菜夜蛾NPV、白僵菌、金龟子绿僵菌等（与杀菌剂混用时慎用），其中金龟子绿僵菌还可防治稻飞虱，防治纹枯病可用芽孢杆菌等。

②第二控——穗期的达标防治。穗期达到防治指标的病虫害，应施用低毒速效性农药或生物农药进行防治。主要害虫防治指标：稻飞虱1 000～1 500头/百丛，螟虫穗为害丛率1%～2%，卷叶螟为害束尖率达3%～5%。药剂选择参照分蘖期之外，防治鳞翅目害虫还可选用阿维菌素或甲氨基阿维菌素苯甲酸盐等。

2.配套技术 因地制宜选用以下实用的非化学防治技术，包括选用抗性水稻品种、配施植物生长调节剂、采用栽培避害和减氮控害以及田埂保留禾本科杂草和种植蜜源植物。在二化螟发生严重且抗药性突出的地区还可采用耕沤灭蛹、性信息素全程诱杀技术及种植诱杀植物（香根草）等措施。

三、技术评价

1.创新性 该技术是一种针对水稻全生育期病虫害旨在发挥稻田生态系统的控害作用的轻简化防控技术，改变了以往针对单虫单病、过分依赖化学防治的弊端，便于稻农统筹采用，集成性好，实用性强，易被稻农接受。

2.实用性 该技术是一种轻简实用的减药控害技术模式，全生育期病虫害一体解决，简单易操作，省工省药，通过与实用的非化学防治技术结合使用，能显著提高稻田自然天敌的控害能力，解决了过度依赖化学农药的问题，降低了病虫发生基数和灾变频率；主抓播种、移栽和破口等关键环节的预防性用药，简化、规范用药时间，简便易行，具有较强的可操作性和实用性。其中种子处理、秧苗药剂处理均属局部预防性用药，能减少田块前期的用药，不仅能节省用工，还能减少施药次数，减轻药剂对稻田生态环境的影响。

从2016年开始，该技术先后在江苏、浙江、安徽、江西、湖北、湖南、上海等地进行了大面积示范和推广应用，累计建立示范区60个，累计示范面积达100万亩。示范结果表明，该技术能使水稻全生育期减少施药1 ～ 3次，降低化学农药用量30%以上，节省施药用工15%～ 30%，且稻田前期天敌重建速度提高1倍以上，稻田自然控害能力明显增强，病虫害综合损失控制在5%以下，稻米精米率提高5%，经济、生态、社会效益显著。

四、技术展示

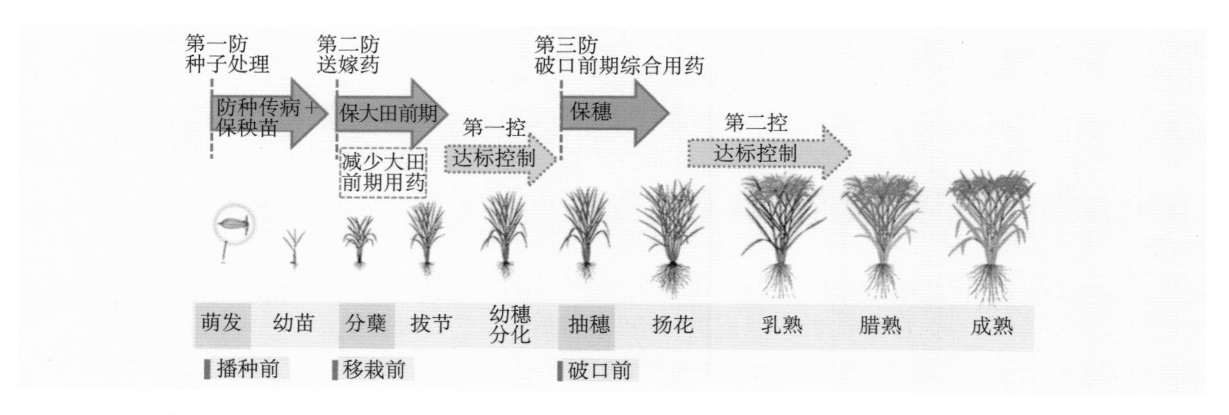

五、成果来源

项目名称和项目编号： 长江中下游水稻化肥农药减施增效技术集成研究与示范（2016YFD0200800）

完成单位： 中国水稻研究所、全国农业技术推广服务中心

联系人及方式： 傅强，0571-63372472，fuqiang@caas.cn；张帅，010-59194770，zhangsh2007@agri.gov.cn

联系地址： 浙江省杭州市富阳区水稻所路28号，北京市朝阳区麦子店街20号

生态工程控制水稻害虫技术

一、技术概述

单纯依赖和大量使用化学肥料和农药等投入品实现水稻高产，会导致农田生态系统生物多样性急剧下降，使生态系统服务功能显著削弱，引起水稻病虫害频繁暴发成灾，进一步加剧了农药用量不断增加，从而限制了水稻生产的可持续发展和病虫害的可持续治理。水稻害虫生态工程控制技术，在对当地稻田生态系统各关键因子调查分析的基础上，针对水稻主要害虫的控制，进行稻田生态系统的合理设计，围绕土著天敌和人工释放天敌的保护、增殖与提高控害能力，采取田埂种植和保留蜜源植物、栖境植物、螟虫诱集植物，以及斑块化种植储蓄植物等生态工程措施，调节和恢复稻田生态系统中害虫与天敌之间的均衡性，使水稻害虫种群数量处于相对较低的水

平，不对水稻生长构成危害。

二、技术要点

（1）增加稻田生物多样性，保护和提高天敌基数。

①冬季空闲田种植绿肥，豆科作物紫云英每亩鲜草产量可达1 500kg以上，翌年（3月下旬至4月初）翻耕灌水腐熟，为稻田节肢动物天敌提供越冬场所；全年田边保留功能性禾本科杂草，为水稻天敌提供庇护场所。

②田间区域（或田块）插花种植重要天敌载体植物（作物），如种植茭白保护蜘蛛和缨小蜂，种植秕谷草、游草保护缨小蜂和赤眼蜂等。生态工程田捕食性和寄生性天敌密度显著提高，稻虱缨小蜂属的天敌种群量是对照田的4 ～ 40倍，捕食性天敌（包括豆娘）和青蛙数量显著高于农民自防田。茭白田中越冬的蜘蛛密度是其他生境的4 ～ 40倍。

（2）种植蜜源植物，促进天敌的控害功能。在水稻全生长季，在稻田生态系统中插花种植或田埂种植显花植物，如芝麻、大豆、黄秋葵、丝瓜等，保留田埂开花杂草，为寄生性天敌提供补充营养，延长天敌寿命，提高天敌控害能力。芝麻花可以使稻虱缨小蜂、蔗虱缨小蜂和黑肩绿盲蝽等平均寿命延长59.55%、34.81%和58.48%，对稻飞虱卵的寄生率或捕食率分别提高49.03%、43.12%和16.83%。

（3）利用植物、物理诱杀技术，减少害虫虫源基数。

①稻田田边、机耕道边成行种植诱虫植物香根草，每隔3 ～ 5m种植1丛，可以引诱水稻螟虫产卵钻蛀，使其因不能完成幼虫发育而死亡。香根草的有效控害距离为20 ～ 30m，如条件允许，可将香根草在多条田埂上平行种植，且行间距不大于60m。螟虫发生前可对香根草适量施用氮肥，增强香根草对螟虫的引诱能力。香根草上二化螟和大螟产卵量分别为水稻上的4.6倍和3.7倍。同时，二化螟和大螟均不能在香根草上完成生活史，二化螟幼虫2龄时死亡率超过90%，4龄时全部死亡；大螟幼虫6龄时存活率小于10%。

②水稻螟虫、稻纵卷叶螟成虫发生期应用性诱剂诱杀，连片设置，平均每亩设置1套性诱剂诱芯和干式飞蛾诱捕器，外密内稀或均匀放置，优质诱芯持效期达2 ～ 3个月，诱杀二化螟或稻纵卷叶螟成虫，降低田间种群数量和危害程度。

（4）农业措施抑制害虫种群增长。

①推广抗（耐）性水稻品种和减少氮肥施用量，降低害虫种群自然增长速率。

②提倡增施磷钾肥，增强水稻的耐害性。在生态培肥的基础上，化肥的使用应控制氮肥使用量，增施磷钾肥和硅肥。根据水稻目标产量和地力水平确定总施肥量及氮磷钾比例，施肥量以施氮肥为标准，按氮：磷：钾 = 1：(0.3 ～ 0.5)：(0.6 ～ 0.8) 来确定磷钾肥的用量。移栽前1 ～ 3d施用基肥，移栽后15 ～ 18d施保蘖肥，幼穗分化二期施穗肥，破口抽穗期看苗施用粒肥，可有效提高肥料利用率，使氮肥施用量减少5%～ 20%，保持水稻稳产。

（5）减少化学农药使用，保护稻田天敌。水稻移栽后45d内不用药或慎用药，水稻生长前期发挥水稻植株的补偿能力，可放宽螟虫、稻纵卷叶螟等害虫的防治指标，在害虫密度达到防治指标时，优先选用微生物农药，必要时选用选择性强、对天敌安全的农药品种。

三、技术评价

1.创新性 该项技术经多年多稻区大面积示范应用，可有效地保护和提高稻田害虫天敌种类和数量、增强天敌的控害能力，使水稻稻飞虱、稻纵卷叶螟、二化螟等重大害虫发生程度明显下降，能大幅度减少化学农药使用次数和用量，实现水稻病虫害的可持续治理和生态平衡。

2.实用性 在长江中下游、江南、华南、西南、北方稻区广泛采用。自2013年迄今被全国农业技术推广服务中心推荐为水稻绿色防控主推技术，2014—2016年被农业部列为农业主推技术。近年来，该技术成为我国南方主要稻区水稻病虫害绿色防控的基本技术之一，被多省列为技术规范或主推技术，加速了稻田生态服务功能的恢复和提高，增强了对害虫的自然控制作用，在保证水稻产量和提高品质的基础上，比农民自防稻田减少化学防治2次以上、减少化学杀虫剂用量30%以上。已在浙江、湖南、江西等15个省（自治区、直辖市）大面积推广应用，2019—2020年累计应用面积达2 120.71万亩，节本增效16.03亿元，对水稻绿色安全生产和提质增效发挥了重大作用，经济、社会和生态效益显著。

四、技术展示

五、成果来源

项目名称和项目编号： 长江中下游水稻化肥农药减施技术集成研究与示范（2016YFD0200800）
完成单位： 浙江省农业科学院
联系人及方式： 吕仲贤，13588045127，luzxmh@163.com
联系地址： 浙江省杭州市上城区德胜中路298号

复合微生物菌剂防治水稻主要病害技术

一、技术概述

本技术以最新的微生态理论为指导，筛选和获得具有良好互作关系的贝莱斯芽孢杆菌、短小芽孢杆菌、苏云金芽孢杆菌和防御假单胞菌。这四株生防菌能够在土壤或植物上稳定共存，并协同增效发挥防病效果，且兼具防虫作用。同时，我们建立了该复合微生物菌剂在水稻上的应用技术。该复合微生物对水稻纹枯病、稻曲病和稻瘟病都具有较好防治效果。

二、技术要点

复合微生物菌剂的总菌量为1000亿CFU/g。建立在水稻上配套的使用技术如下。①种子处理：每亩种子使用100g复合微生物菌剂进行拌种处理，采用机械搅拌器混合均匀，利用自动播种机撒播到秧盘后，进行暗化催芽处理，出苗后摆放到秧田里。②叶面喷施：在分蘖末期、破口期和齐穗期，各喷施一次，施药剂量为每亩50 ～ 100g。

三、技术评价

1.创新性 本研究能为水稻病害的绿色防控以及减少化学农药用量提供高效的微生态制剂产品及配套应用技术。

2.实用性 该技术已经在江苏南京、镇江、苏州、扬州，以及湖南长沙等地进行了示范性应用。结果表明，该技术对水稻纹枯病和稻瘟病的防治效果分别达到52.2% ～ 81.5%和60.5% ～ 81.4%，每亩稻谷增产11.5% ～ 15.3%，化学农药减量19% ～ 21%，农药的利用率提高6% ～ 8%。

四、技术展示

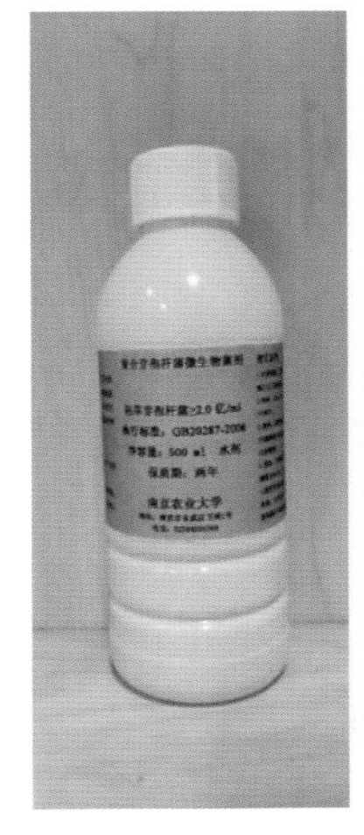

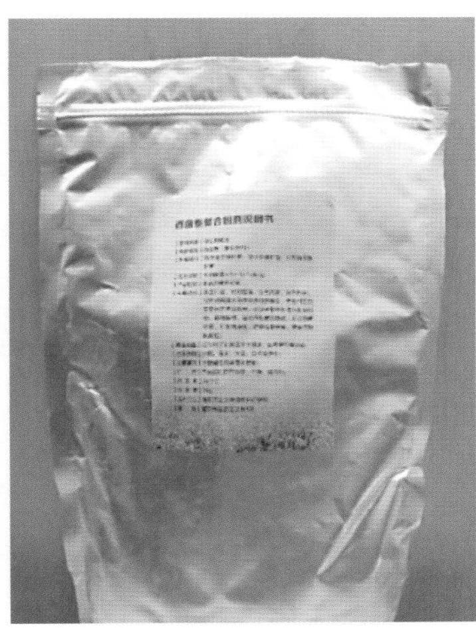

五、成果来源

项目名称和项目编号：新型高效生物杀菌剂研发（2017YFD0201100）

完成单位：南京农业大学

联系人及方式：伍辉军，13770914062，hjwu@njau.edu.cn

联系地址：江苏省南京市玄武区卫岗1号

生物农药苯丙烯菌酮防治水稻稻瘟病应用技术

一、技术概述

研究确定了水稻稻瘟病防治适期，在水稻拔节期至拔节期后7d内施药，对叶瘟的防效最好；在水稻破口前4d至破口后4d内施药，对穗瘟的防效最为理想。综合制定了水稻稻瘟病防治指标，叶瘟病情指数为3.30，穗颈瘟病情指数为4.17。

二、技术要点

（1）在水稻拔节期至拔节期后7d内，叶瘟发病前或发病初期，使用0.2%补骨脂种子提取物苯丙烯菌酮微乳剂以每亩50mL剂量，人工或者无人机进行茎叶喷雾，可有效预防叶瘟的发生。

（2）水稻破口期和齐穗期分别用每亩60mL剂量进行茎叶喷雾，防治水稻穗茎瘟的发生，防治效果可达到70%以上。

（3）对于已经发生稻瘟病的地区，应该选用防效好安全系数高的化学农药，减量至原用药量的2/3，每亩配合补骨脂种子提取物苯丙烯菌酮50mL，进行综合防控。

三、技术评价

1.创新性 经筛选试验示范，确定了生物农药0.2%苯丙烯菌酮微乳剂作为防治稻瘟病化学农药理想替代产品。研究明确，补骨脂种子提取物是从豆科植物补骨脂种子中提取的高活性物质苯丙烯菌酮，通过抑制水稻稻瘟病菌的孢子萌发及破坏菌丝体的细胞壁、细胞膜、线粒体膜等壁膜系统达到防控水稻稻瘟病的目的。同时可触发植物体内几丁质酶和β-1, 3-葡聚糖酶等病程相关蛋白活性升高，从而提高植物的抗病性。苯丙烯菌酮属于植物源杀菌剂，对稻田综合种养的鱼、虾、蟹及其他水生生物安全，对环境友好，可有效防治水稻稻瘟病。补骨脂种子提取物苯丙烯菌酮在2019年获得农业农村部杀菌剂登记。

2.实用性 水稻稻瘟病防治应把握稻瘟病防治适期，并根据当年穗瘟发生情况和天气情况选择是否进行二次施药，且施药适期大概有一周的跨度，在防治实践中更容易把握和操作，也利于在生产中推广。连续3年于核心示范区调查的结果表明，经过水稻破口期和齐穗期两次植保无人机施药后，0.2%苯丙烯菌酮微乳剂对穗颈瘟平均防效可达75.2%，可完全替代水稻稻瘟病化学农药使用，适合绿色水稻、有机水稻生产。

植物源杀菌剂苯丙烯菌酮已实现产业化和规模化应用，2019—2021年，该产品陆续进入黑龙江、辽宁、湖北、浙江、四川和重庆政府绿色防控水稻稻瘟病采购目录。三年来累计实现销售收入1 200万元，利润312万元；已推广应用面积达300余万亩，累计推广效益超过1亿元，经济、生态和社会效益显著，应用前景良好。

四、技术展示

五、成果来源

项目名称和项目编号： 北方水稻化肥农药减施技术集成研究与示范（2018YFD0200200）
完成单位： 辽宁省农业科学院
联系人及方式： 孙富余，13909883816，laassfy@163.com
联系地址： 辽宁省沈阳市沈河区东陵路84号

水稻纹枯病绿色防控技术

一、技术概述

该技术采用自主创制的新型高效安全杀菌剂丁吡吗啉对水稻纹枯病进行绿色防控，同时兼治稻瘟病，使用剂型为环保剂型20%丁吡吗啉悬浮剂。

二、技术要点

（1）5月中旬左右开始育秧，6月6日机插。
（2）生长期用双草醚、氰氟草酯、二氯喹啉酸等防治杂草。
（3）生长期主要用吡蚜酮防治稻飞虱，用杀虫单防治二化螟。
（4）生长期采用20%丁吡吗啉悬浮剂同时防治水稻纹枯病和稻瘟病。
（5）使用时机为连续阴雨天气前和发病早期。
（6）用药量为375 ~ 450g/hm^2，每亩兑水30 ~ 40kg喷雾处理。
（7）必要时可与代森锰锌、氟环唑、啶酰菌胺和嘧菌酯复配使用。

三、技术评价

1.创新性　对大田辣椒疫病和炭疽病的绿色防控技术提供了科学指导。

2.实用性 通过叶面喷施20%丁吡吗啉悬浮剂，有效成分用量为300g/hm^2、450g/hm^{2}时，对水稻纹枯病的防效分别为61.6%和68.4%，对稻瘟病的防效分别为51.9%和60.1%。略低于对照药剂戊唑醇和稻瘟酰胺。通过叶面喷施30%丁吡吗啉·戊唑醇悬浮剂，制剂用量750g/hm^{2}时，对水稻纹枯病的防效为80.7%，比对照药剂430g/L戊唑醇悬浮剂的防效提高了7.9%。丁吡吗啉一药二防，可以有效降低水稻上杀菌剂的用量，达到农药减施的目的。自开展示范以来，已经在陕西泾阳、山东寿光、河南原阳、陕西三原等地进行了大面积推广应用，取得了较好的效果，累计推广应用面积达15万亩，实现销售381.4万元，缴税35.5万元，利润48.5万元。

四、技术展示

五、成果来源

项目名称和项目编号： 高效低风险小分子农药和制剂研发与示范（2018YFD0200100）

完成单位： 中国农业大学、江苏耕耘化学有限公司

联系人及方式： 覃兆海，13001991198，qinzhaohai@263.net

联系地址： 北京市海淀区圆明园西路2号

赤眼蜂生物防治水稻二化螟技术

一、技术概述

利用赤眼蜂防治害虫是减少化学农药施用、实现水稻绿色生产的重要举措之一。为了解决稻螟赤眼蜂在水稻害虫防治中的大面积推广应用，项目组针对赤眼蜂工厂化生产及无人机释放等关键技术难题开展技术攻关，先后自主研发制造了赤眼蜂高效生产新设备6台（套），设计了适用于无人机的赤眼蜂专用环保型放蜂器，申请发明专利3项，获得授权实用新型专利5项，制定地方标准1项。

二、技术要点

针对赤眼蜂中间寄主米蛾的工厂化生产中米蛾饲养方法、米蛾成虫羽化、收集、产卵设备及米蛾卵杀胚方法等技术难点，改进了米蛾饲料配方，自主研发了米蛾饲养盒，提出了密集架式饲养米蛾幼虫的方法，设计了米蛾成虫收集箱，提出了米蛾成虫收集的新方法，设计了一种米蛾卵低频震动传输除尘杀胚装置，突破了米蛾卵繁蜂工厂化生产技术瓶颈，大大提高了生产的机械化效率，节约了劳动成本。为解决放蜂器二次污染问题，设计了适用于无人机的赤眼蜂专用环保型放蜂器，自主研发了一种赤眼蜂水田放蜂器自动化包装装置，提出大、小卵（柞蚕卵和米蛾卵）繁育赤眼蜂混合释放防治水稻二化螟新方法。

针对水田中行走困难、放蜂效率低下等问题，在二化螟产卵初期，通过无人机将赤眼蜂按照定位系统设置轨迹精准投放到释放点，单台无人机日投放面积可达5 000亩。投放时每亩设置3个释放点，每次投放赤眼蜂12 000头（松毛虫赤眼蜂8 000头＋螟黄赤眼蜂3 000头＋稻螟赤眼蜂1 000头），间隔7d释放1次，共计释放3次。

三、技术评价

1.创新性 先后自主研发制造了赤眼蜂高效生产新设备6台（套），设计了适用于无人机的赤眼蜂专用环保型放蜂器。该技术大幅度提高了赤眼蜂的生产效率，在吉林省累计应用100万亩以上，达到国内领先水平。

2.实用性 项目实施期间，在吉林省长春市、吉林市等五地的十多个县市推广应用150多万亩，辐射带动吉林、辽宁、黑龙江等省推广应用300多万亩。平均防治效果达70%以上，减少化学农药施用近400t，水稻平均增产4.6%以上。该技术获得2018年中国植物保护学会科学技术一等奖。该技术达国际领先水平。

四、技术展示

五、成果来源

项目名称和项目编号：北方水稻化肥农药减施技术集成研究与示范（2018YFD0200200）

完成单位：吉林农业大学

联系人及方式： 张俊杰，13804328111，zhangjunjie9777@jlau.edu.cn
联系地址： 吉林省长春市南关区新城大街2888号

小麦田节氮控磷补锌施肥技术

一、技术概述

该技术是基于稻麦轮作农田集氮肥机械深施、磷肥稻麦统筹施用和补充锌肥等中微量元素肥料的施肥技术。

二、技术要点

（1）确定最适氮肥施用量。确定最适施氮数量是氮肥深施能否增产的关键，为防止施氮量太少，后期脱肥；或者施氮量太多，贪青晚熟。在长江三角洲地区，作为底肥施用的氮肥最适施用量为碳酸氢铵450 ~ 600kg/hm^2，尿素180 ~ 270kg/hm^2，磷酸二铵270 ~ 375kg/hm^2，复合肥750 ~ 975kg/hm^2。作为追肥施用的氮肥最适施用量为碳酸氢铵375 ~ 500kg/hm^2，尿素150 ~ 225kg/hm^2，磷酸二铵225 ~ 312kg/hm^2，复合肥625 ~ 812kg/hm^2。

（2）调节氮、磷配比。调节氮、磷配比既能够提升氮肥利用效率，增加小麦产量，又可以减少土壤硝态氮的深层淋失。研究证实，在长江三角洲地区中等肥力土壤上，不同产量的小麦氮磷最适配比如下：小麦亩产150kg，氮磷最优配比为1：1.5；小麦亩产200kg，氮磷最优配比为1：1；小麦亩产250kg，氮磷最优配比为1：0.5。

（3）补施锌肥。施用锌肥应因地制宜，缺锌的地块施用含锌肥料效果较好。当土壤有效锌含量低于0.5mg/kg时，施用含锌肥料增产效果显著。通常情况下，每亩施用硫酸锌1 ~ 2kg。不要与磷肥同时施用，因锌与磷肥混合施用易形成磷酸锌沉淀；不要与碱性肥料、碱性农药混用，会发生化学反应而降低肥效。含锌肥料有后效，不需要连年施用，一般隔年施用效果较好。

（4）机械侧深施肥。精细平整土壤，耕深达15cm以上，选用适合的侧深施肥机械，检查翻耕深度、施肥量、施肥位置、排肥均匀性和覆土比率，同时完成翻耕、施肥、播种、覆盖和镇压等工序，实现种肥同播；每天作业完毕后要清扫肥料箱，翌日加入新肥料再作业。

三、技术评价

1.创新性 该技术针对小麦氮磷肥追施频繁、施用量大导致小麦贪青晚熟、倒伏和氮磷流失进而引发农业面源污染等问题，实行麦田氮肥两次机械深施，一次是通过侧深施肥将底肥集中施在6 ~ 10cm土层；一次是通过机械开沟在小麦拔节期将追肥施在6 ~ 10cm土层；磷肥是在统筹前茬水稻施用量的基础上，通过侧深施肥一次性施用，不追施磷肥；锌肥是在缺锌的农田中随氮肥一次性施用，提升小麦产量和氮磷利用效率。

2.实用性 自2018年开展技术推广与示范以来，在上海市累计推广示范面积6.3万余亩，示范区麦田氮肥施用量降低6.7%，磷肥施用量降低11.1%，农药减量25%，小麦增产6.0%。基于化肥、农药减量施用，农民平均每公顷减少投入成本390元，小麦实际亩产量为382.2kg，亩增产

22.9kg，按每千克小麦1.3元收购价计算，每亩增加收入55.77元，每公顷增加836元。相关技术与成效在东方城乡报进行了报道。

四、技术展示

五、成果来源

项目名称和项目编号：长江流域冬小麦化肥农药减施技术集成研究与示范（2018YFD0200500）

完成单位：上海市农业科学院

联系人及方式：宋科，18918162303，songke115@aliyun.com

联系地址：上海市奉贤区金齐路1000号

稻茬麦“秸秆促腐还田+种肥机械同播”轻简化丰产增效技术

一、技术概述

该技术是基于秸秆还田后的增碳机制、秸秆高效腐熟菌剂筛选与制备、秸秆促腐还田一体机和“秸秆还田-施肥-播种-翻耕-镇压”五位一体小麦播种机改制的轻简化丰产增效技术。

二、技术要点

（1）秸秆促腐还田。通过对现有秸秆打捆机成捆装置进行调制并加装菌肥贮存与喷淋装置，实现“菌肥喷洒-秸秆捡拾-秸秆成捆”三步一体化，出捆秸秆基本符合麦田排水沟尺寸，通过将富含菌剂和氮源的稻秸捆还于麦田沟中，实现稻秸深沟还田腐熟。向水稻秸秆喷洒高效腐熟菌液每亩8 ～ 12L，根据耕作层深度选择秸秆还田方式。耕层较浅田块，通过搂草机将秸秆搂成垄还田；耕层深厚田块，采用小型秸秆打捆机将秸秆捡拾打捆，置于田沟中集中还田。

（2）小麦种肥机械化同播。采用复式旋耕开沟播种机，一次作业同时完成旋耕、施肥、播种、开沟和播后镇压工序，实现小麦种肥机械化同播。工作幅宽宜230 ~ 240cm，播种施肥行数12行，旋耕深度不少于12cm，开沟尺寸宽25cm，深20 ~ 30cm，配套动力62.52kW以上。适播期内每亩播种10 ~ 15kg。

（3）根据目标产量制定施肥策略。

亩产量水平300kg以上的，每亩施氮肥8 ~ 9kg［可选缓控释氮肥（N）6 ~ 7kg + 尿素（N）2 ~ 4kg］、磷肥（P_2O_5）4.0 ~ 4.5kg和钾肥（K_2O）4.0 ~ 4.5kg，作底肥一次性施入。

亩产量水平250 ~ 300kg的，每亩施氮肥（N）7.5 ~ 8.5kg、磷肥（P_2O_5）3.5 ~ 4.0kg和钾肥（K_2O）3.5 ~ 4.0kg。

亩产量水平250kg以下的，每亩施氮肥（N）小于7.0kg，磷肥（P_2O_5）小于3.5kg和钾肥（K_2O）小于3.5kg。

施肥比例采用40%氮肥作基肥、60%氮肥在小麦拔节初期作追肥，磷、钾肥全部作基肥。

（4）注意事项。高效秸秆腐熟菌液采用干粉剂兑水方式，1kg干菌剂兑水10L，搅拌均匀；用量按照每处理1 000kg水稻秸秆使用1kg干粉菌剂。小型秸秆打捆机的秸秆出捆宽度宜20 ~ 30cm，同时配备菌液储备箱及喷施桶。对于较湿黏的麦田，可卸载镇压用滚筒，取消镇压环节。本技术不适用于渍水或特别湿黏田块。

三、技术评价

1.创新性 该技术针对稻茬麦田秸秆还田难、冬季低温秸秆腐熟慢、麦播种质量差等问题，利用小型秸秆打捆机或搂草机同步实施秸秆打捆和高效腐解菌剂喷洒并将打捆秸秆还于小麦排水沟或田畦侧，然后采用小麦复式播种机实现种肥机械化同播。既能有效解决稻茬麦田秸秆还田影响小麦出苗难题，提高麦播质量，还能促进秸秆快腐，提高土壤固碳培肥能力，实现减肥增效。

2.实用性 自2018年开展技术推广与示范以来，在浙江省嘉兴市、杭州市、宁波市累计推广示范面积20万余亩，较常规方法可实现小麦稳定增产10%左右，减少化肥用量10% ~ 20%，提高氮肥利用率10%以上，每亩减少种植成本100元以上。相关技术与成效在嘉兴在线、宁波日报等媒体进行了报道。

四、技术展示

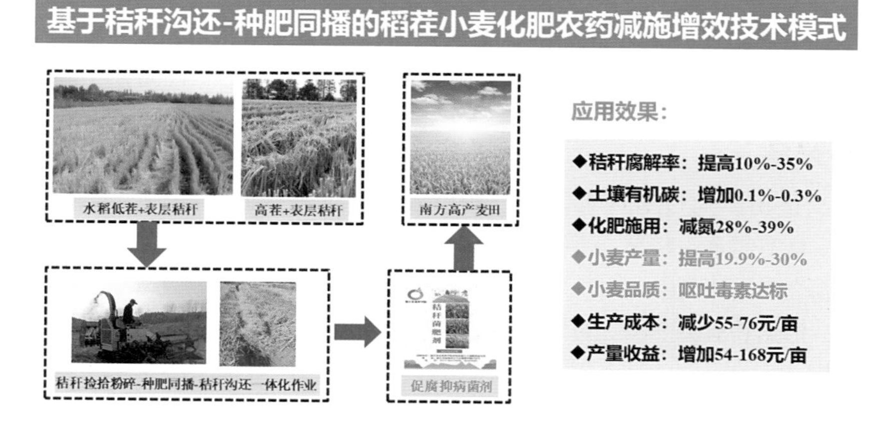

五、成果来源

项目名称和项目编号： 长江流域冬小麦化肥农药减施技术集成研究与示范（2018YFD0200500）
完成单位： 浙江省农业科学院
联系人及方式： 苏瑶，15267071757，stellasu@sina.com
联系地址： 浙江省杭州市上城区德胜路298号

山地小麦农药化肥减量增效技术

一、技术概述

山地小麦农药化肥减量增效技术是集小麦高产抗逆小麦资源鉴选、小麦化肥减量增效、农药高效精准施用、生物多样性控害等多种技术于一体的新型技术模式。

二、技术要点

（1）小麦高产抗逆小麦资源鉴选。优化多抗高效品种布局，筛选出适合重庆山地麦区种植的多抗、优质高效具有较强的抗条锈病和抗白粉病的品种，如渝麦13和川麦104。

（2）小麦化肥减量增效。优选出适合川渝小麦生长的最佳氮、磷、钾配比复合肥，推广测土配方技术，亩施纯氮7kg，纯磷3kg，纯钾3kg；推广有机肥替代化肥技术，亩施商品有机肥60kg +（纯氮8kg，纯磷2kg，纯钾2kg），施用商品有机无机复合肥替代25%的化肥。

（3）农药高效精准施用。农药减施产品替代，开展病虫害监测预警，做到早发现早防治，提高病虫害防治精度；推广农药高效精准施用技术，开展一喷多防。

（4）生物多样性控害。针对重庆市山地农民小麦栽培习惯，建立了麦-菜-玉-薯一年四熟立体种模式，生物多样性控害与化学协同防控，推广生物多样性控害技术，小麦生长前期推广小麦榨菜套作，榨菜收获后改为小麦玉米套作。

三、技术评价

1.创新性　该技术根据重庆市病虫害发生规律以及山地耕作模式优选了高产抗逆小麦品种；研发山地小麦配方肥及其制备方法与施用方法；推广农药高效精准施用技术；建立麦-菜-玉/豆-薯轮作套作技术模式，从而实现山地小麦化肥农药减施增效。

2.实用性　自2018年开展示范以来，项目组在山地麦区建立了核心示范区一个，技术应用面积30.2万亩，辐射34.8万亩，示范区肥料利用率提高9.6%，化肥减量17%，化学农药利用率提高11%、减量30%，有效减少累计推广应用化肥农药减施相关单项和综合技术30万亩，小麦平均亩增产18.48kg，平均每亩节本增效107.6元，取得了显著的经济、社会和生态效益。

四、技术展示

五、成果来源

项目名称和项目编号： 长江流域冬小麦化肥农药减施技术集成研究与示范（2018YFD0200500）

完成单位： 西南大学、重庆市农业技术推广总站、重庆市农业科学院

联系人及方式： 杨宇衡，13436138863，yyh023@swu.edu.cn

联系地址： 重庆市北碚区天生路2号

小麦测土监控定量施肥技术

一、技术概述

小麦测土监控定量施肥技术针对我国主要麦区小麦生产经营规模大小不一、管理水平参差不齐、氮磷肥施用过量、土壤养分残留和环境污染严重等问题，确定了不同麦区麦田由于养分含量过高而不宜再施肥的土壤氮磷钾养分临界值，以及土壤养分含量低而需要培肥的土壤养分临界值；确定了不同麦区测土监控、定量施肥的小麦监控施肥技术关键参数、施肥模型，开发了手机APP系统，可根据农户的小麦产量目标、土壤养分测试结果，结合农户所在的麦区，评价农户的土壤养分供应能力和施肥状况，推荐小麦科学的氮、磷、钾肥料用量和基追肥比例。

二、技术要点

在小麦播种前或收获后取土测定土壤养分，结合目标产量养分需求，确定小麦氮、磷、钾肥用量。

（1）氮肥用量确定。在小麦播前或收获期采集麦田0 ~ 100cm土壤样品，测定硝态氮含量，按以下公式确定氮肥用量：

肥料氮用量 = 目标产量需氮量 + （土壤硝态氮安全阈值 − 土壤硝态氮实测值）

氮肥用量 = 肥料氮用量 ÷ 肥料含氮量 × 100

（2）磷肥用量确定。在小麦播前或收获期，测定麦田0 ~ 20cm土壤有效磷含量，按以下公式确定磷肥用量：

肥料磷用量 = 目标产量需磷量 × 施磷系数

麦田土壤供磷指标与施磷系数

评价指标	土壤有效磷/（mg/kg）	施磷系数
极低	<5	1.9
偏低	5 ～ 10	1.6
适中	10 ～ 15	1.3
偏高	15 ～ 20	1.0
极高	>20	0.7

（3）钾肥用量确定。在小麦播前或收获期，测定麦田0 ～ 20cm土壤速效钾含量，按以下公式确定钾肥用量：

肥料钾用量 = 目标产量需钾量 × 施钾系数

麦田土壤供钾指标与施钾系数

评价指标	土壤有效钾/（mg/kg）	施钾系数
极低	<60	0.5
偏低	60 ～ 90	0.4
适中	90 ～ 120	0.3
偏高	120 ～ 150	0.2
极高	>150	0.1

三、技术评价

1.创新性 实现了小麦精准定量施肥，有效降低了化肥施用量，保护了生态环境。

2.实用性 结合国家重点研究发计划化肥农药双减项目的实施，2018年以来，在黄土高原旱地、西北绿洲灌区、东北春麦区和黄淮麦区与当地科研人员和农技推广部门、种植大户、种植专业合作社及农业服务组织合作，开展技术示范培训和推广应用。示范区域小麦增产6.2%，氮、磷、钾肥减施29.5%，肥料利用效率提高22.8%，节约成本13.7%、经济效益增加25.8%，累计推广面积超过730万亩，增收8.4亿元。为维持北方麦区小麦连年持续丰产优质绿色生产提供了保障。

四、技术展示

五、成果来源

项目名称和项目编号：北方小麦化肥农药减施技术集成研究与示范（2018YFD0200400）

完成单位：西北农林科技大学

联系人及方式：王朝辉，13008401712，zhwang@263.net

联系地址：陕西省咸阳市杨陵区邰城路3号

小麦“减基深追、一拌两喷四防”技术

一、技术概述

“减基深追、一拌两喷四防”技术是集小麦基肥减施、追肥深施技术和小麦病虫害全程综合防控于一体的新技术。

二、技术要点

（1）测土配方施肥。播前采集土壤样本，测定土壤养分，优化确定氮、磷、钾肥配比，氮肥减施20%～30%。

（2）小麦种子处理。选择养分高效、抗性较好优质小麦品种，用32%戊唑·吡虫啉悬浮种衣剂（50mL包衣12.5～15kg种子）或27%苯醚·咯·噻虫嗪种衣剂（75mL包衣12.5～15kg种子）处理种子，防治小麦纹枯病、散黑穗病、茎基腐病、全蚀病、蚜虫等。

（3）精细播种。播前秸秆还田，施肥深耕，精细平整土壤，合理控制播量，适当推迟播期。

（4）返青期除草。返青期每亩用30g/L甲基二磺隆可分散油悬浮剂25～30mL、3.6%二磺·甲碘隆可分散粒剂20～25g防除看麦娘、硬草、野燕麦、早熟禾、节节麦等禾本科杂草，或每亩用50%吡氟酰草胺可湿性粉剂20g防除常见的一年生阔叶杂草。

（5）拔节期灌水追肥。视土壤墒情，在旱情允许的情况下，返青期不灌水施肥，拔节期灌水深追氮肥（氮肥后移，追肥深度15cm左右），达到以水调蘖，抑制无效分蘖。

（6）抽穗扬花期“一喷三防”。抽穗扬花期，用肟菌·戊唑醇15g或唑嘧·氟环唑50mL或戊唑·嘧菌酯15g＋溴氰菊酯12mL＋吡虫啉5g＋磷酸二氢钾，并加入0.3%的七水硫酸锌喷施，在防治小麦赤霉病、白粉病、锈病、蚜虫、吸浆虫等病虫的同时达到调节生长、激发小麦抗逆性、促进灌浆、提高千粒重的作用，实现小麦增产增收。

三、技术评价

1.创新性 该技术根据小麦不同生育期的需肥规律和主要病虫害的防控关键时期，结合不同生态区地力条件，组配出适当减少氮肥用量的基肥（基肥减施氮肥20%～30%），后期通过深施追肥（施肥深度15cm左右）提高氮肥利用率的化肥减量增效技术，依据不同病虫草害防控关键时期，采取播种期拌种和返青拔节期、抽穗扬花期喷施农药综合防控病虫草害的技术模式，实现小麦生产化肥农药减施增效、小麦增产增收。

2.实用性 该技术模式自2018年陆续开展示范以来，技术模式累计示范推广269.2万亩，辐射推广565.5万亩。示范推广区在平均减施化肥21.9%、减施化学农药34.5%的基础上，小麦增产3.9%～15.2%，每亩平均增收119.8元，累计增加经济效益6.3亿元。推广应用后，显著提升了化肥、农药利用率，增加了小麦产量，有效保障了我国粮食安全生产及农产品有效供给。

四、技术展示

五、成果来源

项目名称和项目编号： 黄淮海冬小麦化肥农药减施技术集成研究与示范（2017YFD0201700）

完成单位： 河南农业大学、河南科技大学

联系人及方式： 赵鹏，13939099638，zhpddy@163.com

联系地址： 河南省郑州市金水区农业路63号

小麦赤霉病早期光谱预警技术

一、技术概述

当前小麦赤霉病主要通过实地目测、手查、实验室分析等方法检查是否发生。人工目测手查方法可能简单方便，但存在调查主观性较强而且眼睛、手工存在较多误差等问题，而且一旦达到人眼可见程度就可能会导致作物直接生产损失；基于实验室生物化学方法较为准确可靠，但也存在采样、测定、出结果等流程时间较长等问题，这种方法获取病害信息存在时间滞后性，可能为病害的及时防治带来困难。

鉴于小麦赤霉病发生通常具有发病隐蔽、爆发迅速、呈面状、区域性爆发等特点，发病初期（人眼可见症状之前）早期预警，从冠层乃至田块层面对小麦病害进行监测无疑具有重要的现实意义，也能为发展航空设备（如无人机）监测作物病害奠定基础。小麦受到赤霉病胁迫时，其内部生理与外部生态性状发生改变，通过光谱技术检测到这种改变，并且由病害导致的这种改变程度可以通过光谱方法进行定量化描述，从而实现小麦赤霉病的早期光谱预警。

二、技术要点

（1）小麦赤霉病光谱早期预警的有效时间。明确小麦赤霉病人眼可见症状的具体时间，是本技术的基础与前提。研究表明，气温、湿度适宜条件下，大田小麦一般在扬花后12d后，人眼即可见到赤霉病的红棕色病斑。所以，本技术早期预警的有效时间一般为12d之前。

（2）小麦赤霉病光谱早期预警的参数构成。一般来讲，用于小麦赤霉病光谱早期预警的参数，为能够在图像上区分出健康与感病的参数，并且在图像上健康与感病的图层差异越大越好。由此，研究表明光谱指数TVI、TCARI、NDVI能够在小麦赤霉病形成可见症状之前区分小麦是否感染赤霉病，可以实现小麦赤霉病的早期预警。

（3）小麦赤霉病光谱早期预警技术的操作路径。通过无人机搭载光谱，采集大田小麦的光谱信息，构造TVI、TCARI、NDVI的光谱指数，通过TVI、TCARI、NDVI的分布图斑，获取小麦是否感染赤霉病的结果。

三、技术评价

1.创新性 与传统方法相比，光谱技术具有快速、客观和非破坏等优点，它能在病害发生初期（人眼可见症状之前）对小麦赤霉病进行早期预警，从而让决策者能及时、准确地对病情进行预警与防控，减少农业生产损失。目前国内外，小麦赤霉病早期预警的技术少见报道。通过本技术能及时把病害消灭在萌芽之中，可以最大限度地少施或不施农药，尽可能保障农产品的较高品质，同时也较大程度降低了农药及残留物对生态环境的污染风险。

2.实用性 小麦赤霉病光谱早期预警技术具有较强实用性，能有效预测小麦是否遭受赤霉病病害，能及时把病害消灭在萌芽之中，可以最大限度地少施或不施农药，最大程度保障了农产品的较高品质，同时也较大程度降低了农药及残留物对生态环境的污染风险。

四、技术展示

20190425　20190502　20190510

20190425　20190502　20190510

五、成果来源

项目名称和项目编号： 长江流域冬小麦化肥农药减施技术集成研究与示范（2018YFD0200500）

完成单位： 浙江省农业科学院

联系人及方式： 沈阿林，0571-86409728，Liutaiguo@caas.cn

联系地址： 浙江省杭州市上城区石桥路198号

基于病原菌群体和流行规律的小麦白粉病防控关键技术

一、技术概述

小麦白粉菌是一种专性寄生菌，以有性子囊果或无性分生孢子在高海拔麦区自生麦苗上越过夏季高温阶段，再随风传至临近秋播麦苗，或通过强气流远距离传至低海拔麦区为害。此外，小麦白粉菌存在多个生理小种，因不同生态区域品种（基因）种植的多样性，也导致不同生态区白粉菌种群结构存在一定的差异。因此，我们可以在明确小麦白粉菌越夏区域基础上，有针对性地对小麦白粉病越夏区进行药剂拌种以减少白粉病菌初侵染源（控源），在基于白粉病流行传播路径以及不同生态区白粉病菌种群结构关系上，通过合理布局种植抗性品种阻断区域之间流行传播链（断链），再结合高效低毒化学药剂进行应急防控（应防），从而达到科学、轻简、节本、高效的小麦白粉病防控的目的。

二、技术要点

（1）白粉病菌越夏区域麦区药剂拌种压低初侵染源。通过大量实地调查，界定了从云南凤庆到甘肃平凉约32万km^2区域内的小麦种植区为我国小麦白粉病菌主要越夏区。对这些越夏以及临近麦区进行三唑类药剂拌种，禁止白籽入地，以有效减少越夏区秋苗发病，降低白粉病初始菌源。

（2）根据病原群体结构和流行传播路径，实施抗性品种差异布局，以阻断白粉病流行传播。依据我们对各地菌源群体毒性结构分析和品种抗性鉴定结果，选用对白粉菌群体抗性频率达到70.0%的品种，避免种植低于40.0%的品种。在长江中游湖北麦区种植鄂麦19、襄麦25和鄂麦DH16，在长江下游种植宁麦13和安农1124以抵御和降低西南麦区传入菌源；在黄淮海麦区种植偃展4110、新麦208、豫麦18-99和矮抗58以抵御从甘肃冷凉麦区和长江中下游麦区向黄淮海麦区传播的菌源。通过对不同区域种植的品种进行抗性差异性布局，形成流行阻隔，减轻流行。

（3）加强春季田间病情监测，达标及时应急防控。依据病原种群抗药性选用苯菌酮、大黄素甲醚、丙硫菌唑等高效药剂喷雾防治，交替用药避免产生抗药性。

（4）合理施肥、保健栽培。合理施氮肥，减少无效分蘖，减少病害流行，增加钙磷以提高植株抗病水平。合理密度主要是使田间通风透光，避免密闭。适时晚播推迟秋苗染病时间，降低染病频率。

三、技术评价

1.创新性 创造性针对小麦白粉菌，提出“控源”“断链”“应防”的防控思路。

2.实用性 通过制定标准、技术培训、发放明白纸和技术资料、举办核心示范样板和利用新闻媒体宣传等多种形式，依托全国农业技术推广服务中心及相关省地方农技推广服务中心，在湖北、河南、安徽、甘肃、四川、云南、贵州七省大面积推广应用。近三年累计推广应用面积3296万亩，累计新增销售额13.8亿元，扣除药剂和人工成本3.0亿元，新增利润10.8亿，节省农药人工4.2亿元，累计新增经济效益15.0亿元，投入产出比平均为1 ： 5.6。该技术成果2019年获湖北省科技进步一等奖。

四、技术展示

五、成果来源

项目名称和项目编号：长江流域冬小麦化肥农药减施技术集成研究与示范（2018YFD0200500）

完成单位：湖北省农业科学院植保土肥研究所

联系人及方式：杨立军，13006376947，yanglijun1993@163.com

联系地址：湖北省武汉市洪山区南湖大道18号

新烟碱类药剂种子处理全生育期防治小麦蚜虫及其他害虫技术

一、技术概述

新烟碱类药剂是天然杀虫化合物烟碱的人工合成衍生物，其杀虫作用机制主要是通过选择性控制昆虫神经系统烟碱型乙酰胆碱受体，阻断昆虫中枢神经系统的正常传导而导致昆虫死亡。该类杀虫剂具有广谱、高效、低毒、低残留，害虫不易产生抗性，对人、畜、植物和天敌安全等特点，并有触杀、胃毒和内吸等多重作用，其经由根系内吸杀虫的效果尤为突出。

二、技术要点

（1）药剂选择。新烟碱类药剂是指其中的吡虫啉、噻虫胺，剂型选择可用于种子处理的悬浮种衣剂、种子处理可分散粉剂、种子处理悬浮剂、种子处理微囊悬浮剂等。

（2）种子处理剂量。每100kg种子用吡虫啉有效成分用量196 ～ 210g，或用噻虫胺有效成分用量140 ～ 210g拌种，每100kg种子加1kg药液量搅拌均匀晾干后播种。

（3）适宜范围。冀中南冬小麦种植区

（4）技术模式。小麦播种期采用上述药剂进行种子包衣，小麦苗期可以防治小麦苗期蚜虫和地下害虫危害；小麦孕穗期采用淘土法监测吸浆虫数量，当每样方（10cm × 10cm × 20cm）吸浆虫幼虫和蛹数量达到2头以上时，再在小麦抽穗-扬花期进行成虫防治；小麦穗期不需要单独防治麦蚜即可控制其危害。

三、技术评价

1.创新性 新烟碱类药剂种子处理全生育期防治小麦蚜虫及其他害虫技术是利用新烟碱类药剂的内吸性好和持效期长的特性，采用隐蔽施药技术，一次性施药全生育期控制麦蚜危害，兼治蛴螬、金针虫，对小麦吸浆虫也有一定控制作用，保护天敌和环境，操作简便，省工省时，减少农药用量，最终达到增产增收的目的。

2.实用性 2018—2020年在冀中南冬小麦种植区，采用此项技术示范推广面积达10万余亩，辐射100万亩，示范区地下害虫防效99.7%以上，蚜虫防效达89.3%以上，杀虫药剂减施8.0%～ 55.3%，小麦产量比常规防治田增产1.0%～ 11.4%，在小麦生产上达到了农药减施和增产增收的目标。

四、技术展示

五、成果来源

项目名称和项目编号： 黄淮海冬小麦化肥农药减施技术集成研究与示范（2017YFD0201700）

完成单位： 河北省农林科学院植物保护研究所

联系人及方式： 党志红，13930261809，dangzhihong@sina.com

联系地址： 河北省保定市莲池区东关大街437号

小麦土传病害“一拌两喷”生物防治技术

一、技术概述

小麦土传病害“一拌两喷”生物防治技术是集小麦全蚀病、小麦纹枯病和小麦茎基腐病等土传病害生物防治技术于一体的新技术。

二、技术要点

（1）生防菌剂的选用。选用广谱的、兼治多种土传病害的、稳定性好的、定植能力强的、抑菌效果好的生防菌剂，常用小麦拌种用生防菌剂有活菌类（芽孢杆菌、木霉、假单胞菌）、代谢产物（井冈霉素、申嗪霉素）或以上两种复配等，一般具备抑制多种病原菌的特性，生防菌剂还要求水溶性好、贴附性强，可有效的贴附于种子表面。

（2）小麦拌种技术。依据生防菌剂的种类提前备药，最好提前1 ～ 3d拌种，注意控制药、种、水的比例，使药剂在种子表面形成一层均匀牢固的薄膜，因此最好选用功能性强的专用种子包衣机器，拌种前先做好药、种、水的比例试验，将生防菌剂利用二次稀释法先配成母液，再稀释到使用量，边搅拌边适量倒入拌种机中，使药、种、水混匀，后在阴凉通风处晾干备播。

（3）精确喷淋技术。在小麦返青拔节前后进行喷淋，将生防菌剂按要求比例用二次稀释法配成液体，通过喷雾机从小麦垄侧面，均匀地喷洒在小麦茎基部。喷施时应仔细，必须喷施到小麦茎基部，适当加大用水量，使小麦淋浴1次。

三、技术评价

1.创新性　该技术根据小麦生产关键时期，利用防病生防菌剂施药，防控土传病害的发生，达到防治。主要包括小麦备播期，利用具有防病抑菌功能的生防菌剂拌种混匀，后在阴凉通风处晾干备播；早春拔节前利用生防菌剂，叶面喷施，喷雾着准小麦茎基部要“打湿打透”，用水量要大，小麦淋浴1次，隔10d再喷淋1次。也可配合“一喷三防”技术，实现小麦土传病害的简便易行的田间防控。

2.实用性　自2017年开展示范以来，技术应用面积不断增长。2019—2020年在河南、山东、河北、安徽、江苏等黄淮麦区建立了百亩方300多个，累计推广1956万亩，小麦土传病害防效75%左右，增产率10%以上，平均减少用药20%以上 。突破了小麦土传病害难以防控的瓶颈，为“优质、高效、生态、安全”的小麦生产提供了新途径、新方法。该技术内容获得2020—2021年度神农中华农业科技奖二等奖。

四、技术展示

五、成果来源

项目名称和项目编号：新型高效生物杀菌剂研发（2017YFD0201100）

完成单位：河南省农业科学院植物保护研究所

联系人及方式：杨丽荣，13526515618，luck_ylr@126.com

联系地址：河南省郑州市金水区花园路116号

滇东高原春玉米全程机械化覆膜种植技术模式

一、技术概述

集成玉米全程机械化、抗病耐密高产宜机品种、控释配方肥一次性深施、种肥同播、覆膜栽培、破膜播种、病虫害多标靶一喷多防等技术，适用于滇东低纬高原、冬春干旱少雨的山地春玉米种植区域。

二、技术要点

（1）品种选择。选择国家或云南省农作物品种审定委员会审定且适合种植区域种植的品种。选用紧凑或半紧凑型、生育期适中、耐密、抗倒、丰产、优质、籽粒脱水快、适合机播机收，以及抗穗腐病、灰斑病、大斑病、纹枯病的品种。如靖玉1号、靖单15号、川单99、中单901等。种子经过分级且均匀度较好，能较好地匹配相应的排种器，并进行种子包衣。种子质量符合GB 4404.1—2008的规定。采用机械播种单粒精播发芽率不低于95%。

（2）耕地整地。机耕前后要及时清除残膜。机械深耕应在前茬作物收获后立即进行，以便土壤有较长时间的熟化；地面上的杂草、残茬和肥料等要覆盖严密，耕深以20～25cm为宜，要求达到墒平土细，墒面无杂质。

（3）种子处理。清除小粒、秕粒、破粒、霉变粒和杂粒，播种前在阳光下晒1～2d。对未包衣种子或不具备病虫害防治前移功能的包衣种子，宜采取病虫害防治前移药剂拌种。拌种药剂采用氰烯菌酯+戊唑醇。精量播种：籽粒玉米亩播种1.8～2.0kg，青贮玉米亩播种2.5～3.5kg；具体操作中依据种子、密度大小适当增减。

（4）播期确定。雨水（降水量>10mm）来临前5d内，10cm耕层温度稳定通过10℃即可播种。一般4月中下旬至5月上旬播种为宜。

（5）播种方式。

覆膜播种：采用河北农哈哈机械集团有限公司生产的2BPSF-2铺膜穴播机播种，施肥、覆膜、播种、覆土一次性完成；统一种植规格，幅宽1.2～1.3m，株距0.21～0.25m。大行距80～90cm，小行距40～50cm，偏差≤4cm 。播深准确度在耕层土壤中的位置保证在镇压后种子至地表的距离为4～5cm 。

不覆膜播种：选用2～4行精量播种机，一次性完成开沟施肥、播种、覆土、镇压等工序，株距12～31cm可调，行距50～75cm可调，播深4～6cm可调。播种作业质量符合单粒率≥85%，空穴率<5%，粒距合格率≥80%，行距左右偏差≤4cm，碎种率≤1.5%。肥料在种子下方，离种子5cm以上。播种时期应选择在降水来临前5d左右。

（6）栽培密度。合理密植能最大限度地利用光照、空气、养分，是实现高产栽培的中心环节。普通籽粒玉米以每亩种植4 500～5 000株为宜，即行距60～70cm（宽窄行种植，宽行80～90cm，窄行40～50cm），株距20～25cm；青贮玉米以每亩种植5 500～6 000株为宜，即行距60～65cm，株距17～20cm。单粒机播则按密度要求在保持行距基础上调整株距。

（7）施肥管理。秸秆每亩还田2 000～2 500kg；绿肥每亩还田1 500～2 000kg，化肥减施10%～15%。推荐选用稳定性好的缓释肥（沃肥特，$N-P_2O_5-K_2O$=27-9-9）一次性施用每亩60kg，施用深度为根层10～15cm ，以缓（控）释肥料为底肥与机播同步进行。一次性施肥后一般不再追肥，若在灌浆中发现供肥不足，可补充追施尿素每亩5～10kg，施肥深度10～15cm 。

（8）化学除草。滇东高原冬春季节性干旱明显，因此多采用苗后（茎叶）除草剂。具体操作是在玉米4～6叶期，选用兼用型除草剂，使用优选的喷药器械对玉米杂草进行定向喷雾防除1次。亩用量为常规用量的70%，并添加助剂（如激健等），减少除草剂用量30%以上。

（9）中耕管理。适时间苗、定苗；做好病虫害监测，及时防治。

（10）病虫害防控。采用新型高效低毒低残留农药和生物农药。使用时宜选用醚菌酯、苯醚甲环唑、丙环唑、吡唑醚菌酯等杀菌剂和氯虫苯甲酰胺、虫螨腈、甲氨基阿维菌素苯甲酸盐、茚虫威、杀铃脲、昆虫性诱剂、斜纹夜蛾多角体病毒等高效化学和生物杀虫剂配合，实现病虫防治前移、多标靶一喷多防。添加农药助剂，如芸苔素内酯、激健等，以提高防效，减少用药量20%～30%。苗期及早防治小地老虎等地下害虫，中期防治草地贪夜蛾、黏虫、玉米螟等虫害。推荐电动喷雾器、遥控微型无人机喷洒，统防统治实现节药、节本、增效。

（11）适时采收。籽粒成熟、乳线消失，收穗时籽粒含水率≤30%，收粒时籽粒含水率≤25%。收穗型收获机作业质量符合总损失率≤4%、籽粒破碎率≤1%、果穗含杂率≤1.5%、苞叶剥净率≥85%、残差高度≤100mm。收粒型收获机作业质量符合总损失率≤5%、籽粒破碎率≤5%、含杂率≤3%、残差高度≤100mm。青贮玉米收获应选择在籽粒乳熟末期至蜡熟前期，全株收获。

（12）清洁田园。玉米收获后，及时采用机械（或人工）清理残物、残膜，深耕土地，翻晒土垡，为下茬作物的生产做好准备。

三、技术评价

1.创新性 该技术具有抗旱、省时、省力、机械化程度高、化肥农药减量及减次明显、生产投入少、种植效率高等优点。

2.实用性 通过此项技术应用，实现山地玉米生产全程机械化，化肥农药减量减次施用。玉米亩增产10%～15%，化肥农药减施10%～20%，减少劳动力投入4～5个，每亩节本增效300元以上。2019年白水镇座座棚村委会示范点，经专家组实测，示范区崔金团家地块种植靖单15号实测面积67m^2，折合标准亩产802.8kg，对照折标准亩产660.5kg。示范区比常规种植亩增产142.3kg，按市场收购价每千克2元计，亩增产值284.6元；项目实施中亩减肥20kg（23.6%），化肥利用率提高5%以上；每亩减施化学农药10g（33.33%）。按市场农资价格计，每亩节约农药10元，节约化肥15元，全程机械化作业，节约人工成本200元，每亩共计节本增效509.6元。

四、技术展示

五、成果来源

项目名称和项目编号：南方山地玉米化肥农药减施技术集成研究与示范（2018YFD0200700）

完成单位：云南省农业技术推广总站、云南省沾益区农业技术推广中心

联系人及方式：刘艳，0871-64106994，ynsnjtgz@163.com

联系地址：云南省昆明市五华区高新开发区科高路新光巷165号

四川盆地宽带套作春玉米绿色增效技术

一、技术概述

四川盆地宽带套作春玉米绿色增效技术通过扩大套作带宽实现丘陵地区套作玉米机播机收，集成优化机械选型、品种选优、适墒早播、增密优配、化肥农药减施、玉米早播早收、大豆边际增优、秸秆还田等关键技术。

二、技术要点

（1）宽带套作，边际增优。玉米适播期，旋耕机翻耕整地，达到土表细碎、平整，同时用画线器画出播种带幅。扩展带宽为“三玉四豆”套作模式，即玉米带种植3行，大豆带种植4行，玉米大豆带宽比1∶1，均为1.6m。在土壤墒情适宜的晴天进行精量播种，亩播种量2～2.5kg，播种深度4～6cm，半紧凑型品种成苗密度为每亩3 000～3 300株，紧凑型品种为每亩3 300～3 600株。大豆行距40cm，每亩保苗6 000～7 000株；第二年种植时，两种作物种植带轮换，实现轮作。

（2）选用良种，精选包衣。春玉米选择适合机械化生产、耐旱耐密抗倒伏的中早熟品种；夏大豆品种选用耐荫性好、抗倒力强、品质优、产量高的中晚熟品种。精选种子，采用50%氯虫苯甲酰胺或者噻虫胺＋申嗪霉素进行包衣，防治苗期病虫害，以及后期茎腐病、穗腐病，减少后期用药。以5cm地温稳定超过8℃为标准，播种、施肥等工序一次性完成，适合播深3～5cm，套作大豆于最佳播期6月上旬播种。

（3）减量施药，精准植保。春玉米播种后一般不除草，如需要除草宜选择苗期专用除草剂，减量30%加助剂（激健亩用量15mL）进行苗期施用；根据病虫害预测预报和发生情况，选择适宜药剂，于晴天用喷药机进行机械化植保作业。玉米喇叭口期，每亩用5%甲氨基阿维菌素苯甲酸盐颗粒剂10g兑水灌心防治夜蛾类害虫。

（4）有机培肥，用养结合。施用有机肥，逐步培肥地力，改善玉米生长环境，稳步提高玉米产量和品质。在中等肥力地块，化肥配施商品有机肥6 000kg/hm^2，播种时一次性机械化施入；或间作光叶苕子（播种量30kg/hm^2），盛产期时就地刈割覆盖在行间。

（5）配方施肥，化肥减量。优化氮、磷、钾肥用量，实现玉米生产提质增效。在秸秆还田基础上，根据地力采用控释肥于播种时一次性机械化施入。一般中等地力田块（产量6 000kg/hm^2）条件下，控释肥（控释掺混肥料，N-P_2O_5-K_2O=26-12-13，控释氮≥13%）30kg；也可亩施商品有机肥400kg，化肥减施15%。肥料条施于预留行中间，施肥深度以25cm为最佳。地力较差的地

块可适度增施，大喇叭口期根据田间长势酌情追肥。

（6）秸秆还田，早收增际。秸秆50%还田有利于增强耕层土壤机械稳定性和抗水冲刷能力，有利于形成理想的耕作土壤结构。春玉米一般7月下旬活秆收获（玉米蜡熟末期），有利于缩短与大豆苗共生期，增加大豆边际优势，显著提高大豆产量。

三、技术评价

1.创新性 本技术扩展传统带宽为“三玉四豆”套作模式，即玉米带种植3行，大豆带种植4行，玉米大豆带宽比为1∶1，幅宽3.2m，有效改良土壤结构和通气透水性能，提高土壤有机质21.5%以上，减少化肥用量20%～30%，农药减量30%～35%，同时能有效降低农业面源污染，提升耕地质量。

2.实用性 该技术模式在四川省阆中市、西充县等地进行了多年多点示范，示范面积达50.81万亩。技术实用性如下。

（1）套作模式利用农作物边际优势，降低病虫害发生率30%～50%，可降低农药施药量30%～35%，套作春玉米扩大带宽，利于机械化耕作，节约劳动成本，促成1亩地产出1.5亩地的效益，实现轮作倒茬，利于培肥地力。

（2）玉米秸秆直接粉碎或过腹还田，养殖业产生的畜禽粪污同时作为种植业肥源，反馈于农田，改良土壤结构，平均提高土壤有机质21.5%，同时减少化肥用量20%，显著降低了农业面源污染，有效提升了耕地质量。

（3）实现良种良法配套、农机农艺结合、生产生态双赢，具有“高产出、可持续、机械化、低风险”优势，集轮作高效绿色于一体，既保粮食安全又保绿水青山，有利于促进农业绿色可持续发展。

四、技术展示

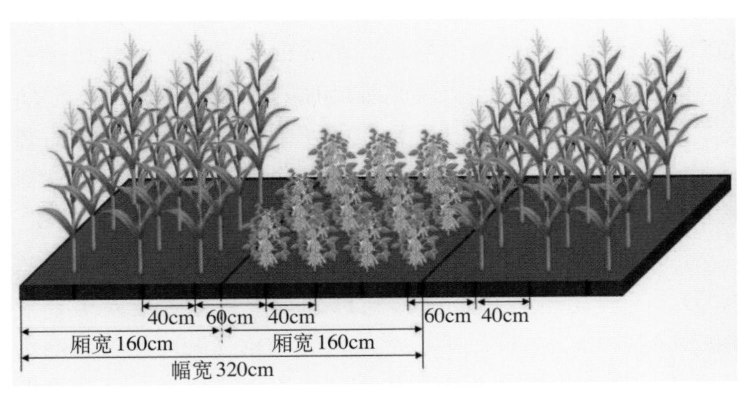

五、成果来源

项目名称和项目编号： 南方山地玉米化肥农药减施技术集成研究与示范（2018YFD0200700）

完成单位1： 南充市农业科学院

联系人及方式1： 何川、蒲全波、杨云、郑祖平，0817-2805132，nchcyms@163.com

联系地址1： 四川省南充市顺庆区农科巷137号

完成单位2： 中国科学院、水利部成都山地灾害与环境研究所
联系人及方式2： 况福虹、朱波、唐家良，028-85235869，kuangfuh@imde.ac.cn
联系地址2： 四川省成都市武侯区人民南路四段9号
完成单位3： 四川农业大学资源学院
联系人及方式3： 蔡艳、李冰，028-86290993，benglee@163.com
联系地址3： 四川省成都市温江区惠民路211号

黄淮海夏玉米一次性减量施肥和病虫害同步防控技术体系

一、技术概述

针对黄淮海夏玉米主要种植区肥药施用精准度差、技术集成度弱、农村劳动力不足及其技术接受度低等问题，提出了符合区域实际需求的化肥农药减施增效技术体系。该技术体系核心为夏玉米氮高效兼具抗性品种筛选与利用技术、一次性精准施肥技术、主要病虫害发生规律与监测技术、高效精准施药技术、夏玉米绿色防控技术、有机肥部分替代化肥技术、麦-玉米周年秸秆还田培肥地力减施化肥技术、夏玉米间作豆科作物减氮控草防虫技术、一基两追水肥一体化技术协同模式和灭茬清垄联合高效精准施肥施药技术等技术。

二、技术要点

（1）高效新型肥料分区选用。黄淮海南部黄褐土、砂姜黑土区，适合选用含腐殖酸配方肥和各类缓控释肥、炭基复合肥及含硝化抑制剂的肥料。南部壤质潮土区适合选用包膜类控释肥（含有脲醛类的稳定型缓释肥），有利于抵抗环境风险，促进玉米增产。北部壤质潮土区适合选择一般的非包膜类具有缓释性能的增效肥料。沙质潮土区适合选择控释期长的缓控释肥料。

（2）一次性精准施肥技术。选用优良高效品种，种肥同播，深松清垄一体化完成，根据目标产量或者区域确定不同养分用量范围，控释氮肥养分释放期为60d左右，包膜控释氮肥与普通氮肥（尿素）按3∶7或4∶6配制，控释氮肥与颗粒普通氮肥、磷肥、钾肥掺混均匀，肥料施在种子侧下方5cm处。

（3）抗性鉴定标准化。确定了黄淮海玉米种植区域抗源筛选和抗性鉴定目标，首创了分子检测与组织分离相结合的玉米茎腐病病原菌检测方法，提出了以产量损失为依据的瘤黑粉病病情分级标准，建立了以株高和穗长为病情描述依据的粗缩病调查和抗性评价方法，制定了“四查四核”操作流程和玉米区试抗鉴工作规范等标准化工作制度。

（4）高效精准施药技术。黄淮海中南部无大规模突发性病虫害发生的年份，采用“一拌两喷”，即播种前采用高效安全种衣剂进行种子包衣。在夏玉米3 ～ 5叶期，采用喷杆喷雾机喷施除草剂防治苗期杂草（即第一喷）；在大喇叭口期，采用无人机施药或喷杆喷雾机混合喷施杀虫剂和杀菌剂防治中后期病虫害（即第二喷）。黄淮海鲁东和环京津病虫害发生较轻的地区，则采用“一拌一喷”。

三、技术评价

1.创新性　该技术体系不仅减少了化肥农药的施用，提高了肥药利用率，同时省工省时、兼顾了作物稳产增产，可针对不同经营主体优配不同核心技术进行推广示范。

2.实用性　项目集成的区域化肥农药减施综合技术模式示范面积1 444.6万亩，使辐射面积2 716.8万亩。使肥料利用率提高8.0%～28.1%，化肥减量17.6%～24.8%，化学农药利用率提高11.2%～13.4%、减量30.4%～38.8%，玉米增产3.2%～17.5%，培训农技人员16 286人次，新型职业农民22.8万人次。推广应用区总增产145.7万t，以平均每亩节本增效65元计算，新增经济效益27.0亿元。同期建立了互联网＋研究单位＋技术推广服务部门＋新型农业经营主体/农资企业/科技小院/产业技术体系/国家科技示范园区、政产学研用精准对接的多途径网络化技术推广服务模式，为实现黄淮海夏玉米化肥农药减施、增产增效与生态环境保护相统一目标提供了技术支撑和技术推广服务模式保障。

四、技术展示

五、成果来源

项目名称和项目编号：黄淮海夏玉米化肥农药减施技术集成研究与示范（2018YFD0200600）

完成单位：河南农业大学

联系人及方式：李慧，13526443069，maize20176@163.com

联系地址：河南省郑州市金水区文化路95号

四川盆地净作夏玉米绿色高效生产技术

一、技术概述

四川盆地净作夏玉米绿色高效生产技术优化集成全程机械化、绿色优质高效夏玉米品种、秸秆还田、控释肥一次性深施、增密稳氮、农药高效安全防治等关键技术。

二、技术要点

（1）品种优选。因地制宜选用新近审定推广的丰产、氮高效、抗逆性强的优良杂交玉米品种。并按照相关规定进行种子包衣（拌种药剂可采用噻虫嗪+精甲霜灵等）。剔除破碎、无胚和病虫籽粒。播前晒种2 ～ 3d。

（2）整地技术。选择四川丘陵区的坝地或台地，土层厚度大于20cm。播前将上一季小麦或油菜秸秆粉碎，长度3 ～ 5cm即可。播种前整地将秸秆和根茬翻埋良好，达到待播状态，并注意保墒。

（3）宜机栽培技术。选用2BEY、2BJD-3等型号精量玉米直播机、2BQ-6型气吸式玉米精播机，使播种、施肥等工序一次性完成，适宜播深为5cm 。在4月上旬至6月初播种，每公顷用种量30.0 ～ 37.5kg。机播玉米行距40 ～ 60cm，窝距20 ～ 30cm（可调），密度为每公顷57 000 ～ 72 000株。选用4行自走式玉米联合收获机进行收获。

（4）有机替代技术。前茬作物秸秆全量粉碎还田或施用有机肥4 500 ～ 7 500kg/hm^2，可替代10%～20%氮、磷、钾肥。将作物秸秆机械粉碎成3 ～ 5cm，在整地前施于土表，翻耕掩埋腐熟农家肥或将商品有机肥在土壤翻耕后撒施于土表，与底肥同时施用，旋耕细碎平整土地。

（5）肥料施用技术。一般中等地力田块，在产量6 000 ～ 7 500kg条件下，N、P_2O_5、K_2O每公顷总用量分别为180 ～ 240kg、67.5 ～ 85.5kg、60.0 ～ 90.0kg。优先选用玉米专用复混肥料，提倡施用缓控释肥，也可选用尿素、氯化铵、过磷酸钙或钙镁磷肥（酸性土壤）、氯化钾等常规肥料。氮肥基肥、追肥各占50%，控释尿素可以作基肥一次性施入；有机肥与磷、钾肥全部基施。基肥可均匀撒施地表，通过旋耕与土壤混拌。采用机械化播种施肥同步作业条件下，肥料应施在种子侧下方5cm左右。追肥应在苗带一侧开沟深施，并覆土。

（6）田间管理技术。保证每公顷有效苗在57 000 ～ 72 000株。玉米穗期进行中耕，深度以2 ～ 3cm为宜，结合追肥进行培土，培土不宜过早，高度以6 ～ 10cm为宜。天干时抽水浇灌，拔节期除草时结合覆土，以防暴风雨天玉米倒伏。在玉米全生育期按当地玉米高产的管理要求进行病虫草害防治。

三、技术评价

1.创新性　该技术基于区域内玉米养分需求特性与限量标准，组配出适合一次性深施的玉米专用复混肥料（N-P_2O_5-K_2O = 26-12-13，氮肥中50%为控释氮）。有机替代技术：前茬作物秸秆全量粉碎还田或施用有机肥4 500 ～ 7 500kg/hm^2，可替代氮、磷、钾肥10%～ 20%。

2.实用性

（1）使用规模。与传统种植方式相比，该技术更能从容地应对四川丘陵区夏玉米生产上面临的氮肥利用率低、坡耕地水土流失，播种、收获等环节劳动力紧迫等问题。2017年以来，在四川德阳、绵阳、资阳、内江、遂宁等地进行了大面积示范推广，累计在示范区域开展技术培训10余次，培训500余人次，累积推广应用160余万亩。

（2）产生效益。根据多年多点示范，该技术可在播种、施肥、田间管理、收获等环节减少劳力、农资等投入52.4%，使生产效率提升56%，降低化肥用量20%，亩增收180元，降低每亩劳务支出220元。

（3）潜在价值。一次性完成施肥、浅旋、破茬、播种、覆土、镇压等多种工序，减少土壤破坏与水分损失，后期适时机械收获，秸秆还田，能增强土壤保水保肥能力，减少化肥施用量，降低温室气体排放，改善生态环境，节省人力劳动成本，解决农村劳动力短缺、传统种植效益低下的矛盾。

（4）成果水平。该项技术获国家发明专利授权3项，发表论文10篇，制定地方标准3项，获2018年度四川省科技进步三等奖。

四、技术展示

五、成果来源

项目名称和项目编号：南方山地玉米化肥农药减施技术集成研究与示范（2018YFD0200700）

完成单位1：四川省农业科学院作物研究所

联系人及方式1：刘永红、陈岩、杨勤，13908189593，13908189593@163.com

联系地址1：四川省成都市锦江区狮子山4号

完成单位2：四川省农业科学院农业资源与环境研究所

联系人及方式2：郭松、刘海涛、秦鱼生、曾祥忠，15528263927，guosong1999@163.com

联系地址2：四川省成都市锦江区狮子山4号

完成单位3：绵阳市农业科学研究院

联系人及方式3：卢庭启、蒋晓芳、张华、何丹，15182310178，lutingqi0822@126.com

联系地址3：四川省绵阳市游仙区松垭镇松江路8号

江汉平原“青贮－籽粒”双季玉米绿肥－控释肥联用生产技术

一、技术概述

冬闲季节种植绿肥和施用缓控释肥是目前化学肥料减施的重要措施，将上述两个单项技术结合并通过合理调整绿肥播期、绿肥翻压期、玉米播种期等技术措施，以达到减少化学肥料施用、培肥土壤、降低伏旱季节旱灾影响的目的，是实现江汉平原“籽粒-青贮”两季玉米丰产稳产的新技术。

二、技术要点

（1）绿肥和玉米种子准备。绿肥品种为光叶苕子、肥田萝卜、黑麦草，将三者混播。春籽粒玉米品种可选适应性广、生育期中等、耐低温、当地大面积推广的品种，如郑单958；秋青贮玉米品种可选生育周期较短、耐高温干旱、当地大面积推广的品种如澳玉5102、雅玉8号等。

（2）肥料准备。氮磷钾施用量为N：P_2O_5：K_2O=1.00：0.63：0.90，其中氮施用量为168kg/hm^2，氮、磷、钾肥源分别为尿素、过磷酸钙、氯化钾，其中50%氮肥控释，释放期为60d，一次性施用。

（3）绿肥播种与翻压。在第一年11月中下旬进行绿肥播种，光叶苕子、肥田萝卜、黑麦草用量分别为45kg/hm^2、6.5kg/hm^2和6.5kg/hm^2。在第二年3月中旬翻压。

（4）施肥与玉米播种。绿肥翻压后15d左右，即4月初进行施肥，施肥深度8 ~ 10cm。采用宽窄行栽培，开厢带厢沟200cm，其中沟宽40cm，沟深25 ~ 30cm，厢面宽160cm。厢上施肥两行，肥料间距宽80cm，肥料带距厢边40cm，肥料带两边种植玉米各一行，玉米播种距离肥料带5 ~ 8cm。

春籽粒玉米可在4月5号以后播种，每穴1 ~ 2粒种子，密度为4 000 ~ 4 500株/亩，在3 ~ 4片展开时间苗，选留壮苗、匀苗、齐苗为标准留苗1株定苗，7月30号以后收获；秋青贮玉米可在8月10日左右播种，每穴1 ~ 2粒种子，密度为5 500 ~ 6 000株/亩，一般不间苗，11月中上旬收获。早春玉米选用复合式玉米精量播种机一次性播种和覆土等作业。如人工播种，在肥料沟两侧开播种沟、点播后覆土，覆土后喷施封闭草药。秋玉米免耕田，为保证秋青贮玉米土壤墒情较好，在早春玉米收获后将玉米秸秆顺垄体覆盖在垄面，在原肥料沟上开沟施肥，施肥后再进行错穴播种。

（5）田间管理。土壤温度：尽量在升温稳定后（清明节之后）播种。水分管理：春季尤其是梅雨季节要注意挖沟排水，在伏旱季节要注意灌溉。抽雄前后15d是玉米需水的关键时期，此期若缺水会造成果穗秃尖、少粒，降低粒重，造成减产。病、虫、草害防治：及时进行病虫草害防除工作，如根腐病、苗枯病、大小叶斑病、纹枯病、茎腐病、鞘腐病和穗腐病、地老虎、蛴螬、蝼蛄、玉米旋心虫、玉米螟等。

三、技术评价

1.创新性　该技术根据玉米养分需求规律，通过掺混控释尿素，组配出养分释放与养分需求相吻合的玉米专用控释掺混肥；配合绿肥种植与翻压、玉米品种与播期调整等技术，实现化肥减施、土壤培肥、减损稳产的目的。

2.实用性　自技术形成以来连续三年大田对比试验跟踪调查结果表明，该技术使田间化学氮肥减少20%左右，年度减少施肥用工3 ~ 4次，每公顷综合收益达到550元。达到了减肥、增效、止损的综合目标。2020年对该技术申请了发明专利。

四、技术展示

五、成果来源

项目名称和项目编号：南方山地玉米化肥农药减施技术集成研究与示范（2018YFD0200703）

完成单位：湖北省农业科学院植保土肥研究所

联系人及方式：徐祥玉，15172394579，xuxiangyu2004@sina.com

联系地址：湖北省武汉市洪山区南湖大道6号

山地玉米间套绿肥种植还田减肥增效技术

一、技术概述

绿肥是生态农业的重要组成部分，其适宜性、实用性及基础性地位十分突出。绿肥是通过种植绿肥作物为下茬作物提供养分，为土壤提供有机质，减少化肥用量，为农区畜牧业提供饲草来源。合理间套种植绿肥，是缓解耕地退化的重要技术措施，并且能有效提高土壤肥力、改善土壤环境质量、保肥保水。其核心技术是采取间、混、套、复种等多种形式，建立不同种植制度中绿肥的有效种植与利用模式，其中不同种植制度下的模式有玉米—绿肥—烟草间套作、马铃薯—绿肥—玉米间套作、小麦—绿肥—玉米间套作、油菜—绿肥—玉米间套作等。

二、技术要点

（1）绿肥品种选择。根据茬口、气候特点、生态类型及用途，选择适合当地的早生快发、高产、抗病、抗旱等性状的优良品种，如云光早苕、光叶紫花苕、肥田萝卜等。夏季种植一季玉米，冬季休闲地田最好选择云光早苕。

（2）地块选择。选择地势高燥、排水良好的地块。应选择土层深厚耐旱能力强的中等肥力耕地留种。光叶紫花苕也可以选择下等肥力耕地，同时最好前茬是高棵作物，如玉米、烟草类地块。

（3）播前整地。玉米套种绿肥时，在玉米灌浆期，结合除草和中耕，进行整地松土；在前茬马铃薯收获后，翻犁整地，清洁田园，地势低凹的开沟作畦；烤烟地则在烟叶采烤至2/3时中耕除草。

（4）播前晒种和拌种。播种前，选择晴天用阳光照晒1 ～ 2d待播。播种前先将种子用水拌潮，光叶紫花苕每公顷用种量用75 ～ 300kg，钙、镁、磷肥（蓝花子75 ～ 150kg）充分拌匀，使肥料包附于种子表面形成较均匀的种球，水分稍多时可晾0.5 ～ 1h后播种。或用同样方法用等量的普通过磷酸钙现拌现播，用普通过磷酸钙拌种时，不能放置时间太长（一般不超3h），否则对出苗会有一定影响。光叶紫花苕留种地每千克种子可加钼酸铵2 ～ 6g拌种，蓝花子留种地每公顷可加硼砂4 ～ 20kg拌种。

（5）播种期。一般西南旱地绿肥在8月下旬至9月中旬雨季即将结束时播种，水田绿肥在9月上中旬播种为宜。在玉米灌浆期、马铃薯收获后、采摘“上二棚”烟叶（即烟叶采烤至2/3时）时播种为佳。为了防止荫蔽、培育壮苗，玉米等高秆作物可于收获前10d播种，留种地前茬作物需要适当早播。

（6）播种量。光叶紫花苕旱地每公顷播种量75 ～ 90kg，留种地18 ～ 22.5kg，水田每公顷播种量60 ～ 75kg；蓝花子每公顷播种18 ～ 22.5kg，留种地4.5 ～ 7.5kg；光叶紫花苕与蓝花子混播用种量（1.5 ～ 2.0）：0.25。原则是肥地稍稀，瘦地稍密，撒播稍多，点（穴）播、混播适当减少。

（7）播种方法。一般以撒播为主，也可采用开浅沟条播或穴播及点播。混播时以撒播为宜，留种地应采取纯播、稀播。①穴播和点播。玉米地在玉米宽行间穴播二行绿肥，行距30 ～ 50cm，穴距35 ～ 40cm（蓝花子穴距20cm左右），播后覆土；冬闲旱地及收获马铃薯后翻犁整理好的耕地，光叶紫花苕行距80 ～ 100cm，穴距50cm左右，每穴播种4 ～ 6粒，蓝花子开宽30cm、深25cm的沟，整厢3 ～ 4m，打塘点播。②条播。玉米地在玉米行间开2条深3 ～ 5cm的浅沟，沟距30 ～ 50cm，绿肥种子均匀播于沟中，播后覆土；麦肥间种地采用双行条播间种；冬闲旱地及收获马铃薯后翻犁整理好的耕地，整厢条播。③撒播。光叶紫花苕种子均匀撒于玉米地、植烟地里，然后结合中耕、除草稍微翻动表土；马铃薯收获后翻犁整理好耕地后，撒上种子再用耙、耙子、钉耙扒盖或用树枝拖盖覆土。

（8）混播方式。对于海拔1 900m以上地区，前茬作物马铃薯收获后，可进行荞和光叶紫花苕、光叶紫花苕和黄白萝卜或蓝花子混合撒播或条播；在种植垄两侧穴播光叶紫花苕的烤烟地，采收烟叶结束将植烟沟翻挖后撒播黄白萝卜或蓝花子。

（9）播种深度。一般播种深度（覆土厚度）在2 ～ 3cm，不宜超过5cm。

（10）田间管理。

①追肥。绿肥作为养地作物，通常不用追肥。但肥力低的地块、繁种地可以视苗情在土壤墒情较好或灌溉时，每公顷撒施尿素75 ～ 150kg。光叶紫花苕留种地可在花荚期用1%尿素或2%普通过磷酸钙选晴天进行叶面喷施，必要时，也可喷施0.1%钼酸铵、0.02%硼肥溶液；蓝花子留种地可在抽薹前用0.02%硼肥溶液选晴天进行叶面喷施及追施尿素75kg/hm^2。

②水分管理。冬春季节是南方大部分地区干旱的季节，有条件的应每隔10 ～ 15d根据天气情

况进行1次灌水；在10月之前雨水较多时，及时开沟排水，田间不能有积水。光叶紫花苕苗期要注意排涝，冬春季要适时灌水。

③田间除草。除草主要是在播种前，旱地收获马铃薯、玉米、烤烟后要及时除草。光叶紫花苕因前期生长缓慢，应在播种后20 ～ 30d，选择晴好天气用人工割除杂草1 ～ 2次。拔除方式容易将绿肥带起，所以用割除方式较好，绿肥封行后就不用再除草。

三、技术评价

1.创新性 通过利用不同模式并在生产上推广应用，有效培肥地力、减少山地玉米化学肥料施用量。

2.实用性 自2016年开展示范以来，技术推广应用面积已达500多万亩。分别在云南、贵州、广西等地建立千亩示范样板5个，示范应用面积超过200万亩。连续4年大田对比试验及分析测试结果表明，种植并翻压绿肥能替代化肥氮15%～ 45%，提高玉米产量6.8%～ 44.55%，提高云南旱地化肥氮养分利用率6.6%～ 25.1%，其最佳播期为8月下旬至9月中上旬，最佳翻压时期为夏玉米种植前15 ～ 20d（3月下旬至4月上旬，光叶紫花苕开花70%以上），替代化肥用量为每500kg光叶紫花苕鲜草可替代氮肥4.0 ～ 4.5kg，每亩可减少氮肥施用量12 ～ 19.6kg。有效促进了云贵高原及南部山地区域有机肥替代、化肥减量和农业绿色发展，为云贵高原迈入全国绿肥生产应用大省提供了强有力的科技支撑。

四、技术展示

五、成果来源

项目名称和项目编号：南方山地玉米化肥农药减施技术集成研究与示范（2018YFD0200700）

完成单位：云南省农业科学院农业环境资源研究所

联系人及方式：何成兴，13888184096，hechengxing69@163.com

联系地址：云南省昆明市盘龙区北京路2238号

高海拔山地玉米化肥农药减施技术模式

一、技术概述

该技术模式针对云南1900m以上高海拔冷凉山区冬春季干旱、地力贫瘠、夏季雨热同步、玉米生产化肥、农药粗放使用等问题，进行关键技术“冬闲绿肥种植还田减肥、选用优质抗病耐瘠玉米品种、精密单粒机械化播种（施肥、播种、覆膜一体化）、窝塘集雨抗旱播种、控释肥一次性深施、精细田间管理、病虫害综合防治、间套燕麦、荞麦”等集成，在会泽县开展千亩精准示范区展示，辐射带动化肥农药减施增效技术大面积推广应用，总结并形成了适宜高海拔山地玉米生产的化肥农药减施技术模式。

二、技术要点

（1）冬闲绿肥种植还田技术。

①绿肥种植技术。玉米进入灌浆期（7月下旬至8月上旬），利用玉米地土壤墒情，选用生物产量高、适应性广的绿肥良种“光叶紫花苕”实施套种。播种前将种子置于太阳下暴晒1 ～ 2d，提高种子发芽率。在玉米行间采用穴播方式，光叶紫花苕亩播种5 ～ 6kg，播种深度2 ～ 3cm，播后覆土。播种时亩施磷肥30kg作基肥，立春后亩追施尿素7kg，以促进春发，提高单位面积产量。

②绿肥还田技术。翌年（3月中下旬）绿肥进入盛花期，进行机械翻压，将绿肥翻入土层，做到压严、压实，绿肥翻压深度一般为15 ～ 20cm，翻压过深会因缺氧而不利于发酵，过浅则不能充分腐解发挥肥效。

（2）精密单粒机械化播种技术。

①品种选择。选择产量稳定、抗病、抗逆性强、耐密、生育期适中的优良玉米品种，如靖单15号、会玉336等。

②机械化耕整地。机械深耕应在前茬作物收获后立即进行，机耕前后及时清除残膜，耕深以22 ～ 25cm为宜，做到墒平土细。

③机械化精准播种。采用河北农哈哈机械集团有限公司生产的2BPSF-2铺膜穴播机播种，统一种植规格，株行距为（90 + 50）cm × 20cm，亩用种1.8kg，亩播种4 700粒，播种深度为8cm。

④施肥。采用河北农哈哈机械集团有限公司生产的2BPSF-2铺膜穴播机施肥，种肥深施在玉米种子侧下方15 ～ 20cm处。采用控释肥加微量元素，种肥同播种，每亩施40kg左右，每株施8g左右，实施化肥减量措施。

（3）窝塘集雨抗旱栽培技术。

①品种选择。选择产量稳定、抗病抗逆性强、耐密、生育期适中的优良品种，如靖单15号、会玉336等。

②窝塘集雨栽培。按照深打塘、松覆膜、取土压塘心、破膜集雨的要求进行。

③机械整地理墒。前作收获后及时耕地晒垡，整地要求墒平土细，采用宽窄行种植，1.3m开墒，大行距90cm，小行距40cm，墒面宽70cm左右，墒面高15cm。

④打塘。打梅花塘，塘距40cm，塘深13 ～ 15cm，形成大窝塘状。

⑤施足底肥。亩用腐熟农家肥1 500kg作底肥施于塘心；亩用15kg尿素、15kg普通过磷酸钙、15kg氯化钾混合均匀，作环状施于塘四周，以防伤种。覆膜前，喷施农药防治地下害虫。大喇叭口期亩追施25kg尿素。

⑥盖膜。采用1 000mm×0.01mm规格地膜覆盖，盖膜时适当放松，压实边膜，不留缝隙，并取土压实塘心，形成窝塘状，便于有效收集雨水。

⑦适时破膜播种。在塘心位置用木棍将地膜捅破，使雨水集中在塘心，看土壤墒情及时播种；适时、适量播种；双株留苗，确保每亩株数4 500株左右；适时间苗、定苗。

⑧病虫害防控。采用新型高效低毒低残留农药和生物农药；使用时宜选用醚菌酯、苯醚甲环唑、吡唑醚菌酯等杀菌剂和氯虫苯甲酰胺、虫螨腈、甲氨基阿维菌素苯甲酸盐、茚虫威、杀铃脲、昆虫性诱剂、斜纹夜蛾多角体病毒等高效化学和生物杀虫剂配合，实现病虫防治前移、多标靶一喷多防。

⑨收获。适时收获，在玉米真正成熟后选择晴好天气进行收获，妥善贮藏。

三、技术评价

1.创新性 该模式集施肥、覆膜、播种于一体，可减少劳动力投入，有效降低玉米生产成本。

2.实用性 2019年会泽县马路乡脚泥村举办千亩精确示范区，平均亩增产83.1kg；亩减施化肥35kg，比普通种植（底施15∶15∶15玉米专用肥每亩50kg、尿素每亩40kg）施肥减量38.89%；亩减施化学农药20g、减量40%。农资按市场价计，亩节约农药15元、节约化肥85元，亩节省用工费240元，亩节约成本共计340元，亩新增产值149.58元。

四、技术展示

五、成果来源

项目名称和项目编号：南方山地玉米化肥农药减施技术集成研究与示范（2018YFD0200700）

完成单位：云南省农业技术推广总站、云南省会泽县农业技术推广中心

联系人及方式：刘艳，0871-64106994，ynsnjtgz@163.com

联系地址：云南省昆明市五华区高新开发区科高路新光巷165号

麦茬大豆“一拌一封一喷”减肥减药技术

一、技术概述

针对麦-豆轮作条件下大豆病虫害发生严重、农药与肥料施用方式粗放，以及麦茬处理工序多、成本高等主要问题，集成了与免耕机械化相结合的麦茬大豆“一拌一封一喷”减肥减药技术。

二、技术要点

（1）选用抗病品种。选用抗根腐病、拟茎点种腐病、病毒病、蚜虫等病虫害的大豆品种，避免使用病虫害高发地区收获的带病或劣质种子，注意品种合理布局，避免多年种植单一品种。

（2）药剂拌种。播种前选用在大豆上取得农药登记的杀菌（虫）剂进行拌种处理，以防控主要土传病害和地下害虫。宜选择的药剂有：6.25%咯菌腈·精甲霜灵悬浮种衣剂、25%噻虫嗪·精甲霜灵·咯菌腈悬浮种衣剂、6.25%精甲霜灵·咯菌腈和48%噻虫嗪或25%噻虫嗪·咯菌腈·苯醚甲环唑。根据药剂使用说明确定使用量，药剂不宜加水稀释，使用拌种机直接拌种。

（3）机械播种。选用适合大豆的麦茬免耕覆秸精量播种机，一次性完成灭茬、播种、侧方施肥、封闭除草、覆秸等作业，每亩播种量7.5kg，播种深度3 ~ 5cm。肥料宜采用复合肥（$N-P_2O_5-K_2O$=17-17-17），每亩施肥量12kg，施肥部位为植株一侧10cm处，深10cm。封闭除草剂宜采用96%精异丙甲草胺乳油或45%二甲戊灵微囊悬浮剂等，根据药剂使用说明配制。

（4）早衰（病虫害）预防。初花期以后喷施叶面肥、杀菌剂、杀虫剂，是保持植株强健、减少病虫害、预防早衰、增加产量的有效措施。叶面肥宜经过肥料登记的大豆叶面肥料。做好病虫害调查监测，杀菌剂宜选用32.5%苯醚甲环唑·嘧菌酯悬浮剂（每亩20mL），杀虫剂宜选用40%氯虫苯甲酰胺·噻虫嗪水分散粒剂（每亩10g）。根据病虫害发生危害程度，选择是否进行第二次防控。选用适合的植保无人机或高杆喷雾机进行高效喷施。

（5）田间管理。遇较强烈的降水天气时，应及时排涝防渍。开花期遇干旱应及时浇水，以促进开花结荚，增加单株粒数。

三、技术评价

1.创新性 播种过程中使用麦茬免耕覆秸播种机，实现灭茬、种衣剂“拌”种后播种、侧深施肥、“封”闭除草、秸秆覆盖等工序“五位一体”，防治根腐病等种传、土传病害，解决了苗缺苗弱的问题；生长期以无人机适时进行药肥“一喷多防”，实现健体控害，解决早衰问题，促进稳产高产，最终达到机械化与轻简化、化学农药与肥料减量增效以及农民节本增收等目的。

2.实用性 2018—2020年在江苏、安徽、山东、河南、河北等大豆主产区累计示范推广近千万亩，大豆化学农药有效剂量减少用量20%以上，苗期病害发生率下降60%以上，有效防控根腐病、拟茎点种腐等土传和种传病害，每亩有效株数提高30%以上。示范区平均增产10%以上，百亩示范片亩产达到200kg以上，有力促进了大豆绿色增产、农民增收。

四、技术展示

五、成果来源

项目名称和编号： 大豆及花生化肥农药减施技术集成研究与示范（2018YFD0201000）

完成单位： 南京农业大学、安徽省农业科学院植物保护与农产品质量安全研究所、中国农业科学院作物科学研究所、山东省农业科学院植物保护研究所、河南省农业科学院经济作物研究所、江苏省农业科学院

联系人及方式： 叶文武，13770681681，yeww@njau.edu.cn

联系地址： 江苏省南京市玄武区卫岗1号

大豆带状复合种植绿色增效技术

一、技术概述

大豆带状复合种植绿色增效技术是集减量一体化施肥技术、生防菌与根瘤菌混合包衣技术、大豆苗期病虫害省力化拌种防控技术、性诱剂诱杀替代技术于一体的新技术。

该技术通过“一拌、一减、一诱”实现大豆带状复合种植绿色增产增效，制定了四川省地方标准《大豆带状复合种植绿色生产技术规程》（DB 51/T 2810—2021），在长江中上游地区开展了大面积示范和推广应用，来自中国农业科学院、南京农业大学、江苏省农业科学院等单位的9位专家进行了现场鉴评。该技术在实现玉米亩产506.4kg、大豆亩产139.3kg的同时，使农药用量减少25%～40%，化肥每亩用量减少4kg，各专家一致认为技术模式可操作性强，技术水平先进。

二、技术要点

（1）拌种壮苗。大豆采用带状复合方式，如大豆（3 ～ 4行）与玉米（2行）带状间作或套作，玉米带宽40cm，大豆带宽60cm（或100cm），玉米带与大豆带间距60 ～ 70cm，玉米株距12 ～ 14cm、大豆株距10 ～ 12cm。大豆播种前选择大豆专用种衣剂进行包衣，如6.25%咯菌腈·精甲霜灵悬浮种衣剂（商品名精歌）；或专用根瘤菌与生防菌混合包衣，

（2）减量施肥。结合秸秆还田和精量施肥播种机实施化肥减量：在大豆带状套作地区，实施秸秆全量还田，前茬小麦、油菜等作物秸秆收获时粉碎还田，同茬套作玉米视收获情况采用粉碎还田或整株原地覆盖还田；大豆带状间作地区，实施免耕播种、秸秆粉碎全量还田；播种大豆时利用2BYFSF-5（或6）型带状间作或2BYFSF-2（或3）型套作施肥播种机播种和施用大豆带状复合种植专用肥，或施低氮量复合肥（氮含量不超过15%），折合每亩施用纯氮2 ～ 2.5kg，每亩纯氮施用量较当地净作减少4kg。

（3）诱杀害虫。利用智能LED集成波段杀虫灯（灯间距为80 ～ 160m）和性诱器（每亩设置3 ～ 5套）诱杀害虫，在此基础上，结合无人机在大豆苗期及花荚期统防1 ～ 2次病虫害，采用杀菌剂、杀虫剂、增效剂、叶面肥、调节剂五合一套餐制施药。

三、技术评价

1.创新性 该技术针对长江流域间套作大豆化肥农药过量施用、盲目施用等生产问题，利用大豆种衣剂拌种或专用根瘤菌与生防菌混合包衣，实现塑株壮苗；利用秸秆还田与玉米大豆减量一体化施肥技术实现绿色增效；利用智能集成波段杀虫灯、性诱芯诱捕器、降解色板等诱杀害虫，将杀虫剂、杀菌剂、增效剂、叶面肥、调节剂五位一体“一喷多防”和“调源扩库”。

2.实用性 自2018年开展示范以来，该技术在四川、湖北、湖南、江西、广东、江苏、安徽、福建等8个省份开展了大面积示范，累计示范411.02万亩、辐射推广314.5万亩，示范区在确保玉米不减产的条件下大豆亩增产120 ～ 150kg，土壤有机质含量增加20%，总有机碳增加7.24%，作物固碳能力增加18.6%，大豆根瘤固氮量提高9.4%，系统氮肥利用率达67.8%，年均温室气体排放强度（GWP N_2O、GHGI CO_2）降低45.9%和15.8%，每亩可减施纯氮4kg、五氧化二磷2.2kg，化肥农药使用总次数由8次减为4次，农药减量25% ～ 40%。该技术入选2021年农业农村部和四川省农业主推技术，利用该技术相关内容，获得了2020年四川省科技进步一等奖。

四、技术展示

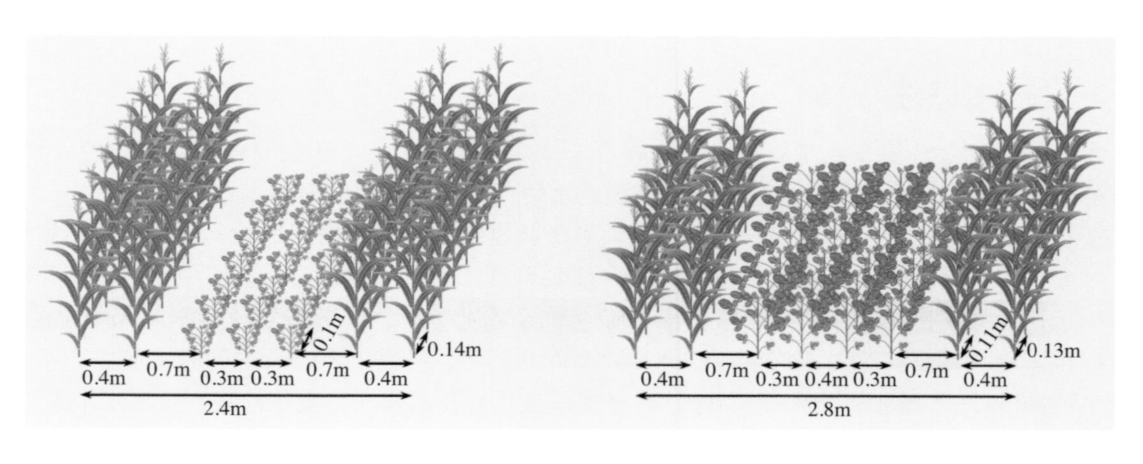

五、成果来源

项目名称和项目编号：大豆及花生化肥农药减施技术集成研究与示范（2018YFD0201000）

完成单位：四川农业大学、华中农业大学、南京农业大学、华南农业大学、湖南农业大学、福建省农业科学院植物保护研究所

联系人及方式：雍太文，13980173140，scndytw@qq.com

联系地址：四川省成都市温江区惠民路211号

玉米高留茬免耕覆秸大豆化肥农药减施增效技术

一、技术概述

基于东北大豆主产区玉米-大豆轮作制和秸秆全量还田技术要求，针对玉米秸秆根茬残留量大、化肥农药依赖程度高、化肥施用量大且利用率低、土壤退化严重、播种质量差、农产品和生态环境污染严重等问题，将工程技术与生物技术融合，首创了一种“侧向清秸防堵-种床整备-精量播种施肥施药-覆秸”免耕播种新方法新理论，研发出系列原茬地免耕覆秸精播机及玉米高留茬免耕播种机械化技术，并以此为核心，集成组装高效抗病大豆品种、化肥减量配施有机肥和病虫草害防治等单项技术，创新构建了玉米高留茬免耕覆秸大豆化肥农药减施增效技术模式。

二、技术要点

（1）地块选择。选择前茬为禾谷类作物地块，忌重茬和迎茬；根据东北种植结构发展趋势，建议采用“玉米-玉米-大豆”的轮作模式。

（2）耕种。对于沙质壤土及土壤墒情较差地区，推荐采用高留茬收获、播后覆盖还田方式，采用“免-免-松”的土壤耕作方式，即玉米后茬无须整地和秸秆残茬处理，采用原茬地免耕覆秸播种机械化技术直接免耕精量播种覆秸作业。对于玉米连作2年后种植大豆等秸秆易于处理的作物，在大豆收获后，可以按照常规整地方式作业，应用联合整地机、齿杆式深松机或全方位深松机等进行整地作业。提倡以间隔深松为主的深松耕法，构造“虚实并存”的耕层结构。间隔深松要打破犁底层，深度一般为35 ~ 40cm，稳定性≥80%，土壤膨松度≥40%，深松后应及时合墒，必要时进行镇压。对于田间水分较大的地区，应进行耕翻整地。对于平作模式，无须进行任何处理作业，待墒情适宜时直接播种即可。对于垄作模式，可以根据墒情随中耕培土后起垄。连作区土壤耕作可参考轮作区土壤耕作方式实施。

（3）施肥。提倡测土配方施肥和机械深施，充分利用玉米大豆轮作体系前茬玉米累积残留肥料；采用化肥减量配施有机肥增效技术，在当地大豆化肥减量25%的基础上，选用有机肥替代部分化肥。

（4）田间管理。

①中耕。采用免耕覆秸精量播种机播种大豆的地块，视土壤墒情确定是否需要中耕以及中耕作业次数。

②病虫草害防控。采用“一包、一封、三诱、一喷、一寄生”进行综合防控。“一包”即采用种子包衣的方法预防地下病虫害。“一封”即封闭除草。除草剂用量按当地用药量的75%加助剂施倍丰75g/hm^2（或助剂激健225g/hm^2）。“三诱”技术即利用大豆食心虫性诱剂诱集并监测成虫发生情况，利用黄色粘虫板诱集并监测大豆蚜发生情况，利用食诱剂诱集并监测食叶类害虫发生情况。“一喷”即视病情在苗期喷施枯草芽孢杆菌可湿性粉剂，视草情结合苗后大豆1片复叶期实施茎叶除草。“一寄生”即当每个诱捕器的日均诱捕量达11.3头时，释放黏虫赤眼蜂。

三、技术评价

1.创新性 前茬玉米收获不粉碎，最大限度高留茬，秸秆残茬无须进行任何处理秸秆越冬，适播期一次性可完成清洁防堵、种床整理、净土精播、施肥、喷施药剂菌剂和秸秆适度粉碎均匀覆盖已播地等七八项作业，高度轻简化地实现了大豆生产全程机械化化肥农药减施增效提质环保的目标，经济、社会、生态效益显著。

2.实用性 自2018年以来，在黑龙江、吉林、辽宁大豆主产区试验示范应用3年，累计示范推广面积875.45万亩，综合技术模式辐射面积188.03万亩，累计节本增效39 035.25万元。核心示范区化肥农药减量25%以上，肥料利用率提高12%以上，化学农药利用率提高8%以上，大豆平均亩产增加5%以上，亩节本增效115元以上。2019年入选国家农业主推技术，及国家农业农村十大引领性技术。核心技术获得省部级科技奖励一等奖及二等奖共7项。

四、技术展示

五、成果来源

项目名称和项目编号： 大豆及花生化肥农药减施技术集成研究与示范（2018YFD0201000）

完成单位： 东北农业大学

联系人及方式： 陈海涛，15504508358，htchen@neau.edu.cn

联系地址： 黑龙江省哈尔滨市香坊区长江路600号东北农业大学

黄淮麦后直播花生“一选四改”化肥农药减施技术

一、技术概述

黄淮麦后直播花生“一选四改”化肥农药减施技术针对花生病虫害防控不科学、肥水管理不当及盲目施肥、过量用药等生产问题，选用含锌缓释肥配施土壤调理剂，采用病虫害一体化绿色防控技术，从品种选择、种子处理、整地、苗后科学管理、虫情病情科学预测及精准防控、收获前施药时间风险管控等花生生产全过程进行绿色防控。

“一选四改”种植模式，“一选”即选品种，选择早熟、优质、多抗、养分高效的品种；“四改”即改常年旋耕为3～4年深耕一次，改平播为（宽幅）起垄种植，改病虫草害粗放用药为精准防控，改常规施肥为平衡用肥。

二、技术要点

（1）“一选”（品种选择）。麦后直播选用抗病、优质、养分高效的早熟品种，高油酸品种可选用豫花37、豫花65、豫花76，普通品种可选用豫花22、远杂9102等。在青枯病重发区，选用抗青枯病品种，如远杂9102、豫花76；在叶斑病发生严重的区域，选择抗叶斑病品种豫花37等。

（2）“四改”。

①改常年旋耕为3～4年深耕1次：小麦秸秆打捆移出或切碎还田；每3～4年深耕1次，耕深30cm左右，打破犁底层。

②改平播为（宽幅）起垄种植：机械起垄、播种、喷施除草剂一体化作业；垄距由65～70cm增加到75～80cm，可减少田间郁蔽，减轻病害发生；每垄播种2行，行距20～25cm，穴距14cm。

③改病虫草害粗放用药为精准防控：通过低毒杀虫杀菌复配剂拌种/包衣（如15%吡虫·毒·苯甲悬浮种衣剂），防控蛴螬、蚜虫及苗期根茎腐等病害，减少苗后用药1次以上；改传统三遍药为两遍药，减少苗期用药1次；采用频振式太阳能杀虫灯或新型食诱剂等物理、生物的绿色防控措施；收获前20d为最后一次施药的节点，降低农药残留，实现节本增效。

④改常规施肥为平衡用肥：每亩底施花生含锌缓释配方肥（$N:P_2O_5:K_2O:ZnSO_4\cdot 7H_2O$为20∶15∶10∶5）40kg，每亩配施花生重茬调理剂（$N+P_2O_5+K_2O\geqslant 5\%$，微量元素≥1.5%，氧化钙≥15%，有机质≥55%，腐殖酸≥25%）20kg，比常规施肥（$N:P_2O_5:K_2O$为15∶15∶15

的肥料每亩施用50kg，结荚期每亩施用尿素10kg），氮磷钾用量减施29.9%；肥料施用方式为种肥一体化完成播种施肥作业。花针期、饱果期喷施磷酸二氢钾和含锌、铁、硼等微量元素的复合微肥。

三、技术评价

1.创新性 有效减少了化肥施用量，解决了花生后期脱肥早衰、重茬导致的产量与品质下降等问题；解决农药滥用，实现了减药增效。该技术的应用实现了亩化肥施用量减少25%以上，亩化学农药用量减少25%以上，增产率达到4%以上。

2.实用性 自2018年开展示范以来，技术应用面积逐年增长。2018—2021年在河南、江苏、安徽等省市示范应用面积超过200万亩，在大面积示范中实现减肥25%～30%、减药25%～30%的情况下比对照增产4%以上，取得了显著的经济、社会及生态效益。该技术在我国黄淮海花生主产区具有广阔的应用前景。

四、技术展示

五、成果来源

项目名称和项目编号：大豆及花生化肥农药减施技术集成研究与示范（2018YFD0201000）

完成单位：河南省农业科学院经济作物研究所

联系人及方式：郝西，18638582293，hx1997@163.com

联系地址：河南省郑州市金水区花园路116号

大豆花生生物诱抗剂利用技术

一、技术概述

大豆花生生物诱抗剂利用技术是新型植物免疫激活蛋白维大力（VDAL）的应用技术，维大力是一种源于大丽花轮枝孢经发酵等特殊工艺制成的蛋白干粉，其结构清晰，作用机理明确，具有预防性、系统性、稳定性、安全性、绿色环保，对环境无危害等一系列优点。

二、技术要点

（1）维大力蛋白。由297个氨基酸编码组成，经α螺旋及β折叠形成三级结构，分子质量30ku，工程菌发酵。

（2）大豆。大豆分枝期、开花前、开花期、结荚期等时期每亩施用维大力原粉1～3g，结合本地施药器械连续叶面喷施1～3次，施药间隔15～30d，可与当地常规用药混用，施药应避开雨天及露水。

（3）花生。花生维大力15 000液浸种或花生开花前、下针期等时期，每亩叶面喷施维大力原粉用量1～3g、维大力大量元素水溶肥用量50g、维大力微量元素水溶肥用量15g或以上方式联合使用，结合本地施药器械连续使用1～3次，施药间隔15～30d，可与当地常规用药混用，施药时应避开雨天及露水。

三、技术评价

1.创新性 它能够调控植物细胞分裂素、茉莉酸等8种植物激素信号途径中的关键基因；提高植物光合天线蛋白基因转录水平，从而提高叶绿体的光合作用；极显著调节半乳糖及葡萄糖的合成；调节淀粉与可溶性糖代谢等多个信号途径中基因的表达水平；利用植物天然免疫系统防治病害，从源头上减少农药对环境和农产品的污染。该技术通过研究维大力施用剂量、施用时期、施用方式等应用技术，利用剂型开发等手段，针对大豆、花生开发出可与当地农事操作活动紧密结合，施用简便、高效的产品，进行大面积推广。实现大豆花生抗逆、抗病、提质增产等功能，进而减少化学农药的施用，并通过示范形成减药的辐射带动。

2.实用性 自2018年开展试验示范以来，分别在山东、河南、辽宁、黑龙江、安徽、江苏等地进行了试验示范推广。试验示范面积共1 200亩，示范推广5万亩，辐射50万亩，培训农技人员110人次，新型农民2 700人次。连续大田对比试验跟踪调查结果表明：该技术能使田间平均增产10%以上，减施底肥20%，减施化学农药1～2次。实现了大豆、花生的免疫诱抗、防病、提质增产的功能，进而减少化学农药的施用，形成减药示范的辐射带动。该技术获得国家发明专利3项，PCT2项，申请全球17个国家的专利保护，已有美国、澳大利亚、俄罗斯等9个国家授权，被列入国家“十三五”重点研发亮点主推技术产品，年产50t的维大力蛋白生产线已正式投产。

四、技术展示

五、成果来源

项目名称和项目编号：大豆及花生化肥农药减施技术集成研究与示范（2018YFD0201000）

完成单位：中捷四方生物科技股份有限公司

联系人及方式：张从顺，13601358341，530565355@qq.com

联系地址：北京市通州区中关村科技园区通州园金桥科技产业基地景盛南四街17号20号楼

花生膜下滴灌水肥一体化水肥高效利用技术

一、技术概述

花生膜下滴灌水肥一体化水肥高效利用技术随水追肥，按照肥随水走、少量多次、分阶段拟合的原则，将花生总灌溉水量和施肥量在不同的生育阶段分配，制定合理的灌溉施肥制度。根据花生不同生育期水分和肥料需求特性（花针期和结荚期为花生水肥需求量较大时期），制定花生基肥与追肥比例、不同生育期灌溉施肥次数及施肥量。通过土壤墒情确定适宜的灌溉时间和灌水量。利用互联网技术、智能化控制技术，实现了精准施肥和灌溉。

二、技术要点

（1）种植模式。采用花生铺管覆膜播种机进行播种铺管覆膜一体化操作，根据地块形状布设干管和滴灌带。传统双粒穴播覆膜起垄一般垄距85cm左右，垄顶宽55～60cm，垄高10cm，垄顶整平，一垄2行，垄上小行距35～40cm，穴距15～16cm，每亩9 000～11 000穴，每穴播2粒；单粒精播播种垄距80cm，垄面宽50cm，垄高10cm，一垄2行，垄上小行距25cm，播种行距离垄边12.5cm，穴距10～12cm，播深3～5cm，每亩播种14 000～16 000穴，每穴播1粒。

（2）肥料的选用。滴灌肥料可选择适合花生的滴灌专用肥或水溶性复合肥，也可选择尿素、硫酸铵、磷酸二氢钾、硫酸钾、硝酸钙等可溶性肥料。

（3）肥料的施用。结合整地一次性施足基肥，施肥量依据高产田施肥水平，每亩基施有机肥3 000～4 000kg。春花生生产将所需总化学肥料（N 7.5～10kg，P_2O_5 5～7.5kg，K_2O 8～10kg）的40%作基肥施用，生长期内采用滴灌补充60%的化学肥料，于花针期、荚果期和饱果期进行3次追肥，分别以追肥量的20%、25%、15%的比例滴灌施入。夏花生生产将所需氮肥总量降低30%，全部以追肥施入，苗期、花针期、荚果期的追肥量分别为总肥量的20%、40%和40%。钙肥（CaO）每亩施5～10kg，一般为基施，结荚期可以喷施硼、钼、锌和锰等微量元素肥料。

（4）科学化控。结荚初期当主茎高度达35cm，及时喷施生长调节剂防止植株徒长或倒伏。施药后10～15d如果主茎高度超过40cm可再喷施一次。

三、技术评价

1.创新性 利用该技术可满足花生不同生育期水分和养分需要，延缓生育后期花生早衰，提高产量的同时改善籽仁品质。

2.实用性 该技术在山东、河南、河北及辽宁等花生生产区3年累计推广1 111.6万亩，获总经济效益13.6亿元，经济效益和社会效益显著。通过应用该技术，花生平均亩产提高15%，每亩增收232.3元，每亩新增纯收益193.9元。示范区水肥利用率提高15%以上，实现了产量、效益和生态的协同提高。

四、技术展示

五、成果来源

项目名称和项目编号： 大豆及花生化肥农药减施技术集成研究与示范（2018YFD0201000）

完成单位： 山东省农业科学院、山东省花生研究所、辽宁省沙地治理与利用研究所

联系人及方式： 万书波、张智猛、丁红、王建国、王海新、王月福、于海秋、高华援，18963021090，qinhdao@126.com

联系地址： 山东省济南市历城区工业北路202号

油菜菌核病绿色防控技术

一、技术概述

绿色防控技术是集生态调控、生物防治、物理防治、化学农药科学用药于一体的可持续防控技术。该技术是基于病原群体发生流行现状、抗药性发生发展现状、气候及栽培制度等因素，研发的具有协同、增效、减量的油菜菌核病绿色防控技术，在油菜开花期施药一次或两次。

二、技术要点

（1）协同增效组合物啶酰菌胺·嘧菌酯（2∶1）制剂或桶混使用，每亩用药剂量为8g，兑水

30～50kg进行防控；如使用无人机施药，应降低药剂使用剂量，并增加用药次数。

（2）在油菜菌核病常发年份或重发区，建议两次用药，第一次用药在始发期（主茎开花约为5%），间隔5～7d在盛花期第二次用药（主茎开花约为80%）。每次每亩用药剂量为8g，喷雾防治。

（3）在油菜菌核病偶发年份或轻发区，建议一次用药，在主茎开花约为50%时进行喷雾防治。

三、技术评价

1.创新性 该技术可有效防控油菜菌核病，实现了油菜菌核病“精准选药、科学施药”。

2.实用性 自2019年开展示范以来，该技术应用面积实现几何级增长。2019—2021年在江苏、安徽、浙江、陕西、四川、青海、河南、江西等地示范应用面积超过50万亩。连续5年大田对比试验跟踪调查结果表明，该技术能使田间用药次数减少1次，平均增产5%，防效提高10%，化学农药减量50%，延缓抗药性产生速度3～5年，延长药剂使用年限4～6年，实现了油菜生产“丰产、优质、高效、生态、安全、绿色”的综合目标。

四、技术展示

五、成果来源

项目名称和项目编号： 油菜化肥农药减施技术集成研究与示范（2018YFD0200900）

完成单位： 南京农业大学

联系人及方式： 段亚冰，13951865456，dyb@njau.edu.cn

联系地址： 江苏省南京市玄武区卫岗1号

油菜化肥农药减量高效施用技术

一、技术概述

油菜化肥农药减量高效施用技术是集油菜专用缓释肥施用、肥料机械化侧深施用、有机替代聚合增效、秸秆覆盖还田绿色高效抑草、盾壳霉和除草剂轻简化施用、植保无人机低空低量精准施药等于一体的新技术。

二、技术要点

（1）油菜专用缓释肥。可选用油菜专用缓释肥（$N-P_2O_5-K_2O$为25-7-8，并含Ca、Mg、B等中微量元素）或其他配方相近的油菜专用肥，每亩施用50kg左右。一般情况下，油菜全生育期不用追肥。对明显脱肥的田块，视苗情每亩追施尿素2.5 ~ 5kg。

（2）肥料机械化侧深施用。可选用加装深施肥部件的油菜精量联合直播机或专用的施肥机械，施肥位置为播种行一侧8 ~ 10cm处，施肥深度7 ~ 10cm。

（3）有机替代聚合增效。可选用优质的商品有机肥，每亩推荐施用量为100 ~ 150kg，基肥施用后适当翻耙。

（4）秸秆覆盖还田绿色高效抑草。可将前季作物收获后的秸秆覆盖于油菜种植厢面或行间，在起到保温保墒目的的同时，减少除草剂的施用。

（5）盾壳霉和除草剂轻简化施用。每亩可采用100亿孢子/g的盾壳霉100g和75%异松·乙草胺37.5mL土壤封闭混合施用。另外在油菜初花期每亩喷施100亿孢子/g的盾壳霉100g。

（6）植保无人机低空低量精准施药。无人机飞防时可采用窄雾滴谱离心雾化喷嘴，无人机在飞行速度为3 ~ 4m/s、高度1.5 ~ 2m、雾滴大小为100 ~ 150μm作业条件下农药利用率最高。

三、技术评价

1.创新性 该技术的关键技术均有相应的物化产品支撑，与各区域油菜高产栽培模式匹配度高；该技术有效减少了油菜生产中化肥和农药投入，可较传统投入减少25%～30%的化肥和农药用量；该技术实现了油菜稳产、高效和增收，在化肥农药减施基础上，使油菜籽增产3%～5%，使肥料和化学农药利用率提高20%～30%，每亩节本增效50 ~ 60元，支撑了油菜化肥农药减量和区域绿色生产。

2.实用性 自2019年以来，在全国农技推广中心的组织下，在四川、贵州、云南、湖北、湖南、江西、安徽、江苏、内蒙古、青海等全国油菜主产区累计应用超过2 000万亩。对全国15个核心示范区连续3年的测算结果表明，该技术实现了化肥减量32%、农药减量34%、油菜籽增产3.5%，使肥料利用率提高29%，使化学农药利用率提高22%，平均每亩节本增效56元，取得了良好的经济、社会和生态效益。

四、技术展示

五、成果来源

项目名称和项目编号： 油菜化肥农药减施技术集成研究与示范（2018YFD0200900）
完成单位： 华中农业大学、全国农业技术推广服务中心
联系人及方式： 任涛，15927285192，rentao@mail.hzau.edu.cn
联系地址： 湖北省武汉市洪山区狮子山街1号

稻草全量还田油菜免耕飞播轻简高效种植技术

一、技术概述

稻草全量还田油菜免耕飞播轻简高效种植技术是集无人机飞播油菜种子、机收水稻留高桩、一次性施用油菜专用缓释肥、机械开沟、绿色防控等于一体的新技术。

二、技术要点

（1）前茬管理。稻田后期适当留熵（土壤含水量30%左右），保持收割机下田不留深痕为宜。采用带秸秆粉碎抛洒装置的水稻联合收割机收割水稻，留茬高度40 ~ 50cm，秸秆粉碎均匀还田。

（2）无人机飞播。在水稻收获前后用农用无人机飞播油菜，选择适宜的早中熟优质甘蓝型油菜品种。水稻收获前飞播，10月中旬及以前每亩播种300 ~ 350g，10月下旬每亩播种350 ~ 400g，11月上旬每亩播种400 ~ 450g。水稻收获后飞播播种量提高10% ~ 15%。

（3）科学施肥。在水稻收割、油菜播种完成后，用机械或人工撒施肥料，一次性基肥可选用宜施壮等油菜专用缓释肥（$N-P_2O_5-K_2O=25-7-8$，并含Ca、Mg、S、B等中微量元素）或其他相近配方的油菜专用肥，亩施用40kg左右。施肥作业在油菜播种后10d内进行均可，原则上宜早不宜迟。

（4）机械开沟。播种施肥完成后即用开沟机开沟做厢，沟土分抛厢面。厢宽2 ~ 3m，厢沟深25 ~ 30cm、沟宽25cm左右，腰沟深30cm、宽30cm左右，围沟深30 ~ 35cm、宽35 ~ 45cm，做到厢沟、腰沟、围沟三沟相通，确保灌排通畅。

（5）绿色防控。稻草全量还田控草能力强，一般田块可不用除草。常年草害发生严重的田块，在油菜4 ~ 5叶时，喷施异丙酯草醚（商品名油达）（50%草除灵30mL + 24%烯草酮40mL + 异丙酯草醚45mL）等油菜田专用除草剂一次，可采用无人机、田间行走机械或人工喷雾等方式。在蕾薹期用无人机每亩喷施45%咪鲜胺37.5mL + 助剂融透20mL防控菌核病；菌核病偏重发生年份，在花期再用无人机喷施多菌灵、菌核净、咪鲜胺等药剂进行防治。

三、技术评价

1.创新性 该技术在水稻收获前后的2 ~ 3d共一周左右的窗口期播种，减少了水稻收

获后的翻耕整理工序，节约时间1周以上，有效解决了稻油轮作时茬口的矛盾；可有效利用稻田土壤墒情，促进油菜种子萌发；除油菜播种时间有一定限制外，可灵活安排其他田间操作时间；大型收割机在收获稻谷的同时，利用秸秆粉碎还田、无人机飞播、机械开沟等装备，可大幅提高油菜生产的机械化程度，降低人工劳动强度和人力成本，提高农户种植积极性；稻草在机械收割水稻时留高桩原位粉碎还田解决了整地种植油菜时的秸秆处理问题，同时能充分发挥稻草覆盖还田的保墒、抑制杂草和提高土壤有机质功能，有利于油菜绿色高效生产。

2.实用性　自2019年以来，在湖北、江西、湖南、安徽等油菜主产省多点大面积示范结果显示，运用该技术的稻田油菜稳产性好，平均亩产达165.9kg，高产示范区亩产达220kg。每亩投入成本可控制在270 ～ 320元，除投入成本，亩收益超过500元，节本增收效果显著。

四、技术展示

五、成果来源

项目名称和项目编号： 油菜化肥农药减施技术集成研究与示范（2018YFD0200900）

完成单位： 华中农业大学、湖北省油菜办公室、全国农业技术推广服务中心

联系人及方式： 鲁剑巍，13507180216，lujianwei@mail.hzau.edu.cn

联系地址： 湖北省武汉市洪山区狮子山街1号

四川油菜绿色优质高效生产技术

一、技术概述

四川油菜绿色优质高效生产技术是集肥料高效利用品种、种子包衣、开沟排湿、秸秆还田、直播增密、有机水溶肥、油菜专用配方肥、有机替减、综合防控、分段机收于一体的新技术。

二、技术要点

（1）开沟排湿。稻田前茬水稻收获前5 ~ 7d，大田及时开沟排湿，厢宽3 ~ 5m、沟深0.2 ~ 0.3m。

（2）前茬作物秸秆还田。水稻或玉米收获后将秸秆粉碎成约10cm小段后还田。

（3）种子处理。种子清选，采用兼具防治油菜苗期病害和虫害功效的种子包衣剂进行种子包衣，晾干后播种。

（4）浅耕机械适期播种。选择浅耕精播施肥联合播种机或浅耕精量油菜直播机，每亩用种200 ~ 300g；根肿病发病严重区域宜在10月15日前后播种，播种后每亩用96%精异丙甲草胺或50%乙草胺30mL进行芽前表土喷雾，封闭除草或稻草覆盖除草。

（5）科学施肥。每亩一次性基施油菜专用缓控释肥（含硼）30 ~ 50kg，增施有机肥100 ~ 150kg，采用穴施或条施等集中深施，根据区域自然条件可选择水肥一体化施用方式。

（6）综合防控。以化学防控为主，以生物物理防控为辅。施用土壤调理剂防控根肿病；苗期适期喷药防治地下害虫；封行前喷施盾壳霉预防菌核病；初花期用植保无人机混合喷施咪鲜胺、速乐硼、磷酸二氢钾、有机水溶肥，一促多防；放置黄色粘虫板防治蚜虫。

（7）分段收获。当整株75%以上角果呈枇杷黄、籽粒转变为红褐色时，人工或选用油菜割晒机于早、晚或阴天割晒，田间晾晒4 ~ 5d后用捡拾机捡拾脱粒；秸秆全量粉碎还田。

三、技术评价

1.创新性 该技术根据油菜的需肥规律选择专用缓控释肥并集中深施，利用有机肥的改土培肥特点，部分替减化肥施用量，以化学防控为主、生物物理防控为辅，结合开沟排湿、前茬作物秸秆还田，解决了油菜生产过程中化肥农药施用过量、施用方式不合理等突出问题，既减少了化肥农药投入成本，降低了劳动强度和生产成本，同时减少了秸秆焚烧带来的环境污染，对油菜绿色高效发展具有重要作用。

2.实用性 该技术自2018年开展示范以来，在川西平原、川中丘陵油菜生产区域大面积示范推广160余万亩，应用效果良好，在投入化肥总养分减少25% ~ 33%、农药投入量减少25%的基础上，油菜籽产量较农民传统种植模式增产4.6% ~ 16.6%，亩新增纯收益86 ~ 266元，节本增收效果较好。该技术于2019—2021年被列为四川省农业主推技术。

四、技术展示

五、成果来源

项目名称和项目编号：油菜化肥农药减施技术集成研究与示范（2018YFD0200900）

完成单位：四川省农业科学院农业资源与环境研究所、四川省农业技术推广总站、四川省农业科学院植物保护研究所

联系人及方式：陈红琳，15928496269，chenhl840107@163.com

联系地址：四川省成都市锦江区外狮子山路4号四川省农业科学院农业资源与环境研究所

油烟轮作冬油菜化肥农药减施技术

一、技术概述

油烟轮作冬油菜化肥农药减施技术是在适应现代油菜产业发展要求前提下，以绿色、高产、高效为核心，组装集成的“早熟品种适期直播、种肥同播、蚜虫绿色防控、机械轻简化种植”等关键技术。

二、技术要点

（1）应用油菜专用缓释肥。可选用油菜专用缓释肥（$N-P_2O_5-K_2O$ = 25-7-8，并含Ca、Mg、B等中微量元素）或其他相近配方的油菜专用肥，推荐每亩施用量为30 ～ 50kg。

（2）种肥同播。有条件的产区可采用精量联合播种机，没有条件的产区可采用点播、机械或人工撒播。在播种的同时施入全部油菜专用缓释肥。

（3）晒种拌种。在油菜播种前晒种1 ～ 2d，播种时用种子质量的0.2%～ 0.3%的50%多菌灵拌种或油菜专用种衣剂包衣，预防跳甲等出苗期虫害。

（4）病虫害防治。以农业防治、物理防治和生物防治为主，辅以化学防治防控油菜主要病虫害。农业防治主要有采用油菜与麦类等非十字花科作物轮作减少病虫害源、选用抗（耐）病品种、适当迟播防土传病害，以及合理密植培育壮苗。物理防治主要为及时清理病虫危害残株和田间放置黄色粘虫板、诱虫灯等。生物防治主要有利用天敌进行防虫和应用盾壳霉、枯草芽孢杆菌等生防菌预防菌核病、根肿病等病害。化学防治为主要采用化学农药进行病虫害防治。选用“氟啶胺＋异菌脲”等农药灌根，每10d灌根1次，连续2 ～ 3次防治根肿病。菌核病发病较严重的产区，可在油菜盛花期至终花期选用氟啶胺、乙烯菌核利、菌核净、甲基硫菌灵等喷雾防治2 ～ 3次。选用吡虫啉、烯啶虫胺、啶虫脒、高效氯氟氰菊酯、三氯氟氰菊酯等农药喷雾防治蚜虫，防治时交替使用2种以上农药，降低蚜虫对药剂的抗药性。

（5）高效施用农药技术。在油菜花角期，根据农药说明书、选用无拮抗作用的防治农药同步防治，实现一次用药防治多种病虫害的目的。对于有条件的产区，可采用植保机或高压喷雾器进行统一防治。在农户分散防治的产区，建议采用高压喷雾器，毗邻农户共同防治。

三、技术评价

1.创新性　应用该技术实现了油菜“化肥农药双减、产量效益双增”目标。

2.实用性　2018—2020年，该技术在云南、贵州、四川、湖北等主要油烟轮作油菜产区开展了大面积的示范。经成本核算，化肥农药用量减少20%～25%，每亩成本投入减少80元左右；同时每亩减少油菜施肥和病虫害防治用工2人左右，降低了油菜生产劳动强度。该技术被列为2020年云南省农业主推技术。

四、技术展示

五、成果来源

项目名称和项目编号：油菜化肥农药减施技术集成研究与示范（2018YFD0200900）

完成单位：云南省农业科学院经济作物研究所

联系人及方式：赵凯琴，0871-65893842，77154715@qq.com

联系地址：云南省昆明市盘龙区北京路2238号

马铃薯晚疫病预测预报技术

一、技术概述

马铃薯晚疫病预测预报技术通过建立不同区域和不同品种气候模式的预测预报系统，增强防治马铃薯晚疫病的预见性和计划性，及时发布病情发展趋势，避免盲目施药，是提高防治效率的新型综合防治技术。本技术集植物病理学、农业气象学、作物栽培学和遥感信息学等学科，通过现代化通信技术和计算软件进行数据收集与综合分析，在网络上实时发布预警信息，高效指导病害综合防治。

二、技术要点

（1）多点同步数据采集，安装全野外田间小气候监测仪，采用全自动数据采集方式，数据实时采集、自动入库，达到数据共享的目的。

（2）在数据分析方面，引入地理信息技术，提供全站点GIS分析和显示，实时查看各站点的数据和侵染曲线，同时提供历史同期侵染代次对比分析以及预警发送等。

（3）在应用方面，指导用户第一次用药时间以及之后每次用药的时间和类型。

三、技术评价

1.创新性 该技术准确指导和规范病害的防治工作，做到统防统治、联防联治，将病害控制到最低，本技术的应用既能提高防治效率，又能规范防治方法，减少杀菌剂施用次数，减轻化学防治对环境产生污染，符合“公共植保、绿色植保”的当代植保理念，对推进我国马铃薯产业健康可持续发展具有重要意义。

2.实用性 该技术在黑龙江省主要马铃薯产区建立测报站15个，每个站监测覆盖半径为30～50km，本年应用预测预报技术防治马铃薯晚疫病防治效果达80%～95%，减少农药用量30%，降低成本20%，产量提高30%～50%，农民亩增收1 000～2 000元，每亩节约成本100元。该技术获得黑龙江省政府科技进步二等奖。

四、技术展示

五、成果来源

项目名称和项目编号： 马铃薯化肥农药减施技术集成研究与示范（2018YFD0200800）

完成单位： 黑龙江省农业科学院

联系人及方式： 闵凡祥，13633605795，minfanxiang@126.com

联系地址： 黑龙江省哈尔滨市南岗区学府路368号

马铃薯黄萎病绿色综合防控技术

一、技术概述

内蒙古自治区是我国重要的马铃薯种薯和商品薯生产基地，拥有大面积种植区，马铃薯产业的发展对于当地地区经济和农业发展具有重要意义。近年来，马铃薯种植面积不断扩大，种植区常年连作，导致马铃薯黄萎病发生严重，特别是在种植管理过程中超量或滥用化肥农药，导致农田污染严重，土壤微生态环境遭到破坏，马铃薯黄萎病的发生呈现日益加重的态势。该团队以“绿色高效的微生态调控”理念为核心，率先在内蒙古马铃薯主栽区开展马铃薯黄萎病的绿色综合防控技术集成与应用。

二、技术要点

（1）合理轮作。选择前茬禾本科、十字花科和豆科作物等轮作3年以上，禁止与向日葵和茄科作物轮作。

（2）选用抗病品种。选用优质抗黄萎病的马铃薯品种，如冀张8号、冀张12号、冀张20号、青9号、克新1号等。

（3）深翻。前茬作物收获后，进行深翻地，耕翻30cm以上，耙耱整平。

（4）适时推迟播期。当10cm地温稳定在10℃以上时进行播种。

（5）种植密度。起垄种植，种植密度根据品种特性及用途，一般控制在每亩3 000 ～ 4 000株。

（6）施肥。增施有机肥，使氮磷钾合理配比，适当追施微量元素肥。

（7）灌溉。依据马铃薯生长期需水规律均匀浇水，避免大水漫灌，防止地块积水。

（8）中耕培土。马铃薯出苗率为5%～ 10%时进行第一次中耕培土，培土3cm。当苗高15cm左右时，进行第二次中耕。

（9）生物防治。利用15亿孢子/g枯草芽孢杆菌可湿性粉剂，按照种子用量的2.5%进行拌种处理；对于病害严重地块，出苗后随滴灌每亩施用30亿孢子/g枯草芽孢杆菌可湿性粉剂1kg。

三、技术评价

1.创新性 该项技术通过合理轮作、选用抗性品种、生物防治、改良土壤、加强水肥管理等措施来防治马铃薯黄萎病，能够避免传统防治方法的弊端，具有绿色环保、生态安全等优点，成为解决马铃薯黄萎病问题的有效途径。

2.实用性 2015—2017年在内蒙古乌兰察布市、锡林郭勒盟、呼和浩特市进行马铃薯黄萎病绿色综合防控技术的田间试验及示范应用，共建立试验示范基地7个，示范点28个，核心示范面积2900亩。以在2016年正蓝旗的田间示范为例，田间防控示范结果表明，应用该技术后马铃薯黄萎病病情指数降低，防效达42.45%，马铃薯亩产量达到4 435.55kg，增产7.06%；2017年多伦的综合示范防效达到64.87%，亩产量达到3 308.10kg，增产7.69%；2018年太卜寺旗的综合示范防效达到86.57%，增产35.2%；2018年多伦综合防效达45.86%；马铃薯亩产量达到3 849.84kg，增产5.02%；2018年四子王旗综合防控的防效可达47.67%，商品薯增产4.96%。在进行田间试验示范的同时，将试验示范的成果于2016—2019年在乌兰察布市、锡林郭勒盟、赤峰市、包头市、兴安盟、鄂尔多斯市、呼伦贝尔市、呼和浩特市等发病较严重的50多个乡镇大面积推广应用，累计示范推广面积426.14万余亩。结果表明，该防控技术的防效可达42.45%～86.57%，可显著提高马铃薯的商品产量5.02%～43.37%，经济效益显著，应用前景广阔，新增总经济效益共计17.7亿元。

和常规技术相比，应用该技术可使马铃薯商品薯增产5%以上，使马铃薯品质显著提高。对马铃薯黄萎病的平均防效在50%以上，减少化肥、农药用量5%以上。马铃薯黄萎病绿色综合防控技术的集成、示范与推广，获得了理想的控病增产效果，取得了较高的经济效益，且社会、生态效益显著。对比化学杀菌剂的大量使用造成了环境污染和生态破坏且威胁食品安全和人类身体健康，本项目的示范推广，针对微生物杀菌剂高效、低毒、无公害的特点，可完全或部分代替化学杀菌剂进行植物病害的防治，同时配合抗病品种、农业措施等方法，进一步减少化肥、农药的使用与农残污染，保障食品与环境安全，具有较高的社会效益及生态效益。

2020年9月29日，内蒙古自治区农牧厅组织有关专家，对内蒙古农业大学主持完成的内蒙古马铃薯黄萎病综合防控技术研究与应用推广项目进行了成果鉴定。专家组一致认为，该技术达到国内领先水平。

2020年，内蒙古马铃薯黄萎病综合防控技术研究与应用推广，获得内蒙古自治区农牧业丰收一等奖。

2021年该技术入选内蒙古自治区农牧业主推技术。

四、技术展示

五、成果来源

项目名称和项目编号：新型高效生物杀菌剂研发（2017YFD0201100）

完成单位：内蒙古农业大学

联系人及方式：周洪友，0471-6385865、15847660292，hongyouzhou2002@aliyun.com

联系地址：内蒙古自治区呼和浩特市赛罕区昭乌达路306号

马铃薯粉痂病菌和黑痣病菌快速检测技术

一、技术概述

马铃薯粉痂病是由粉痂菌引起的真菌性病害，可以危害作物根部和块茎，在我国内蒙古、广东、吉林等地均有发生，可造成10%～20%的产量损失。粉痂菌不能人工培养，且国内对马铃薯粉痂菌检测研究较少，缺少快速、灵敏、准确性高的检测方法。该技术基于马铃薯粉痂菌内部转录间隔区和线粒体DNA，分别设计了应用于马铃薯粉痂菌检测的普通PCR和荧光定量PCR特异性引物，建立了马铃薯粉痂菌快速检测体系，为马铃薯粉痂病的预警提供技术支持。

二、技术要点

（1）马铃薯粉痂病菌快速检测技术。

① 特异性引物：根据粉痂菌内部转录间隔区和线粒体DNA保守区域，设计了两对用于普通PCR检测的特异性引物，上下游序列及扩增产物大小分别为上游A5（5'-ACAACTCTTAACAGTGG-3'），下游A9(5'-AATGGTTAGAGACGAATC-3')，扩增大小281bp；上游C3(5'-AATCTAGAGCACCCCGTTTTCATTCG-3')，下游C8（5'-TGCGCAAACCTTAATACGGGAA-3'），扩增大小391bp。一对实时荧光定量PCR特异性引物上游QF:(5'-GCAACTAAATAAAATTTAATGCTAAAAGTG-3')，下游QR：（5'-TTTGTACGCTAAGTTCGATAGGAG-3'），扩增片段104bp。

② DNA提取：对于患有马铃薯粉痂病的植物组织，采用植物基因组DNA提取试剂盒提取植物基因组DNA；含有粉痂菌的土壤用土壤基因组DNA提取试剂盒提取土壤总DNA。

③ PCR检测体系及程序：普通PCR反应体系（50μL）为2×Taq PCR Master Mix25μL，上下游引物（0.1μmol /μL）各0.5μL，模板DNA（10ng /μL）0.5μL，ddH_2O23.5μL。扩增条件为94℃预变性5min；94℃变性45s，55℃退火30s，72℃延伸45s，35个循环；72℃补充延伸10min。荧光PCR反应体系（20μL）为2×SuperReal PreMix Plus10μL，上下游引物（0.1μmol /μL）各0.5μL，50×ROX Reference Dye0.4μL，模板DNA（10ng /μL）0.5μL，ddH_2O8.1μL。荧光PCR反应条件为95℃预变性15min，95℃变性10s，60℃退火32s，40个循环。

（2）马铃薯黑痣病菌快速检测技术。

①特异性引物：根据马铃薯立枯丝核菌AG3翻译延伸因子基因序列设计特异性引物，引物序列上游TEF3(5'-CGATACTGATAATATGATG-3')，下游TEF7(5'-AGCGTAAACCTCAATGTGGG-3')，扩增片段191bp。

② DNA提取：PDA培养基平板分离培养的立枯丝核菌菌丝和患有马铃薯黑痣病的植物组织，采用植物基因组DNA提取试剂盒提取植物基因组DNA；含有黑痣病菌的土壤用土壤基因组DNA提取试剂盒提取土壤总DNA。

③ PCR检测体系及程序：普通PCR反应体系（50μL）为2×Taq PCR Master Mix25μL，上下游引物（0.1μmol /μL）各0.5μL，模板DNA（10ng /μL）0.5μL，ddH_2O 23.5μL。扩增条件为94℃预变性5min，94℃变性45s，55℃退火30s，72℃延伸45s，35个循环，72℃补充延伸10min。荧光定量PCR反应体系（20μL）为2×SuperReal PreMix Plus10μL，上下游引物（0.1μmol /μL）各

0.5μL，50×ROX Reference Dye 0.4μL，模板DNA（10ng /μL）0.5μL，ddH_2O 8.1μL。反应条件为95℃预变性15min，95℃变性10s，60℃退火32s，40个循环。

三、技术评价

1.创新性 马铃薯黑痣病是由立枯丝核菌引起的土传真菌性病害，在我国多个马铃薯产区发生严重，影响马铃薯产量和品质。传统的立枯丝核菌检测方法包括选择性培养计数法、酶联免疫吸附法等，但操作复杂、耗时长、灵敏度差，该技术基于立枯丝核菌翻译延伸因子设计了特异性引物，建立了快速、灵敏、准确的普通PCR检测和荧光定量PCR检测体系，为马铃薯种薯和土壤带菌检测提供了技术支持。

2.实用性 利用马铃薯粉痂病菌快速检测技术，对采集自云南昭通、甘肃定西、河北张家口的18份带菌种薯和18份带菌土壤进行检测，带菌种薯检出率为100%，带菌土壤普通PCR检出率为66.67%，荧光PCR检出率为100%。该技术以“马铃薯块茎和土壤样品中粉痂病菌快速检测方法的建立”为题目发表在《植物病理学报》上，同时申请“马铃薯粉痂菌快速检测体系的建立与应用”国家发明专利一项，申请号为202010386459.5。

利用马铃薯黑痣病菌快速检测技术，对采集自山东高密、黑龙江哈尔滨、河北张家口、内蒙古乌兰察布的疑似病样和发病地块土样进行黑痣病菌的检测，普通PCR检出率可达75%，荧光PCR检测率高达83.33%～100%。该技术以“马铃薯黑痣病菌实时荧光定量PCR检测体系的建立及应用”为题目发表在《农业生物技术学报》上，同时申请“马铃薯黑痣病菌快速检测体系的建立及应用”国家发明专利一项，申请号为202010253817.5。

四、技术展示

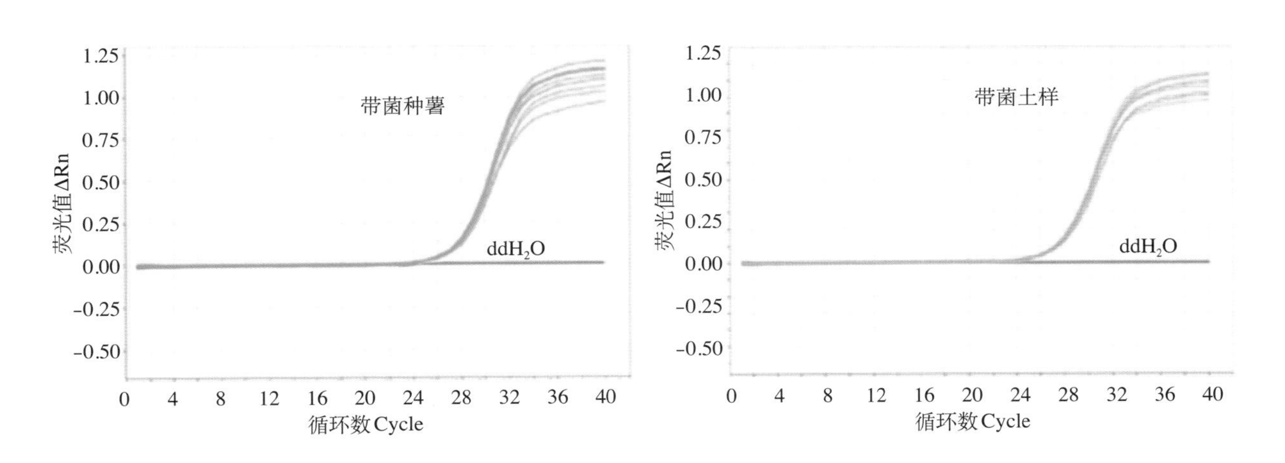

五、成果来源

项目名称和项目编号： 马铃薯化肥农药减施技术集成研究与示范（2018YFD0200800）

完成单位： 中国农业科学院蔬菜花卉研究所

联系人及方式： 李磊，15711155718，lilei01@caas.cn

联系地址： 北京市海淀区中关村南大街12号中国农业科学院蔬菜花卉研究所

黑龙江南部区马铃薯化肥农药减施技术模式

一、技术概述

黑龙江省南部区是马铃薯生产新区，马铃薯种植区土壤主要为黑钙土、黑沙土等，有机质含量较高，有一定的保肥保水性，透水性差，马铃薯生长期晚疫病常年发生，生产上存在管理粗放、肥料供给不科学、养分利用率低、盲目施用农药等现象。针对上述问题，项目组集成了黑龙江南部区马铃薯化学肥药减施技术模式。

该技术集成新型肥料（矿物源肥料增效剂）替代技术、微生物拌种剂替代技术、植物源农药替代技术，配合大垄膜下滴灌、膜上覆土栽培模式，实现减肥减药、稳产增效。

二、技术要点

（1）生物菌剂拌种技术。每150kg种薯用100%曙卫士微生物菌剂1.5kg，替代70%甲基硫菌灵和链霉素进行种薯处理。

（2）新型肥料替代技术。生物有机肥、矿物源肥料增效剂替代部分化肥（约合30%总施用量），以底肥方式施入。

（3）生物农药与化学农药配合施用。重点针对马铃薯黑胫病、黑痣病、早疫病和晚疫病使用植物源农药如曙益生、丁子香酚等替代部分化学杀菌剂，减少化学农药使用次数，提高化学农药利用率。

（4）膜下滴灌、膜上覆土技术。采用一次性完成开沟、施肥、播种、起垄、铺滴灌管、覆膜的播种一体机。待大部分芽距地膜2 ～ 3cm时，用马铃薯专用覆土机进行膜上覆土，覆土厚度为3 ～ 5cm。

三、技术评价

1.创新性 肥料增效剂可以减少化肥施用量，固定肥料，减少肥料淋溶，提高肥料利用率；微生物拌种剂替代技术可以在降低黑痣病和疮痂病发病率的基础上减少化学药剂的用量，达到早出苗、促进根系发育的效果，进而提高肥料利用率；植物源农药替代技术能减少化学农药向环境中的释放，提高化学农药利用率；大垄膜下滴灌、膜上覆土栽培模式在节水保墒、草害病害减轻的同时，为块茎创造了“黑暗、凉爽、疏松”的环境。

2.实用性 该技术自2018年在黑龙江南部区牡丹江地区建立核心示范区进行示范推广，2018—2020年在核心示范区实现肥料利用率提高10个百分点、化肥减量20%；使化学农药利用率提高15个百分点、减量30%以上；平均增产9.1%。在牡丹江地区累计推广15.5万亩，辐射推广45万亩。培训农技人员188人次、新型职业农民5 000人次。依托该模式形成配套技术规程1项，形成标准1项。达到了马铃薯生产“丰产、优质、高效、生态、安全”的综合目标。

四、技术展示

五、成果来源

项目名称和项目编号：马铃薯化肥农药减施技术集成研究与示范（2018YFD0200800）
完成单位：东北农业大学、黑龙江省农业科学院牡丹江分院
联系人及方式：魏峭嵘，13664610810，wqrcwl@163.com
联系地址：黑龙江省哈尔滨市香坊区长江路600号

内蒙古中西部集约化高效栽培马铃薯化肥和农药减施增效技术

一、技术概述

该技术针对内蒙古中西部马铃薯集约化种植区早晚疫病发生严重、种植者盲目和过度施用化肥、农药等问题，集成了抗病品种、合格种薯、有机肥无机肥相结合、水肥一体化技术、预测预报技术、生物制剂替代化学药剂、智能施药设备等于一体的内蒙古中西部集约化高效栽培马铃薯化肥和农药减施增效技术。

二、技术要点

（1）品种选择。选择适合当地种植的优质、高产、抗病性强的品种，利用品种自身高产和抗病特性减少化肥和农药投入。

（2）选用合格种薯。通过选用优质种薯减少农药投入。

（3）有机肥和无机肥相结合。增加有机肥种类和施用量，有机肥种类如腐熟的羊粪、海藻有机肥、生物有机肥等；每亩增施腐熟有机肥2 000 ～ 3 000kg或商用有机肥100 ～ 200kg；减少化肥的总投入量。

（4）水肥一体化技术。利用喷滴灌系统，少量多次，水、肥、药一体化施用，减少基肥施用量，根据不同生长时期需水、需肥规律科学灌溉施肥。基肥加种肥的纯养分施入量占总施肥量的比例分别为N 40%～50%、P_2O_5 80%～90%、K_2O 40%～50%；田间出苗率10%～20%前完成中耕培土、追肥，纯养分施入量占总施肥量的比例分别为N 10%～20%、P_2O_5 10%～20%、K_2O 20%～30%；剩余肥量随水追施，氮肥施入量占总氮施肥量的30%～50%，自苗期开始分次施入，钾肥施入量占总钾施肥量的20%～40%，自块茎膨大期开始分次施入。

（5）早疫病和晚疫病综合防控技术。利用监测预警技术：采用内蒙古马铃薯晚疫病监测预警系统结合田间中心病株调查，及时防控。生物农药和化学农药配合施用：发病前喷施多作用位点为主的保护性杀菌剂预防早晚疫病，如代森锰锌、百菌清等；中心病株出现后交替喷施生物治疗剂和化学治疗剂，优先选用丁子香酚、香芹酚等植物源杀菌剂和枯草芽孢杆菌等微生物源杀菌剂。智能施药设备：植株封垄后，使用植保无人机或喷杆喷雾机施药，减少人为植株损伤。

三、技术评价

1.创新性　该技术采用综合措施在保证马铃薯产量的前提下，减少了化肥施用量，降低了农药的施用次数与施用量，实现了马铃薯“肥药双减”的目标，促进了马铃薯产业的绿色可持续发展。

2.实用性　该技术于2019—2020年在鄂尔多斯达拉特旗、乌兰察布等地进行示范推广，在示范区使平均肥料利用率提高17.6%、化肥减量17.6%；化学农药利用率提高32.1%、减量32.1%；平均增产6%，每亩增效约215元。在示范区的带动下，累计推广30万亩，辐射推广40万亩。采用该技术后，加工型马铃薯品质达到加工要求，鲜食型马铃薯深受消费者喜爱，并实现了稳产、优质、肥药双减的目标。依托该技术形成了内蒙古自治区地方标准1项。

四、技术展示

五、成果来源

项目名称和项目编号： 马铃薯化肥农药减施技术集成研究与示范（2018YFD0200800）

完成单位：内蒙古大学
联系人及方式：冯志文，19804716068，fengzw@imu.edu.cn
联系地址：内蒙古自治区呼和浩特市玉泉区昭君路24号内蒙古大学南校区

山西省马铃薯减肥减药技术

一、技术概述

山西省马铃薯减肥减药技术是选用青薯9号、晋薯16号等脱毒原种，集成应用垄作宽行密植、有机肥替代部分化肥、优化拌种、生物农药替代部分化学农药、晚疫病科学预警及智能装备施肥施药等技术，形成易于示范推广的减肥减药技术模式。

二、技术要点

（1）高产抗病品种+脱毒种薯。选用适合山西种植的高产抗病马铃薯品种和脱毒种薯晋薯16号、青薯9号等，减少化肥农药的投入。

（2）有机肥替代技术。每亩施用40kg微生物菌剂有机肥（主要成分为2亿孢子/g枯草芽孢杆菌、45%海藻和腐殖酸组成的有机质）替代18kg化肥，减少化肥投入18%。

（3）马铃薯地下害虫防控技术。每亩用60%吡虫啉悬浮剂30mL+70%丙森锌可湿性粉剂50g进行拌种，防控马铃薯蝼蛄、金针虫、地老虎等地下害虫，可减少生长期化学农药使用次数1～2次，防控有效率96%以上。

（4）晚疫病监测预警技术。在晚疫病高发期7—9月，利用晚疫病监测预警系统对田块中间病株出现情况及时进行综合防控，可有效减少化学农药使用1～2次。

（5）生物农药与化学农药配合施用技术。采用100亿孢子/g枯草芽孢杆菌生物菌剂替代70%代森锰锌进行早疫病的预防，可降低化学农药用量35%。

（6）栽培管理优化技术。采用播种密度为3 500株/亩，垄距100cm，株距30cm，条形播种方式等机械深耕、大垄宽行、合理密植的栽培技术优化，减少化肥农药用量，从而提高马铃薯产量和品质。

三、技术评价

1.创新性 利用高产抗病品种、60%吡虫啉悬浮剂30mL+70%丙森锌可湿性粉剂50g拌种、马铃薯晚疫病监测技术以及生物农药替代化学农药技术等措施减少农药投入，通过增施有机肥减少化学肥料的施用量，达到减肥减药的目的。

2.实用性 该技术模式在示范区实现化学肥料减少用量18%，化学农药减少用量35%，平均增产6.43%，每亩增效150元。在忻州宁武县、吕梁岚县等地进行示范推广，累计推广32万亩，辐射推广40万亩。

四、技术展示

五、成果来源

项目名称和项目编号： 马铃薯化肥农药减施技术集成研究与示范（2018YFD0200800）

完成单位： 山西省农业科学院植物保护研究所

联系人及方式： 韩鹏杰，13303412158，512697220@qq.com

联系地址： 山西省太原市小店区龙城大街81号

河北省马铃薯化肥和农药减施增效技术模式

一、技术概述

针对马铃薯生产中化学肥料和农药的过量以及不合理施用的现象，集成了河北省马铃薯化肥和农药减施增效技术模式。该技术模式是集使用抗病及养分高利用率品种、有机肥替代化肥、水肥一体化技术、晚疫病监测预警技术、生物农药与化学农药配合施用技术和使用高效施药器械等于一体的马铃薯化肥和农药减施增效技术。

二、技术要点

（1）品种选择。选用养分高利用率、抗性较强的品种和脱毒种薯，如冀张薯12号和冀张薯8号等，利用品种自身养分利用率高、抗病性强等特点和优质种薯带病菌少等特点减少化肥和农药投入。

（2）有机肥替代技术。利用鸡粪、归璞、多葆、仟金方等有机生物菌肥替代化肥，减少化肥投入。

（3）水肥一体化技术。利用滴灌系统，通过水肥一体化施用，按马铃薯需肥规律精准施肥（播前基肥、中耕追肥、苗期滴肥、现蕾期滴肥、花期滴肥）。播前基肥的滴水深度为10cm，N、P_2O_5、K_2O的亩施用量分别为6.00kg、14.00kg、7.50kg；中耕追肥滴水深度为20cm，N和P_2O_5的亩施用量分别为6.80kg和1.00kg；苗期滴肥的滴水深度为30cm，N的亩施用量为0.88kg；现蕾期滴肥的滴水深度为40cm，N和K_2O的亩施用量分别为0.88kg和16.00kg；花期滴肥的滴水深度为40 ～ 50cm，N和K_2O的亩施用量分别为0.88kg和0.46kg，最终使化肥施用量较常规施肥减少15%～ 20%。

（4）晚疫病监测预警技术。利用晚疫病监测预警系统结合种植抗病品种使施药间隔期由原来的5 ～ 7d变为10d，使施药次数由原来的15 ～ 19次减至10次。同时，利用1次生物菌剂（1 000亿/g枯草芽孢杆菌）和1次植物源农药（丁子香酚可溶液剂）替代化学药剂，减少了化学农药的投入。

在播种时，每亩沟喷25%嘧菌酯悬浮剂50mL、1 000亿/g枯草芽孢杆菌2kg。在苗期，施用23.2%砜 · 喹 · 嗪草酮油悬浮剂防治杂草，同时施用1 000亿/g枯草芽孢杆菌预防早疫病和晚疫病。在发棵期，喷施25%嘧菌酯悬浮剂防治黑痣病。在现蕾期，喷施75%代森锰锌水分散粒剂＋25%丙环唑水乳剂防治早疫病。在花期，施用60%锰锌氟吗啉防治早疫病和晚疫病，同时施用1次植物源农药0.3%丁子香酚可溶液剂替代化学药剂防治晚疫病。在块茎膨大期，施用68.75%氟吡菌胺 · 霜霉威盐酸盐悬浮剂、22%噻虫 · 高氯氟微囊悬浮剂和10%氟噻唑吡乙酮油悬浮剂＋75%代森锰锌水分散粒剂防治早疫病、晚疫病和蚜虫。

（5）高效施药器械的使用。化学农药田间施用采用植保无人机、高杆喷施施药机等高效施药器械以提高农药的利用率和作业效率。

三、技术评价

1.创新性 该技术在保证马铃薯产量的前提下，减少了化肥施用量，降低了农药的施用次数与施用量，实现了马铃薯肥药双减的目标，促进了马铃薯产业的绿色可持续发展。

2.实用性 自2019—2020年该项技术示范以来，在张北、沽源、康保等地示范应用面积达到134.7万亩，辐射推广达239.2万亩，示范区肥料利用率提高8.5个百分点，化肥减量18%，农药减量30%，平均增产11.8%，每亩增效198元。依托该项技术形成了河北省地方标准1项、张家口市地方标准1项、授权发明专利2项，发表研究论文7篇。

四、技术展示

五、成果来源

项目名称和项目编号： 马铃薯化肥农药减施技术集成研究与示范（2018YFD0200800）

完成单位： 河北农业大学

联系人及方式： 朱杰华，13933285908，zhujiehua356@126.com

联系地址： 河北省保定市莲池区河北农业大学西校区

新疆棉花化肥农药分区减施技术

一、技术概述

针对新疆棉花分布区域广、区域间生态条件与种植模式差异大等生产实际，筛选优化水肥一体化、秸秆还田、精准施药、天敌保育利用等18类（项）化肥农药减施核心技术，分别在北疆、南疆、东疆开展了棉花化肥农药减施技术模式的创新集成，形成了适用于不同棉区的减施技术规程。

二、技术要点

在新疆北疆、南疆、东疆分别集成并实施了各具特色的技术规程。北疆以棉花单一连片种植模式为主，化肥农药减施以水肥一体化、秸秆还田以及生态调控、航空喷药等技术为主，适用于棉花种植全程机械化的耕作模式。南疆以果棉间作、邻作等模式为特色，化肥农药减施以适时灌溉、机械施肥与喷雾，以及天敌保育等技术为主，有利于当地棉花与果树耦合生产。东疆棉花种植规模小、模式杂，化肥农药减施以化肥与农药科学使用、生物多样性利用为主。

三、技术评价

1.创新性　通过政府主推以及项目组示范培训，将棉花化肥农药减施技术体系在全疆范围内推广应用，实现了分区施策、精准减施。

2.实用性　自2017年项目实施以来，全疆示范推广棉花化肥农药分区减施技术体系1 100万亩、辐射1 720万亩，示范区肥料利用率提高12.2%～13.8%，化肥减施25.1%～27.5%，化学农药利用率提高8.2%～9.3%，农药减施25.1%～28.9%，棉花平均增产3.1%～4.8%，为新疆棉花绿色高质量生产提供了科技支撑与引领。

四、技术展示

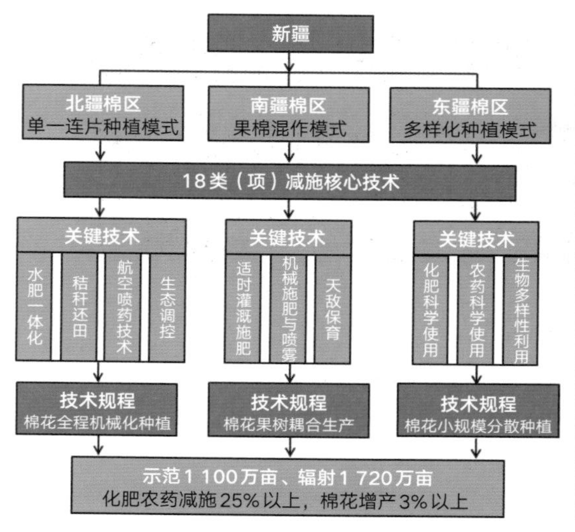

五、成果来源

项目名称和项目编号：棉花化肥农药减施技术集成研究与示范（2017YFD0201900）
完成单位：中国农业科学院植物保护研究所
联系人及方式：陆宴辉，13811742889，luyanhui@caas.cn
联系地址：北京市海淀区圆明园西路2号

茶园水肥一体化高效施肥技术

一、技术概述

茶园水肥一体化高效施肥技术是根据茶树的养分需求规律，借助压力系统或地形自然落差，通过管道输送，直接将水肥输送到植物的根系附近，凭借现代精准的设计、安装和管理技术，对不同生产模式茶园通过施肥时期、施肥次数、肥料用量等技术参数针对性施肥，形成水肥一体化施肥技术。

二、技术要点

茶园水肥一体化高效施肥技术中所含各项技术均针对不同茶类的养分需求进行了优化，采用“养分总量控制＋分期调控”的策略，基肥结合机械深施的高效施肥方式进行，追肥采用滴灌施肥方式进行，技术涵盖了施肥时间、肥料用量、施肥方式以及配套的茶树修剪方法等内容。

三、技术评价

1.创新性　应用该技术可大大提高施肥效率，明显降低由于开沟施肥带来的高强度、多人力的局限，节省大量劳动力。

2.实用性　茶园水肥一体化高效施肥技术已在浙江、江苏、江西、四川等地进行了试验示范，获得了良好的效果，与常规习惯施肥相比，化肥减施25%条件下，硝态氮损失降低46.1%～76.4%，钙、镁养分损失降低49.2%和29.1%。养分农学利用效率提高0.5～2.3倍，增产10%～22%，茶叶品质基本维持。目前该技术正在我国茶叶主产区进行示范推广应用，平均增产11.4%，每亩节本增效1 000元以上，茶叶品质稳定。作为茶园施肥重要技术之一，该技术入选2020年农业农村部农业主推技术。

四、技术展示

五、成果来源

项目名称和项目编号： 茶园化肥减施增效技术集成研究与示范（2016YFD0200900）
完成单位： 中国农业科学院茶叶研究所
联系人及方式： 马立锋，13588027663，malf@tricaas.com
联系地址： 浙江省杭州市西湖区梅灵南路9号

茶园绿肥替代化肥减施增效技术

一、技术概述

茶园绿肥替代化肥减施增效技术是集绿肥和茶园精细管理于一体的新技术。

二、技术要点

（1）绿肥品种选择。根据当地自然条件，选用优质高产、适应性及抗逆性强、种植及管理简单、与茶树没有共同病虫害的绿肥品种。品种可选一个或多个，多品种宜为豆科与非豆科及匍匐型或矮生型与高秆型搭配。夏季绿肥可选择猪屎豆、茶肥1号、田菁、柽麻、圆叶决明、白三叶等；冬季绿肥可选择豆科的毛叶苕子、光叶苕子、蓝花苕子、箭筈豌豆、湘野豌1号、窄叶豌豆、紫云英、蚕豆等，以及十字花科的肥田萝卜、油菜等及禾本科黑麦草等。

（2）种植方式。幼龄茶园、台刈茶园、重修剪茶园采用种植“夏季绿肥＋冬季绿肥”方式；生产茶园一般采用种植冬季绿肥，对于行间距较宽的茶园可采用“夏季绿肥＋冬季绿肥”种植方式；对于非茶地采用“夏季绿肥＋冬季绿肥”方式。

（3）利用方式。幼龄茶园、重修剪茶园、台刈茶园、生产茶园中间作绿肥采用就地覆盖和埋青相结合的方式；非茶地种植的绿肥覆盖或埋青于附近生产茶园、重修剪茶园、台刈茶园或幼龄茶园中。幼龄茶园埋青沟应远离茶树根颈处，一般距离茶树根颈处45 ~ 55cm；成龄茶园埋青于茶行中间。沟深不低于15cm；绿肥埋青时宜施入适量氮肥；埋青时间宜结合茶园施基肥因地制宜进行。

三、技术评价

1. 创新性 该技术利用绿肥是没有重金属、抗生素、激素等残留的最清洁有机肥，同时绿肥自身具固氮和光合作用，能提高茶园生态系统对碳的固定和氮素养分输入，为茶园土壤提供大量有机质，改善土壤物理、化学、生物性状，促进土壤质量提升，降低茶园对化学肥料的依赖，间接减少茶叶生产能耗，减少温室气体的排放，真正实现以地养地、以园养园、以园养树高效培肥方式。

2. 实用性 自2018年以来，该技术在湖南茶叶主产县进行了大面积的示范与推广应用。充分利用绿肥“吸碳固氮”作用，替代茶园中20% ~ 50%的化学氮肥，同时促进茶树生长，提高茶园土壤有机碳、活性有机碳、全氮和速效养分的含量，减缓幼龄茶园水土流失问题，培肥土壤，提升土壤肥力，同时控制茶园杂草，降低除草成本，实现节本增效，达到茶叶生产“优质、生态、高效”的综合目标。

四、技术展示

五、成果来源

项目名称和项目编号：茶园化肥农药减施增效技术集成与示范（2016YFD0200900）

完成单位：湖南省茶叶研究所

联系人及方式：傅海平，15873188676，fuhaiping2010@126.com

联系地址：湖南省长沙市芙蓉区马坡岭远大二路702号

茶园酸化阻控与化肥减施增效技术

一、技术概述

茶树最适生长土壤pH为5.0 ～ 5.5，但茶园长期植茶后，由于过量施用化学肥料及茶树根系自身代谢作用等原因，大部分茶园土壤pH随着植茶年限的增加逐渐低于茶树适合生长的酸度区间。当茶园土壤pH<4.0时，土壤养分有效性下降，茶树生长受到抑制，出现逆境反应，严重影响茶叶产量和品质。茶园酸化阻控与化肥减施增效技术从茶园土壤酸化的主要机制、土壤酸碱度缓冲容量等关键问题出发，结合茶树养分需求特性，采用高活性硅钙镁钾土壤调理剂＋生物质炭基有机肥运筹的酸化土壤改良与新型肥料高效施肥技术，有效阻控和改良茶园土壤酸化，提升茶园土壤地力，实现酸化茶园的化肥减施增效。

二、技术要点

（1）茶园酸化土壤调理剂选择及用量。针对土壤pH<4.5的茶园，选用$CaO \geqslant 30.0\%$、$MgO \geqslant 16.0\%$、$K_2O \geqslant 4.0\%$、$SiO_2 \geqslant 12.0\%$的高活性硅钙镁钾土壤调理剂，每亩用量为100 ～ 150kg。

（2）酸化土壤调理剂施用时期及施用方式。选择秋冬茶园封园前（10月中旬至11月上旬）在茶树行间均匀撒施后采用机械翻、旋耕，或人工耕作翻耕，翻耕深度以20 ～ 25cm为宜。

（3）化肥减施方案。利用有机肥替代30%左右的化肥作茶园秋冬季基肥施用，有机肥选择生物质炭基有机肥。

（4）茶园养分运筹技术。采用“一基二追”的施肥方式。在秋季茶园封园前（10月上旬至11月上旬），基肥亩施用有机肥（利用生物质炭基有机肥替代30%左右的全年化肥）200 ～ 250kg＋茶树专用肥（N：P_2O_5：K_2O：MgO=18：8：12：2）15 ～ 20kg，结合秋季耕作，开深20 ～ 25cm沟，施后及时盖土；早春催芽肥在春茶开采前20 ～ 30d，每亩施尿素10 ～ 15kg，开深10cm左右沟，施后及时盖土；春茶结束后（5月中旬至6月上旬）每亩施尿素10 ～ 15kg，开深10cm左右沟，施后及时覆土。

三、技术评价

1.创新性 利用该技术可显著提高茶园土壤盐基饱和度，增强茶树新梢光合作用强度，提高茶叶产量和品质。

2.实用性 自2018年以来，茶园酸化阻控与化肥减施增效技术在安徽、浙江、江西等地开展了示范应用与推广，累计示范推广面积20多万亩。连续多年大面积示范应用结果表明，与当地农民习惯施肥相比，该技术可使茶园土壤pH平均提升0.68，并能在较长时期维持土壤pH稳定，土壤阳离子交换量平均增加22%左右，实现化肥减施25%～ 35%，养分农学利用效率提高0.3 ～ 1.5倍，茶叶平均增产7.8%，且品质稳中有升，每亩平均节本增效320元。该技术已入选2021年安徽省农业主推技术之一。

四、技术展示

五、成果来源

项目名称和项目编号：茶园化肥农药减施增效技术集成研究与示范（2016YFD0200900）

完成单位：安徽省农业科学院茶叶研究所

联系人及方式：苏有健，13295597997，syjaff1984@sina.com

联系地址：安徽省黄山市屯溪区巿山大道28号

茶园化学农药减施技术模式

一、技术概述

该技术主要针对茶园茶小绿叶蝉和灰茶尺蠖两种害虫，利用两类虫害成虫的趋色、趋光和化学通信特性开发而成，是集成预测预报、农艺、窄波LED杀虫灯等基本技术，以及创新应用数字化色板、昆虫病毒、害虫性信息素以及高效低水溶性农药等关键技术于一体的新技术。

二、技术要点

（1）预测预报＋农艺。田间监测采用数字化黄色粘虫板法和百叶虫口法监测茶小绿叶蝉，采用性诱法和直观法监测灰茶尺蠖。当数字化黄色粘虫板单面日捕叶蝉量达20头，灰茶尺蠖性诱器上虫量从高峰降到低峰且田间幼虫量达到每平方米6头时，采用生物农药防控，7、8月气温较高时适当应用化学农药防控。同时提升茶园管理技术，营造良好茶园生态环境；结合冬季封园。

（2）窄波LED杀虫灯。每亩茶园设置15 ～ 20盏杀虫灯；3月上中旬开启杀虫灯，11月关灯。

（3）数字化色板。春茶采摘夏秋留养茶园必须应用措施，全年采摘茶园可选择应用措施；优先选择应用数字化黄色粘虫板或双色色板，春茶采摘后或5月上旬安装色板，挂板密度为每亩20 ～ 30块，挂板高度为0 ～ 20cm。

（4）灰茶尺蠖性诱。3月上中旬安装，大面积、连片使用，每亩设置2 ～ 4个。及时更换粘虫板；每3个月更换诱芯。

（5）生物农药。选用兼治茶小绿叶蝉和灰茶尺蠖的球孢白僵菌、苏云金杆菌等；防治茶小绿叶蝉用30%茶皂素水剂、茶蝉净2号等；防治灰茶尺蠖用茶核·苏云金杆菌、短稳杆菌等。

（6）化学农药。选用15%茚虫威乳油、250g/L联苯菊酯、30%唑虫酰胺悬浮剂等高效低水溶性农药。

三、技术评价

1.创新性　该技术根据茶园两种害虫的发生规律和目标茶园需求，组配出适用于全年采摘、春茶采摘夏秋留养、绿色生态等针对不同生产类型茶园的三套技术。通过运用该项技术，所产茶叶农残种类和含量大幅降低，产品达到出口欧盟标准要求，绿色生态茶园产品符合绿色和有机产品要求。

2.实用性　2017—2020年共建立试验示范基地7个，并在江西省南昌县、浮梁县、婺源县、遂川县不同类型茶园分别推广应用，累计推广应用茶园面积12万余亩，辐射带动茶园面积超过22万亩。与常规用药相比，核心示范区实现化学农药减量33%以上，化学农药利用率提高10.6%，推广应用茶园化学农药年减施25%～ 60%，年增产5.13%～ 10.3%，年亩均增收972 ～ 1 352元。该技术获2020年江西省科技进步奖。

四、技术展示

五、成果来源

项目名称和项目编号： 茶园化肥农药减施增效技术集成研究与示范（2016YFD0200900）

完成单位： 江西省蚕桑茶叶研究所
联系人及方式： 杨普香，15879127281，jxypx@163.com
联系地址： 江西省南昌市南昌县黄马乡江西省蚕桑茶叶研究所

茶园害虫茶角胸叶甲减药防控技术

一、技术概述

随着湖南省茶园面积增大，黑茶生产原料大面积调动，以及茶角胸叶甲本身具备一定的迁飞性，导致该虫在湖南从南至北日益流行为害，现已遍及湘南绿茶区、湘东绿茶区、湘北黑茶区，而且逐步朝湘西北、湘东等方向发展。为了进行有效防控，采用以生态调控为基础、以轻控轻防为原则、以应急防控为辅助、以区域统防为手段的四大措施，优化栽培技术中的修剪技术、物理防控的色板技术并筛选高效低毒药剂。

二、技术要点

（1）虫期监测。根据往年成虫发生情况及幼虫在土内深度判断茶角胸叶甲发生期及为害程度。

（2）地表翻土开沟混施菌药。10月底茶园冬季管理中结合深耕施肥混施菌药，开沟位置宜为距离茶蔸20 ～ 25cm处，施肥沟深度15 ～ 25cm，20cm最佳，选用400亿孢子/g球孢白僵菌，推荐每亩用量100g，结合深耕施肥混施菌药，或选择金龟子绿僵菌颗粒剂，每亩用量5kg。

（3）修剪。在春茶结束后的5月上旬、茶角胸叶甲成虫羽化出土前修剪，修剪高度以离地30 ～ 40cm为宜。

（4）悬挂色板。选择在重修剪后的5月中旬前，茶角胸叶甲成虫羽化盛期前进行悬挂，悬挂的位置以茶丛内紧挨地面处为宜，悬挂黄色粘虫板的数量推荐每亩40 ～ 100块。

（5）菌药喷施。3月土壤喷施白僵菌，直至5月下旬，茶角胸叶甲成虫羽化盛期，每亩选择400亿孢子/g球孢白僵菌100g配制成100kg菌液喷施于重修剪后的茶园地面及茶树枝干。于7d后以同样剂量的菌液补喷一次。或每亩选择80亿孢子/mL金龟子绿僵菌CQMa421可分散油悬浮剂80mL，喷施2次。

（6）应急防控。5月下旬，虫量基数未明显下降，采取植物源农药防治（有机茶园）或者低毒化学农药防治（0.3%苦参碱水剂、5%除虫菊素乳油、2.5%联苯菊酯水乳剂）。

三、技术评价

1.创新性 在我国首次制定并实践"监测预警+色板+白僵菌+高效低毒农药"防控模式。

2.实用性 自2018年以来，该技术模式在湘南桂东县、湘东长沙县等地的茶区进行了示范应用。大部分区域茶园使用生物农药，个别严重发生区域选择应急化学防控。该技术应用的效果如下。①化学农药减少或未用：鉴于该茶园是有机茶园，大部分区域茶园在备选应急防控中选用植物源农药，个别重发生区域，化学农药（联苯菊酯）使用次数得到有效减少，减少到每年1次（常规防治需要3 ～ 4次），减少化学农药用量66.7%以上。②害虫得到控制：5月27日效果调查显示，处理区采用拍打法调查8个点，每平方米虫量0.75头，空白对照未处理区调查12个点，每平方米虫量33.33头，是处理区的44.44倍，取得明显效果。③农残水平符合相应标准。

四、技术展示

五、成果来源

项目名称和项目编号：茶园化肥农药减施增效技术集成与示范（2016YFD0200900）

完成单位：湖南省茶叶研究所

联系人及方式：周凌云，13507407405，hncyszly@hunaas.cn

联系地址：湖南省长沙市芙蓉区马坡岭远大二路702号

赤眼蜂防治蔗螟技术

一、技术概述

螟黄赤眼蜂是重要的卵寄生蜂，也是甘蔗重要害虫——螟虫的优势天敌。赤眼蜂防治蔗螟技术是根据甘蔗螟虫的发生特点，采用规模化的繁育技术大批量生产螟黄赤眼蜂，在早春越冬代甘蔗螟虫刚发生时采用接力式的释放方法大量释放螟黄赤眼蜂，达到压低第一代甘蔗螟虫数量、进而控制其全年种群数量的增长的效果，降低螟虫对甘蔗的危害，提高甘蔗产量。

二、技术要点

（1）释放时期。释放赤眼蜂必须确保“蜂卵相遇”，即在蔗螟产卵期放蜂。利用性诱剂监测甘蔗螟虫的发生时期，在早春越冬代甘蔗螟虫成虫始见期开始第一次放蜂，之后每隔7 ～ 10d释放第二、第三次蜂，第四、第五次放蜂根据田间螟害调查择机释放，采用接力式的释放方法大量释放螟黄赤眼蜂。

（2）释放蜂量。整个甘蔗生长期内共释放寄生蜂5 ～ 6次，每亩每次均匀放5张蜂卡，每张蜂卡约释放1 000头螟黄赤眼蜂。

（3）释放方法。在寄生蜂羽化前，将蜂卡贴在甘蔗叶背面，放蜂后禁止使用化学杀虫剂。

三、技术评价

1.创新性 应用该技术，在增加田间天敌数量的同时减少了化学农药的用量，使天敌种群得到恢复，促进生态良性循环和农业可持续发展。

2.实用性 应用该技术连续放蜂3年可使甘蔗螟害节率控制在5%左右的较低水平，可实现化学农药减量控害。增加田间天敌数量的同时减少了化学农药对天敌的伤害，使天敌种群得到恢复，2018—2020年，该技术在广西北海等地应用示范34 000亩，平均每年减少施药2 ～ 3次，减少化学农药使用80%，甘蔗每亩平均增产0.5t，促进生态良性循环和农业可持续发展，取得很好的应用效果。

四、技术展示

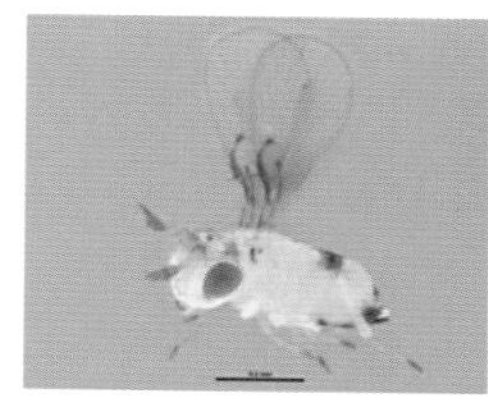

五、成果来源

项目名称和项目编号： 特色经济作物化肥农药减施技术集成研究与示范（2018YFD0201100）

完成单位： 广西农业科学院植物保护研究所、广西南宁合一生物防治技术有限公司

联系人及方式： 于永浩、谢丽玲，13978898081，yxp1127@163.com

联系地址： 广西壮族自治区南宁市西乡塘区大学东路174号

甘蔗全程一次性施肥技术

一、技术概述

目前，甘蔗生产施肥管理存在的主要问题有施肥量大、施肥次数多、肥料成本高、肥料利用率低等，针对这些问题，根据甘蔗生长需肥规律、甘蔗生产生态条件下蔗区土壤养分状况及对甘蔗产量的贡献，创制了甘蔗全程一次性施肥肥料配方和工艺设计、添加肥料增效剂和缓效剂及一整套甘蔗全程施肥技术。

二、技术要点

（1）采用条施法。在甘蔗播种前结合整地作畦、开沟或开穴，将肥料施入其中后覆土播种。

（2）施肥量。据目标产量确定。

①原料蔗80 ～ 100t/hm^2蔗区推荐施肥量。完全施用配有缓释和增效技术的复合（混）肥每公顷施N 300 ～ 450kg、P_2O_5 200 ～ 225kg、K_2O 225 ～ 270kg。

②原料蔗90 ～ 120t/hm^2蔗区推荐施肥量。施用配有缓释和增效技术的有机无机复合（混）肥，每公顷施N 270 ～ 300kg、P_2O_5 90 ～ 105kg、K_2O 240 ～ 270kg（折有机无机复合肥2 250 ～ 2 400kg/hm^2）。

③原料蔗180 ～ 240t/hm^2蔗区（有灌溉条件）推荐施肥量。配有缓释和增效技术的有机无机复合（混）肥、复合（混）肥，每公顷施N 345 ～ 420kg、P_2O_5 120 ～ 135kg、K_2O 315 ～ 375kg（折有机无机复合肥2 700 ～ 3 750kg/hm^2）。

（3）新植蔗。

①种植沟底土块细碎，沟深30cm左右。

②将肥料、防虫药（氯虫·噻虫嗪、氯虫苯甲酰胺、杀虫单、吡虫啉等）一次性施于种植行沟后盖土5 ～ 8cm，或将肥料与行沟碎土搅拌均匀，避免肥料与蔗芽接触。

③摆种、覆土、盖膜。

④对蔗畦喷除草剂（每公顷喷施40%莠去津悬浮剂2 250mL + 80%乙草胺乳油1 200mL）。

（4）宿根蔗。

①砍收后及时（越早越好）清园、破垄，破垄深度10 ～ 15cm。

②把整个生长期所需的肥料、防虫药（氯虫·噻虫嗪、氯虫苯甲酰胺、杀虫单、吡虫啉等）一次性施于蔗蔸两边后培土到原来的高度。

③对蔗畦喷除草剂（每公顷喷施40%莠去津悬浮剂2 250mL + 80%乙草胺乳油1 200mL）。

（5）适宜区域。该技术适合我国主产蔗区推广应用。

三、技术评价

1.创新性 该技术具有提高肥料利用率、稳定和增加甘蔗产量、减少肥量和施肥次数、节省劳力、简化生产环节、便于机械化生产作业等优点，实现了甘蔗生产轻简增效。

2.实用性 自2018年开展示范以来，该技术在广西扶绥县、来宾市兴宾区等桂中南蔗区推广应用，面积共26.9万亩。多年的田间试验和生产示范结果表明，采用增效和缓释技术甘蔗全程一次性施肥具有明显的节本增效作用。一是能提高肥料利用率，减少施肥量。氮素利用率为48.88%，比单施26.15%提高22.73%；磷素利用率为35.42%，比单施10.81%提高24.61%；钾素利用率为56.08%，比单施49.86%提高12.47%；较习惯施肥用量减少750 ～ 900kg/hm^2，减幅26.33%～ 29.4%，每公顷减少用肥成本2 250 ～ 2 700元。二是能减少施肥次数、降低生产成本。每公顷节省甘蔗施肥用工量30 ～ 45个、每公顷减少用工成本3 750 ～ 5 250元。三是甘蔗稳产、增产。新植蔗全生育期一次性施肥较习惯施肥增产5.55%～ 6.24%，宿根蔗全生育期一次性施肥较习惯施肥增产10.45%～ 12.24%。该技术在减轻环境污染的同时促进了农民增收，对农产品质量安全和产业可持续发展做出了重要贡献。

四、技术展示

五、成果来源

项目名称和项目编号：特色经济作物化肥农药减施技术集成研究与示范（2018YFD0201100）

完成单位：广西农业科学院甘蔗研究所

联系人及方式：谭宏伟，13897808116，tanhongwei61@126.com

联系地址：广西壮族自治区南宁市西乡塘区大学东路172号

东南烟稻区烟草速缓结合一次性轻简施肥技术

一、技术概述

东南烟稻区烟草速缓结合一次性轻简施肥技术针对东南烟稻轮作区烟草生产特点，以配方肥料应用为核心，是集新型控释氮肥、新型速效化肥、养分精确诊断等于一体的新技术。

二、技术要点

（1）配方肥料组成。以两种不同控释期的控释肥混合组配形成烟草专用控释肥，选用颗粒状的硝酸铵钙、钙镁磷肥和硫酸钾肥混合组成速效肥，控释氮肥和速效氮肥比例为3∶7，根据测土配方推荐施肥结果调整速效肥中钙镁磷肥和硫酸钾肥的用量，形成烟草专用配方肥。配方肥要求各类肥料粒级一致，粒形以圆颗粒为最佳，产品质量符合《配方肥料》（NY/T 1112—2006）标准要求。

（2）配方肥料施用。上年度冬闲季节深翻土地。改两次起垄为一次性起垄施肥，根据地块宜机化程度选用起垄施肥机械，对于地块规整、地块长度合适、土壤质地较好的地块，选用牵引式起垄施肥一体机，实现起垄施肥一次性作业；对于其他类型地块首先将配方肥料条施于地表，然后使用手扶式起垄机或履带自走式起垄机起垄。

（3）养分精确诊断。移栽前测定土壤矿化氮含量，如果矿化氮含量低于35mg/kg，移栽时应施用提苗肥，提苗肥以施用硝酸铵钙、尿素硝铵、硝酸钾等水溶性好的肥料为宜，施肥量不超过22.5kg/hm^2。旺长中后期采用无人机搭载数码相机获取冠层RGB图像，利用数字图像和临界氮浓度曲线计算氮营养指数，当氮营养指数小于0.8时适当追施速效氮肥，施肥量不超过15kg/hm^2。

三、技术评价

1.创新性　该技术根据东南烟稻种植区植烟土壤有机质和碱解氮含量高、移栽时土壤矿化氮含量相对较低、移栽前期肥料氮移动慢、揭膜后土壤速效氮淋失速度快、土壤钙镁相对缺乏的土壤养分供应特点，组配出速效氮肥和缓效氮肥结合、钙肥增量的适用于一次性施用的新型配方肥料产品，起垄移栽时使用起垄施肥一体机将配方肥基施垄底，配合关键生育期的烟株氮营养诊断技术，实现该区域烟草一次性轻简化施肥。

2.实用性　该技术适用于湖南、江西、福建、广东等烟稻种植区。连续3年大田对比试验跟踪调查结果表明，应用该技术后产量产值与常规生产相当，并且能减少氮肥用量30%左右，使氮肥表观利用率增加23个百分点，亩均肥料成本减少175元，亩均人工成本减少200元，综合收益增加11%左右。应用该技术实现了烟稻区烟草生产“减肥、提质、节本、增效”的综合目标。

四、技术展示

五、成果来源

项目名称和项目编号：特色经济作物化肥农药减施技术集成研究与示范（2018YFD0201100）

完成单位：中国农业科学院烟草研究所

联系人及方式：王树声、闫慧峰，13884631032，yanhuifeng@caas.cn

联系地址：山东省青岛市崂山区科苑经四路11号

麻类化肥农药减施增效集成技术

一、技术概述

麻类化肥农药减施增效集成技术是根据我国三种主要麻类作物生长特性研制的集有机替代化肥减施、绿色防控农药减施等为一体的集成化新技术。

二、技术要点

根据我国主要麻类作物苎麻、剑麻和亚麻的生长习性及化肥农药施用需求，在前期各种单项技术研发的基础上，集成化肥农药减施增效的集成技术。集成技术模式的要点为：通过复种绿肥、有机肥替代化学肥料等来减施化肥，通过生物、物理等绿色防控病虫草的措施来减施化学农药。根据三种麻类作物自身特征，具体的技术方法又有一定的差异。

（1）苎麻农药化肥减施增效技术模式核心技术。

①优良品种：高产优质、抗病性较好的中苎1号和华苎4号等。

②化肥减施：绿肥套种、有机肥替代、长效缓释肥等。

③病害绿色防控：采用无病种蔸繁殖，适时开沟排水，降低虫口密度，抑制病害发生；通过生物农药（如阿维菌素）或微生物肥料抑制苎麻根腐线虫病的发生危害。

④虫害绿色防控：苏云金杆菌粉剂细沙土拌匀，制成药土，中耕时施入。通过黑光灯或频振式杀虫灯诱杀成虫。通过诱抗技术防治虫害，如使用壳寡糖＋木霉菌。

（2）剑麻农药化肥减施增效技术模式核心技术。

①水肥药一体化：主要适用于剑麻苗圃育苗阶段，以解决剑麻苗种植密度大造成的施肥不便的问题。

②营养诊断配方施肥：剑麻移栽到大田后，根据叶片营养诊断结果分析植株养分丰缺状况，制定相应的施肥配方。

③有机肥替代：有机肥替代化肥施用技术包括麻茎还田、麻渣还田以及与含磷有机肥配合施用。

④病虫害绿色综合防控：间作平托花生等，可增加生物多样性和天敌种群数量，使天敌占据生态位，起到控制杂草、驱虫防病的作用，减少农药施用；增施石灰，提高植株抗性；注意保护和利用天敌（捕食生物），施放天敌丽草蛉、隐唇瓢虫控制新菠萝灰粉蚧，加强预测预报。采用植保无人机或风送式喷雾器对全产区统一喷药。

（3）亚麻农药化肥减施增效技术模式核心技术。

①亚麻养分高效利用品种：利用钾肥高效利用亚麻品种Sofie和华亚4号及氮素高效利用品种黑亚19号为种，适当减施化肥。

②有机替代：通过种植翻压绿肥增肥土壤和增施有机肥来替代部分化肥的使用，可在保证产量不降低的基础上减少复合肥的施用量。

③播种前晾晒或紫外杀菌：亚麻播前对种子进行暴晒或用紫外灯光照射杀菌，结合整地清理病残组织等，取代药剂拌种，以减少苗期病害发生。

④适时机械除草：亚麻出苗后苗高5 ～ 10cm时，采用亚麻专用除草机械设备进行除草。

⑤复种牧草：草田轮作技术可充分利用水、光、热以及土地资源，提高农业系统的生产力，抑制农田杂草发生的同时减少土壤中杂草种子数量。

三、技术评价

1.创新性 该技术大大改善了苎麻、剑麻和亚麻在传统种植中存在的如化肥农药施用量过高、肥料利用率低、化肥农药减施关键技术的技术较单一、集成度低、生物农药使用率低等问题。

2.实用性 2019年以来，麻类作物化肥农药减施增效集成技术得到广泛的示范应用，示范面积共计34万亩，其中苎麻14万亩、剑麻6.6万亩、亚麻13.5万亩；技术辐射面积共计55万亩，其中苎麻25.7万亩、剑麻12.5万亩、亚麻16.7万亩。建立核心示范区，化肥利用率提高13.2%，化肥减量26.3%，化学农药利用率提高8.8%，化学农药减量33.3%，作物增效4%～5%以上。麻纤维质量也得到提升，如苎麻的纤维细度增加5%；亚麻的长麻率提高0.9%～3.4%，纤维号增加2号，纤维强度提高2 ～ 5kg。通过项目的实施，可进一步推广普及麻类作物化肥农药减施增效技术。通过促进相关产业可持续发展，促进创业就业，带动农民增收。

四、技术展示

五、成果来源

项目名称和项目编号：特色经济作物化肥农药减施技术集成研究与示范（2018YFD0201100）

完成单位：中国农业科学院麻类研究所

联系人及方式：龙松华，13357220048，longsonghua79452@163.com

联系地址：湖南省长沙市岳麓区咸嘉湖西路348号

基于生态复合栽培条件下咖啡化肥农药减施增效集成技术

一、技术概述

咖啡原产于非洲热带雨林，为下层树种，在长期生物系统进化过程中形成需要一定荫蔽度的特性。自人类栽培利用咖啡以来，为追求高产量，往往采用咖啡单一作物栽培，该技术模式具有产量高等优点，但也存在结果过多、易枯枝早衰、大小年突出、果实早熟品质差等问题；同时咖啡农业生态系统生物多样性单一，导致病虫害严重，抵抗低温寒害和高温干旱能力弱；此外还存在单位面积产品单一、综合生产力不高、农民经济收入来源单一、抵抗市场风险能力弱等问题。

二、技术要点

（1）生态复合栽培技术。

①中粒种咖啡栽培模式。海南省中粒种咖啡产区采用“槟榔＋咖啡＋短期作物”和“椰子＋咖啡＋短期作物”等栽培模式。“槟榔＋咖啡＋短期作物”栽培模式中乔木层槟榔株行距为2.5m×3m，种植密度为88株/亩；灌木层咖啡株行距为2.5m×3m，种植密度为88株/亩；草本层在行间空地种植绿肥等短期作物。“椰子＋咖啡＋短期作物”栽培模式中椰子株行距为6m×9m，

种植密度为12株/亩；灌木层咖啡株行距为2.5m×3m，种植密度为88株/亩；草本层在行间空地种植绿肥等短期作物。

②小粒种咖啡栽培模式。云南省等小粒种咖啡产区，低海拔地区（900m以下）采用"橡胶+咖啡+短期作物"栽培模式，中海拔地区（900～1 400m）采用"坚果+咖啡+短期作物"和"芒果+咖啡+短期作物"栽培模式，高海拔地区（1 400m以上）采用"核桃+咖啡+短期作物"栽培模式。乔木层株行距为5m×12m，种植密度为11株/亩；灌木层咖啡株行距为1m×2m，种植密度为330株/亩；草本层在行间空地种植绿肥等短期作物。

③咖啡荫蔽度调控技术。咖啡对光照、温度等气象条件有特定需求，当气温降至0℃以下时，咖啡树产生冻害；当气温降至5℃以下时，嫩叶产生寒害；当气温降至10℃以下时，咖啡树生长受到抑制；当气温在10～25℃之间时，随着气温升高咖啡树生长加快；当气温达25℃以上时，咖啡净光合作用开始下降，植株生长缓慢，到35℃时几乎停止生长。咖啡为短日照植物，其光饱和点为40 000lx；光照超过13h不能开花结果；成龄树每天直射光照3～4h即可正常开花结果。幼苗期需要70%～80%荫蔽度，结果树以30%～50%荫蔽度为宜，当荫蔽度超过50%时，咖啡树生长和结果受到严重影响，因此在咖啡"乔-灌-草"生态复合栽培模式中，要严格控制好咖啡树的荫蔽度。

（2）化肥减施增效技。坚持测土配方施肥和植物营养诊断施肥，坚持有机与无机配合施肥，以有机肥为主，以化肥为辅，减少化肥用量。

①需肥数量。根据植物营养诊断结果表明，每生产1kg咖啡豆需要氮（N）112.10g、磷（P_2O_5）38.40g、钾（K_2O）149.80g。

②肥料配方。根据植物营养诊断结果，咖啡结果树化肥配方为N：P_2O_5：K_2O=112.10：38.40：149.80=2.92：1：3.90，以45%有效含量计算，结果树化肥配方N：P_2O_5：K_2O=15：5：25或17：6：22，幼龄树化肥配方N：P_2O_5：K_2O=25：5：15。

③施肥方法。每年雨季开始（5月）和雨季结束前（9月）各施肥1次，肥料用量各占总量的50%；采用土壤施肥，施肥深度15～20cm，以亩产150kg计算，需施氮肥17kg、磷肥6kg、钾肥22kg，结果树肥料（配方N：P_2O_5：K_2O=17：6：22）每年每亩施肥量为100kg，以每亩333株计算，每次每株施化肥150g，每株施农家肥1.5kg或生物有机肥500g。

（3）农药减施增效技术。坚持预防为主，综合防治的方针，采果前1个月和采果期间禁止使用化学农药，确保食品安全。

①病害绿色防控技术。主要病害有叶锈病、炭疽病、褐斑病等。

叶锈病绿色防控技术：一是种植萨奇姆等抗锈品种；二是在雨季开始（5月）和雨季结束前（9月）各喷施1次波尔多液、硫酸铜钙等保护性杀菌剂；三是在秋冬季节发病初期用25%戊唑醇、40%氟硅唑、25%三唑酮、25%嘧菌酯、29%吡萘·嘧菌酯、43%氟菌·菌酯、75%戊唑·嘧菌酯等进行防治。

褐斑病绿色防控技术：一是用B1171、TWC2芽孢杆菌进行预防；二是用嘧菌酯、吡唑醚菌酯、丙环唑EC等杀菌剂防治。

炭疽病绿色防控技术：一是用B800、B1171生防菌进行防治；二是用咪鲜胺锰盐、戊唑醇、嘧菌酯、苯醚甲环唑、丙环唑等杀菌剂进行防治。

②虫害绿色防控技术。主要害虫有天牛、蚧壳、枝小蠹等。

天牛绿色防控技术：主要有灭字虎天牛和旋皮天牛；一是加强田间巡察，发现危害株时将受害部位切除烧毁或粉碎或用水浸泡，杀死树干内害虫，减少侵染虫源；二是在田间释放管氏肿腿蜂、黑足举腹姬蜂、茶色茧蜂等天敌进行生物防治；三是在成虫羽化产卵高峰期（5月和9月），用选用40%辛硫磷乳油1 000 ～ 1 200倍液，或用10%高效氯氰菊酯乳油2 500 ～ 3 000倍液等杀虫剂喷淋咖啡树干进行预防。

蚧虫绿色防控技术：主要有绿蚧、盔蚧、吹绵蚧、根粉蚧等，可用24%螺虫乙酯悬浮剂4 000 ～ 5 000倍液，或用10%吡虫啉可湿性粉剂2 000 ～ 3 000倍液，或用10%高效氯氰菊酯乳油2 500 ～ 3 000倍液等杀虫剂进行防治。

枝小蠹绿色防控技术：咖啡黑枝小蠹主要为害中粒种咖啡；一是加强田间巡察，通过修剪及时清除受害枝烧毁；二是可用 α-蒎烯、3-蒈烯＋ α-蒎烯等进行诱杀。

③草害绿色防控技术。杂草主要危害投产前幼龄咖啡园。一是种植黄豆、花生、绿肥等作物，实现以草制草、以草肥土、以草固土和以短养长的作用；二是采用人工除草、机械割草；三是采用草胺膦化学除草，但严禁喷在咖啡树上，生产中不宜采用草甘膦除草。

三、技术评价

1.创新性 本技术针对咖啡生产中存在的问题，模仿咖啡原产地生态系统，按照农业生态学原理，坚持产业生态化和生态产业化理念，以实现咖啡化肥农药减施增效为核心，通过集成创新构建咖啡“乔－灌－草”生态复合栽培技术，最终实现咖啡产业经济效益、社会效益和生态效益的有机和谐统一。

2.实用性 自2018年以来，该技术在云南、海南等咖啡产区推广应用50多万亩。生态复合栽培模式气温比咖啡单作降低3.52℃，空气湿度提高4.86%；土壤温度比咖啡单作降低5.04℃，水分提高3.12%，有机质提高12.97%，碱解氮提高20.68%，P_2O_5提高14.78%，K_2O提高15.24%；寒害率平均比单作降低14.32%，天牛危害率平均比单作降低15.39%，叶锈病危害率平均比单作降低26.67%；间作绿肥每亩平均节省除草成本100元，化肥农药综合减量30%，每亩平均节本增收100元，平均每年节本增收5 540万元。

四、技术展示

五、成果来源

项目名称和项目编号： 特色经济作物化肥农药减施技术集成研究与示范（2018YFD0201100）
完成单位： 云南省农业科学院热带亚热带经济作物研究所
联系人及方式： 黄家雄，15925022169，huangjiaxiong@163.com
联系地址： 云南省保山市隆阳区兰城路518号

间套种木薯化肥农药减施增效技术模式

一、技术概述

间套种木薯化肥农药减施增效技术模式针对我国间套种木薯化肥过量施用、化肥利用率低、主要病虫草害防治时机把握不准、施药器械及技术落后、防控过度依赖化学农药、山地单作木薯耕地营养失调且养分利用率低、主要病虫草害防治技术缺乏，以及用肥用药技术集成度低等关键科学问题。在已有的新品种选育、机械化采收和加工设备研发、高产高效栽培技术模式应用、病虫草害监测预警及绿色高效防控等技术研发基础上，通过技术的完善、熟化和示范推广，在云南、湖南、江西和福建等地的山地木薯种植区，集成以优良品种、合理密植、种茎消毒、抗性利用、配方施肥、副产物还田、间套种技术等为重点的间套种化肥农药减施增效技术模式。

二、技术要点

（1）优良品种。选择种植华南5号、桂热7号、南植199等优良品种。此类木薯品种的特点是高产多粉，结薯多且集中，耐瘠薄，水肥利用力强。采用纯种＋常规施肥方式种植，华南5号每亩种植700株，桂热7号每亩种植900株。

（2）配方施肥技术。该模式下配置氮磷钾（N：P_2O_5：K_2O）养分比例为3：1：3，木薯专用肥每亩用量为60kg，即施氮肥（N）25.5kg，施磷肥（P_2O_5）8.6kg，施钾肥（K_2O）25.7kg，于木薯种下后30～45d施用，在行间开一条深7～8cm、宽约20cm的施肥沟，将肥料均匀撒入，覆土3～4cm盖住肥料。为有效减少化肥施用对土壤造成的不良影响，改善土壤地力条件，可尝试每亩施50kg有机肥（有机质＞40%）全部替代化肥，将来也可根据需要配置木薯专用有机肥。按此配方施肥每亩还可减少30.66%的化肥用量，每亩节约50元的开支。

（3）合理密植技术。根据选用的品种确定合理的栽培密度。其中，华南5号适宜种植密度为700株/亩（行株距110cm×80cm），其特点是结薯集中、薯块大小均匀、易于收获；桂热7号的栽培密度宜为900株/亩（行株距100cm×70cm），因其植株直立，地上部分生长势极其旺盛，适当密植可以合理有效抑制地上部分的营养生长，将养分更多的转化成经济产量；南植199的栽培密度宜为1 100株/亩（行株距100cm×60cm），该木薯品种的植株矮小，直立且很少分枝，密植可以促进生长前期封行，有效抑制杂草生长，减少除草剂的使用，同时减少劳动成本。

（4）种茎消毒技术。在木薯种植前，用0.4%甲醛浸泡木薯种茎55～60min，以清水浸泡为对照，晾干后，即可砍杆后种植。种植后进行常规的田间管理，定期观察木薯生长和细菌性萎蔫病危害情况。

(5) 秸秆还田技术。到了木薯收获期，保存翌年种植所需的木薯茎秆，将其余茎秆粉碎，经过堆沤处理之后撒于地面，于翌年整地时，通过拖拉机的犁和耙的作用将这些木薯渣融入土壤之中。通过秸秆还田，在增加土壤中速效养分供应的同时，加速有机质积累，有效改善土壤结构和理化性状，提高土壤贮存养分和水分能力，对促进木薯增产增效具有积极作用。

(6) 间套种技术。根据木薯的生长特点，可在木薯地套种花生等短期作物，大幅提高亩产值，促进节本增效。木薯套种花生应于3月中旬使花生下种，花生采用双行播种（双行间距离25cm，穴间距20cm），亩植13 000株左右为宜。3月底至4月上旬花生出齐苗后播种木薯，同时施用堆沤过的有机肥作为底肥。与单种木薯相比，套种花生时需给花生单独施用基肥，复合肥每亩用量为30 ～ 50kg，并于5月底至6月初时根据长势进行一次追肥。花生进入旺长期后，藤蔓会很快覆盖地面，从而可抑制杂草生长，减少除草用工。

三、技术评价

1. 创新性　通过技术模式的集成示范，有效降低了木薯种植区化肥、农药的使用量，形成山地单作和间套种木薯化肥农药减施增效技术体系，为保障木薯产业绿色、可持续发展提供科技支撑。

2. 实用性　该技术模式下的每亩平均投入760元，其中化肥成本590元，农药成本20元，亩产鲜木薯2 713kg，花生仁126kg，亩均收入2 538元。常规生产模式“华南5号＋间套种花生＋常规种植”亩均投入953元，其中化肥成本770元，农药成本33元，亩产鲜木薯2 545kg，花生仁119kg，亩均收入2 002元。与周边常规生产模式相比，该技术模式实现了减少化肥用量30%，减少化学农药防治次数2次，减少化学农药用量50%，产量预计增加30%。生产成本约210元/亩。应用该技术可实现节约成本50元/亩，增收200元/亩，使木薯块根平均淀粉含量可达到28%以上，比常规生产增产2个百分点以上。

四、技术展示

五、成果来源

项目名称和项目编号：特色经济作物化肥农药减施技术集成研究与示范（2018YFD0201100）

完成单位：中国热带农业科学院环境与植物保护研究所、广西壮族自治区亚热带作物研究所

联系人及方式：黄贵修，13907658232，hgxiu@vip.163.com；田益农，13807816818，gxcassava@126.com

联系地址：海南省海口市龙华区学院路4号

设施果菜水肥一体化精准调控技术

一、技术概述

通过研究果菜水肥需求规律，根据土壤肥力状况和蔬菜目标产量，推荐水肥总量；按设施果菜生长各阶段对养分的需求和土壤养分的供给状况，借助压力灌溉系统，将水溶性肥料与灌溉水协同调控，适时、定量、均匀、准确地输送到蔬菜根部土壤，该技术实现了设施果菜生长各阶段水肥供应与需求的同步。

二、技术要点

（1）施肥总量的推荐。基于田间10余年定位试验和不同区域多点试验验证的成果，采用创建的基于土壤养分系统平衡理念的蔬菜施肥量简便快速推荐方法：养分推荐量=养分吸收量×校正系数。其中养分吸收量=目标产量×单位产量养分吸收量，确定设施蔬菜最佳养分用量指标。推荐的N、P_2O_5和K_2O总量根据设施菜田肥力状况、蔬菜不同生育阶段需肥规律，按基肥、追肥比例及追肥次数进行分配。

（2）基肥用量的确定。该技术基肥采用“有机肥+复合肥”的模式，基肥以发酵堆肥或商品有机肥为主，设施秋冬茬/冬春茬果菜每亩施腐熟有机肥4～6m^3（或商品有机肥1.2～1.5t），施复合肥20～30kg作基肥（选用低磷化肥品种）；设施越冬长茬果菜每亩施腐熟有机肥5～8m^3(或商品有机肥1.5～2.0t)，施复合肥25～35kg作基肥（选用低磷化肥品种）。针对次生盐渍化、酸化等障碍土壤，每亩补施生物有机肥或土壤调理剂100kg。

（3）滴灌水量的运筹。一般每亩每次滴灌水量为9～18m^3，滴灌时间、滴灌水量、滴灌次数应根据蔬菜长势、天气情况、棚内湿度、土壤水分状况等进行调节，土壤滴灌深度在生育前期一般为25～30cm、在生育中后期一般为35～40cm，使蔬菜不同生育阶段获得最佳需水量。设施果菜生育期间追肥结合水分滴灌同步进行。

（4）滴灌追肥的运筹。

①定植至开花期间，选用生根壮秧高氮型滴灌专用肥，每亩每次施用4～6kg，定植后7～10d进行第一次滴灌追肥，之后15d左右再进行1次（温度较高季节7d左右1次）。以壤土为例，定植至开花期间每次每亩灌溉9～12m^3。

②开花后至拉秧期间，番茄、辣椒等选用膨果靓果高钾型滴灌专用肥，黄瓜选用高钾高氮型

滴灌专用肥，每亩每次施用7.5 ～ 10kg，温度较低季节15d左右施用1次，温度较高季节10d左右施用1次。以壤土为例，开花后至拉秧期间每次每亩灌溉13 ～ 18m^3。

三、技术评价

1.创新性　该技术解决了正确判断肥料用量、施肥模式、肥料品种、施肥时间、施肥位置、滴灌制度等肥水管理关键技术问题，具有节工、节水、节肥、节药、高产、高效、优质、环保等好处。

2.实用性　自2017年开展示范以来，技术应用面积逐年大幅增长。2021年在甘肃省、河北省、山东省、天津市、江苏省、浙江省等地的设施蔬菜优势产区建立30余个核心示范基地，示范应用面积超过5万亩。连续5年示范对比跟踪调查结果表明，示范应用设施果菜水肥一体化精准调控技术，较常规肥水区平均增产7.5%（每亩增产632kg），增效15.8%（每亩增效2 544元），减少化肥养分用量35.5%（每亩减施34.6kg）。达到了绿色、高产、优质、高效设施蔬菜生产的综合目标。该技术入选2020年河北省农业农村厅主推技术。

四、技术展示

五、成果来源

项目名称和项目编号：设施蔬菜化肥农药减施增效技术集成研究与示范（2016YFD0201000）

完成单位：中国农业科学院农业资源与农业区划研究所

联系人及方式：黄绍文，13910305686，huangshaowen@caas.cn

联系地址：北京市海淀区中关村南大街12号

设施茄果类蔬菜化肥减量增效技术

一、技术概述

在设施蔬菜基肥中施用炭基生物有机肥，通过其所含有机态养分的矿化作用、所含生物炭对土壤养分的固持作用及功能微生物的解磷解钾作用，改善土壤的物理、化学和微生物学性状，减少养分损失，提高有效养分供应量，在化肥减施下达到增产提质效果。

二、技术要点

（1）炭基生物有机肥产品性能。有效活菌数≥0.2亿CFU/g，有机质≥40%，$N + P_2O_5 + K_2O$≥5%，氨基酸≥3%。

（2）田间应用技术。施肥时间：蔬菜移栽前5 ~ 7d。施肥方式：撒施或行施。施用量：辣椒栽培中撒施时每亩用量为400 ~ 500kg，行施时每亩用量为200 ~ 300kg；番茄栽培中撒施时每亩用量为700 ~ 1 000kg，行施时每亩用量为400 ~ 500kg。配施化肥：基肥每亩施用30 ~ 35kg复合肥（$N-P_2O_5-K_2O$=15-15-15），追肥前期（开花期至结果期）追施高氮水溶肥，追肥后期（盛果期）追施高钾水溶肥。

三、技术评价

1.创新性 炭基生物有机肥施用能够增加土壤"碳库"，可调节土壤pH、土壤持水量、通气性和底物的可利用性来限制或调节硝化和反硝化过程，进而降低N_2O的排放。

2.实用性 自2018年以来，先后在江苏南京、淮安、连云港、徐州等多地开展技术推广与示范，累计推广面积超过5 000亩。连续多茬田间试验结果表明，该技术能实现减少化肥用量30%左右、平均增产17.6%、减少N_2O排放30%左右。"一种改良退化蔬菜地土壤的炭基生物有机肥及其应用"（ZL 201811501871.6）获得授权国家发明专利，并获2020年江苏省科技进步三等奖。

四、技术展示

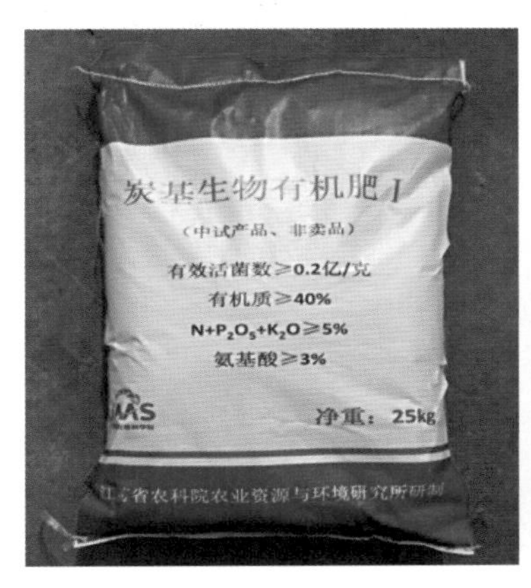

五、成果来源

项目名称和项目编号： 设施蔬菜化肥农药减施增效技术集成研究与示范（2016YFD0201000）

完成单位： 江苏省农业科学院

联系人及方式： 马艳，13584066327，myjaas@sina.com

联系地址： 江苏省南京市玄武区钟灵街50号

辽宁省辽中区日光温室秋冬茬番茄化肥农药减施技术模式

一、技术概述

针对辽宁省辽中区日光温室秋冬茬番茄化肥农药过量施用问题，优化构建了集日光温室结构与配套设备、品种与育苗、栽培方式、环境管理、水肥药管理和植株管理等全生产过程于一体的新技术模式。

二、技术要点

（1）采用高效节能日光温室优型结构与配套设备。

（2）选择耐高温、抗病毒、粉果、中后期低温转色好的品种。选用集约化育苗场培育的壮苗。

（3）促根壮秧栽培。大垄双行，大行畦宽1.2m，小行株距30cm，作业道50cm，每畦定植两行，定植密度为2 000株/亩。采用文丘里式吸肥器，实现水肥一体化灌溉。

（4）加强环境管理。

①温湿度管理。缓苗期：白天上午25 ～ 28℃，下午22 ～ 25℃，夜间保证18 ～ 20℃。缓苗后，最高温度不超过30℃为宜，最好控制在25 ～ 28℃，夜间气温可在14 ～ 16℃。结果期：当夜温低于10℃放保温覆盖物，白天温度控制在25 ～ 28℃，夜间保证13℃以上，白天空气相对湿度保持在70%以下。

②光照管理。9月下旬更换棚膜，安装保温被；10月末在棚膜上设置自动擦膜条带；11月以后，提早和晚盖保温被，延长光照时间，增强温室光照和热量蓄积。

（5）植株管理。单干整枝，植株生长30cm吊秧。结果期可用丰产剂2号蘸花或喷花处理，也可用雄蜂授粉，做到保花保果；每穗留果4 ～ 5个，每株6 ～ 7穗果，单株产量3.5 ～ 4kg。

（6）化肥减施技术。

①有机肥替代化肥。每亩基肥施用6 ～ 8m^3牛粪和鸡粪，提高设施土壤肥力。粉碎玉米秸秆还田。在夏季休闲季节，每亩施用粉碎玉米秸秆1 000kg左右。番茄青秆原位还田。在6月上茬番茄收获结束后，用旋耕机直接把番茄青秆粉碎，旋入土壤中，充分灌水，也可每亩随灌水施入1.5kg有机物料发酵菌剂。扣上棚膜，温室密闭，高温闷棚20 ～ 30d，即可完成秸秆的充分发酵和腐熟。

②灌水。苗期：土壤不要过干、过湿，控制蹲苗。结果期：7d左右浇一次，亩灌水量为12 ～ 15m^3。拉秧期：减少浇水，亩灌水量为10m^3。基肥：每亩使用牛粪鸡粪6 ～ 8m^3，复合肥20 ～ 30kg，粉碎玉米秸秆1 000kg。追肥：8 ～ 9月，根据植株长势结合浇水追肥，前三次以高氮型（N-P_2O_5-K_2O=22-12-16）水溶肥为主，每亩每次5 ～ 8kg，10d左右1次。此后使用以氮磷钾平衡水溶肥，每亩每次5 ～ 8kg，10d左右1次。同时中微量元素，进行叶面喷肥。转色期（9月下旬至11月下旬），以高钾肥（N-P_2O_5-K_2O=19-6-25）为主，每亩每次6 ～ 8kg，10d左右一次。同时配合施用腐殖酸型有机水溶肥每亩10 ～ 15L，1 ～ 2次。11月下旬，地温偏低，应减少纯化肥大量水溶肥使用，多施用含活性菌或腐殖酸、氨基酸等物质的有机型水溶肥。

（7）化学农药减施技术。采取以预防为主，综合应用物理、生态、农艺和生物等绿色防治的方法；采用种子消毒处理、温湿度生态调控、捕食螨与丽蚜小蜂生物防控、电动弥粉机精准施药等减药技术。

三、技术评价

1.创新性 该技术能实现番茄植株长势良好，使番茄亩产量达到9 260kg，产量提高9.1%，化肥养分总量减少35.4%，使农药用量降低35.6%，实现了日光温室秋冬茬番茄的节本增产与增收，促进辽中区日光温室蔬菜绿色生产技术水平的提高。

2.实用性 该技术相关内容被收录至辽宁省地方标准《日光温室蔬菜绿色生产技术规程 总则》（DB21/T 3416.1—2021）与《日光温室蔬菜绿色生产技术规程 第2部分：番茄》（DB21/T 3416.2—2021）中。并在辽宁省中部的沈阳、辽阳、铁岭、鞍山等地区进行了推广应用。在辽宁省及其周边的河北和内蒙古等地区推广应用12万亩，化肥农药减施30%以上，促进了日光温室蔬菜的绿色生产。

四、技术展示

五、成果来源

项目名称和项目编号：设施蔬菜化肥农药减施增效技术集成研究与示范（2016YFD0201000）

完成单位：沈阳农业大学

联系人及方式：孙周平，18842556848，suner116@126.com

联系地址：辽宁省沈阳市沈河区东陵路120号

辽宁省凌源市日光温室越冬长季节黄瓜化肥农药减施技术模式

一、技术概述

针对辽宁省凌源市日光温室越冬茬黄瓜化肥农药过量施用问题，集成构建了集日光温室结构与配套设备、品种与育苗、栽培方式、环境管理、水肥药管理和植株管理等全生产过程于一体的新技术模式，在凌源市开展了试验示范。

二、技术要点

（1）采用高效节能日光温室优型结构与配套设备，温室夜间内外最大温差可达33℃以上。

（2）培育优质壮苗。选择耐低温、弱光、抗病、高产的品种，对种子进行消毒处理，9月末培育嫁接苗。

（3）促根壮秧栽培。采用1m的单行高畦大垄和膜下滴灌方式，即垄台下宽60cm、上宽40cm，作业道40cm，垄台高20cm，种植密度3 000株/亩。采取先定植后覆盖地膜方式。定植后6d左右浇透一次缓苗水，每亩灌水量20m^{3}左右。缓苗后隔3 ～ 5d松土2次，定植20d左右，植株高度30cm左右，再覆盖地膜。避免表皮根产生，增强越冬抗性。

（4）加强环境管理。

①温湿度管理。冬季保持土壤温度在16℃以上；采取早、中、晚三段式放风，加强排湿；垄沟间铺设稻壳、锯末、粉碎秸秆等，加强吸湿，提高地温；膜下滴灌、少灌勤灌，减少地面蒸发，降低温室夜间湿度。

②光照管理。秋季更换棚膜；11月至翌年3月在棚膜上设置自动擦膜条带，可提高温室采光率4%以上；尽量延长光照时间，增强温室光照和热量蓄积；后墙悬挂反光膜，增加温室北侧光照。12月和1月寒冷季节晴天上午11：30后将后墙的反光膜去掉，增加蓄热，实现补光和蓄热的兼顾。

（5）植株管理。结瓜初期，管理以控为主。抹去7节以下花，以促根为主。植株长到株高15cm、5 ～ 6片叶时，用落秧夹吊蔓。结瓜中期，温度低、光照时间短，极端天气采取夜间加温措施。清洁棚膜，增加透光率。使用植物补光灯，增加光照。低温期2 ～ 3节留一条瓜，留13片功能叶。结瓜后期，温度逐渐升高，光照逐渐加长。防止白天高温，降低夜温。根据植株长势，可多留瓜，并及时落秧。

（6）水肥管理技术。

①化肥减施技术。基肥化肥减施50%，每亩施用12 ～ 15m^{3}羊粪+鸡粪/牛粪等有机肥。

②有机物料替代化肥。每亩底肥施用12 ～ 15m^{3}羊粪+牛粪/鸡粪。

③水肥一体化灌溉技术。

（7）病虫害防治技术。采取预防为主、综合防治的措施；采用种子消毒处理、高温闷棚消毒、温湿度生态调控、电动弥粉机精准施药等减药技术。

三、技术评价

1.创新性 与常规生产比较，化肥减施30%处理的黄瓜植株长势旺盛，亩产量达到16 281kg，产量提高了6%，效益提高8.1%，农药用量降低了39.6%。实现了日光温室越冬长季节黄瓜生产的节本增产与增收增效，促进了凌源市日光温室蔬菜绿色生产技术水平的提高。

2.实用性 该技术模式在辽宁及周边的内蒙古赤峰、河北承德等地区推广应用9万多亩，实现了化肥农药减施30%以上，促进了北方日光温室蔬菜的绿色高效生产。该技术入选2021年农业农村部主推技术，该技术成果获2019年辽宁省科技进步一等奖。

四、技术展示

五、成果来源

项目名称和项目编号：设施蔬菜化肥农药减施增效技术集成研究与示范（2016YFD0201000）
完成单位：沈阳农业大学
联系人及方式：刘义玲，15940360168，liuyiling2008@126.com
联系地址：辽宁省沈阳市沈河区东陵路120号

设施蔬菜土传病害防控关键技术

一、技术概述

探明了我国设施蔬菜主产区土传病害种类，发现16种新纪录寄主病害。研发出主要设施蔬菜土传病原菌风险预警及快速检测技术，采用无水造粒专利技术创制的氰氨化钙颗粒剂成为首个获准登记的颗粒型石灰氮杀菌剂产品，利用该产品创新集成了以环保和土壤微生态修复重建为目标的石灰氮土壤消毒技术，建立了设施蔬菜土传病害绿色防控技术体系，集成了产前预警监测、土壤消毒、产中嫁接育苗及定点施药、产后残体绿色处理技术。

二、技术要点

（1）清洁地块。

（2）灌水。采用大水漫灌。保持土壤湿度60%～70%。浇地后3～4d（湿度以手捏成团，土块于1cm高处落地能散开为标准）进入下一步骤。

（3）撒施秸秆和改性氰氨化钙。将稻草或麦秸（最好粉碎或铡成4～6cm的小段，以利翻耕）或其他未腐熟的有机物均匀撒于地表，亩用量600～1 200kg。然后在秸秆或有机肥表面均匀撒施改性氰氨化钙，亩用量60～100kg。

（4）深翻。用旋耕机或人工将有机物和氰氨化钙深翻入土壤，深度以30～40cm为佳。

（5）密封地面。用塑料薄膜（尽量用棚膜，不要用地膜）将土壤表面密封起来。

（6）封闭温室。注意温室出入口、灌水沟口不要漏风。

（7）打开棚膜揭地膜。土壤消毒30d后打开温室通风口、揭开地面薄膜，翻耕土壤。

（8）移栽或者定植。接膜晾晒10 ～ 15d后即可播种或定植作物，定植时穴施生物肥促苗、壮苗效果显著。

三、技术评价

1.创新性 为土传病害早期预防和精准防控提供了依据；为设施蔬菜土传病害的防控提供了技术支撑。

2.实用性 自2016年开展示范以来，技术应用面积实现连续增长。2021年在北京、河北、甘肃、浙江、山东、江苏、浙江、上海等地建立示范基地50多个，示范应用面积超过500万亩。挽回蔬菜损失6.1亿kg，新增产值5.3亿元。连续5年应用跟踪调查结果表明，显著提升了设施菜田土壤质量，为5年来设施蔬菜平稳健康发展提供了有力保障，降低了化学农药对生态与产品的污染风险，在保障蔬菜安全供应和降低农业生态安全风险方面成效显著。

四、技术展示

五、成果来源

项目名称和项目编号：设施蔬菜化肥农药减施增效技术集成研究与示范（2016YFD0201000）

完成单位：中国农业科学院蔬菜花卉研究所

联系人及方式：李宝聚，13901296115，libaoju@caas.cn

联系地址：北京市海淀区中关村南大街12号

捕食螨和白僵菌联合应用立体防治设施蔬菜蓟马技术

一、技术概述

吸汁型小型害虫蓟马对我国设施蔬菜持续发展构成巨大威胁。蓟马常年对作物造成的损失达

20%～30%，严重时甚至造成作物绝产。常规的化学防治简单有效，但同时也导致了农产品质量安全、生态安全和国际农产品贸易纠纷等一系列问题。欧美日发达国家早在20世纪80年代就开始实施削减农药使用的一揽子计划，并建立了以生物防治为核心的技术体系，其中释放捕食螨这一措施占非常大的比重。球孢白僵菌作为一种重要的昆虫病原真菌，已被开发成多种制剂，如可湿性粉剂和颗粒剂，并应用于害虫的生物防治。其中，本技术用到的球孢白僵菌可湿性粉剂已获微生物农药正式登记（登记证号为PD20183086），并应用于蔬菜生产中防治蓟马。

二、技术要点

（1）培育和定植无虫苗。

（2）预防性撒放捕食螨和撒施球孢白僵菌。

撒放捕食螨：在设施蔬菜定植缓苗后，在蔬菜根部附近土壤中撒放剑毛帕厉螨，每平方米撒放50～100头，以预防蓟马的地下虫态——蛹。在设施蔬菜吸汁性害虫发生前期，进行预防性释放，释放巴氏新小绥螨或胡瓜新小绥螨，每平方米撒放50～100头。

撒施球孢白僵菌颗粒剂：在设施蔬菜定植前，将球孢白僵菌颗粒剂按每平方米撒施10g与土壤混合后打垄；或设施蔬菜定植缓苗后，在植株根际周围撒施白僵菌颗粒剂防治地下蓟马蛹虫态（每平方米撒施10g）。

（3）监测害虫种群动态。

蓟马若虫的监测：采用5点法，每点调查3株作物，每株调查上、中、下3片叶，利用手持放大镜或体式显微镜观察害虫（螨）数量，每7d调查一次。

蓟马成虫的监测：在设施内均匀悬挂诱虫板5～10张，每10d更换一次。

（4）挂放诱虫板防治蓟马成虫。在植株上方悬挂诱虫板（带诱剂的蓝色粘虫板效果更好）防治蓟马成虫，每亩挂20～25块诱虫板（规格为25cm×20cm）。

（5）防治性释放捕食螨和撒施（喷施）球孢白僵菌。

释放捕食螨：剑毛帕厉螨，按照每平方米释放250头，在植物土壤根部均匀撒施，每1～2周释放一次，释放1～3次；巴氏新小绥螨或胡瓜新小绥螨，按照每平方米释放300～500头，叶部均匀撒施，每周释放一次，释放3～5次。

撒放（喷施）球孢白僵菌：植株上喷施球孢白僵菌可湿性粉剂防治蓟马成虫和若虫（1×10^8个孢子/mL，每亩40L），每周喷施一次，喷施3～5次；或者在植物根际撒施球孢白僵菌颗粒剂（每平方米撒施15～20g）。

（6）与化学防治措施结合。当预防措施效果不明显且蓟马发生量大时，先喷施防治蓟马的化学农药，等安全间隔期过后，再撒放或挂放捕食螨。防治设施蔬菜病害，喷施化学杀菌剂时，也要等安全间隔期后，再喷施球孢白僵菌。

三、技术评价

1.创新性 捕食螨和球孢白僵菌作为蔬菜小型害虫治理中的两类重要生防作用物，二者的联合应用将有助于提高对蓟马的防治效果。

2.实用性 2017年以来，在北京、辽宁、山东等设施温室蔬菜开展捕食螨和球孢白僵菌联合应用立体防治设施蔬菜蓟马技术的示范和推广，累计应用面积1.3万亩次，对蓟马等害虫防效为70%以上，每亩增收200元，省工省时，示范温室蔬菜叶片健康，果实品质良好，取得了良好的经济、社会和生态效益。该技术入选2019年十大农村创新创业实用技术。

四、技术展示

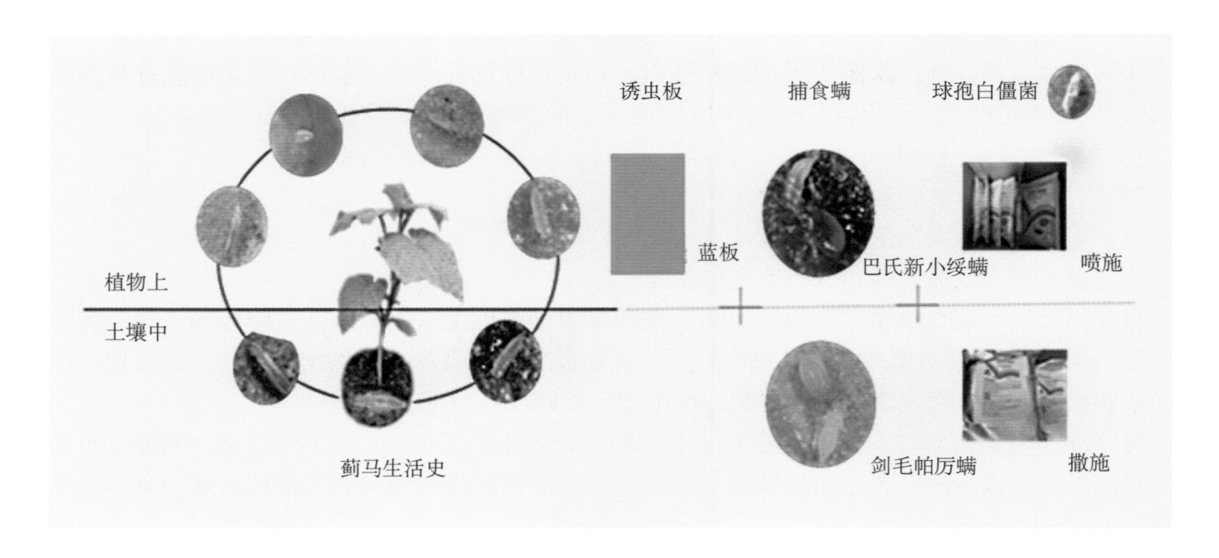

五、成果来源

项目名称和项目编号：设施蔬菜化肥农药减施增效技术集成研究与示范（2016YFD0201000）

完成单位：中国农业科学院植物保护研究所

联系人及方式：王恩东，18600421509，wangendong@caas.cn；吴圣勇，18500329646，wushengyong2014@163.com

联系地址：北京市海淀区圆明园西路2号

基于聚集信息素的蔬菜蓟马行为调控技术

一、技术概述

蔬菜蓟马主要有西花蓟马、花蓟马、棕榈蓟马和普通大蓟马，雄虫可释放对雌成虫具有显著引诱作用的聚集信息素。明确西花蓟马和花蓟马聚集信息素主要组分均为苊肉基（S）-2-甲基丁酸酯和（R）-熏衣草乙酸酯，棕榈蓟马为（R）-3-甲基3-丁烯酸熏衣草酯，普通大蓟马为（E,E）-金合欢醇乙酸酯。建立了4种组分的化学合成技术，开发出4种蓟马的高效双性引诱剂产品，相关产品技术通过技术入股方式实现产业化。

二、技术要点

（1）信息素合成。在室温条件下，将橙花醇溶于二氯甲烷，然后加入碳二亚胺、4-二甲氨基吡啶和（S）-2-甲基丁酸。上述混合物在室温下搅拌过夜，然后用二氯甲烷稀释并转移到分液漏斗中过滤。滤液加浓盐酸处理后，添加无水硫酸钠干燥。然后经减压浓缩后，用快速柱层析分离纯化得到苊肉基（S）-2-甲基丁酸酯；在0℃条件下，将（R）-熏衣草醇与乙酰氯乙醚溶液与吡啶乙醚溶液混合，然后将混合物加热至室温并搅拌16h，用乙醚萃取。再用浓盐酸清洗混合有机相，经干燥、浓缩，粗制品经快速柱层析提纯得到（R）-熏衣草乙酸酯。

（2）缓释载体筛选。以橡胶塞和PVC管作为引诱剂候选载体，分别比较聚集信息素各成分在室温25℃和-20℃条件下不同时间段的释放速率，室温25℃条件下引诱剂释放速率在2d后达最大值；-20℃条件下，引诱剂释放速率慢，以此筛选出引诱剂的适宜贮藏温度为-20℃。同时，通过室内引诱剂释放速率比较和田间蓟马引诱活性比较，筛选出蓟马聚集信息素引诱剂合适载体为橡胶塞。

（3）引诱剂产品开发。筛选出西花蓟马和花蓟马聚集信息素两种组分（R）-熏衣草乙酸酯和苊肉基（S）-2-甲基丁酸酯的最佳活性配方引诱配方分别为1∶8和1∶4；棕榈蓟马最佳引诱剂量为（R）-3-甲基3-丁烯酸熏衣草酯30μg；普通大蓟马最佳引诱剂量为（E，E）-金合欢醇乙酸酯80μg。开发出4种蓟马的高效双性引诱剂产品。

（4）基于引诱剂的行为调控技术。应用4种蓟马的高效双性引诱剂产品与蓟马专用诱虫板结合田间应用建立蓟马行为调控技术。

三、技术评价

1.创新性 市场上缺乏相对有效的、针对蓟马的生物农药，本项目开发出蓟马的高效双性引诱剂产品。该技术作为主要内容获2020年度浙江省农业科学院科技奖一等奖和2020年度浙江省科学技术进步二等奖各1项。

2.实用性 相关产品技术通过技术入股方式实现产业化，自2017年开展示范以来，技术应用面积逐步增长。在云南、河北、浙江、上海、湖南、海南等地建立百亩示范园50多个，示范应用面积近300万亩。连续3年大田对比试验跟踪调查结果表明，技术减少化学农药30%左右，平均增产5%，为蔬菜生产“丰产、优质、高效、生态、安全”的综合目标提供技术支撑。

四、技术展示

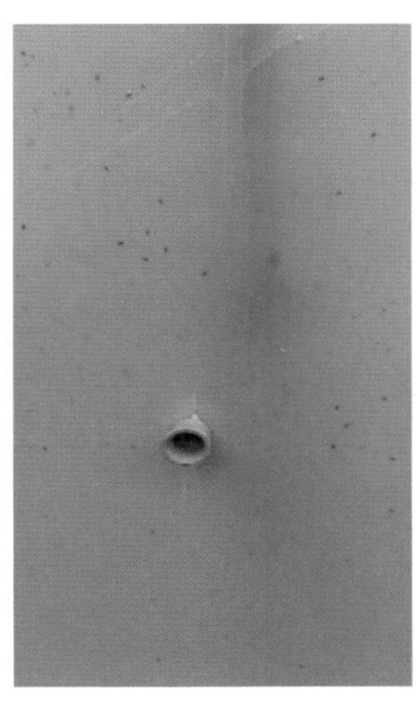

五、成果来源

项目名称和项目编号：设施蔬菜化肥农药减施增效技术集成研究与示范（2016YFD0201000）

完成单位：浙江省农业科学院植物保护与微生物研究所
联系人及方式：张治军，13757178416，zhijunzhanglw@hotmail.com
联系地址：浙江省杭州市上城区德胜中路298号农科院新区1号楼

露地番茄病虫害绿色防控技术

一、技术概述

按照“绿色植保”理念，坚持“预防为主，综合防治”的原则，以农业、物理、生物防控为主，化学防控为辅，科学、合理、安全使用农药的技术，达到有效控制露地番茄病虫害，确保露地番茄生产安全、产品质量安全和农业生态环境安全。

二、技术要点

（1）选用抗病品种，对种子进行消毒，并选用健康壮苗移栽。

（2）用40目以上的防虫网来保护苗床。及时中耕除草，摘除病叶、病果，拔除病株，清除病残体，集中进行无害化处理。合理轮作。

（3）番茄生长期采用人工捕杀及利用色板、食诱、性诱等方式杀虫。番茄生长期在田间放置30cm×40cm的可降解的黄色或蓝色粘虫板，每公顷放置300 ~ 450块，或者平均每亩放置8 ~ 10个诱捕器，注意及时更换食诱剂。

（4）保护和利用瓢虫、草蛉、捕食螨、丽蚜小蜂等天敌，减少人为因素对天敌的伤害。

（5）适当使用生物农药，可采用嗜硫小红卵菌HNI-1菌剂或沼泽红假单胞菌PSB-S喷雾。

（6）必要时使用化学防控，可采用20%毒氟磷悬浮剂或30%毒氟·吗啉胍可湿性粉剂喷雾。

三、技术评价

1.创新性 该技术真正做到了对番茄病虫害的绿色防控，采用了安全无污染无公害的20%毒氟磷悬浮剂对病毒病等病害进行防控，对露地番茄病虫害绿色防控技术提供了科学指导。

2.实用性 自2018年开展示范以来，技术应用面积实现几何级增长。截至目前，已经在湖南省进行了大面积推广应用，示范应用面积超过100万亩。连续4年大田对比试验跟踪调查结果表明，该技术减少化学农药50%左右、平均增产6%、减少施肥用工3 ~ 4次，达到了番茄生产“丰产、优质、高效、生态、安全”的综合目标。

四、技术展示

五、成果来源

项目名称和项目编号： 高效低分险小分子农药和制剂研发与示范（2018YFD0200100）

完成单位： 湖南省植物保护研究所

联系人及方式： 史晓斌，13787237078，419793950@qq.com

联系地址： 湖南省长沙市芙蓉区远大二路726号

露地辣椒化肥农药减施增效技术

一、技术概述

本技术综合利用辣椒与玉米或架豆角间作种植技术、非农药杀菌器臭氧杀菌除虫技术、生物菌肥施用技术等，制定露地辣椒病虫害综合防控技术及化肥减施技术，实现了农药化肥减施，改良了土壤环境，提高了土壤的保肥能力，减少了病虫害发生。

二、技术要点

（1）苗期辣椒病虫害防控。

①辣椒温室育苗前所有空间和地面，利用化学农药异丙威、哒螨灵、高效氯氰菊酯混合烟雾剂进行熏蒸处理。

②种子灭菌技术。采用0.1%高锰酸钾溶液浸种5min、10%磷酸三钠溶液浸种20min、100亿孢子/g枯草芽孢杆菌1 000倍液浸种2h等措施杀灭种子表面的真菌和细菌，钝化病毒。

③采用辣椒专用育苗基质，加入968激抗菌生物菌肥（菌撒施），基质与肥比为4∶1，装盘后用净水打透，覆盖土用20g 30%多·福可湿性粉剂拌土50kg，播种覆土后用非农药杀菌器喷洒臭

氧水2 ～ 3cm深。

④辣椒出苗至3 ～ 4片叶时，用10亿孢子/g枯草芽孢杆菌1 500倍液或2亿孢子/g细小黄链霉菌的菌剂1 500倍液浇灌穴盘育苗土，促进辣椒生根。

⑤辣椒苗期出现病虫害时，在下午3点以后用非农药杀菌器叶面喷洒臭氧水，连续喷洒2 ～ 3遍，视天气情况连续或隔天喷洒，喷洒时需要周围地面和苗盘土表面都要处理。蚜虫发生严重时，可适当喷化学药剂如70%吡虫啉水分散粒剂3 000倍液1 ～ 2次。

（2）化肥减施技术。

①底肥。增加生物菌肥，一般施底肥35 ～ 49kg，再施用10亿孢子/g枯草芽孢杆菌2kg；或施底肥35 ～ 49kg，再施用2亿孢子/g细小黄链霉菌菌肥15 ～ 21kg，施肥深度12cm。黑龙江省主产区露地辣椒根据不同地区土壤营养成分，施肥总量降为50 ～ 70kg，以长效硫基三元复合肥（恩泰克15：15：15）为例，降低30%用量。

②追肥。定植后开花期和盛果期叶面喷施叶面肥时可以添加10亿孢子/g枯草芽孢杆菌3 000倍液或2亿孢子/g细小黄链霉菌的菌剂1 500倍液，提高作物吸收叶面肥的能力，促进根系生长，提高免疫力。

（3）田间病虫害综合防治技术。

①24垄辣椒与4垄玉米或架豆角间作，减少流行性病虫害规模性发生，减少打药次数。

②田间安装太阳能诱虫灯或性诱剂诱捕器，诱虫灯下安装虫网袋或灯下40cm处安装黄色塑料盆，内装10cm洗衣粉+杀虫剂的水溶液，1台灯覆盖面积1.67hm^2，诱集鳞翅目害虫，减少打药次数。

三、技术评价

1.创新性

（1）利用辣椒与玉米或架豆角间作种植技术，作物种植比例24：4，使辣椒疮痂病等病害的发生率下降4%～8%，蚜虫虫口发生率下降14%以上，农药用量减少35%；

（2）利用非农药杀菌器臭氧杀菌除虫技术有效控制苗期病虫害发生，防效达95%，农药用量显著降低。

（3）利用放线菌、枯草芽孢杆菌等生物菌肥，将常规施肥深度15cm改为12cm，提高化肥使用效率，减少化肥用量30%，增产5%以上。

（4）形成的露地辣椒化肥农药减施增效技术模式，在试验示范区应用，实现亩减少化肥农药115元。

2.实用性 自2018年开展示范以来，技术应用面积逐年增长。2018—2020年在黑龙江省建立100亩以上示范基地6个，示范应用面积4.15万亩，亩减少肥料投入15元，减少农药投入100元，亩增产300kg以上，总节约生产成本477.25万元，总增收2 490万元以上。连续4年试验跟踪调查结果表明：和常规生产方式相比，本技术减少化肥用量30%，减少化学农药施用量35%，降低成本115元/亩，提升了肥料利用率，提高土壤中速效氮含量6.92%，速效磷含量98.24%，速效钾含量2.68%，辣椒果实中的辣椒素含量增加2.67%以上。实现了黑龙江省露地辣椒生产减少生产成本投入，改良土壤环境，提高保肥能力，减少病虫害发生，同时完成了“提质、增产、增效”的目标。

四、技术展示

五、成果来源

项目名称和项目编号： 东北寒区露地蔬菜化肥农药减施技术模式建立与示范（2018YFD0201206-04）

完成单位： 黑龙江省农业科学院园艺分院

联系人及方式： 张慧，13304504891，la_jiao800@163.com

联系地址： 哈尔滨市香坊区哈平路666号

菜田害虫生境调控技术

一、技术概述

生境管理主要通过管理菜地周围的非作物生境来调节菜田生态系统中的天敌昆虫种群，从而达到持续控制害虫的目的。菜田周围的非作物生境包括草地、篱笆、森林和溪流等，其中有丰富的野花资源和中性昆虫，可为天敌昆虫（如寄生蜂、步甲和猎蝽等）提供生存必需的补充营养、避难所、食物等。

二、技术要点

（1）菜田轮作。按照一定的年限，在同一块菜田上，有顺序地轮换种植不同作物，或采用不同复种形式的种植方式。轮作作物种类搭配和轮换顺序是轮作调控技术应用的关键，要根据蔬菜的年限、不同害虫的生活场所和生活周期，因品种进行合理轮作。

（2）菜田间作、套种和混栽。通过作物多作对害虫视觉通信、生殖、扩散迁移和化学通信等行为方面进行干扰，同时营造出多样化的菜田生态系统。间作作物种类搭配和田间种植布局安排是该调控措施在菜田应用的关键。

（3）菜田内作物生境配置。种植植株较高的作物，起到物理屏障作用；种植忌避植物，驱离主栽作物的害虫，不让其取食或者产卵；种植诱杀植物，引诱害虫在其上产卵，还能利用自身的杀虫活性将害虫消灭在幼虫期。

（4）菜田外非作物生境配置。种植引诱植物减轻害虫对靶标作物的危害；配置蜜源植物，为自然天敌提供花蜜或者花粉以扩大天敌种群。

（5）景观水平的生境调控。种植包含各种野花资源的条带状野花带，以吸引各类寄生蜂天敌；在菜田中央建立土堤，可为捕食性天敌提供食物、庇护所和越冬地；两者间要保持连接，并与菜田周围原始林地和灌木丛等进行联通；菜田半径500cm范围内，除去农业用地，自然生境整体比例应不低于30%；菜田周围的自然生境中，应保持植被种类的多样性。

三、技术评价

1.创新性 应用该技术可适当维持天敌与昆虫比例，有助于提高天敌昆虫的种类和数量，以及寄生能力和捕食能力，从而提高对菜田害虫的控制效果。

2.实用性 自2018年以来，本技术在福建省各主要农业企业、地方农业农村局和农村合作社的蔬菜生产基地进行示范推广。推广面积30 000亩，使用化学农药用量40%以上，害虫防控效果提高50%以上。新增产值720万元，新增利润780万元，新增产量3 600t，累计节约成本60万元，对蔬菜安全生产及蔬菜生产企业的成本控制具有重要指导意义。

四、技术展示

五、成果来源

项目名称和项目编号： 活体生物农药增效及有害生物生态调控机制（2017YFD0200400）

完成单位： 福建农林大学

联系人及方式： 何玮毅，15005010958，wy.he@fafu.edu.cn

联系地址： 福建省福州市仓山区上下店路15号福建农林大学应用生态研究所

设施蔬菜健康种苗培育技术

一、技术概述

设施蔬菜育苗是蔬菜产业发展的关键环节。设施集约化穴盘育苗可节约用种、缩短田间生育期、便于集中管理，是当前蔬菜生产的主要育苗方式之一。针对蔬菜育苗生产中基质配制不合理、灌溉不均一、嫁接工效低、人工成本高等问题，本技术集成了基质科学配制、种子消毒处理、梯度精量施肥、株型调控、高效嫁接等技术，形成了设施蔬菜健康种苗培育技术。

二、技术要点

（1）基质配制。选择洁净、经消毒处理的混凝土地面或基质搅拌机，将草炭等有机物料和蛭石、珍珠岩、启动肥等无机物料按3∶1∶1（体积比）均匀混拌，在基质中接种哈茨木霉菌T-22可湿性粉剂（有效活菌数≥10亿CFU/g）和枯草芽孢杆菌MB1600可湿性粉剂（活芽孢数200亿～300亿CFU/g），混拌均匀。

（2）种子消毒。接穗和砧木种子采用热水消毒后，晾干种皮，用药种质量比为1∶500的50%福美双可湿性粉剂拌种，夏季育苗时，采用10%磷酸三钠处理15min，以防治苗期病毒性病害。

（3）苗期水肥管理。采取全水溶性肥料进行灌溉施肥，通过潮汐式育苗床进行底部灌溉，潮汐式灌溉最适的供液高度为2cm。

（4）株型调控。综合采用控湿、化学控制等措施进行株型调控。在子叶平展期，降低空气湿度，并叶面喷施壮苗1号500～1 000倍液，用量100～150mL/m^2，视幼苗长势，第一次喷施后5～10d，可进行第二次喷施，喷施量同首次，喷施时间宜选择阴天或傍晚时分。

（5）高效嫁接。茄果类蔬菜采用套管嫁接，瓜类蔬菜采用贴接法。

三、技术评价

1.创新性 实现苗期节水、减肥、减药，提高蔬菜穴盘育苗的壮苗率，减少育苗人工成本，促进蔬菜育苗产业提质增效。

2.实用性 本技术自2018年开展示范以来，技术应用面积逐年增加。2021年在山东、河北、湖北等地进行技术示范，累计进行蔬菜育苗8亿株以上。利用本技术开展黄瓜、番茄等设施蔬菜穴盘育苗，与传统技术相比，穴盘苗单株水分利用率提高了20%以上，单株肥料利用率提高了40%以上，嫁接工效提高了近1倍，苗期管理人工成本减少了近50%。该技术获2021年度湖北省科学技术进步二等奖。

四、技术展示

五、成果来源

项目名称和项目编号： 设施蔬菜化肥农药减施增效技术集成研究与示范（2016YFD0201000）
完成单位： 中国农业科学院蔬菜花卉研究所
联系人及方式： 董春娟，13717630670，dongchunjuan@caas.cn
联系地址： 北京市海淀区中关村南大街12号

西甜瓜土壤消毒防治土传病害技术

一、技术概述

针对西甜瓜连年种植地区土传病虫害发生严重、损失重大的实际生产情况，创新性采用氯化苦30%～70%、二甲基二硫10%～40%、威百亩20%～50%复配制成高效土壤熏蒸剂，用于西甜瓜种植前的土壤消毒处理，能有效杀灭土壤中有害病原菌和线虫，抑制杂草的发芽及生长，促进作物生长，提高产量及品质。

二、技术要点

土壤消毒技术是将熏蒸剂注入土壤，熏蒸剂可以均匀分布到土壤的各个角落，可快速、高效杀灭土壤中真菌、细菌、线虫、杂草、病毒、地下害虫及啮齿类动物。土壤消毒是解决高经济附加值作物重茬问题，提高作物产量及品质的重要手段。在种植作物之前，土壤熏蒸剂在土壤中已分解、挥发，不会对作物造成药害，无农药残留、地下水污染、抗药性产生等一系列问题。在土传病害发生严重的保护地棚室中，采用氯化苦30%～70%、二甲基二硫10%～40%、威百亩20%～50%复配制成高效土壤熏蒸剂，通过小型注射机械进行施药，使药剂混合均匀，施药后在土壤表面覆盖不渗透塑料膜，膜四周用土压实，防止漏气，整棚密闭，闷棚熏蒸20d左右。揭膜敞气7 ~ 10d后可定植作物。施药人员在施药过程中应穿防护服，佩戴防毒面具。夏季避开中午天气炎热、光照强烈时施药。施药前应将大块土壤打碎以保证药效。药剂施用后，塑料膜应在土壤中保留20d以达到最佳的处理效果和最小的作物药害。等候期无须浇水。20d后，移除塑料膜时应小心避免带入未覆盖区域的土壤而对处理区土壤造成污染。

三、技术评价

1.创新性 在土壤消毒技术研究领域为创新性技术。

2.实用性 土壤消毒技术是解决作物重茬问题最直接、有效的手段，是防治土传病虫草害的重要措施，在农业生产中具有良好的技术实用性。土壤消毒可彻底杀灭深层土壤中病原菌、线虫及杂草种子，使用简单，防治效果好，比农户常用的撒施固态土壤消毒药剂后再用小型旋耕机旋地混匀的方法省时、省力、效果好。土壤消毒技术的应用可以大幅度减少土传病虫害的发生，减少作物生长期用药，能很好地保护农业生态环境，促进农业可持续发展。

通过农技推广部门、龙头企业、合作社等，建立示范基地1个，主要示范推广西甜瓜种植前土壤消毒处理技术，示范推广面积5万亩，增加产量3%，提高效益50%，减少农药用量35%，农药利用效率提高12%。土壤消毒技术在土传病害防治研究领域属实用性强、效果好的先进技术之一，为作物防病抗病、保质增产增收提供技术保障，具有良好的推广应用前景。

四、技术展示

五、成果来源

项目名称和项目编号： 北方早熟设施西甜瓜农药减施技术模式建立与示范（2018YFD0201308-06）

完成单位： 中国农业科学院植物保护研究所

联系人及方式： 李园，18911570329，liyuancaas@126.com

联系地址： 北京市海淀区圆明园西路2号

复播甜瓜避病栽培技术

一、技术概述

新疆独特的地理位置以及气候特征，使其成为国内重要的瓜果生产和出口基地。新疆和田、喀什、阿克苏、吐鲁番等地区气候条件优越，十分适合复播甜瓜的种植，通过在上述地区冬小麦或春播甜瓜收获后复播甜瓜，可显著提高土地利用率并具有很高的增收潜力。病毒病、霜霉病、白粉病、果斑病、根部病害、蚜虫、粉虱、潜叶蝇等病虫害一直是影响新疆复播甜瓜种植的主要病虫害因素，上述病虫害可在复播甜瓜种植全生育期发生为害，导致新疆多数甜瓜主产区无法开展复播甜瓜种植，其中，病毒病的发生为害为主要限制因素。本技术以防虫网拱棚覆盖避病栽培手段为核心，综合应用抗病品种、种子处理、物理防控、病害监测预警、精准化学防治等技术。

二、技术要点

（1）栽培品种。种植品种宜选择抗病、贮藏性较好、生育期100d左右的早中熟甜瓜品种，如俊秀、斯穆托等。

（2）种子处理。种子处理是防治甜瓜细菌性果斑病最重要且有效的措施，进行种子处理可有效降低田间发病率。可使用40%甲醛200倍液或36%盐酸100倍液浸种24 ~ 48h，或使用中国农业科学院植物保护研究所生产的杀菌剂1号200倍液浸种2h，浸种处理后用清水充分清洗3 ~ 5遍后催芽或播种，若短时间不播种可将种子晾干后保存备用。

针对甜瓜枯萎病、甜瓜猝倒病、甜瓜立枯病等苗期病害，可结合细菌性果斑菌防治药剂浸种处理后再以种子包衣药剂拌种，可选用37.5%萎锈灵 + 37.5%福美双悬浮种衣剂（商品名卫福）或2.5%咯菌腈悬浮种衣剂（商品名适乐时）或6.25%精甲·咯菌腈悬浮种衣剂（商品名亮盾），按每400mL药量兑水5 ~ 6L拌种100kg，用喷雾器一边喷洒在种子上，一边将药剂和种子搅拌均匀，种子晾干后播种。针对病毒病的预防可选用阿泰灵800倍稀释液浸种12h后，再用清水冲洗三次后播种。

（3）播种时间。新疆和田、喀什、阿克苏等地区复播甜瓜的最佳播种时间为6月15日至6月20日。

（4）物理防控。

防虫网拱棚覆盖栽培：采用大拱棚（高1.8m），底脚与播种带同宽，插入播种带靠沟缘一侧，播种前完成此项作业。播种后未出苗前即用60目密度防虫网完全覆盖拱棚以隔绝外部蚜虫、粉虱等害虫进入拱棚内。防虫网两侧缝制拉链以便后期开展喷药、授粉等农事操作，植株开雌花授粉期间可于白天打开侧边防虫网，以利昆虫传粉坐果，晚间关闭防虫网。该阶段为甜瓜病毒病的传毒时期，需要严格按照要求于早晨10点至下午6点（蚜虫迁飞非活跃期）揭开防虫网。新疆和田、喀什、阿克苏等地区防虫网拱棚可于8月15日后揭除。通过上述措施可有效隔绝传毒媒介传播病毒而减轻病毒病的发生危害。

诱虫板：防虫网内悬挂黄色粘虫板、蓝色粘虫板诱虫以降低迁飞蚜虫、蓟马的基数。

（5）主要病害的监测。种植期间自苗期即需要加强对田间白粉病与霜霉病发生情况的调查，田间病叶率达到0.1%～0.5%时即为最佳施药防治期。

种植期间传毒媒介昆虫、植株的带毒情况监测可参考《南疆甜瓜病毒病的预测预报模型的构建系统软件》软著登字第6751788号和《一步快速检测甜瓜多种病毒的试剂盒及其快速检测方法》授权专利号ZL 201510813221.5的方法进行。

（6）高效药剂防治。病毒病药剂防治：苗期、伸蔓期各喷施1次生物药剂阿泰灵800倍液以诱导植株增强对病毒病抗病性。甜瓜白粉病与霜霉病药剂防治：甜瓜白粉病可采用29%吡萘嘧菌酯悬浮剂（商品名绿妃）1 500倍液、43%氟菌肟菌酯悬浮剂（商品名露娜森）4 000倍液、42%苯菌酮悬浮剂2 000倍液、50%醚菌酯水分散粒剂3 000倍液喷雾。甜瓜霜霉病可采用72%霜脲锰锌可湿性粉剂600倍液、69%烯酰吗啉锰锌可湿性粉剂600倍液、10%氟噻唑吡乙酮可分散油悬浮剂（商品名增威赢绿）2 000倍药液喷雾。蚜虫的药剂防治：非抗性蚜虫可选择10%吡虫啉可湿性粉剂2 500倍液、3%啶虫脒可湿性粉剂3 000倍液交替使用，对于抗性蚜虫可选用25%噻虫嗪7 500倍液、22%氟啶虫胺腈1 500倍液防治。红蜘蛛的药剂防治：可用24%螺螨酯悬浮剂2 000倍液、20%乙螨唑悬浮剂7 000倍液、5%阿维菌素乳油3 000倍液等喷施防治。每亩喷药液40～60kg，瓜秧长满每亩喷药液60kg。两三种不同农药交替使用，7d喷药1次，共喷药2～4次，上下叶片喷雾均匀。

三、技术评价

1.创新性 该技术可有效减轻复播栽培甜瓜病虫害尤其是病毒病的发生危害水平，有效解决新疆多数甜瓜产区无法开展复播甜瓜种植的技术难题。

2.实用性 自2017年以来本技术在喀什、和田、阿克苏等地区累计进行了1 000亩以上的示范推广，示范区复播甜瓜用药次数较常规栽培方法减少40%，亩产较常规方法增产50%以上，亩产值达4 000～8 000元，示范户农民亩种植收入实现翻倍增长。复播甜瓜种植经济效益显著，鉴于新疆可供用于复播栽培的土地资源丰富，该技术的推广有望成为新疆甜瓜产区科技精准扶贫的重要农业技术措施。

四、技术展示

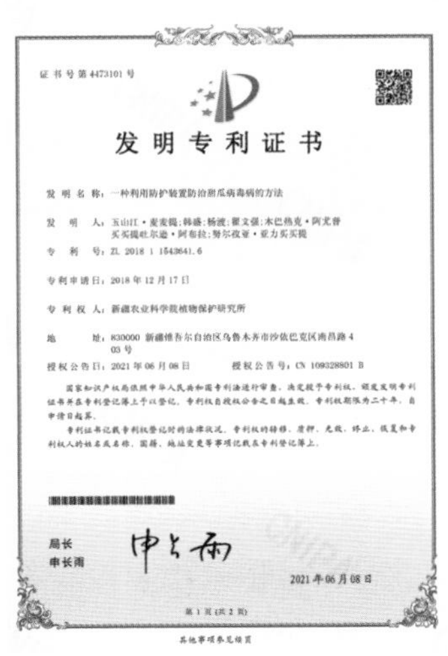

证书号第4473101号

发明专利证书

发明名称：一种利用防护装置防治甜瓜病毒病的方法

发明人：玉山江·麦麦提；韩盛；杨渡；翟文强；木巴热克·阿尤普；买买提吐尔逊·阿布拉；努尔孜亚·亚力买买提

专利号：ZL 2018 1 1543641.6

专利申请日：2018年12月17日

专利权人：新疆农业科学院植物保护研究所

地址：830000 新疆维吾尔自治区乌鲁木齐市沙依巴克区南昌路403号

授权公告日：2021年06月08日　　授权公告号：CN 109328801 B

国家知识产权局依照中华人民共和国专利法进行审查，决定授予专利权，颁发发明专利证书并在专利登记簿上予以登记。专利权自授权公告之日起生效。专利权期限为二十年，自申请日起算。

专利证书记载专利权登记时的法律状况。专利权的转移、质押、无效、终止、恢复和专利权人的姓名或名称、国籍、地址变更等事项记载在专利登记簿上。

局长
申长雨

2021年06月08日

第1页（共2页）

其他事项参见续页

五、成果来源

项目名称和项目编号： 葡萄及瓜类化肥农药减施技术集成研究与示范（2018YFD0201300）

完成单位： 新疆农业科学院植物保护研究所

联系人及方式： 杨渡，13009611511，zbsyangdu@sina.cn；玉山江·麦麦提，15299185181，569419936@qq.com；韩盛，13565431725，hanshen_1981@163.com

联系地址： 新疆维吾尔自治区乌鲁木齐市沙依巴克区南昌路403号

西甜瓜害虫物理诱控技术

一、技术概述

本技术针对海南地区大棚西甜瓜虫害防治手段单一、主要依靠施药方式进行防治、部分害虫的抗药性增强、防治效果不断下降，以及温室大棚给害虫创造了良好的生长环境、虫害世代增多、虫害数量大幅上升、虫害危害程度大幅提高等问题。本技术以绿色防控为理念，应用黄色粘虫板、蓝色粘虫板、太阳能杀虫灯、防虫网等物理措施对害虫进行监测、诱杀和驱避。

二、技术要点

（1）黄蓝板监测及诱杀。蓝色粘虫板涂有一层较厚的不干胶，主要诱捕各种蓟马。黄色粘虫板含有瓜实蝇诱芯（6-己酰基苯基丁基-2-酮）（稳诱），主要诱捕实蝇、蚜虫、粉虱等。色板打开后一次性用完，存放日期不超过60d。移栽后开始挂色板进行虫害监测。悬挂位置随植株生长情况进行调整，一般在植株离地面2/3处，或悬挂于植株中上部40cm处（成株期）。每间隔4 ～ 6m黄板和蓝板间隔挂一块，每亩挂35 ～ 40块板（挂板数量和间距视植株生长情况而定）。

（2）太阳能频振式杀虫灯应用。太阳能频振式杀虫灯利用大多数害虫具有较强的趋光、波、色、味的特性，将频振灯管发出的光波设在（365±50）nm波长范围内，并配合使用性诱剂和特定颜色引诱成虫扑灯，每100亩设置2个诱虫灯。可直接诱杀的成虫种类多，可准确监测害虫发生动态。

（3）防虫网及其他物理防控方法。防虫网以高密度的聚乙烯为主要材料，具有极大的拉伸性，保温抗热、抗腐蚀、结实耐用，能有效阻隔害虫进入大棚，减轻西甜瓜虫害的发生；吊挂性诱器具（配性诱剂），该方式是利用害虫的性生理作用，通过诱芯释放人工合成的性信息素引诱雄蛾至诱捕器，达到减少虫量的目的。每个诱捕器配1个诱芯（性诱剂），每亩挂置1 ～ 2个，约每30d左右更换1次诱芯。利用蚜虫对银灰色的负趋向性，覆盖银灰色遮阳网或银灰色地膜，或将灰色反光塑料膜剪成10 ～ 15cm宽的挂条，挂于大棚周围，可收到较好的避蚜效果；及时处理田间植株残体，防治虫卵孵化危害；通过阳光暴晒，利用极端高温或低温有效杀死害虫。

三、技术评价

1.创新性 本技术模式在海南已实现较大范围推广应用，可有效对蓟马、蚜虫、粉虱、实蝇等害虫进行监测和诱杀，可减少药剂使用1 ～ 2次，每亩节约成本150 ～ 300元。

2.实用性 自2018年开展示范以来，在海南乐东、陵水、万宁、文昌、澄迈等地的西甜瓜种植区进行了大面积应用，建立示范点5个，示范应用面积超过10万亩。该物理防控技术的实施通过监测害虫发生动态，及时有效指导种植户用药，同时有诱杀害虫的作用，每茬可减少用药1～2次，减药量6%～10%。在生产中均使用可降解黄蓝板，避免对环境造成污染。该技术具有较好的潜在价值，技术成熟，可应用范围广。

四、技术展示

五、成果来源

项目名称和项目编号： 葡萄及瓜类化肥农药减施技术集成研究与示范（2018YFD0201300）

完成单位： 海南省农业科学院植物保护研究所

联系人及方式： 严婉荣，18389286277，yanwanrong818@163.com

联系地址： 海南省海口市琼山区兴丹路14号

大棚西瓜配方肥高效施用技术

一、技术概述

在对土壤养分检测分析的基础上，针对中等肥力设施土壤，根据西瓜养分积累，每生产1 000kg西瓜，需N、P_2O_5、K_2O养分分别为2.5～3.2kg、0.8～1.2kg、2.9～3.6kg。以生物有机肥、微生物菌肥等代替传统饼肥，以专用配方肥代替普通复合肥，利用水肥一体化技术进行生育期追肥。

二、技术要点

（1）土壤基本理化性质测定。对不同类型的土壤进行物理化学性质测定，着重测定土壤机械组成、孔隙度、pH、全氮磷钾养分、有效态养分等，根据不同肥力推算其土壤养分供给能力，制定合理的化肥施用配比及施用量。

（2）全生育期养分需求。按照种植需求制定目标产量，根据不同生育期主要养分需求规律，不同阶段不同氮磷钾配比，基肥每亩施用生物菌有机肥200 ～ 300kg，替代普通有机肥、农家肥及50%化肥，修复和改良土壤；每亩配合施用西甜瓜专用复合肥（N-P_2O_5-K_2O=16-8-20）25kg；根据西瓜需肥规律在膨果初期施用专用水溶肥（N-P_2O_5-K_2O=15-5-35），膨果中期施用专用水溶肥（N-P_2O_5-K_2O=16-6-30 + TE），以及每亩施用微量元素（钙镁硼锌）复合肥5 ～ 10kg；可以契合西瓜关键时期对不同养分元素的需求，提高品质及养分利用率。

三、技术评价

1. 创新性 与传统施肥相比，该技术可以实现减少化肥施用量31.8%，使化肥利用率提高15.3%，并且提高西瓜产量及品质。

2. 实用性 自2018年开展示范以来，西瓜高效施肥技术在安徽西瓜主产区逐步推广应用，建立示范基地二十余个，累计示范推广应用32.12万亩，辐射应用面积60.71万亩。核心示范区试验表明，通过应用该技术，化肥施用量较农民习惯施肥平均减少31.8%，化肥（氮肥）利用率提高15.3%，平均增产14.9%，能达到化肥减施增效、西瓜丰产优质的目标。

四、技术展示

五、成果来源

项目名称和项目编号： 葡萄及瓜类化肥农药减施增效综合技术模式应用和推广（2018YFD0201309）

完成单位： 安徽省农业科学院

联系人及方式： 王家嘉，15155155551，57009855@qq.com

联系地址： 安徽省合肥市庐阳区农科南路40号

果树滴灌水肥一体化系统抗堵塞关键技术

一、技术概述

滴灌水肥一体化是实现果树节水、高产、增效的重要技术，灌水器堵塞是滴灌领域的国际性难题。本技术围绕果树滴灌水肥一体化的灌水器抗堵塞问题展开研究，形成了“产品研发-肥料选择-堵塞控制-应用模式”全链条技术体系。

二、技术要点

（1）果树滴灌水肥一体化系统肥料和灌水器选择。微咸水果树滴灌水肥一体化系统应避免选用磷酸二氢钾、尿素、硫酸铜和EDTA-Mn等肥料类型，高钙镁硬水不宜选用磷酸一铵、磷酸二氢钾、硫酸铁、氨基酸铁，高含沙水不宜选用磷酸二氢钾、磷酸脲和聚磷酸铵；果树滴灌水肥一体化系统水质矿化度应小于5g/L；实际中应选择流速大［灌水器流量/（流道长×宽）］而非流量大的灌水器。

（2）兼具堵塞控制和果树增产提质的水质活化技术。纳米气泡气源可选用空气或氧气源，比例控制在50%左右，含氧量约为180mg/L，频率为每次3～7d；磁化器适合选择直流脉冲，磁感应强度为500～800mT，水流流速在0.8～1.5m/s，扫频频率范围为20Hz～60kHz，扫描周期1.2～1.5s；微生物拮抗技术适合的细菌菌株为苏云金杆菌、胶质芽孢杆菌、侧孢芽孢杆菌和植物乳杆菌，真菌选用黑曲霉、哈兹木霉，微生物菌肥浓度为2×10^8～6×10^8CFU/mL，施加频率为每次100～200h，每次运行时长3～4h，菌剂施用后用清水冲洗10～15min。

（3）果树滴灌水肥一体化高效生产应用模式。黄土高原矮砧密植苹果适宜的灌水量上限为按土壤田间持水量且湿润比为0.3计算，施氮量240kg/hm^2，滴灌管一行两管模式，间距50cm；甘肃主产区酿酒葡萄为一带一行模式，推荐灌水量为4120m^3/hm^2，氮、磷、钾肥适宜的施用量分别为240kg/hm^2、216kg/hm^2、240kg/hm^2。

三、技术评价

1.创新性

（1）建立了果树滴灌水肥一体化灌水器产品研发技术。破解了水肥耦合下灌水器堵塞机理，构建了漩涡洗壁流道边界优化设计方法，研发了分形流道灌水器系列产品，抗堵塞性能优良。

（2）建立了果树滴灌水肥一体化系统肥料选择技术。开展了360组试验（>2T），明确了黄河水、微咸水、高钙镁硬水、湖库地表水等4种水源和35种肥料耦合下灌水器堵塞特性，发现了聚磷酸铵、磷酸脲、腐殖酸、微生物菌肥四种控堵型肥料，提出了不同水源的肥料选择方案。

（3）研发了果树滴灌水肥一体化系统灌水器堵塞控制新技术。研发了纳米气泡、水磁化、微生物拮抗三种兼具堵塞控制和作物增产提质作用的新技术，使滴灌系统均匀度提高35%以上，而且能使果实产量和品质得到明显提升。

（4）构建了不同类型果园抗堵塞滴灌成套技术应用模式。以高效抗堵塞滴灌系统为平台，融合灌溉施肥、集约化栽培和农机农艺技术，形成了苹果、葡萄等果树绿色高效滴灌应用技术模式。

2.实用性　开发的技术已实现成果转化，转化金额达110万元，相关产品销往全国21个省区，累计推广面积达3万亩。技术应用后，使滴灌系统安全运行达到6～10年，实现化肥减施10%以上，果树产量提升12%以上。本技术授权PCT国际专利1项、国家发明专利9项；出版专著1部，获新产品登记证6个。该技术入选2020年度国家成熟适用水利科技成果和2020年度水利先进实用技术。

四、技术展示

五、成果来源

项目名称和项目编号：养分原位监测与水肥一体化施肥技术及其装备（2017YFD0201500）

完成单位：中国农业大学、西北农林科技大学

联系人及方式：李云开，13699116121，yunkai@cau.edu.cn

联系地址：北京市海淀区清华东路17号

苹果病虫害全程绿色防控减药增效技术

一、技术概述

苹果病虫害全程绿色防控减药增效技术立足于苹果产业绿色发展、转型升级的需求，在系统研究明确苹果主要病虫种类、发生动态及演替规律的基础上，确定了六个防控关键时期，坚持“统一监测、技术配套、分区治理”的防控策略，研究明确免疫诱抗、理化诱控、天敌控害、生物农药与化学农药协同、高效药械应用等绿色防控关键技术的减药控害效果，创新集成了“健康栽培为基础、免疫诱抗+理化诱控+生物药剂防治为主体、化学药剂防治为应急”的苹果病虫害全程绿色防控技术体系。

二、技术要点

（1）健身栽培免疫诱抗。通过科学施肥，增施有机肥和生物菌肥，覆草翻压；合理修剪，合理负载，应用免疫诱导技术，增强树势，提高果树自身抗逆能力。

（2）病虫基数控制。苹果采收后，及时落实“剪、刮、涂、清、翻”技术，保护剪锯口。萌芽前以石硫合剂或矿物油清园；果实采收后选用辛菌胺等烷基多胺类/甲基硫菌灵等咪唑类杀菌剂+毒死蜱等长持效杀虫剂组合全树喷雾，减少病虫越冬基数。

（3）生态调控生物防治。主要落实果树行间生草或蓄留低矮自然杂草，及时刈割铺设行间；果园旁边种植显花植物以吸引天敌昆虫，并结合释放天敌赤眼蜂和捕食螨等技术，创造果园良好生态小环境，充分利用天敌控制害虫。

（4）理化诱杀害虫。应用性诱剂、灯光、诱虫带、糖醋液等诱杀害虫。

（5）优化农药品种组合。花芽露红期以苦参碱+多抗霉素+氨基寡糖素等生物药剂组合为主；落花后一周和套袋前幼果期用新烟碱类杀虫剂+代森锰锌类保护性杀菌剂组合或阿维菌素类+吡唑醚菌酯等甲氧基丙烯酸类杀菌剂组合，以水性化剂型为主；果实膨大期以戊唑醇等三唑剂类杀菌剂+螺螨酯等季酮酸类杀螨剂+氨基寡糖素等组合为主。

（6）高效施药器械应用。矮化密植、间伐果园尽量使用果园自走式风送喷雾机、履带自走式风送喷雾机等新型高效施药器械，传统种植模式的果园选用节药、雾化好的高效喷枪或改良喷头，亩施药液量120～150kg，喷到叶面湿润欲滴即可，避免药液浪费和环境污染。

（7）药剂淋干预防枝干病害。春梢停长期，刮除主杆、主枝病斑或病瘤及老翘皮后，选用戊唑醇或吡唑醚菌酯，以200～300倍液喷淋或涂刷果树主干和大枝2次，间隔10～15d。病斑随发现随刮除，然后涂抹吡唑醚菌酯膏剂、甲基硫菌灵糊剂等任一种杀菌剂，预防腐烂病、干腐病和轮纹病等枝干病害。

三、技术评价

1.创新性 实现了药剂防治与高效器械配套，技术模式与生态区域配套。

2.实用性 项目实施期间，该技术在陕西、山东、甘肃、山西、辽宁等苹果主产省累计应用面积450万亩，有效控制了苹果主要病虫危害，总体防效达90%以上，保产143.11万t，商品果率提高5%，新增总产值30.81亿元，减少化学农药施用量35.9%，为巩固发展脱贫主导产业、果业提质增效、果区农民增收和果园生态环境改善做出了积极贡献。主体技术于2017—2019年连续三年被列入农业农村部全国农业主推技术，获2018年陕西省科学技术奖励一等奖、2016—2018年度农业农村部农牧渔业丰收奖农业技术推广成果一等奖。

四、技术展示

五、成果来源

项目名称和项目编号：苹果化肥农药减施增效技术集成研究与示范（2016YFD0201100）

完成单位：全国农业技术推广服务中心、陕西省植保工作总站

联系人及方式：王亚红，13709282375，wyahong2002@163.com；赵中华，13911461985，zhaozh@agri.gov.cn

联系地址：陕西省西安市莲湖区习武园13号，北京市朝阳区麦子店街20号楼

苹果有机肥部分替代化肥提质增效技术

一、技术概述

市场对苹果“大果”的苛刻要求与苹果园土壤有机质含量低的矛盾，带来了“化肥用量不断增加与土壤质量和果实品质不断下降”的恶性循环，成为苹果产业绿色高质量发展的瓶颈。为此，项目组调查研究了我国苹果园有机肥施用情况，并对“有机生产模式”进行生命周期评价，有了有机全替代模式环境代价更大等新认识，提出兼顾经济和生态效益的最佳替代比例；系统研究了有机肥增效机理，提出了“秋季结构性有机肥料局部优化”和“生长季功能性碳肥持续微补”等高效土壤增碳技术方法，融合以根层养分调控、养分稳定供应等化肥精准施用关键技术和有机无机生态功能肥新产品，集成了苹果有机肥部分替代化肥提质增效技术。

二、技术要点

（1）秋季结构性有机肥料局部优化施用。结构性有机肥料包括秸秆、生物炭、堆肥及农家肥等。中等肥力土壤下中等产量水平（亩产3 000kg）果园，每亩施用农家肥（腐熟的羊粪、牛粪等）2 000kg（约6m^3），或沼渣3 000 ～ 5 000kg。在9月中旬到10月中旬施用（晚熟品种采果后尽早施用）。采用穴施或条沟施进行局部集中施用，沟宽30cm左右、深40cm左右，分为环状沟、放射状沟以及株（行）间条沟，沟长依具体情况而定。矮砧密植果园在树行两侧开条沟施用。穴施时根据树冠大小，每株树4 ～ 6个穴。施用时要将有机肥等与土壤充分混匀。

（2）生长季功能性碳肥持续微补。功能性碳肥包括腐殖酸、黄腐酸等具有生物刺激功能的有机碳。腐殖酸、黄腐酸等每年每亩施用50 ～ 100kg，与化肥混匀后施用，或者直接施用含腐殖酸、黄腐酸的复合肥。生长季追肥时，特别是果实膨大期追肥，每次追肥时混合施入适量的腐殖酸或黄腐酸。

（3）果园生草。采用“行内清耕或覆盖、行间自然生草/人工生草+刈割”的管理模式，行内保持清耕或覆盖园艺地布、作物秸秆等物料，行间进行人工生草或自然生草。人工种草可选择三叶草、早熟禾、高羊茅、黑麦草、毛叶苕子和鼠茅草等。自然生草果园行间不进行中耕除草，由马唐、稗、光头稗、狗尾草等当地优良野生杂草自然生长，及时拔除豚草、苋菜、藜、苘麻、葎草等恶性杂草。不论人工种草还是自然生草，当草长到30 ～ 40cm时要进行刈割，割后保留10cm左右，割下的草覆于树盘下，每年刈割2 ～ 3次。

（4）化肥减量。按照“总量控制、分期调控，因土因树调肥”的原则，在推荐施肥量的基础

上，减少氮肥用量20%～30%，减少磷肥用量20%～30%，减少钾肥用量15%～20%。

（5）应用有机无机生态功能肥新产品。选择兼具改土、促根和提供速效养分功能的有机无机生态功能肥新产品。

三、技术评价

1.创新性 应用该技术可协同实现改良土壤、减施化肥、提高苹果品质。

2.实用性 在渤海湾和黄土高原产区开展了大面积示范推广，累计推广100万亩以上。该技术可显著改善苹果园土壤理化性状，促进土壤有机质含量持续提高，节约氮肥30%左右，节约磷肥35%左右，优质果率提高15个百分点以上，增产8%～15%，每亩节本增效800～1 500元，节肥增效效果显著。以该技术为核心的科技成果获国家发明专利4项，软件著作权3项。

四、技术展示

五、成果来源

项目名称和项目编号： 苹果化肥农药减施增效技术集成研究与示范（2016YFD0201100）

完成单位： 山东农业大学

联系人及方式： 姜远茂，13705386351，ymjiang@sdau.edu.cn；葛顺峰，15666254737，geshunfeng210@210.com

联系地址： 山东省泰安市泰山区岱宗大街61号

苹果腐烂病“土－肥－水－树－药”协同高效绿色综合防控技术

一、技术概述

苹果腐烂病被称为苹果的“癌症”，长期以来一直是威胁苹果产业持续发展的头号病害。以往主要采取刮除病组织和涂抹化学农药的被动治疗技术，无法从根本上控制病害发生，树体创伤大、农药用量大、防控效果差且复发率高。本项目系统研究了腐烂病病原菌产生、传播、入侵、定殖扩展规律及与树体营养的关系，发现了病菌可全年产生释放侵染、可从微伤口侵入，形成了冬季修剪是主要潜在侵染期、病菌在树体广泛潜伏、叶片钾含量与发病率显著负相关等新认识。集成了“调结构、强树势、诱抗性、毁残体、阻入侵、止扩展”的“土-肥-水-树-药”协同防治新策略，建立了以提高树体抗病力为基础，以保护枝干和剪锯口预防病菌入侵为重点，及时刮治病斑的高效绿色综合防控技术体系。

二、技术要点

（1）调节树体结构，构建高光效树形。

（2）加强肥水，增强树势。提倡秋施肥，亩施腐熟有机肥3 ~ 4m^3 + 菌肥70 ~ 100kg均衡灌水，避免过早浇封冻水，春季根据墒情适当早灌水。

（3）减氮增钾，诱导抗性。地下施肥减施氮肥，增施钾肥，降低氮钾比。

（4）清除病残，消灭潜伏。冬剪后树枝残体集中堆放覆盖的简便处理，该方法降低了菌源量并且实现了树枝等残体的资源化利用。研发出幼果期树干淋刷戊唑醇、氟硅唑等药液技术，可有效阻止生长季病菌入侵定殖。

（5）科学修剪，预防侵入。根据各地情况，在不误农时的前提下，改冬剪为春剪，避开寒冬对修剪伤口造成的冻害；晴天修剪，避开潮湿（雾、雪、雨）天气；对较大剪口和锯口进行药剂保护，可涂甲硫萘乙酸、腐殖酸铜等化学杀菌剂，或者涂抹芽孢杆菌涂抹剂等生物制剂。

（6）刮治病斑，防止扩展。无论任何季节，只要见到病斑就要进行刮治。病斑刮面要大于患处，边缘要平滑，稍微直立，以利于伤口的愈合。

三、技术评价

1.创新性 应用该技术有效遏制了“刮斑-截枝-挖树-再植”的恶性循环，从根本上解决了苹果腐烂病“想防无法防、只治不防”的技术难题，突破了治愈率低、劳动强度大、化学农药投入量多的技术瓶颈。

2.实用性 累计示范200万余亩，新发腐烂病斑大幅度降低，防治效果由常规方法的36.1%提升到89.2%，化学农药用量减少42%，同时氮肥用量减少36%。技术的核心内容获2018年度国家科技进步二等奖，被列入农业农村部农业主推技术和河北省农业主推技术。

四、技术展示

五、成果来源

项目名称和项目编号： 苹果化肥农药减施增效技术集成研究与示范（2016YFD0201100）

完成单位： 河北农业大学、西北农林科技大学

联系人及方式： 曹克强，13513220263，cao_keqiang@163.com；冯浩，15229246296，xiaosong04005@163.com

联系地址： 河北省保定市莲池区乐凯南大街2596号

渤海湾苹果“一稳二调三优化”化肥减施增效技术

一、技术概述

土壤酸化严重、土壤立地条件差、春旱夏涝是渤海湾苹果产区典型特点，造成了根层土壤环境不稳定、肥料损失大、养分有效性低，制约了苹果化肥减施增效。经过多年的研究和试验示范，形成了渤海湾苹果“一稳二调三优化”化肥减施增效技术。“一稳”指稳定根层土壤环境，“二调”指调节土壤碳氮比、调节土壤pH，“三优化”指优化有机与无机养分用量及比例、优化不同生育期肥料配方、优化中微量元素的应用。

二、技术要点

（1）酸化土壤改良。施用生石灰、贝壳粉类碱性（弱碱性）土壤调理剂或钙镁磷肥进行酸化改良。生石灰具体用量根据土壤酸化程度和土壤质地而异。微酸性土（pH为6.0），沙土、壤土、黏土每亩施用量分别为50kg、50 ~ 75kg、75kg；酸性土（pH为5.0 ~ 6.0），沙土、壤土、黏土每亩施用量分别为50 ~ 75kg、75 ~ 100kg、100 ~ 125kg；强酸性土（pH ≤ 4.5），沙土、壤土、黏土每亩施用量分别为100 ~ 150kg、150 ~ 200kg、200 ~ 250kg。生石灰要经过粉碎，粒径小于0.25mm。冬、春季施用为好，施用时果树叶片应干爽、不挂露水。将生石灰撒施于树盘地表，通过耕耙、翻土，使其与土壤充分混合，施入后应立即灌水。生石灰隔年施用。

（2）土壤高效增碳。结构性碳（秸秆、生物炭、堆肥等）秋季局部集中优化：果实采收后，局部集中优化施用（施用空间占树冠投影面积的6.75%左右），乔砧大树每棵树4 ~ 6个优化穴，矮砧密植园树行两侧条沟施用。功能性碳（腐殖酸、氨基酸、壳聚糖等）生长季持续微补：生长季特别是果实膨大期，利用腐殖酸、黄腐酸、壳聚糖等功能性碳与氮配合分次施用。

（3）果园生草。采用“行内清耕或覆盖、行间自然生草/人工生草＋刈割”的管理模式，行内保持清耕或覆盖园艺地布、作物秸秆等物料，行间进行人工生草或自然生草。人工种草可选择三叶草、小冠花、早熟禾、高羊茅、黑麦草、毛叶苕子和鼠茅草等。自然生草果园行间不进行中耕除草，由马唐、稗、光头稗、狗尾草等当地优良野生杂草自然生长，及时拔除豚草、苋菜、藜、苘麻、葎草等恶性杂草。不论人工种草还是自然生草，当草长到30 ~ 40cm时要进行刈割，割后保留10cm左右，割下的草覆于树盘下，每年刈割2 ~ 3次。

（4）水肥一体化。盛果期苹果园，养分供应量的多少主要根据目标产量而定，每1 000kg产量需氮（N）3 ～ 5kg、磷（P_2O_5）1.5 ～ 2.5kg、钾（K_2O）3.5 ～ 5.5kg。灌溉施肥各时期氮、磷、钾肥施用比例如下表。

盛果期苹果树灌溉施肥计划

生育时期	灌溉次数	每次每亩灌水量/m^3	每次灌溉加入养分占总量比例/%		
			N	P_2O_5	K_2O
萌芽前	1	25	20	20	0
花前	1	20	10	10	10
花后2 ～ 4周	1	25	15	10	10
花后6 ～ 8周	1	25	10	20	20
果实膨大期	1	15	5	0	10
采收前	1	15	0	0	10
采收后	1	20	30	40	20
封冻前	1	30	0	0	0
合计	10	185	100	100	100

（5）中微量元素叶面喷肥。落叶前喷施浓度为1% ～ 7%的尿素、1% ～ 6%的硫酸锌和0.5% ～ 2%硼砂，可连续喷2 ～ 3次，每隔7d喷1次，浓度前低后高；开花期喷施浓度为0.3% ～ 0.4%的硼砂，可连续喷2次；缺铁果园新梢旺长期喷施浓度为0.1% ～ 0.2%的柠檬酸铁，可连续喷2 ～ 3次；果实套袋前喷施浓度为0.3% ～ 0.4%的硼砂和0.2% ～ 0.5%的硝酸钙，可连续喷3次。

三、技术评价

1.创新性 实现了减肥、节本、增效、高产、绿色。

2.实用性 该技术成熟度高、实用性强、操作简单、易掌握，目前已在山东、河北、辽宁等渤海湾苹果生产省累计推广200万亩以上。该技术可显著改善苹果园土壤理化性状，能提高土壤pH，促进土壤有机质含量持续提高，稳定表层土壤环境，节约氮肥30%左右，节约磷肥35%左右，优质果率提高15个百分点左右，增产8% ～ 12%，每亩节本增效750 ～ 1 200元。该技术成为2021年山东省农业主推技术。

四、技术展示

五、成果来源

项目名称和项目编号： 苹果化肥农药减施增效技术集成研究与示范（2016YFD0201100）

完成单位： 山东农业大学

联系人及方式： 姜远茂，13705386351，ymjiang@sdau.edu.cn；葛顺峰，15666254737，geshunfeng210@210.com

联系地址： 山东省泰安市泰山区岱宗大街61号

黄土高原苹果“膜水肥一体化”化肥减施增效技术

一、技术概述

干旱少雨是制约黄土高原雨养区苹果生长发育、水肥高效利用与优质高效生产的主要因素之一。本区年降水量大多集中在430 ~ 560mm，并且呈现出年际和月际间降水分布不均的特点。同时，本区90%以上的果园无灌溉条件，是典型的雨养旱作农业区。黄土高原苹果“膜水肥一体化”化肥减施增效技术将有限的自然降水“集、蓄、保、用”起来，变雨季降水为旱季利用、局部集雨为精准利用，集“树盘覆膜、小沟集雨、沟内施肥”技术于一体。

二、技术要点

（1）树盘起垄覆膜。秋季施肥后覆膜或春季顶凌覆膜。地膜厚度0.01mm以上（或园艺地布）、宽度与垄面一致的黑色地膜。覆膜前，先树盘起垄，垄宽为树冠最大枝展的70%～80%，此处垂直向下是苹果根系的富集区，占总根系的60%～70%，便于水肥吸收。垄高10 ～ 15cm，垄面成开张的“⌒”形。覆膜时，要求地膜拉紧、拉直、无皱纹、紧贴垄面。

（2）开挖集雨沟。地膜覆好后，在垄面两侧距离地膜边缘5cm处沿行向开挖修整深20cm、宽30cm的集雨沟，每间隔4m在沟内修一横档，使集雨沟内降水分布均匀。

（3）集雨沟内施肥。施入基肥、追肥时，在集雨沟内垂直向下开挖20 ～ 30cm深的施肥沟施肥，施肥后回填土壤至原高度。

（4）行间覆盖秸秆。根据条件可在集雨沟内和行间覆盖10 ～ 15cm厚的作物秸秆以减蒸保墒。

三、技术评价

1.创新性 实现了旱地果园“膜水肥一体化”肥水高效利用，提高了肥料利用效率，达到了化肥减施增效的目的。

2.实用性 该技术自2016年试验示范和大面积推广应用以来，在甘肃、陕西、山西、河北、宁夏等雨养区旱地苹果园推广应用500万亩以上。连续5年大田对比试验与区域示范调查结果表明，应用该技术后降水保蓄率达90%以上，亩增产果品500kg，优质果率提高15.2%，亩增收1 000元，减少化肥施用量35%，化肥利用率提高20%。

四、技术展示

五、成果来源

项目名称和项目编号： 苹果化肥农药减施增效技术集成研究与示范（2016YFD0201100）

完成单位： 甘肃省农业科学院林果花卉研究所
联系人及方式： 马明，13893685370，maming65118@163.com
联系地址： 甘肃省兰州市安宁区农科院新村1号

水蜜桃生物有机肥替代化肥关键技术

一、技术概述

针对江苏新沂地区（我国桃果主产区之一）桃树种植过程中存在过量化肥施用的问题，以当地特色品种“洋夏妃”水蜜桃为研究对象，依据前期对当地桃园调研情况及桃树需肥规律，进行生物有机肥部分替代化肥的试验。探究生物有机肥对该品种桃果产量、品质、土壤养分和土壤微生物群落的影响，明确了生物有机肥部分替代化肥的最佳比例。

二、技术要点

（1）替代原则。秋施有机肥，以减氮为核心的生物有机肥替代化肥和化肥减量技术。

（2）技术内容。

①秋施基肥。10月中下旬桃树落叶后每株尽早施入15kg“馕播王”复合微生物肥（总养分10%，有机质41%～42%，有效活菌0.2亿/g），在距树体30～40cm处挖深度为20～40cm的穴，氮素施用量占全年总量的66%。将肥料和土壤均匀搅拌，并在表面覆土保证肥效，施肥后浇水。

②花期不施肥，根据树体长势适当修剪枝条和疏花蕾。

③硬核期减化肥。5月下旬在距树体30 ~ 40cm处挖深度为20 ~ 40cm的穴，每株施入0.5kg复合肥（$N-P_2O_5-K_2O$=15-15-15），氮素施用量占全年总量的9%，磷素占全年的8%，钾素占全年的19%。将肥料和土壤均匀搅拌，并在表面覆土保证肥效，施肥后浇水。该时期可进行疏果和套袋。

④膨大期减化肥。在桃果采摘前2周左右（6月下旬）施用肥料，该时期以施用高钾肥为宜。在距树体30 ~ 40cm处挖深度为20 ~ 40cm的穴，每株施入1kg复合肥（$N-P_2O_5-K_2O$=20-5-20），氮素施用量占全年总量的25%，磷素占全年的5%，钾素占全年的51%。将肥料和土均匀搅拌，并在表面覆土以保证肥效，施肥后浇水。

（3）注意事项。生物有机肥总养分达10%，有机质含量为41%～42%，其中有效活菌为0.2亿孢子/g；穴施肥料时使肥际有效区在桃树根尖，促进根系生长和养分吸收；肥料施用后需结合灌溉管理促进肥料养分扩散；可根据园区土壤养分含量和树龄对施肥方案进行适当调整。

三、技术评价

1.创新性 生物有机肥部分替代化肥对桃园的产量产值、桃果的品质以及桃园土壤营养成分、微生物结构与种类都有明显提升，从经济效益、果实品质以及环境友好等多角度考虑，生物有机肥替代35%化肥可达到减施增效的效果。

2.实用性 自2019—2020年在江苏新沂桃园使用以来，较常规施肥减少35%氮肥施用，使果园增产3.6%，桃果的可溶性固形物含量提高5.2%，综合风味品质变佳，每亩增收2 520元，肥料利用率提高68.2%。

四、技术展示

五、成果来源

项目名称和项目编号：梨树和桃树化肥农药减施技术集成研究与示范（2018YFD0201400）

完成单位：南京农业大学

联系人及方式：杨天杰，18651886124，tjyang@njau.edu.cn

联系地址：江苏省南京市玄武区卫岗1号

中、晚熟桃“肥药管”协同减施技术

一、技术概述

中、晚熟桃“肥药管”协同减施技术是集中、晚熟桃施肥、喷药和树体管理于一体的综合配套管理技术。

二、技术要点

（1）科学施肥。在9—10月施基肥，施用基肥的同时配施一定量的化肥（如过磷酸钙等），此次施肥占全年施肥量的60%。在果实生长过程中，根据果实需肥特点分别在花后10 ~ 15d和采前25 ~ 30d施用不同种类化肥，同时施入少量有机肥，逐渐减少化肥用量，此次施肥占全面施肥量的40%。同时加强根外追肥，在果实生长期叶面追施磷酸二氢钾和壳聚糖等。

（2）合理用药。坚持预防为主、综合防治的方针，合理配套农业防治、物理防治和化学防治。主要针对龙泉山脉桃产区容易出现的桃蛀螟、桃小食心虫、蚧壳虫、褐腐病、缩叶病和流胶病等，重点在冬季采用农业防治，在谢花后和果实第二次膨大期进行化学防控，主要选用低毒低残留、易分解的农药。

（3）夏剪和冬剪并重。龙门山地区夏季降雨多、湿度大，枝条易徒长。因此应重视夏季修剪，在夏季修剪的基础上进行冬季修剪。夏季修剪时间为4—6月，即果实第一次膨大期、硬核期和果实第二次膨大期。主要是采取抹芽、摘心、疏枝和拉枝等方法控制树冠内膛的旺枝和密生枝，保持树冠内膛枝条的平均长度在30 ~ 35cm。3—4月抹芽除萌，主要抹除内膛生长的芽，双芽去一留一；有空间处的直立旺枝可进行摘心或扭梢；内膛密生枝和水苔枝（直立的影响光照的粗枝）应进行疏枝抽稀；主枝角度较直立的可进行拉枝开张角度。冬季修剪在落叶后进行，采用长枝修剪，即旺头、打苔、抽稀、留细。保持主枝延长头的绝对生长优势，以45° ~ 50°向上生长，顶端50cm内不留任何枝，当主枝延长头衰弱时短截延长头进行更新；主枝上没有明显大侧枝，主枝上同侧结果枝保持20cm间距；疏除背上枝、粗枝和过密枝，保留两侧0.5cm以下的细枝作结果枝。

（4）合理负载。疏果第一次在花后15d前后，第二次在花后30d前后，主要疏除小果、双果、畸形果、病虫果和朝天果等。一般长果枝留果3 ~ 4个，中果枝留果2 ~ 3个，短果枝和花束状果枝留1个果，保持果实间距20cm左右。保证中晚熟品种叶果比为（30 ~ 40）：1。中晚熟桃产量控制在每亩1 500 ~ 2 000kg。

（5）果实套袋。套袋时间为4月下旬至5月上旬。套前喷施防治桃小食心虫、桃蛀螟和褐腐病的药剂，采用专用纸袋，采果时可不去袋。如果要求果实着色良好，可在采收前1周去除纸袋。

三、技术评价

1.创新性 该技术根据中、晚熟桃需肥规律、病虫害发生规律和桃树结果特性，实践中通过有机肥替代化肥、叶面补肥和生物刺激素、精准肥水药投入、省力化长枝修剪等技术手段，形成了一套协同管理方案，实现了中、晚熟桃生产省工省力、优质生产、节本增效和环境友好等目标。

2. 实用性 应用以上技术使化肥用量减少25% ~ 30%，可溶性固形物含量提高1% ~ 2%，可滴定酸含量下降0.05% ~ 0.1%，产量提高2% ~ 3%。分别减少杀菌剂、杀虫剂施药次数50%、25%，可用于龙泉山脉地区中、晚熟桃生产。以上技术目前在成都市龙泉驿区桃主栽乡镇有应用。

四、技术展示

五、成果来源

项目名称和项目编号： 梨树和桃树化肥农药减施技术集成研究与示范（2018YFD0201400）

完成单位： 四川农业大学

联系人及方式： 梁东，15680010105，liangeast@sina.com

联系地址： 四川省成都市温江区惠民路211号

基于窗口期的桃园多病虫同步防治省药技术

一、技术概述

基于窗口期的桃园多病虫同步防治省药技术的独到之处是基于多病虫发生窗口期同步性，配合一药多治复配药剂，达到减少用药次数和种类的目的。研究病虫害生活习性，明确各病虫害的防治窗口期。桃蚜的防治窗口期为越冬卵孵化期和无翅蚜发生盛期，梨小食心虫的防治窗口期为越冬代羽化盛期和第一代成虫卵孵盛期，桑白蚧的防治窗口期为越冬代和第一代成虫卵孵化盛期，桃红颈天牛的防治窗口期为幼虫排粪期和成虫期。早熟桃的褐腐病发生率低，中晚熟桃褐腐病的防治窗口期为孢子萌发期到采摘前。监测病虫害种群动态，确定多病虫同步防治窗口期。落花展叶期（桃蚜、梨小食心虫、桑白蚧）和果实膨大期（桑白蚧和桃褐腐）为2个同步防治窗口期。研究药剂药理和药效，筛选同步防治的一药多治药剂。35%吡虫啉与15%螺虫乙酯可弥补吡虫啉单剂对桑白蚧以及害虫卵防效差的缺陷，兼治桃蚜、梨小食心虫、桑白蚧。

二、技术要点

（1）休眠期（11月至翌年2月），使用矿物油2次，防治桑白蚧和螨越冬卵。

（2）萌芽期（3月上中旬），监测桃蚜数量。当叶芽害蚜率达到10%时，使用吡虫啉或啶虫脒1次，防治由越冬卵孵化的无翅桃蚜。

（3）花蕾期至开花期（4月上中旬），4月初设置性诱捕器开始监测梨小食心虫成虫数量。如诱捕器中发现1头梨小食心虫，则应在5d内完成迷向丝悬挂，防治第一代梨小食心虫成虫。若条件许可则可在果园行间种薄荷增加桃园天敌数量和多样性。

（4）落花展叶期至幼果期（4月下旬至5月上旬），使用吡虫啉和螺虫乙酯混剂1次，兼治桃蚜、梨小食心虫、桑白蚧；同时在幼果期或膨大期，性诱捕器中梨小食心虫成虫剧增初期，及时进行果实套袋。

（5）果实膨大期成熟期（7月中下旬），使用吡虫啉和嘧菌酯混剂1次，防治桃褐腐；捕杀红颈天牛幼虫和成虫。捕杀幼虫方法：检查树干和主枝（关注树干和树皮裂缝附近），寻找细小的红褐色虫粪，用刀划开树皮，杀死蛀食韧皮部的红颈天牛初龄幼虫。捕杀成虫方法：成虫在中午或下午2—3点静栖在枝条或树干基部，可在这个时间段内于田间捕杀成虫。

三、技术评价

1.创新性　利用课题内病虫害专家和化学农药研发公司两方的优势，首次探索了基于窗口期的多病虫同步防治技术的方法，研究病虫害生活习性，明确各病虫害的防治窗口期，监测病虫害种群动态，确定多病虫同步防治窗口期，研究复配药剂的药理和防效，筛选同步防治的一药多治药剂。

2.实用性　2019—2020年，该项技术在河北和山西部分地区进行技术示范，示范面积6 700亩，化学农药减量42.9%以上，化学农药减施增产3.5%。技术和产品已在河北顺平以及山西尧都、洪洞、霍州、曲沃进行推广，推广辐射面积25 000亩，节本增效1 568万元。

四、技术展示

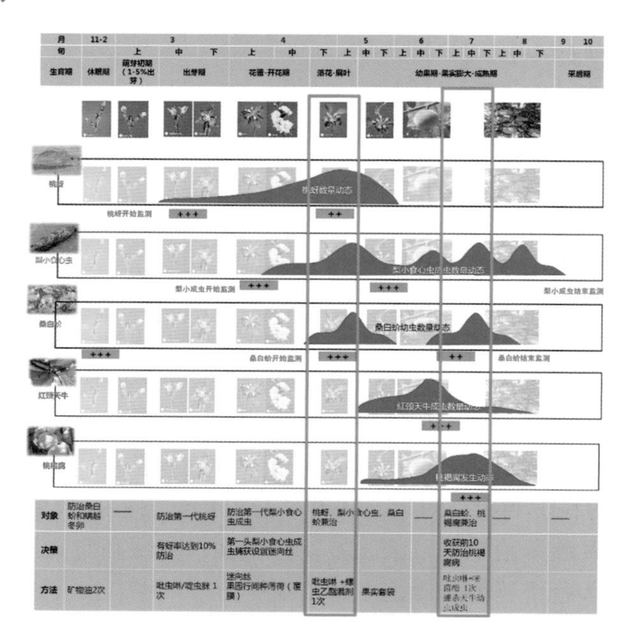

五、成果来源

项目名称和项目编号： 梨树和桃树化肥农药减施技术集成研究与示范（2018YFD0201400）

完成单位： 中国农业科学院植物保护研究所

联系人及方式： 张薇，13716801654，zhangwei06@caas.cn

联系地址： 北京市海淀区圆明园西路2号

河北梨树化肥减施增效技术

一、技术概述

河北梨树化肥减施增效技术是集有机无机配施、化肥精量施用、中微量元素补充于一体的高效平衡施肥技术。

二、技术要点

（1）基肥施用技术。有机肥料采用腐熟农用堆肥或商品有机肥料，化学肥料选用单质或复合肥料；在秋季果实收获后至落叶前（9月中旬至11月上旬），采用穴施、沟施或环施的方法，施入深度为20 ~ 40cm；每亩施农用堆肥3 ~ 4m^3或商品有机肥1 000 ~ 1 200kg，施用化肥N 7 ~ 9kg、P_2O_5 10 ~ 11kg、K_2O 6 ~ 7kg，或亩施复合肥（N-P_2O_5-K_2O = 14-20-12）或其他相近配方的复合肥50 ~ 55kg。

（2）落花后追肥技术。追肥以化学单质或复合肥料为主，便于梨树迅速吸收利用；在梨树落花后每亩施化肥N 8.0 ~ 9.0kg、P_2O_5 4.5 ~ 5.5kg、K_2O 6.0 ~ 7.0kg，或亩施复合肥（N-P_2O_5-K_2O = 21-12-17）或其他相近配方复合肥及水溶性肥料40 ~ 42kg；采用穴施、沟施，施肥深度为15cm，水溶性肥料进行冲施。

（3）幼果膨大期和果实迅速生长期追肥技术。幼果膨大期每亩施化肥N 5.0 ~ 6.0kg，K_2O 4.5 ~ 5.0kg；或亩施复合肥（N-P_2O_5-K_2O = 25-0-20）或其他相近配方复合肥及水溶性肥料25kg；施肥方法参考落花后追肥。果实迅速生长期的追肥量及方法参考幼果膨大期。

（4）中微量元素选用。果实膨大期至果实迅速生长期，叶面喷施0.2% ~ 0.3%中微量元素溶液2 ~ 3次，以补充钙、镁、锌、铁、硼为主。

三、技术评价

1.创新性 该技术依据盛果期梨园不同生育时期氮磷钾养分需求，确定了在梨树合理负载（每亩施3 500 ~ 4 000kg）条件下有机肥和化肥氮磷钾施用量，并形成基肥有机无机配施、化学肥料精量化追施和中微量元素因缺补缺的多元素相融合平衡施肥技术，实现了化肥精量施用，同时促进了对畜禽粪便资源的科学利用，对河北省梨产业可持续发展具有促进作用。

2.实用性 自2018年开展示范推广以来，技术应用面积实现几何式增长。2018—2021年在河北梨树主产区应用示范面积超35万亩。示范区每亩化肥成本较常规化肥少投入173.75元，有机肥较对照多投入375元，示范区产量较对照增产120kg，按每千克2.0元计算，实现增收240元。从节本增效及生态环境角度分析，示范区每亩较对照增收38.75元，同时降低了氮素向深层土壤的淋洗和磷钾在耕层土壤的固定。此外，有机肥的施用不仅推进了农林畜禽废弃物的资源化利用，还具有一定的土壤培肥效应。

四、技术展示

五、成果来源

项目名称和项目编号：梨树和桃树化肥农药减施技术集成研究与示范（2018YFD0201400）
完成单位：河北省农林科学院农业资源环境研究所
联系人及方式：郭丽，13930183633，guolisoil@163.com
联系地址：河北省石家庄市新华区和平西路598号

梨树树体管理协同肥药减施增效技术模式

一、技术概述

将树体由高、大、圆冠形转变为矮、小、扁，骨干枝层次由多元结构转变为二元或一元结构，分枝级次由多变少，冠幅由宽变窄，叶幕由厚变薄。

二、技术要点

（1）树体改造。通过2 ~ 3年的调整，将树高控制在3.5m以下，将中心干高控制为3.0m；在中心干上错落着生5 ~ 6个主枝，不分层或分层，上下重叠主枝间距不小于80cm；主枝开张角度70° ~ 80°，每主枝配置1 ~ 2个侧枝；冠层内外及上下结果枝组均匀分布，小枝多而不挤，互相错落着生，冠形丰满紧凑。

（2）树下管理。梨园冬春季进行行间种植绿肥和行间生草。冬春季绿肥如豆科植物白三叶、紫花苕子、野豌豆、苜蓿等，每年刈割2 ～ 3次，覆盖于树盘，4 ～ 5年后春季翻压，休闲1 ～ 2年后重新生草。梨园夏秋季进行自然生草，选留茎部不木质化、匍匐茎生长能力强、能尽快覆盖地面的乡土草种。清除空心莲子草、藜、苋菜、刺儿菜、鹅绒藤、蒿、白茅等恶性杂草。通过刈割、翻压、覆盖和过腹还田等方法使其转变为梨园有机肥。梨树行带树盘进行覆盖，材料为麦秸、麦糠、玉米秸、稻草、稻壳、山青及田间杂草等，厚度为10 ～ 15cm，上面零星压土，连续覆盖3 ～ 4年后，结合秋施基肥深翻，开大沟埋入。行带也可以使用园艺地布、稻草等材料进行覆盖。

（3）有机肥绿色替代。梨园合理施用沼液能显著改良土壤，提供树体生长所需的微生物环境，增加土壤保水、保肥、抗旱能力，提高产量和质量。盛果期梨树每年施沼液150kg、沼渣50kg以上，条状或环状沟施，也可土壤喷施或者撒施，然后旋耕耕入。为减少沼肥施用量，提高工效，可在沼气发酵过程中加入适量尿素、硫酸钾、钙镁磷肥等，以提高沼肥的速效养分含量。

（4）病虫害绿色防控。综合采用农业防治、物理防治、生物防治，结合生物农药防治方法，防治病虫害。

三、技术评价

1.创新性 应用该技术可增加果园通风透光条件，有效改善冠层的通透条件，提高叶片光合作用效率，增强树体营养水平和生长势，辅以行间生草、有机肥绿色替代、病虫害综合防控等技术，从而达到肥药协同减施增效的目的。

2.实用性 在湖北省枣阳市梁集镇，用鄂梨2号进行棚架改造后能显著提高坐果率，现场检测果实平均单果质量285g，较疏散分层形高出19.50%；果肉可溶性固形物含量为13.00%，较疏散分层形高出5.70%，田间产量较疏散分层形提高39.70%。2018—2019年生育周期内平均每次喷药混用的农药种类由4种减少到2.5种，农药施用次数减少1次，农药用量较传统管理模式减少40%；基肥通过使用“羊粪＋复合肥”替代传统的复合肥为主的示范模式，减少追肥1次，2018—2019年整个生育周期内化肥减量70%。通过肥料农药的减施以及机械化程度的提高，每亩节省人工劳力成本245元，每亩较2018年增收40%。

通过运用人工生草和自然生草等措施，代替传统化学除草剂的应用，控制杂草危害；应用黄色粘虫板、杀虫灯、性诱剂等病虫害绿色防控措施，减少化学农药施用3次，化学农药用量减少30%；使用生物有机肥、羊牛粪等，部分替代复合肥等化学肥料，结合应用简易肥水一体化技术，减施化肥32%；应用“宽行窄株、高垄低畦、行间生草、树盘覆盖、单果套袋、双臂顺行式树形”等技术，使肥料利用率提高15%、减少化学农药用量38%，化学农药利用率提高15%，增产8%。

四、技术展示

五、成果来源

项目名称和项目编号：梨树和桃树化肥农药减施技术集成研究与示范（2018YFD0201400）
完成单位：湖北省农业科学院果树茶叶研究所
联系人及方式：李先明，18971626557，lixianming70@163.com
联系地址：湖北省武汉市洪山区南湖大道10号

梨园肥药减施增效综合技术

一、技术概述

梨园肥药减施增效综合技术是集高光效树形、行间生草技术、有机肥替代化肥技术、精准用药及绿色防控技术为一体的新技术。

二、技术要点

（1）高光效树形。采用“宽行窄株”栽培模式，采用圆柱形或高纺锤树形，株行距为1.0m×4.0m，保证中心干生长优势，结果枝（组）直接着生在中心干上，每个主干上平均着生25～28个结果枝（组），树高控制在3.0m左右。幼树尽量不短截，缓放结果后可在适当位置回缩，若主枝粗度超过主干粗度的1/2，则采用“平剪口”或选留主枝基部外芽处重截进行枝组更新。

（2）生草模式。果园生草采用自然生草模式，有条件的可以人工生草，根据气候人工草种可选择黑麦、长毛野豌豆或白三叶。当草生长到30～40cm时进行刈割，留茬高度约为10cm，平均每年刈割3～6次，最后一次可结合秋施基肥，利用旋耕机翻入土内。

（3）有机肥替代和有机无机配施。秋季果实采摘后15d内完成基肥施入，采用有机无机配施方式，平铺形式，平铺位置距离树干60～70cm，利用旋耕机将肥料翻入土内；以亩产3 000kg计算，梨园秋季每亩平均施发酵后有机（粪）肥1.5～2.0t，每亩施复合肥（20-10-10）15～25kg；萌芽前每亩追施高氮型复合肥（20-10-10）40～50kg；膨果期每亩追施高钾型复合肥（15-5-25）30～40kg。

（4）病虫害防控。在梨小食心虫发生严重的地区，坐果后在田间释放梨小食心虫迷向丝，释放量为66根/亩，最好连片应用，果园边缘用量应加倍。在鳞翅目害虫的产卵高峰初盛期，释放松毛虫赤眼蜂，每5d释放1次，每次每亩释放2万～3万头，连续释放2次。田间害螨叶均螨量在2～4头/叶时，使用捕食螨控制害螨，用量为50袋/亩，在种群基数较高的果园，可先用杀螨剂降低虫口密度后再释放。该措施结合地面生草管理效果更佳。

春季新梢生长期和夏季多雨期为该病害的发生高峰期，重点加强梨黑星病和轮纹病的化学喷药防治，梨花芽萌动期梨木虱成虫时加强药剂防治，减轻后期的防控压力；桃园可通过加强肥水管理，降低果园空气湿度，增强树体细菌性穿孔病、干腐病、腐烂病、桃树流胶病的抗性，在春季桃蚜发生量少时及时喷药防治，有效控制后期蚜虫蔓延为害。

三、技术评价

1.创新性 该技术基于有机肥替代和行间生草技术提升土壤有机质，能提高土壤质量；基于高光效树形培养与应用达到节本增效；基于精准用药结合绿色防控技术，减少用药种类和次数，达到减少农药用量的目的，实现化肥农药减施、栽培协同增效。

2.实用性 应用该技术，可以减少化肥用量50%以上，全年可以减少杀螨剂使用2 ～ 4次，减少防治食心虫药剂使用3 ～ 6次，梨园综合减药35.85%。该技术在辽宁生葫芦岛市南票区、绥中县、兴城市、建昌县等地示范推广20余万亩。

四、技术展示

五、成果来源

项目名称和项目编号： 梨树和桃树化肥农药减施技术集成研究与示范（2018YFD0201400）

完成单位： 中国农业科学院果树研究所

联系人及方式： 康国栋，13998937909，zhaodeying@caas.cn

联系地址： 辽宁省葫芦岛市兴城市兴海南街98号

鲁西南地区早熟梨病虫害绿色高效防控技术

一、技术概述

早熟梨果实发育期短、上市时间早，近几年苏翠1号、翠玉、翠冠等早熟梨品种在鲁西南地区种植取得了较好的经济效益，成熟期在7月初到8月初。鲁西南地区梨园常见的病虫害有20余种，采用高光效柱形栽培，果园通风透光显著提高，果园生草覆草，种植蜜源多的有花植物，显著改善果园生条件，辅以理化防治、生物防治和科学喷药等措施，集成防治早熟梨的病虫害。

二、技术要点

（1）休眠期的清园。剪除病虫枝、病果，清理田间落叶，树干涂白等。

（2）萌芽前15～20d(3月8日前后)，喷5波美度石硫合剂，注意要地上和树体全面喷施1遍，树体达到喷淋状态。

（3）花序分离期（3月20日左右），喷施柴油乳剂（柴油：臭肥皂：水=100：7：80）+甲基硫菌灵+毒死蜱。

（4）花期挂黄色粘虫板，每亩挂黄色粘虫板12个，以防治梨茎蜂。

（5）落花80%以上（4月8日左右），喷施430g/L戊唑醇4 000倍液+22.4%螺虫乙酯悬浮剂4 000倍液+1.8%阿维菌素乳油2 000倍液。防治对象为梨锈病、梨黑星病、梨木虱、黄粉芽等。地面喷施辛硫磷防治梨瘿蚊。

（6）幼果期（5月1日左右），喷施80%代森锰锌可湿性粉剂800倍液+10%苯醚甲环唑水分散粒剂+22%氟啶虫胺腈悬浮剂2 500倍液+12.5%阿维·哒螨灵乳油1 500倍液；

（7）以后视天气情况每隔15～20d喷施1遍杀虫杀菌剂，常用保护性杀菌剂如大生、代森锰锌、氢氧化铜、福美双、咪鲜胺、吡唑醚菌酯等，治疗性杀菌剂如苯醚甲环唑、戊唑醇、烯唑醇、氟硅唑、嘧菌酯、醚菌酯等，杀虫剂如阿维菌素、甲氨基阿维菌素苯甲酸盐、灭幼脲、苏云金杆菌、螺虫乙酯、氟啶虫胺腈、氯虫苯甲酰胺等。注意交替用药，每个单品在1个生长季用药次数不超过2次。

（8）果实采收后注意保叶。

三、技术评价

1.创新性 按照“绿色植保”理念，坚持“预防为主，综合防治”的原则，通过农药复配，使用低毒、低残留农药，采用综合防控技术，制定了防治时间表，有效控制鲁西南地区早熟梨病虫害，确保早熟梨生产安全、产品质量安全和农业生态环境安全。

2.实用性 自2019年开展示范以来，示范区梨园由过去常规每年用药12次，降为现在的每年用药6次，并且超过以往的防治水平，化学农药用量减少50%以上，果园生态显著改善，果品品质明显提升，优质果率提高20%以上，示范推广6 000亩。

四、技术展示

五、成果来源

项目名称和项目编号：梨树和桃树化肥农药减施技术集成研究与示范（2018YFD0201400）

完成单位：青岛农业大学，济宁市自然资源局

联系人及方式：屈海泳，17854233737，quhaiyong@126.com

联系地址：山东省青岛市城阳区长城路700号

柑橘害螨绿色治理关键技术创新与应用

一、技术概述

我国柑橘种植面积目前已达4 000万亩，面积和产量均居世界首位。随着种植结构调整及全球气候变暖，害螨在全国各产区大面积暴发成灾，尤其在三峡库区等特殊种植区更为猖獗，杀螨剂用量占整个橘园用药量的70%以上。本技术针对柑橘全爪螨、始叶螨和锈螨等柑橘害螨猖獗、化学防治引起农残严重超标等问题，多层次多角度揭示了柑橘害螨的成灾机制。弄清了柑橘害螨发生与环境条件及物候期的关系，创建了柑橘害螨数理统计和物候期预测方法。

二、技术要点

（1）选育出抗药性捕食螨新品系3个，在国际上率先实现了抗药性捕食螨产业化。针对柑橘园大量施用化学药剂并严重降低捕食螨控害效果的产业难题，突破了捕食螨抗药性筛选瓶颈，选育出3个抗药性捕食螨新品系，抗性倍数均超过500倍；明确了捕食螨抗药性分子机制，创建了抗性分子标记技术；首创地暖供热饲养捕食螨新方法，构建了抗药性捕食螨高效繁育技术体系，繁育效率提高70%并实现了产业化。

（2）创制出环保型杀螨剂核心配方及生产工艺。针对柑橘锈螨抗药性极其严重、单一生物防治难以取得理想控制效果这一难题，创制出广谱、高效、安全杀螨剂系列配方与配套的关键生产设备，其中4个产品获新农药登记证书，新产品大面积应用持效期达45d，生产效率提高80%。

（3）创建了柑橘害螨“生-化”协同治理技术体系。针对捕食螨传统释放方法防效及释放效率较低的应用难题，发明了“一钉两剪”缓释袋高效释放技术，防效比传统方法提高50%；构建了对捕食螨安全的柑橘害螨化学应急防控技术体系；首创“抗药性捕食螨-环保型化学农药”协同的绿色治理技术体系，为我国柑橘化学农药减量控害提供了新技术与新模式。

三、技术评价

1.创新度 本技术揭示了柑橘全爪螨的致害性变异及其适应机制；明确了我国重要产区柑橘全爪螨的抗药性水平，揭示了其对常用杀螨剂产生抗性的分子机制，为研发新型杀螨剂提供了科学依据，解决了柑橘害螨危害与果品质量安全管控的难题。

2.实用性 该技术有效解决了柑橘害螨危害与果品质量安全管控的难题，自2017年开展示范

以来，在重庆、四川、云南等柑橘产区推广应用超100万亩，农民增收逾12亿元，化学农药减施超500t，为我国柑橘安全生产做出了重大贡献。成果总体达到国际先进水平，经济、社会和生态效益巨大。该技术于2019年入选重庆市科技进步一等奖。

四、技术展示

五、成果来源

项目名称和项目编号： 柑橘化肥农药减施技术集成研究与示范（2017YFD0202000）

完成单位： 西南大学

联系人及方式： 豆威，13594019399，douwei80@swu.edu.cn

联系地址： 重庆市北碚区天生路2号

根部施药防治柑橘木虱技术

一、技术概述

根部施药防治柑橘木虱技术是根据不同地区设备，采用滴灌、微喷或浇灌系统将药剂施用于柑橘根部的一种新技术。选定柑橘春梢和秋梢两个关键新梢期，在土壤含水量60%～80%施用新烟碱类内吸性农药，幼树每株施药量为2.5L，初结果树每株施药量为10L，盛果树每株施药量为15L。该技术遵循“预防为主、综合治理”的植保方针，以合理栽培为基础，利用根部施药方法，结合农田管理、生物防治以及适量叶面喷洒农药和冬季清园等措施。

二、技术要点

（1）施药方法。

滴灌：利用滴灌系统，将压力补偿式滴头分别放置于柑橘树冠滴水线东、南、西、北四个方向，以1 ～ 2L/h的流速滴灌施药。滴灌系统的滴头、滴灌管及其配套接头和技术要求应符合《农业灌溉设备 滴头和滴灌管 技术规范和试验方法》（GB/T 17187—2009）的规定。

微喷：利用微喷系统，在柑橘树两侧、树冠滴水线以内设2个距地20cm、喷水范围为1 ～ $2m^2$的压力补偿式微喷头，确保微喷范围在树冠以内。以3 ～ 5L/h的流速微喷施药。

浇灌：对于没有建立滴灌系统和微喷系统的果园，可以采用浇灌方式进行根部施药，浇灌时需沿着树冠滴水线均匀浇灌，防止药剂流失。对于保水性较差、易形成径流的果园，在浇灌前沿着树冠滴水线周围筑好树盘后再进行浇灌。

（2）土壤含水量要求。根部施药的药剂量与土壤的湿润条件相关，土壤田间持水量在60%～80%。当田间土壤持水量低于60%时，需在施药前喷水湿润土壤，使表层土壤（20cm以内）含水量达到60%～80%。当田间土壤持水量大于80%时，停止根部施药，待土壤含水量降到80%以下，再进行根部施药。

（3）药剂选择。柑橘木虱主要危害柑橘嫩梢，药剂选择低毒、内吸性强和持效期长的农药。农药使用应符合《农药安全使用规范》（NY/T 1276—2007）和《农药合理使用准则》（GB/T 8321），禁止使用国家规定的禁用和限用农药，使柑橘果实农药残留符合《食品安全国家标准食品中农药最大残留限量》（GB 2763—2021）。

（4）施药时期及次数。在春梢和秋梢萌发前1周施药，一年施药次数不超过2次。

三、技术评价

1.创新性 实现了柑橘一年根部施药2次将柑橘木虱的危害控制在经济损害允许水平以下的目标。

2.实用性 根部施药防治柑橘木虱技术全年只需要施药2次，即可达到高效防治柑橘木虱，人力成本节约50%，药剂成本减少20%以上，折合每亩可节约成本300元。该技术已在江西赣州、抚州等地的柑橘种植区域大面积推广，累计推广面积达1万余亩。通过根部施药技术可把果园中柑橘黄龙病的发病率可控制在0.5%以内，极大地提高了果农的种植积极性，推动了柑橘黄龙病灾后的复种。

四、技术展示

五、成果来源

项目名称和项目编号： 柑橘黄龙病综合防控技术集成研究与示范（2018YFD0201500）

完成单位： 赣南师范大学

联系人及方式： 胡威，18879781965，huwei@gnnu.edu.cn

联系地址： 江西省赣州市蓉江新区师大南路赣南师范大学黄金校区生命科学学院

柑橘木虱综合防控技术

一、技术概述

柑橘黄龙病是世界柑橘生产上危害最重的病害，目前还没有抗病品种和防治该病害的有效药剂。目前除了砍除病株、种植无病毒苗之外，防治柑橘黄龙病的主要传播媒介——柑橘木虱被认为是最有效、经济损失最小的防治手段。对此，研发集成生态隔离、农艺防控、生物和化学防治技术的柑橘木虱综合防控技术，成为抑制柑橘黄龙病在新疫区扩散和在老疫区高发生程度的关键手段之一。

二、技术要点

（1）生态隔离。通过生态隔离防止柑橘木虱快速传播。建园时利用地形地貌及原生态植被远距离隔离；山地柑橘园留足山顶戴帽林，保留山脊乔木作为隔离带；柑橘园以13 ～ 20hm^{2}为一个种植单元，单元间种植防护林作为隔离带（宽度>10m、树冠高度≥7m）；柑橘园主干道、机耕道两侧绿化，改善生态环境；选用速生、树冠高大、直立、与柑橘属无相同危险病虫害的树种如杉树、马甲子等，与乔、灌木相结合。

（2）农艺防控。清除果园周边的枳壳、黄皮、九里香等木虱寄主植物；合理施肥增强树势，提高树体抗病虫害的能力；合理修剪、适时间伐，营造良好的树冠树型及果园生态；避开柑橘木虱产卵高峰期，控除8月上旬前萌发的零星嫩梢、9月下旬后抽生的晚秋梢，统一放秋梢。

（3）物理防治。柑橘园四周及园内悬挂黄色粘虫板诱杀柑橘木虱成虫，带诱芯的黄色粘虫板挂在果树南面方位，高度为距地面150cm为宜，板间间距为4 ～ 5m；选用无病毒柑橘苗木在60目及以上网室大棚内假植1 ～ 2年，培育成大苗后再定植；柑橘黄龙病高发区，可采取60目简易网室隔离栽培。

（4）生物防治。生草栽培改善生态，保护和利用寄生蜂、瓢虫、草蛉、捕食性昆虫等柑橘木虱天敌及昆虫病原微生物；在柑橘木虱2 ～ 3龄若虫期，可释放专性寄生性天敌如亮腹釉小蜂、柑橘木虱啮小蜂等；当空气湿度达70%以上时，在柑橘木虱发生区释放1亿孢子/mL病原微生物寄生柑橘木虱成虫；2月中下旬，在柑橘园四周及行间套种2 ～ 4行烟草，第1行烟草距离柑橘树小于1m，烟草间距为20 ～ 30cm，株距50 ～ 60cm，错位种植，可杀灭柑橘木虱成虫。

（5）化学防治。根据柑橘木虱发育进度和虫口密度，抓住成虫高发期、低龄若虫期等重点防治时期精准用药防治。选用高效喷雾机械，提高防治效率，同一区域内，应在2d内集中完成喷药；采果后和春芽萌动前，各喷药1次防治越冬成虫；春梢长0.5 ~ 2cm、夏梢长0.5 ~ 1cm、秋梢长0.5 ~ 1cm时视虫情及时防治，结合防治其他病虫害，每次新梢用药1 ~ 3次；未挂果幼树，根施新烟碱类等内吸性农药，辅以叶面防治；在柑橘木虱发生高峰前7 ~ 10d，用喷雾浓度2倍剂量药液根施，每株用药量5 ~ 7.5kg，隔50 ~ 60d根施一次，直至秋梢老熟。

三、技术评价

1.创新性 柑橘木虱综合防控技术不仅集成了新开发的化学农药精准科学施药技术和基于病原真菌的微生物农药、基于“推-拉”技术的物理防控以及基于高效诱杀等绿色防控技术，也综合了传统的农业防控和化学防控技术，形成了详细完整的周年防治月历。

2.实用性 在赣南柑橘主产区寻乌、安远、信丰、龙南、于都等地示范推广，累计推广应用面积超过30万亩，每年减少柑橘木虱药剂防治5次以上，使黄龙病发病率控制在3%以下，降低了用药成本，同时保护了生态环境，已经在江西、福建等柑橘黄龙病疫区推广应用。和常规技术相比，应用本技术每年可减少柑橘木虱防治用药5次，将柑橘黄龙病发病率控制在3%以下，化学农药减量36.9%，每亩节约生产成本75元，节本增效明显；尤其是减少农药对生态环境的污染，为柑橘化学农药减施增效和产业绿色发展提供有效保障。

四、技术展示

五、成果来源

项目名称和项目编号：柑橘化肥农药减施技术集成研究与示范（2017YFD0202000）

完成单位：华中农业大学

联系人及方式：张宏宇，18202751797，hongyu.zhang@mail.hzau.edu.cn.

联系地址：湖北省武汉市洪山区狮子山街1号

华南柑橘黄龙病重度流行区恢复柑橘生产新模式

一、技术概述

华南柑橘黄龙病重度流行区恢复柑橘生产新模式是集生态隔离、适度规模、种植无病容器大苗、精准防治柑橘木虱、动态清除病树、补种大苗和加强果园管理等于一体的柑橘黄龙病防控新技术。

二、技术要点

（1）生态隔离、适度规模。利用自然的山体隔离，或在果园周边种植防护林带，调节小气候，阻隔柑橘木虱的传播和扩散，使每个果园的面积控制在300亩左右。

（2）种植无病容器大苗。通过网棚假植的方法培育无病容器大苗，新建园选用无病容器大苗，种植密度2.0m × 5.0m，每亩66株，行距适度拉宽，行内适度密植（宽行密株小冠栽培模式）。

（3）精准防治柑橘木虱。注重冬季清园，大大减少柑橘木虱发生基数，药剂可采用矿物油200倍＋毒死蜱＋克螨特，同时可有效防治红蜘蛛、锈蜘蛛、介壳虫、粉虱等小型刺吸式口器害虫；在药剂选用上，在探清当地柑橘木虱种群抗药性的基础上科学用药，轮换交替用药，使用合理的农药浓度，可采用吡虫啉、噻虫嗪、噻虫胺、啶虫脒等新烟碱类农药加矿物油300 ～ 400倍液；用药时期选择上，在跟踪特定柑橘品种的抽梢规律和当地物候变化规律基础上检测田间柑橘木虱的年度发生规律，进而选择几个柑橘木虱发生高峰时期，用拟除虫菊酯类农药将其快速杀灭。

（4）动态清除病树、补种大苗。果园挖除无经济价值黄龙病树前，喷施一次高效杀虫剂，杜绝柑橘木虱扩散。在新建园或重建园边缘相对隔离区建立一个简易防虫网室设施，集中培育3% ～ 5%果园总种植株数的无病毒大容器大苗，作为预备树。平时经常巡查果园，发现黄龙病典型症状的植株，应及时挖除、销毁，然后用预备大苗补栽，确保果园健康、完整。

（5）加强果园管理。摘除早期萌发的零星枝梢，化学抹除零星夏梢、晚秋梢及冬梢，统一放梢，断绝柑橘木虱喜食的嫩梢源头。加强果园土壤、肥水、树体和花果的管理，增施有机肥，改善土壤结构，加速树冠形成，提高树体抗逆能力；根据土壤条件和植株生长情况，适量补充各种中微量元素，喷施叶面肥补充植物营养；适期修枝整蔓，减少病虫源；适量留果，避免消耗过多导致树体过弱；清除田间恶性杂草，搞好田间卫生。

三、技术评价

1.创新性 该技术结合华南黄龙病重度流行区的实际情况，根据当地农业生产水平制定了一系列措施。在代表性区域试点的结果表明，该技术可成功恢复柑橘生产并取得良好的经济效益。

2.实用性 自2018年开展示范以来，技术应用面积逐渐增长，目前已在广东肇庆四会和德庆、惠州博罗，以及福建泉州永春等地累计建立示范基地86个，示范面积30.7万余亩，辐射面积200万亩。示范基地内基本未见柑橘木虱，黄龙病发病率为0.94%。集成1项广东省农业主推技术“柑橘木虱综合防控技术”，该项技术推广科学用药、适期用药、轮换交替用药、使用合理的农药浓度，综合多种措施防控柑橘木虱，可减少年用药次数3 ~ 4次，使化学农药利用率提高13%，减量37.5%，有效保护农业生态环境。

四、技术展示

五、成果来源

项目名称和项目编号： 柑橘黄龙病综合防控技术集成研究与示范（2018YFD0201500）

完成单位： 华南农业大学、华中农业大学、广东省农业科学院

联系人及方式： 邓晓玲，13925067776，xldeng@scau.edu.cn

联系地址： 广东省广州市天河区五山路483号

赣南柑橘黄龙病综合防控关键技术

一、技术概述

赣南柑橘黄龙病综合防控是集以清理病树和种无病苗为基础、以网棚假植安全大苗补种控病保园为关键、以抓住五个关键期高效防控柑橘木虱为重点、以抹梢控梢和种杉树隔离为补充、以大区域统防统治与小区域“中心户长制”联防联控相结合于一体的高效综合防控技术。

二、技术要点

(1)“五步法”规范清理病树。在黄龙病爆发期、病树量大的情况下，“五步法”可规范、快速清理病树。一锯：留蔸3 ~ 7cm锯除病树。二划：树蔸切面划“十字”。三涂：树蔸切面涂刷30%草甘膦10倍液。四包：用薄膜包扎树蔸。五埋：树蔸盖土。

(2)全面推行无病种苗。严格执行检疫措施，强化种苗管理，建立柑橘无病种苗繁育和推广体系，无病种苗繁育按技术规范要求实行市级政府许可制，不使用无证和露地育苗，全面推行无病毒种苗，从源头有效控制黄龙病的传入与传播。

(3)高效防控柑橘木虱。

①建立疫情监测体系。在各柑橘主产区建立监测点，定期调查监测当地柑橘木虱各虫态发生数量。监测调查时间：1—2月，每15d调查1次；3—12月，每5d调查1次。监测调查方法：全园按五点取样法，随机选5株树，每株树按东、南、西、北、顶5个方位，各调查2枝新梢柑橘木虱卵、若虫、成虫数量。

②重点抓住五个关键期精准高效喷药防治。即冬季、早春清园和夏梢、秋梢、晚秋梢萌发五个关键期，利用高效药剂组合精准防治柑橘木虱，其中冬季、早春各防治1次，夏、秋、晚秋嫩芽萌发期各防治2 ~ 3次，全年喷药防治共8 ~ 11次。

③大规模统防统治。在秋季柑橘木虱发生高峰期，对柑橘果园集中连片区域统一实施直升机喷药防治1次，统一压低虫口基数。抹梢控梢。成年结果树抹除夏梢、晚秋梢和零星嫩梢，恶化柑橘木虱食物链。

(4)网棚假植安全大苗补种。推行“一园一棚”，在果园搭建幅宽8m、肩高2m、顶高3.2m、40目防虫网覆盖的钢架网棚，网棚内假植一定量的无病种苗，培育1.5 ~ 2年安全大苗用于病树砍除后补种。9—10月（秋季）补种，次年挂果，通过挂果控梢，大大降低补种树感染黄龙病的概率。

(5)种植生态隔离带。果园周边种植防护隔离树，隔离树以杉树为主，可开沟施有机肥种2 ~ 3行，结合山顶戴帽，营造生态隔离带，阻隔柑橘木虱迁移传播。

三、技术评价

1.创新性 该技术有效解决了黄龙病流行区防控难度大、防控效果不佳的问题。

2.实用性 2016—2020年，在赣州市累计建立柑橘黄龙病综合防控示范基地（果园）433个，核心示范面积21.44万亩，累计辐射推广应用面积570余万亩次。2018—2020年全市柑橘黄龙病平均病株率连续4年控制在5%以下，2020年平均病株率下降到1.74%，比2014年高峰期的19.71%下降了91.17%，大大减少了黄龙病造成的经济损失。技术应用每年可减少柑橘木虱喷药防治次数4次以上，每亩可节约防治成本240元左右。目前该技术已广泛推广到抚州、吉安等地的柑橘产区。该技术成果获得2016—2018年度全国农牧渔业丰收奖一等奖，并入选2021年江西省农业主推技术。

四、技术展示

五、成果来源

项目名称和项目编号： 柑橘黄龙病综合防控技术集成研究与示范（2018YFD0201500）

完成单位： 江西省植保植检局、江西省脐橙工程技术研究中心、赣州市果树植保站、赣南师范大学

联系人及方式： 陈慈相，13803578520，chencxjx@sina.com

联系地址： 江西省赣州市章贡区章江北大道110号

白星花金龟源头治理助力葡萄双减和提质增效技术

一、技术概述

白星花金龟源头治理助力葡萄双减和提质增效技术是集葡萄种植区白星花金龟成虫高效诱集、畜禽粪便等农牧业废弃物规模转化、虫砂有机肥助力葡萄双减提质增效于一体的新技术。该技术遵循生态学原理，利用白星花金龟幼虫在畜禽粪便中生长发育的特性，人为强化白星花金龟幼虫“大自然清洁工”的功能，生物转化畜禽粪便、作物秸秆等农牧业废弃物为优质昆虫蛋白和虫砂有机肥，从源头治理白星花金龟，创新改变白星花金龟防控思路，由传统的末端“杀死”策略转变为“诱集”，因势利导、变害为利，探索形成了综合利用白星花金龟的系统方法，化白星花金龟的害为圈养资源化的利，彻底解决了白星花金龟成虫对葡萄的危害，并申报了3个发明专利。该技术不仅可实现无农药的源头治理，而且探索了一条畜禽粪便等农牧业废弃物资源化高效利用的可行途径。

二、技术要点

(1) 白星花金龟成虫高效诱集技术。白星花金龟引诱剂的配套使用技术：葡萄成熟前两个月提前悬挂诱捕器，每亩用3个，悬挂位置为高于葡萄叶幕层处，葡萄成熟前诱捕器悬挂以葡萄园周边为主，葡萄成熟后诱捕器悬挂以园内为主。

“牛粪+腐烂瓜果”体系高效诱集白星花金龟技术：葡萄成熟前1.5个月提前将牛粪堆置于葡萄种植区的四周，亩堆置3个重约200kg的堆体，调节含水量为65%左右后自然堆腐，15d后，向每个堆体上放置烂瓜果（可在水果市场收集或低价购买尾货）2kg，每5d补充一次，直到葡萄收获15d后，将堆体内的白星花金龟成虫和幼虫筛分出来，作为转化农牧业废弃物的虫源。

（2）幼虫规模转化畜禽粪便等农牧业废弃物技术。畜禽粪便与养殖场草料残渣或者发霉的饲草按照4：1混合，添加0.1%的腐解菌剂，调节物料含水量为65%，就近堆成宽1.2 ~ 1.5m、高0.8 ~ 1.2m的长条垛，加盖薄膜好氧发酵10 ~ 15d，每5d翻堆一次，发酵完成后，运至封闭的厂房里，布料厚度为20 ~ 40cm，放入白星花金龟2龄中期幼虫（30d龄），进行规模化转化，虫料比控制在1：(60 ~ 100)，40 ~ 45d后，收获虫体和虫砂。

（3）虫砂有机肥助力葡萄双减提质增效技术。虫砂有机质在50%以上，氮磷钾含量在8%以上，并且富含微量元素和有益微生物，颗粒性好，性状稳定，在农户原有施肥习惯的基础上减肥15%后，以虫砂等价格替代的形式，替代20%化肥，形成葡萄有机无机掺混肥，不仅可以保证葡萄产量，而且可以改善葡萄品质和商品率。

三、技术评价

1.创新性 实现了无农药的葡萄园白星花金龟源头治理和白星花金龟幼虫治理农牧区废弃物的生态循环产业链的双赢，并且，白星花金龟处理畜禽粪便等农牧业废弃物技术节能减排，可助力国家碳中和碳达峰战略。

2.实用性 自2018年开展示范以来，技术应用面积不断增长，并且发展势头迅猛。其中，白星花金龟成虫高效诱集技术在吐鲁番、昌吉和博乐示范应用面积超过20万亩。白星花金龟累计处理畜禽粪便等农牧业废弃物超过1 000t。集成了无农药的葡萄园白星花金龟源头治理和白星花金龟幼虫治理农牧区废弃物的生态循环产业链技术模式。在国家农业绿色发展、畜禽粪污资源化利用和碳中和碳减排的大背景下，技术体系的应用前景广阔。

四、技术展示

五、成果来源

项目名称和项目编号：葡萄病虫害精准防控减施增效技术（2018YFD0201300）

完成单位：新疆农业大学
联系人及方式：马德英，18999846225，mdyxnd@163.com
联系地址：新疆维吾尔自治区乌鲁木齐市沙依巴克区农大东路311号

南方地区葡萄周年养分调控化肥控失减量技术

一、技术概述

葡萄需肥特点非常明确。一般成年丰产葡萄园每生产1000kg葡萄果实需氮（N）3.8 ~ 7.8kg、磷（P_2O_5）2 ~ 7kg、钾（K_2O）4 ~ 8.9kg。吸收氮、磷、钾的比例约为1∶0.6∶1.2。在浆果生长之前，对氮、磷、钾的需求量较大，果实膨大至采收期植株对氮、磷、钾的吸收量达到高峰。此阶段供肥不足会对葡萄产量造成较大影响。尤其是开花、授粉、坐果、果实膨大期，对磷、钾的需要量较大。同时，葡萄对硼、铁、铜锌等微量元素也有一定的需求。因此，合理掌握肥料用量和供应时期，不但能促进葡萄生长，对葡萄品质的形成也具有重要影响。

南方地区周年养分调控化肥控失减量技术是集葡萄专用肥（复混肥）、有机肥替代化肥减氮技术和水肥一体化施肥技术于一体的新技术。

二、技术要点

（1）根据葡萄园品种、栽植密度、品质要求等确定目标产量（在湖南常德产区，红地球品种以1500kg左右每亩为宜）。

（2）在目标产量基础上，确定全年施肥总量及肥料类型与比例，在不考虑有机肥包含养分的状况下，全年化学N、P_2O_5、K_2O的亩用量约分别为25 ~ 35kg、17 ~ 25kg、25 ~ 35kg。

（3）从葡萄园果实采摘完（湖南避雨栽培果园约在9月中下旬）开始至来年的采摘前最后一次施肥为一周期，进行周年养分调控的套餐施肥。在不考虑有机肥包含的养分状况下，全年N、P_2O_5、K_2O的亩用量分别约为32kg、22kg、31kg。

基肥：于每年10日至11月底前沿栽植行距树干50cm外，开30 ~ 40cm深条形沟，每亩埋施腐熟有机肥3 000 ~ 4 000kg，每亩配施磷肥50kg、复合肥30kg、石灰100kg。不同地区有机肥使用可根据当地有机肥源情况使用。

萌芽肥：每亩施葡萄专用萌芽肥套餐复混肥（N-P_2O_5-K_2O=17-7-16）30kg，用水稀释600 ~ 1 000倍后滴灌。

花前追肥：每亩施葡萄专用花前追肥套餐复混肥（N-P_2O_5-K_2O=17-7-16）20kg，用水稀释600 ~ 1 000倍后滴灌。

幼果膨大肥：每亩施葡萄专用幼果膨大肥套餐复混肥（N-P_2O_5-K_2O=15-5-22）80kg，用水稀释600 ~ 1 000倍后滴灌，可分2 ~ 3次施用。

（4）本养分调控主要针对化学氮、磷、钾肥的套餐施用，不同时期养分需求量及养分需求比率，可适当调整，尤其是氮肥用量可根据植株长势及叶色实时监控。

(5) 辅助性的叶面施肥尤其是微量元素肥料的补充，可根据土壤实际情况因缺补缺，或根据上季生产实际表现适当调整。

三、技术评价

1.创新性 该技术根据葡萄周年养分需求、葡萄园土壤氮素等养分迁移规律，组配出适宜需肥特点的新型专用肥（复混肥）；采用有机肥替代化肥减氮技术，选用本地常用的有机肥肥源（猪粪、牛粪、菜籽饼肥等），每亩施用3 000 ～ 4 000kg；配合水肥一体化技术精准定位、均匀施用于葡萄根际周围，实现了葡萄生产的按需施肥、均衡施肥、减量施肥和葡萄园绿色增产。

2.实用性 2018年以来，该技术已经在湖南长沙、常德、衡阳、永州、怀化等地及四川、广西、云南、浙江等省（自治区、直辖市）陆续开展示范与应用，示范面积20万亩，推广应用面积100万亩以上。通过连续3年大田对比试验及跟踪调查结果表明，采用该技术可提高化肥利用率10%～18%，减少化肥用量20%～53.6%，平均增产3%～5%，实现了葡萄精准生产、绿色生产、高效生产的目标。

四、技术展示

五、成果来源

项目名称和项目编号： 葡萄化肥农药减施增效关键技术集成与优化（2018YFD0201303）

完成单位： 湖南农业大学

联系人及方式： 许延帅，18874880200，785327395@qq.com

联系地址： 湖南省长沙市芙蓉区农大路1号

设施葡萄化肥农药减施技术

一、技术概述

设施葡萄化肥农药减施技术是在化肥农药减施关键技术研发的基础上，集成当前生产中先进配套技术，形成该项技术。该技术主要包括测土施肥、精准施用化肥、有机肥替代、病虫害规范化防控等关键技术。

二、技术要点

（1）测土施肥。建园时进行土壤养分测定，根据测定结果以及葡萄目标产量制定施肥方案。

不同土壤肥力葡萄园施肥量推荐表

土壤肥力指标	亩产量水平/kg	亩施氮（N）量/kg	亩施磷（P_2O_5）量/kg	亩施钾（K_2O）量/kg
高	1 000	5.0	2.0	5.0
	1 500	7.5	3.0	7.5
	2 000	10.0	4.0	10.0
中	1 000	10.0	4.0	10.0
	1 500	12.5	5.0	12.5
	2 000	15.0	6.0	15.0
低	1 000	15.0	6.0	15.0
	1 500	17.5	7.0	17.5
	2 000	20.0	8.0	20.0

（2）增施有机肥。建园时根据土壤有机质含量测定结果施有机肥，对于有机质低于1.0%的果园，每亩施有机肥不低于5t。对于丰产园每年秋季补充3～5t有机肥，生长季可行间生草、秋后枝条粉碎还田增加土壤有机质。

（3）精准追肥。关键物候期（萌芽期、花序分离期、幼果期、果实转色期、采收后）精准追肥，以大量元素水溶肥为主，利用水肥一体化设备将肥料精准输送到葡萄根系周围，遵循少量多次的原则。前三个时期以氮肥为主，后两个时期以钾肥、磷肥为主。

（4）化学农药减施。用足农业防治措施，生长季、秋后及时剪除病叶、病果带到园外深埋，降低病原菌基数；重视物理防治，使用性诱剂诱杀绿盲蝽，使用食诱剂诱杀果蝇等害虫；增加生物药剂使用，在病害进入高发期前多使用生物药剂进行防控；精准使用化学药剂，在病害防控的关键物候期精准化学药剂的种类（地区耐药性检测）及浓度，细化雾滴使药效翻倍。

三、技术评价

1.创新性 技术的实施在不降低果实产量和品质、不减少果农收益的基础上，通过科学的方法和有效可行的措施，减少了葡萄园化肥农药的用量，同时提高了化肥的利用效率和农药的防效，增施有机肥改良土壤，减少化肥农药过度施用给环境造成的压力，提高果实品质，实现了设施葡萄的优质高效生产。

2.实用性 该项技术于2019—2020年在全省推广，累计推广面积3万余亩，示范园（区）肥料利用率提高14%、化肥减量35%，化学农药利用率提高15%、减量38%，优果率提高5%，亩均提质、节本、增效3%。该技术入选2021年河北省农业主推技术。

四、技术展示

五、成果来源

项目名称和项目编号：葡萄及瓜类化肥农药减施技术集成研究与示范（2018YFD0201300）

完成单位：河北省农林科学院、河北农业大学

联系人及方式：杨丽丽，18034535080，yanglili0311@163.com

联系地址：河北省石家庄市新华区学府路5号

葡萄绿色健康节本增效生产综合技术

一、技术概述

葡萄绿色健康节本增效生产综合技术是集避雨设施、适宜品种选择、省力化整形修剪、大树稀植、水肥一体化管理、病虫害绿色防控、花果市场目标化精细管理、适宜果袋应用、地布覆盖、沥水沟地膜排水等关键技术于一体的用于葡萄绿色健康栽培和优质葡萄生产的综合技术。

二、技术要点

（1）健康栽培关键技术。利用适宜品种选择、省力化整形修剪、大树稀植等栽培措施培养健壮树体；针对安徽省多雨气候，利用避雨设施减少霜霉病侵染、地布覆盖和沥水沟地膜排水等关键技术减少裂果，降低葡萄酸腐病发生，达到农药减施的目的。

（2）病虫害绿色防控关键技术。根据产区主要葡萄病虫害种类及危害程度，制定规范化防控技术措施并形成规范化防控简图。葡萄病虫害防控以矿物农药预防为主、以植物源农药为辅、化学农药精准防控（以灰霉病、霜霉病抗药性检测结果为依据）相结合的措施进行。

（3）测土配方与水肥一体化精准灌溉技术。通过调研安徽省葡萄各产区肥水管理与土壤及植株养分状况，结合葡萄不同生育期需肥规律，制定详细的年度施肥方案，利用水肥一体化精准灌溉、有机肥替代化肥等技术，达到了减肥增效的目标。

三、技术评价

1.创新性 实现了社会、经济、生态效益，达到了化肥农药减施增效、果园生态环境优化的目标。

2.实用性 自2018年以来，通过示范基地技术示范带动，该技术模式示范推广28.1万亩，辐射推广20.1万亩，平均减施化肥32.3%，提高化肥（氮肥）利用率13.7个百分点，平均减施农药38.4%，提高农药利用率14.8个百分点，优质果率提高5.2%，可溶性固形物含量提高1.15，亩收益增加1 030.2元，达到了节本增效的目标。该综合技术适用于安徽省葡萄产区的葡萄生产，被列入安徽省主推技术之一。

四、技术展示

五、成果来源

项目名称和项目编号： 葡萄及瓜类化肥农药减施技术集成研究与示范（2018YFD0201300）

完成单位： 安徽省农业科学院

联系人及方式： 孙其宝，13956066968，anhuisqb@163.com；周军永，15956924224，coplmn@163.com

联系地址： 安徽省合肥市庐阳区农科南路40号

北方葡萄省肥简化栽培与统防统治技术模式

一、技术概述

针对目前北方埋土防寒区葡萄园管理成本高、劳动强度大、用肥用药不合理的问题，提出了“顺沟倾斜龙干树形”＋配套地布的机械化埋出土＋推荐施肥的北方葡萄省肥简化栽培和统防统治技术模式，该技术模式改变传统树形主蔓上架和绑缚方式，使葡萄上、下架劳动强度显著降低；改变了新梢排布方式，减少了修剪工作量，增加了冠层光截获面积，促进了光合产物积累；

使果实着生位置一致、带状分布，促进了花果管理的标准化，果实品质一致；便于机械化作业；病虫害发生率显著下降，叶、果病虫害分开管理，增加了果品安全管理；避免早霜冻害损失。一改葡萄产区不同葡萄园在病虫害防控方面各自为攻、无效防控的被动局面，显著提高了防控效果，大幅节约农药施用量和劳动量。因此，推行“厂”字形树形省肥简化栽培和统防统治技术模式在促进葡萄生产标准化、简约化、降低生产成本、提高机械利用率、减少化肥农药使用方面有重要意义。

二、技术要点

（1）树形构建。

架式：鲜食葡萄采用水平连棚架，架高1.8 ～ 2.0m，柱间距5m，柱子1.0 ～ 1.2m高处水平拉1道6号铁丝；架面网格状拉布钢筋和铁丝，垂直行向拉布钢筋，钢筋间距5m，固定于柱顶，平行行向拉布铁丝，铁丝间距50cm。酿酒葡萄采用篱架栽培，行向水平拉3道铁丝，分别距地面0.5 ～ 0.8m、1.2m、1.8m。

树形：葡萄定植时，主干同向沿行向倾斜与地面夹角≤30°；苗期管理培养主蔓时，使主蔓基部与地面夹角≤30°，主蔓中上部与地面夹角≤60°；鲜食葡萄主蔓倾斜上架后沿行向水平绑缚于1.4m高铁丝上，酿酒葡萄主蔓倾斜上架后沿行向水平绑缚于0.5 ～ 0.8m高铁丝上，垂直于定植行方向观察，使每株葡萄主蔓呈“厂”字形。

叶幕形：鲜食葡萄新梢萌发并长至50cm以上时，主蔓两侧新梢分别倾斜绑缚于架面第1道铁丝，超过1m时，水平绑缚于架面，或自由下垂，形成水平叶幕或M形，同侧新梢之间平行。酿酒葡萄采用竖直叶幕。

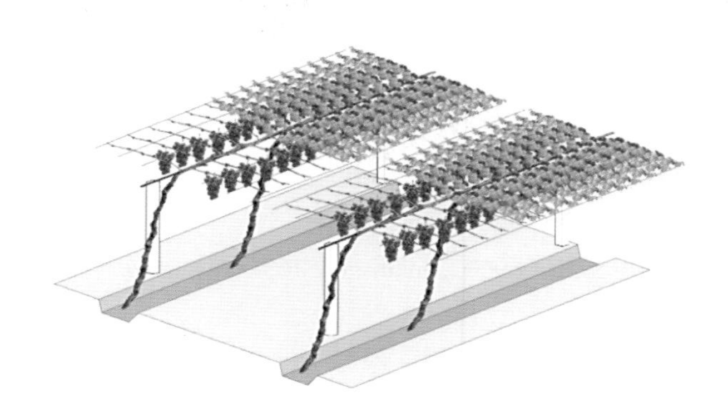

鲜食葡萄厂形树形示意图如下：

（2）枝梢管理。

抹芽定梢：分两步抹芽定梢，新梢10 ～ 20cm、露出花序时第一次抹芽，每米留18个新梢，新梢30 ～ 50cm、花序约5cm时，每米留14个新梢，有核品种果穗：枝条＝1：1，每米留14个健康花序，无核品种果穗：枝条＝3：2，每米留21穗果。

延迟摘心：欧美种葡萄花前摘心，欧亚种葡萄一般在相邻行新梢开始封行时摘心，如地下养分供应不足导致花序发育不良时提前摘心。

副梢修剪：采用延迟摘心法会显著减少副梢萌发数量，根据叶幕层厚度决定副梢修剪时期，采用单叶绝后法。

秋季修剪：埋土前完成，主蔓结果部位保留鱼刺状结果枝，一般不留结果枝组，短梢或中短梢修剪。

（3）花果管理。

花序管理：花前剪除畸形、孱弱花序，剪除歧穗。

果穗整形：分两步。第一步是在果实膨大初期，剪除畸形、孱弱果穗，对有核品种剪除歧穗，剪除穗尖，对无核品种采用“三三法”，即剪除穗肩三小穗、穗尖3cm；第二步是在转色前10d，对紧密的果穗二次疏果，采用“钻果龙”疏果法，自下而上疏去一排果粒，根据果粒紧密度进行一面或两面疏果。

穗重控制：有核品种每穗70 ~ 80粒、600 ~ 800g；无核品种每穗80 ~ 100粒、400 ~ 500g。

（4）肥水管理。

灌水：推荐采用滴灌，按需灌水，出土后、花前、坐果完成后至转色是葡萄需水关键期，根据土壤条件将灌水量控制在每亩260 ~ $400m^3$，沟灌灌水量为每亩400 ~ $500m^3$。

施肥：年施肥量为每亩50kg，施肥比例按照：氮（N）:磷（P_2O_5）:钾（K_2O）:钙（Ca^{2+}）:镁（Mg^{2+}）=2∶1∶3∶1.5∶0.5施用，各时期施肥比例如下。

滴灌条件下，采用水肥一体化技术，施肥比例如下：

按发育期施肥	氮∶磷∶钾∶钙∶镁
萌芽期至始花期	2:1:2:1:0
末花期至膨大期	2:1:4:2:1
膨大期至转色期	2:1:4:1:0
转色期至成熟期	2:1:3:2:1
成熟期至落叶期	2:2:2:3:1

沟灌条件下，推荐4次施肥，施肥比例如下：

按发育期施肥	氮∶磷∶钾∶钙∶镁
萌芽期至始花期	2:1:2:1:0
末花期至膨大期	2:1:4:2:1
膨大期至成熟期	2:1:4:2:1
成熟期至落叶期	2:2:2:3:1

（5）病虫害统防统治。该技术模式在病虫害防控方面的优势：采用该技术新梢两侧分布，副梢萌发率低，叶幕层厚度降低，枝条交叉层叠现象减轻，封行前打开通风透光带，病虫害发生率降低；叶幕层厚度降低，有利于提高喷雾在叶幕层中的穿透效果。防控关键期：萌芽前喷施石硫合剂，清除病虫害越冬基数。开花前后预防白粉病及霜霉病，果实膨大期雨季来临主要防控霜霉病、白粉病，转色至成熟期注意防控酸腐病。统防统治：通过政府和农林部门组织，开展葡萄病虫害统防统治，提高病虫害防治效率。

（6）机械化埋土。“顺沟倾斜龙干树形”栽培模式，行距和架高应满足一般机械作业要求，可选用国内常见埋土机械。秋季修剪后，下架后将所有葡萄蔓顺沟同向匍匐在定植沟内，略作绑缚以降低高度；将行间防草园艺地布平移覆盖在葡萄枝蔓上，行间土壤露出，埋土机械将行间土壤抛撒至被地布覆盖的葡萄枝蔓上，土壤和枝蔓被地布隔离；采用埋土机将潮湿、松散土壤覆于园艺地布上，埋土厚度为20 ~ 30cm。

（7）机械化出土。采用功率≥30kW的低矮型拖拉机，选用滚轴式出土机。春季出土时，将一头园艺地布挖出，与大绳连接捆绑，大绳穿过竖直方向滚轴，另一头与邻行立柱底部连接捆绑；随着拖拉机向前行进，园艺地布被拉出，地布上的覆土被掀至行间，完成回填，定植行内基本无须清理，枝蔓干净无泥土。

三、技术评价

1.创新性　与传统技术相比，该技术模式可使果实成熟期一致，且使果实提早5 ~ 7d成熟，使修剪用工量减少70%以上，出土效率较人工提高10倍，早霜受冻损失率由68.4%降至29.8%。化肥施用量减少25%以上，白粉病发病率由18.2%降至2%，结合统防统治，农药施用量减少35%以上。

2.实用性

（1）使用规模、产生效益。该技术于2011—2013年研发并进行小范围试用，2014年获得国家发明专利授权，在南、北疆部分葡萄产区已有少量应用，在兵团第四师、第六师大面积推广应用，在新兴际华伊犁农牧科技发展有限公司、温宿县浩源葡萄酒庄有限公司、巴州三木子葡萄研究推广中心等企业得到应用，目前已被列为兵团标准果园建设的核心内容。近三年累计推广10万亩，新增利润2.2亿元。

（2）潜在价值。

①节约成本：与传统矮棚架、单蔓或多主蔓栽培模式相比，本技术在葡萄上架、下架、抹芽定梢、夏季修剪等工作中每亩节约劳动成本500元以上；机械化埋土、出土、喷药过程中每亩节约劳动力成本800元以上；在病虫害防控过程中每亩节约药物成本100元以上。合计每亩节约成本1400元以上。

②提高品质：果实提前7d成熟，果实品质均一、着色鲜艳，可溶性固形物含量增加2%，果实肉质酥脆，商品果率提高15%。

③减少化肥农药施用：化肥施用量减少25%以上，农药施用量减少35%以上。

④增加效益：果实品质改善，每千克销售价格提高1 ~ 3元，每亩增加效益2 400元。取得了良好的经济效益、社会效益和生态效益。

（3）成果水平。该技术模式的核心内容获得新疆维吾尔自治区科技进步奖二等奖1项，其中树形部分获得国家发明专利授权，并获得新疆维吾尔自治区发明奖三等奖1项。

四、技术展示

五、成果来源

项目名称和项目编号：葡萄及瓜类化肥农药减施技术集成研究与示范（2018YFD0201300）

完成单位：新疆农业科学院

联系人及方式：张付春，15299198295，30395761@qq.com；郝敬喆，13579905704，urmqhjz@qq.com

联系地址：新疆维吾尔自治区乌鲁木齐市沙依巴克区南昌路403号

花蕾注射防治香蕉蓟马精准施药技术

一、技术概述

花蕾注射防治香蕉蓟马精准施药技术是防治香蕉黄胸蓟马的一项新技术。该技术根据香蕉花蕾的生长规律以及黄胸蓟马的为害特征，通过注射器将药液注射到刚抽蕾的香蕉花蕾内，使药液在蕾苞内部形成一层保护膜，当蓟马顺着注射孔钻入花蕾，接触到苞内的药液或通过口器锉吸到含有药剂的汁液，便能起到杀虫效果。

二、技术要点

（1）防治期的选择。根据香蕉花蕾生长特性，确定香蕉花蕾初现时或蕾弯角度低于45°为香蕉蓟马防治的最佳适期。

（2）注射参数的选用。根据香蕉花蕾的结构特点，选择直管或弯管注射器，在香蕉现蕾后，距花蕾顶部8～10cm处；注射喷杆选用外径1.2cm、杆长1.5～1.8m的伸缩杆；注射时间5～7s。

（3）防治药剂选择。选择吡虫啉、阿维菌素、螺虫乙酯、甲氨基阿维菌素苯甲酸盐等高效低毒农药或除虫菊素、d-柠檬烯和金龟子绿僵菌等生物农药。

（4）精准施药技术。现蕾后在距花蕾顶部8～10cm处注射1次，即可完成全程防治。

三、技术评价

1.创新性 花蕾注射施药方法不受降水、光照和干旱等自然因素和果树高度、为害部位等条件限制，具有施药量精确、药剂利用率高、不污染环境、对施药者安全等优点，能实现香蕉蓟马“一次精准注射，一生精准控制”。

2.实用性 该技术在海南临高新盈农场建立了香蕉蓟马精准防治示范区。2018—2020年共建立核心示范区2 413亩，推广示范15 000亩。经专家现场鉴定，采用花蕾注射全程只需要防治一次，防治效果在90%以上，比传统防治模式减少防治次数2～3次，减药77.78%～83.33%，并且从源头控制了黄胸蓟马的危害，有效保障了香蕉的质量安全，为香蕉安全生产和绿色防控提供了科学技术支撑。

四、技术展示

五、成果来源

项目名称和项目编号： 热带果树化肥农药减施增效技术集成研究与示范（2017YFD0202100）
完成单位： 中国热带农业科学院环境与植物保护研究所
联系人及方式： 冯岗，13807554876，feng8513@sina.com
联系地址： 海南省海口市龙华区城西学院路4号

“五位一体”香蕉枯萎病绿色综合防控技术

一、技术概述

香蕉枯萎病又称巴拿马病或黄叶病，是香蕉生产中的一种毁灭性病害，至今尚无有效的化学农药和高度抗病的香蕉品种，是世界性的产业难题。针对这一难题，研发了“五位一体”的香蕉枯萎病绿色综合防控技术。本技术包含土壤病原菌快速检测、碱性有机肥进行土壤调理、抗病品种选育及应用、施用微生物菌肥以添加有益微生物、实行少耕免耕的标准化栽培措施。该技术以病原菌监测为防控依据，以土壤调理技术为防控技术，以抗病品种为防控基础，以添加有益微生物为防控动力，以少耕免耕标准化栽培为防控保障。该技术可使重病区（发病率50%以上）枯萎病发生率降低至10%以下，使中度和轻度感病区（发病率50%以下）枯萎病发生率降低至5%以下。该技术实现了香蕉枯萎病“有病无害”“可防可控”。

二、技术要点

针对这一难题，通过集成抗病新品种、病原菌快速检测、微生物菌肥研发及配套栽培技术等新品种、新技术和新产品，形成了以蕉园土壤病原菌含量快速检测为指导、以土壤调理培肥为基础、以抗（耐）病品种选育应用为核心、以有益微生物添加为补充、以少耕免耕栽培为配套的

"五位一体"香蕉枯萎病综合防控技术体系。

三、技术评价

1.创新性 该技术体系可使重病区（发病率50%以上）枯萎病发生率降低至10%以下，使中度和轻度感病区（发病率50%以下）枯萎病发生率降低至5%以下。

2.实用性 该技术适用于我国华南香蕉种植区，香蕉枯萎病综合防控技术在我国香蕉主产区的推广应用可以有效缓解枯萎病严重蔓延的现状，促进香蕉产业可持续发展。目前该技术在香蕉主产区累计推广面积达14万亩以上。

四、技术展示

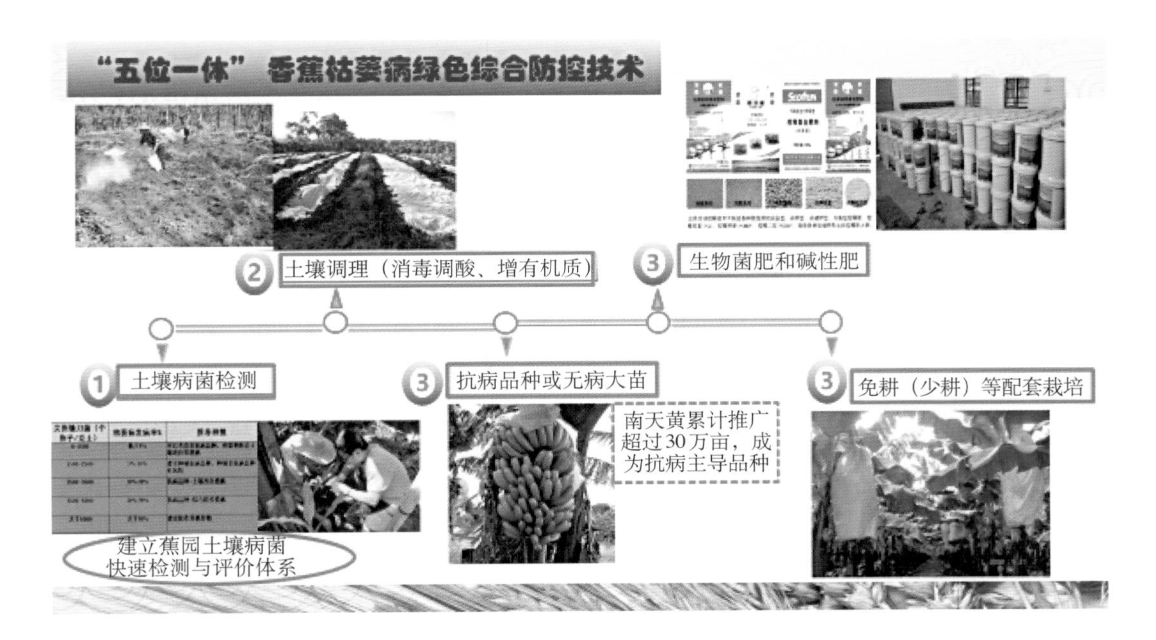

五、成果来源

项目名称和项目编号： 热带果树化肥农药减施增效技术集成研究与示范（2017YFD0202100）
完成单位： 中国热带农业科学院热带生物技术研究所
联系人及方式： 谢江辉，18189880529，2453880045@qq.com
联系地址： 海南省海口市龙华区城西学院路4号

利用平腹小蜂防治荔枝蝽技术

一、技术概述

平腹小蜂是荔枝蝽卵寄生蜂，其成虫在荔枝树、龙眼树上活动，寻找荔枝蝽卵，把卵产在荔枝蝽卵内，幼虫孵化后吸食荔枝蝽卵液，消灭荔枝蝽于卵期。平腹小蜂在荔枝蝽卵内发育完成后羽化出成虫，可继续寄生更多的荔枝蝽卵。因此，利用平腹小蜂防治荔枝蝽，不仅安全无污染，而且持效期长。该技术经过改良，简化了田间应用操作，实现了省力化应用。

二、技术要点

（1）释放平腹小蜂适期。荔枝花蕾期和开花期是释放平腹小蜂的适宜期。每年2 ～ 3月，当越冬荔枝蝽成虫聚集枝头大量交尾时，便可放出第一批蜂。或捕捉10头雌成虫，剖开腹部检查有卵巢发育情况，预测产卵高峰期，在产卵高峰期前5 ～ 7d开始释放平腹小蜂。若常年荔枝蝽密度较高，则应结合春季清园措施，当越冬荔枝蝽成虫聚集枝头大量交尾时，进行全园清园1次，在农药安全间隔期过后再开始释放平腹小蜂。

（2）平腹小蜂的释放数量和方法。对于15年以上的大树，第一批每株放400头，15d后再放400头；对于10年以下的树，每批放300头即可。放蜂时把蜂卡挂在距地面1m以上、树体中下部荫蔽处1cm粗以下的枝条上，避免阳光暴晒。

（3）合理使用化学农药。如放蜂数量不够，残余少量荔枝蝽若虫可能造成较大危害时，可用低毒、低残留农药如敌百虫800倍液等防治，避免全园全面喷药，这样既省药省钱，又不伤害已放出的平腹小蜂及其他自然天敌。

三、技术评价

1.创新性　花蕾注射施药方法不受降水、光照和干旱等自然因素和果树高度、危害部位等条件限制，具有施药量精确、药剂利用率高、不污染环境、对施药者安全等优点。

2.实用性　自2017年以来，在广东、广西、海南、福建、四川等地推广应用，累计应用面积超过100万亩次。通过释放平腹小蜂代替化学农药防治荔枝蝽，可直接减少化学农药应用2次，对荔枝蝽防治效果平均85%以上。通过释放平腹小蜂，限制果园用药，促进了果园绿色防控技术的应用，间接减少农药应用3次，与示范技术应用前相比，合计释放平腹小蜂的荔枝园减少农药施用5次，减少化学农药用量35%以上。该技术于2017年获世界银行贷款广东农业面源污染治理项目采购应用，防治面积6 000多亩，取得了较好防治效果，2017—2019年入选广东省农业主推技术。

四、技术展示

五、成果来源

项目名称和项目编号： 热带果树化肥农药减施增效技术集成研究与示范（2017YFD0202100）

完成单位： 广东省农业科学院植物保护研究所
联系人及方式： 李敦松，18998339228，dsli@gdppri.cn
联系地址： 广东省广州市天河区金颖路7号

荔枝蒂蛀虫预测预报技术

一、技术概述

荔枝蒂蛀虫是我国荔枝、龙眼生产的头号害虫，也是影响荔枝、龙眼高产稳产和果品质量安全的主要因素之一。准确预测和推荐荔枝蒂蛀虫防治适期、减少用药次数提高防治效果是荔枝安全生产关键技术之一。针对荔枝蒂蛀虫现行预测预报技术工作量大、虫情调查耗时长以及预测时间较迟等问题，研发了荔枝蒂蛀虫预测预报新方法——幼虫分龄预测法。

二、技术要点

荔枝蒂蛀虫预测预报技术操作流程可分为虫情调查和公式推算两部分。其要点如下。

（1）虫情调查。在第二至第三次生理落果期（中期落果），收集荔枝落果，带回室内。在体视显微镜下剖检荔枝落果，收集落果中的荔枝蒂蛀虫幼虫，将幼虫浸泡于75%酒精中。以收集30头幼虫为宜。然后，测量荔枝蒂蛀虫幼虫头壳宽度，根据头壳宽度数值对幼虫进行分龄（荔枝蒂蛀虫幼虫分龄标准：头壳宽度0.092 ~ 0.12mm为1龄，0.14 ~ 0.206mm为2龄，0.217 ~ 0.319mm为3龄，0.356 ~ 0.523mm为4龄，0.582 ~ 0.728为5龄），并统计各龄幼虫数量。计算各龄幼虫数量占比，将占比累计达50%左右的最低虫龄确定为主虫态。

（2）公式推算。根据公式推算成虫高峰期和卵孵高峰期。公式为：成虫高峰期=剖查落果日期+主虫态发育历期/2+主虫态之后的各龄幼虫发育历期之和+预蛹期+蛹期；卵孵高峰期=成虫高峰期+产卵前期+卵历期。

本技术可改善荔枝花果期盲目用药问题，减少荔枝蒂蛀虫农药用量33%～50%，并减少荔枝花果期施药次数3 ~ 5次。农药用量减少，有利于果园天敌本底恢复，降低了农药对生态环境的破坏，有助于荔枝园环保。此外，施药次数减少，可节省劳动力成本，增加荔枝产值。

三、技术评价

1.创新性 该方法首次摸清了荔枝蒂蛀虫幼虫的分龄标准以及各龄幼虫在不同温度下的发育历期，通过各龄幼虫的发生数量，推算荔枝蒂蛀虫防治适期，大大提前了防治适期的预测时间。而且新方法只需一次性采集荔枝落果并剖检落果中的幼虫，显著减少了虫情调查的工作量。该方法现已授权发明专利（专利号ZL201410310660.X）。

本单位研发的荔枝蒂蛀虫测报新方法（幼虫分龄预测法）大大减少了虫情调查的工作量，提前了防治适期的预测时间。与现有技术相比，新方法的虫情调查只需一次性采集荔枝落果并剖检落果中的幼虫，调查时间比常规方法缩短了50%～90%；且新方法在推算防治适期时，以幼虫发生数量进行推算，不同于现有技术以蛹进行推算，新方法的荔枝蒂蛀虫防治适期预测时间比现有技术提前了5～10d。

2.实用性 针对荔枝蒂蛀虫现行预测预报技术工作量大、虫情调查耗时长、预测时间较迟滞以及操作复杂等问题，对现行技术进行了优化完善和再创新，构建了全新的荔枝蒂蛀虫预测预报方法：以各龄幼虫的发生数量推算防治适期。新方法首次摸清了荔枝蒂蛀虫幼虫的分龄标准及各龄幼虫在不同温度下的发育历期。新方法只需一次性采集荔枝落果并剖检落果中的幼虫，虫情调查时间比常规方法缩短了50%～90%，防治适期预测时间比常规方法提前了5～10d。该测报方法适合在广东、广西、海南、福建、云南和四川等地的荔枝种植区应用。

近年来，广东省农业科学院植物保护研究所和有关部门合作，在广州、深圳、东莞和汕尾等地，对荔枝蒂蛀虫测报技术进行推广应用。在东莞产区，2018年和2019年该测报技术的实施范围覆盖了当地10.2万亩的荔枝种植面积，共发布虫情测报信息10期，累计指导防控面积102万亩次。由于该测报技术的应用，当地荔枝花果期盲目用药问题得到改善，杀虫剂用量减少33%～50%，施药次数由原来的9～10次降低至6次，每亩每年节省农药和施药劳力成本85～100元，社会、生态和经济效益显著。

四、技术展示

五、成果来源

项目名称和项目编号：热带果树化肥农药减施增效技术集成研究与示范（2017YFD0202100）

完成单位：广东省农业科学院植物保护研究所

联系人及方式：董易之，13824450476，dongyizhi@126.com

联系地址：广东省广州市天河区金颖路7号

芒果蓟马综合防控技术

一、技术概述

针对芒果重要害虫蓟马防治过程中用药频次高、单次用药种类多等过度依赖化学防治的现状，以及防治成本越来越高、芒果产品质量及果园生境生态环境安全等问题，研究形成的综合防控技术。本技术包含了芒果蓟马的田间监测方法、防治时期及防治方法等内容。

二、技术要点

（1）虫口监测。

诱板监测：选用用黄色粘虫板、蓝色粘虫板对其进行诱集监测，每亩地交替悬挂2种诱板20 ～ 30片（每片面积25cm × 40cm）（黄色粘虫板数量：蓝色粘虫板数量 = 1：1），诱虫板悬挂高度为与植株等高；定时统计诱虫板上所诱集的蓟马数量。

调查监测：结合田间巡查，在花果期每天随机调查花穗上的蓟马数量。

（2）防治时期确定。防治物候期重点为芒果花果期及嫩梢期，当虫口数量为平均每花穗达2 ～ 4头成虫时，或诱板（25cm × 40cm）24h诱集平均达1头以上时进行防治。

（3）防治措施。

生草抑虫：在芒果园林下配植平托花生、蝴蝶豆或大翼豆等有益草种，改善果园生境，可显著抑制蓟马等害虫发生为害。同时，在芒果花果期应避免在周边及园内栽种蓟马的寄主植物，如玉米、蔬菜等种类，避免虫口转移危害。

理化诱杀防虫：诱虫带阻隔诱杀，即在花芽萌动期开始至坐果期，于果园南侧悬挂黄色和蓝色诱虫带，阻隔诱杀入园及出园蓟马。

诱虫板诱杀：在果园悬挂黄色或蓝色粘虫板 + 诱剂诱杀，每株挂1张或2张（嫩梢期使用黄板，花期使用黄板数量：蓝板数量 = 1：1；色板用量视虫情增减），按行间在靠近植株位置悬挂，悬挂高度为植株中上部，分别在嫩梢初抽出或芒果花穗抽出前10 ～ 15d开始悬挂，每月更换1次或诱虫板粘满时及时更换，蓟马发生高峰期即芒果花期可根据板上的实际虫量及时更换。

生物防治：在嫩梢初抽期及抽出10d后释放2次捕食螨，按每株2袋（3 000头）巴氏新小绥螨释放。

药剂防治：适时施药，即在花穗为3 ～ 4cm的抽花初期、初花期前、谢花3/4时和小果期各喷药1次，在扬花及谢花坐果期，根据监测结果，适当追加用药1 ～ 3次；推荐选用乙基多杀霉素或烯啶虫胺或甲氨基阿维菌素苯甲酸盐或啶虫脒：氯氰菊酯=9：1或啶虫脒或吡虫啉或三氟氯氰菊酯等农药，通过弥雾机或超低容量喷雾等省药器械喷施。轮换交替用药，减缓害虫产生抗药性。

三、技术评价

1.创新性　该技术通过监测为及时选用哪种防控措施提供依据，再进行综合防治，避免盲目、凭经验用药等不合理防治或防治不及时而对芒果产量与质量造成损失，保证芒果蓟马防控关键期有绿色、高效技术可选、可用。

2.实用性 自2018年开始在海南、广西、云南和四川等芒果产区开展应用示范以来，取得了良好的应用效果。该技术累计应用示范面积超20万亩，应用该防控技术区与常规防控区对比，平均减少化学农药施用5～6次，减少化学农药15%以上。实现芒果蓟马绿色、高效防控，为芒果果品质量安全提供技术保障。

四、技术展示

五、成果来源

项目名称和项目编号：热带果树化肥农药减施增效技术集成研究与示范（2017YFD0202100）

完成单位：中国热带农业科学院环境与植物保护研究所

联系人及方式：韩冬银，13648609956，hdy426@163.com

联系地址：海南省海口市龙华区城西学院路4号中国热带农业科学院环境与植物保护研究所